普通高等教育“十一五”国家级规划教材

高等学校制药工程专业系列教材

制药工程原理与设备

（第二版）

□主　编　姚日生
□副主编　梁世中　王　淮

ZHIYAO GONGCHENG
YUANLI YU SHEBEI

高等教育出版社·北京

内容提要

本书为普通高等教育"十一五"国家级规划教材。全书共设七章，分别为：绪论、药物合成化学反应工程基础与搅拌反应器、生物反应工程基础与生物反应器、药物分离工程基础与设备、粉体工程基础与混合器、药物颗粒化过程原理与设备、净化及灭菌过程原理与设备。除第一章外，章节内容安排主要有：常用设备及其一般结构和功能、基本概念和过程机制、影响因素、工程理论与定量计算方程或数学模型、设备的选型与放大设计方法，并附有参考文献、习题和一定量的课外设计作业。

本书可作为高等学校制药工程专业本科生教材，也可供相关专业学生选用及相关工程技术人员参考。

图书在版编目(CIP)数据

制药工程原理与设备 / 姚日生主编. --2版. --北京：高等教育出版社，2020.8

ISBN 978-7-04-051495-7

Ⅰ.①制… Ⅱ.①姚… Ⅲ.①制药工业-化工原理-高等学校-教材②制药工业-化工设备-高等学校-教材 Ⅳ.①TQ460.1②TQ460.3

中国版本图书馆CIP数据核字(2019)第037740号

Zhiyao Gongcheng Yuanli yu Shebei

策划编辑 刘 佳　　责任编辑 刘 佳　　封面设计 姜 磊　　版式设计 杜微言
插图绘制 邓 超　　责任校对 李大鹏　　责任印制 韩 刚

出版发行 高等教育出版社
社　　址 北京市西城区德外大街4号
邮政编码 100120
印　　刷 保定市中画美凯印刷有限公司
开　　本 787mm×1092mm 1/16
印　　张 17.75
字　　数 430千字
购书热线 010-58581118
咨询电话 400-810-0598
网　　址 http://www.hep.edu.cn
　　　　 http://www.hep.com.cn
网上订购 http://www.hepmall.com.cn
　　　　 http://www.hepmall.com
　　　　 http://www.hepmall.cn
版　　次 2007年1月第1版
　　　　 2020年8月第2版
印　　次 2020年8月第1次印刷
定　　价 34.30元

物 料 号 51495-00

第二版前言

《制药工程原理与设备》第一版至今已有十余年，其间我国制药工程本科专业办学点由2007年的180个发展到2017年的近280个，全球制药工业接受并开发了连续制药过程技术，以及模块化和微型化等过程设备装置等，促进了制药工程原理在制药过程中的应用和发展。同时，我国推出的2010版《药品生产质量管理规范》对制药设备提出了更高的要求。因此，有必要对教材的内容进行增补与完善。

《制药工程原理与设备》第一版是普通高等教育“十一五”国家级规划教材，为培养具有解决制药过程复杂工程问题的能力的专业人才发挥了应有的作用。它是一本融原料药和药剂制造工程原理及其关键设备于一体的全新教材，强调基本原理和关键设备，符合专业基础课的知识构架要求，为“制药工艺学”和“药物制剂工程技术与设备”等课程的学习提供工程技术基础和生产工艺过程设备等方面的知识。教材围绕制药关键过程和设备，集成共性工程技术原理和工程设计方法等专业知识于一体的教材体系。

严格来说，第一版的“第五章 GMP 设计”“第六章制药公用系统工程”和“第七章制药工程与工艺设计”中的绝大部分内容不涉及制药过程工程原理，其主要内容属于车间设计、制药过程安全与环保和制药工艺学知识范围。为此，这三章在新版中被删除，其中与制药过程工程原理相关的内容被整合到相应的章节。修改后的教材内容主要为制药过程工程原理及设备的工艺放大设计，重点在原料药及固体制剂关键过程的工程原理和设备。

本书新版包含了来自本领域科技工作者的贡献，以及本专业学生和有关高校本课程任课教师的许多有价值的修改意见和建议。新版保留了第一版的主要内容，能更好地满足厚基础、宽口径专业人才的大制药工程专业知识构建所需。各高校可以按照自身的课程体系和课程教学大纲，从各章节选取相应的知识点和内容进行组合构成教学内容，其余部分可作为教学参考或学生自学用；另外，课外设计作业面向的是高度感兴趣的学生。

本书新版由合肥工业大学的姚日生主编。具体分工为：姚日生编写第一章、第二章、第五章、第六章和第七章，王淮编写第三章和第四章；第二章和第三章的部分内容由华南理工大学的梁世中教授和朱明军教授编写；第七章的部分内容由合肥工业大学的邓胜松高级工程师编写，书中多数插图由姚力蓉绘制或加工处理。

在此我们向为本书奉献素材的同仁们深表谢意！希望本书能够得到各位同学和教师的认可，并再次恳请各位同学、同仁及本领域的专家学者给出建议和意见，以便我们进一步修改完善。

编　者

2018年6月于合肥

第一版前言

我国制药工程专业于1998年被列入教育部普通高等学校本科专业目录，目前，已有近180所高校开办此专业。各校制药工程专业依托的背景不尽相同，专业知识体系以及课程设置的差异较大。但基本目标都是主要着眼于培养解决药品生产过程中的工程技术问题和实施“药品生产质量管理规范”(GMP)、实现药品的规模化生产与管理的高级工程技术人才。从专业面讲，制药工程是一个宽口径专业，它涉及化学制药过程、生物/微生物制药过程、中药制药过程和药物制剂工程。

由于制药工程专业的建设历史较短，尚缺少制药工程基本原理方面的教材。为了使学生较全面地掌握制药工程基础知识，我们根据制药工业发展现状与趋势，结合合肥工业大学、华南理工大学、天津大学和安徽中医学院等高校在制药工程专业的多年教学实践，组织了《制药工程原理与设备》教材的编写。本教材是教育部制药工程专业教学指导分委员会推荐的制药工程专业系列教材之一，并被列为普通高等教育“十一五”国家级规划教材。它是一本融原料药和药剂制造工程原理及其关键设备于一体的全新教材，强调基本原理和关键设备，符合专业基础课的知识构架要求，为“制药工艺学”和“制剂工程”等课程的学习提供工程技术基础和生产工艺过程设备等方面的知识。教材围绕制药关键过程和设备，集成工程技术原理和工程设计方法等专业知识共性构筑教材体系。力求做到既能够满足由传统的化学制药专业、生物制药专业和中药制药专业以及药剂学专业演变来的各具特色的制药工程专业的教学要求，又能满足培养厚基础、宽口径专业人才的大制药工程专业知识构建所需。因此，业务培养目标和教学计划不同的制药工程专业，可以按照自身的课程体系和课程教学大纲，从各章节选取相应的知识点和内容进行组合而构成教学内容，其余部分可供教学参考或感兴趣的学生自学。全书共设七章，前四章突出制药关键过程的工程原理和设备，阐述了制药工业生产中的化学及生物反应过程、药物分离过程和包括粉体在内的流体流动等的普遍规律，结合对通用设备的结构形式以及工作原理的介绍，讨论了药品质量与过程工程因素的关系，阐述了应用反应以及提取工程原理进行关键设备的放大与设计的方法；后三章介绍GMP理念和可验证的设计原则、制药公用工程与设备、制药过程废弃物处理技术与环境保护等方面的知识，阐述制药工艺工程设计方法。因此，本书也可作为相关工程技术人员的参考资料。

在第一章绪论中，共设有三节。第一节药物与制药工程，阐述药物的定义、分类、制备和生产方法，论述药物生产的基本过程及其特殊性，介绍制药工程学科范畴与研究方法，诠释制药工程及其技术类型。第二节制药设备的分类与设计方法，按照用途对制药设备进行分类，从药品及其生产对设备的要求出发，介绍设备的设计原则和基本方法，阐述设备的结构与材质选定的原则。第三节制药过程设计概论，结合洋葱模型介绍制药过程工业的设计程序和基本内容。通过本章节的教学，使学生了解制药工程原理与设备所涉及的内容、任务及其与制药工程的关系，并掌握学习本课程的基本方法。

第二章的内容涉及原料药的合成反应工程与设备，分别为：第一节药物化学合成反应工程基础、第二节生物反应工程基础、第三节生物反应设备和第四节生物反应器的设计与放大。从化学反应动力学出发，结合反应器的结构和操作方式对化学反应及其工艺影响的分析，阐述化学理想反应器计算的基本原理；通过对影响搅拌器功率因素的分析，引入特征数，建立特征数关联的计算搅拌器功率的数学模型；并用适当的篇幅简单介绍了化学反应器的材质及其耐腐蚀性能。为了便于对生化反应过程有较全面的了解，在描述微生物发酵和酶促反应的动力学及其模型等工程原理的同时，对生物培养基的配制与灭菌的基本操作作了一些介绍；重点介绍生物发酵罐及发酵过程相关设备，并以发酵罐为例阐述搅拌釜式反应器的设计与放大方法。教学目的是使学生了解制药关键过程，熟悉理想反应器计算的基本原理，初步掌握搅拌器功率的计算和生化反应器的放大设计方法。

第三章分离工程基础与设备，共用五节内容论述药物生产和研发制备用分离方法及工程原理。结合中药现代化与提取分离工程技术，阐述固-液萃取原理与过程和 Fick 扩散定律，并介绍了过滤与离心分离、蒸发浓缩、结晶分离、膜分离和手性分离等方法。要求学生进一步熟悉萃取过程原理与 Fick 扩散定律；掌握单级、多级平衡浸出过程的设计原理和提取设备有效容积的计算方法，了解过滤与离心分离、蒸发浓缩、结晶分离、膜分离和手性分离等方法及其在制药过程中的应用。

对第四章的内容安排来说，既不是制剂工艺技术，也不是制剂设备工作原理，而是制剂关键过程的工程原理与设备——制剂过程的流体与流动。本章内容包括第一节药物制剂关键过程、第二节粉体的流动与混合、第三节流体的流动与混合以及第四节药品的冻干过程。从药剂类型以及质量稳定性的相关因素分析中得出药物制剂的关键过程在于物料的流动与混合，介绍混合设备及其工作原理，讨论粉体以及液体流体的流动与混合行为，阐述流体的流动与混合模型以及颗粒化过程机制；并根据冻干过程原理，讨论影响药品冻干过程及质量的工程因素。本章重点讲解的是固体制剂的粉体流体混合及颗粒化过程原理，使学生熟悉药品质量与制药过程的关系，初步学会利用工程原理控制药品质量的方法。

在第五章 GMP 设计的内容中，共设有四节。第一节 GMP 与车间设计，诠释 GMP 概念并阐述 GMP 理念，指出 GMP 对药品生产的硬件条件的要求，介绍制药车间设计的项目和要求。然后，按照药物的转运阶段论述制药车间设计的 GMP 原则，并介绍设计要点；包括：第二节原料药生产车间 GMP 设计要点，第三节制剂车间 GMP 设计。另外，第四节设备与 GMP，其内容讨论的是如何使得设备设计符合 GMP 原则。要学生掌握制药车间设计的 GMP 原则，初步熟悉药品生产验证对车间设计的基本要求。

第六章制药公用系统工程，着力介绍工业建筑与制药安全防火、制药公用工程和纯水生产、自动控制与设计条件以及制药过程的三废处理方法和技术。本章内容虽不是工程原理，但却是形成完整制药工程设计所必须具备的基本知识。第一节制药工业建筑与安全防火，介绍工业建筑的基本概念，并结合药品生产所需的洁净环境简述制药车间的设计条件以及安全防火技术条件。第二节公用工程，介绍为保证合成、发酵代谢和萃取分离制造原料药以及药物制剂生产系统正常运行所必需的辅助系统，着力论述实现符合 GMP 要求的环境和技术条件；内容包括给排水、供气和供热、强电和弱电、制冷以及通风和采暖等系统的功能作用与模式。将制药用水供应系统单独列为第三节，是基于注射用水及灭菌注射用水等制药用水的特殊性，本节主要介绍了纯水生产系统及工艺过程。第四节自动控制与设计条件,简单论述了自动控制的重要性,主要介绍药物生产操作控制的基本方法以及设计条件和注意事项。第五节废弃物处理,介绍制药过程的气体废弃物、液体废弃物和固体废弃物的形成与利用和破坏相结合的处理技术和过程流程。要求学生了解制药过程所及公用工程及其设计条件,熟悉保障药品正常生产的公用系统及主要技术。

最后一章的核心是制药工程与工艺设计的方法,本章内容是前面六章所述知识的综合应用,由四节内容组成。第一节制药工程总体设计,阐述总体设计的目标和任务,介绍总体设计思路和程序。第二节药物生产工艺设计,包括原料药生产工艺设计和药剂生产工艺设计,介绍了工艺设计的原则、方法和程序以及设计的内容和深度,并通过相关设计图纸进行说明。第三节工艺配管与设备安装设计,主要讲述工艺管道及仪表流程图的设计与要求,给出符合 GMP 的设备安装设计条件。第四节药厂厂区布置,介绍药品生产企业厂区布置或称总平面布置方法原则以及设计依据。在教学过程中培养学生的全局观念,让学生了解过程工业设计模型和原料药生产工艺流程设计的内容,掌握原料药生产工艺工程设计的基本程序和方法。

为了便于本专业的学生学习本课程,加深对工程原理的理解,初步掌握设计方法,并帮助学生进一步了解有关背景知识以及技术,本教材的每一章后都给出了一定量的思考与练习题,并列出了主要的参考文献。

本教材由合肥工业大学的姚日生、张洪斌、邓胜松和汪兴强,华南理工大学的梁世中和朱明军以及天津大学的白鹏共同编写完成。第一章绪论(姚日生),第二章制药反应工程基础与设备(梁世中、朱明军),第三章分离工程基础与设备(朱明军、梁世中),第四章制剂工程原理(姚日生、邓胜松),第五章 GMP 设计(张洪斌),第六章制药公用系统工程(白鹏、姚日生、汪兴强),第七章制药工程与工艺设计(邓胜松、姚日生)。

教材编写过程中,华南理工大学生物与食品学院宗敏华教授给予了大力协助。中国药学会制药工程专业委员会副主任、教育部制药工程专业教学指导分委员会副主任委员朱世斌教授仔细审阅过本教材全部章节的书稿,提出了许多宝贵的修改意见。安徽省医药工业设计院陈效勤高级工程师对本书中的设计图纸、图例和术语进行了校核。在此向他们以及为本教材奉献素材的同仁们表示深深的谢意!并感谢参与书稿部分文字和图表加工处理工作的研究生孙敏、贾冬梅和刘鹏举等。

鉴于编者的水平有限,教材的不足和缺陷乃至错误在所难免,恳请各位同学、教师以及专家学者批评指正,以便今后修改完善。

编　者

2006 年 6 月于合肥

目　录

第一章 绪论

药品从研究开发到生产流通与应用,其中涉及药物筛选与设计、合成或制备、药理和毒理研究、制药工艺研发、药厂设计与建造、制药设备制造与安装、原药生产、药剂成型加工、车间空气气流组织和净化的生产环境实施与控制等,这一切都必须依赖于药学、化学、生物学、信息学和工程学等不同学科和工程技术的交叉、渗透、融合和配合。

当你走进制药厂区,看到的是厂房等设施;当你进入制药车间时,感受最深的是工作室的明亮和舒适、设备的整洁、人员操作的严谨和物料转运的有序,这是对药物生产最直接的体会。而实际上,任何工业产品的生产都离不开“人、机、料、环、法”五要素。看得见的是“人、机、料、环”;而看不见的是“法”,它包括工程原理、技术方法、法规及管理等。具体可用冰山模型(图 1-1)表示。其中,“人”是药品生产过程和质量保证的主体,作为生产操作者与运行管理者,具有主动介入能力;“机(设备)”是工程的体现形式之一,作为药品生产的手段,具有保证生产效率的能力;另外,“环境”也是工程的体现形式之一,作为药品生产设备安置与运行支持及人造环境的构建体,具备为药品生产过程提供支撑与防护的能力。“料”包括活性成分、原辅料及包装材料,作为药品的组成体,具备发挥药效和方便转运的功能,具有实现和承载制药过程工程技术的作用。

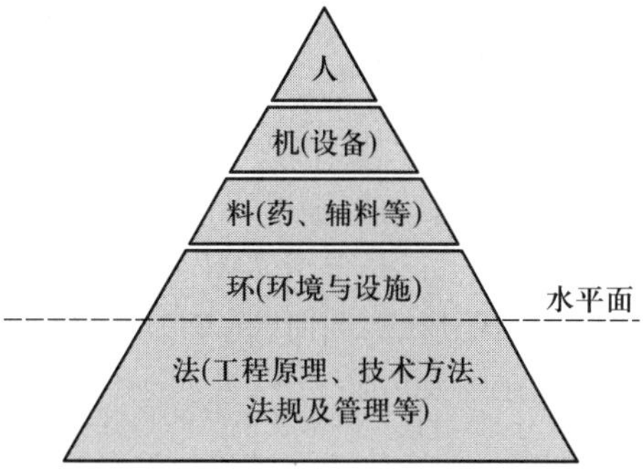

图 1-1 制药过程五要素的冰山模型

工程原理反映的是制药过程工程中具有普遍意义的基本规律,对药品的规模化生产具有指导作用;GMP 等法规则是在制药工程实践基础上,集全社会的共识而确立的限制行业行为和状态的规范;工艺技术是制药企业在遵循 GMP 等相关法规前提下的生产操作与控制方法。工程原理和法规是基础且相对不变的,对任何企业都是相同的;而包括操作法在内的工艺技术则是企业的软实力,在一定的范围是可变的。

本书主要论述制药关键过程单元操作的基本原理与典型设备,重点介绍基于关键过程的工程原理开展相关设备设计,属于制药工程学的范畴。

第一节 制药工程的历史和发展趋势

1.1.1 制药工程的历史

制药工程起源于化学制药工业,与化学工程的历史密切相关,并因反思用药安全事件而推出的药品法规和生产质量管理规范等而发展。近几十年来,通过与生物技术、中药加工技法、信息及物联网工程等的融合，并与制药工程教育相结合，制药工程的内涵变得更加丰富。

早在19世纪80年代，瑞士和德国的化学公司因发现其生产的有机化学品的药效而涉足制药行业。20世纪初，美国在1902年颁布《注册法》、在1906年颁布《纯食品和药品法》，以及在1938年颁布实施《食品、药品和化妆品法案》，迫使制药公司采取必要的设施和技术措施保证药品生产质量的稳定可靠，制药工程的雏形也随之形成。1941年辉瑞公司的约翰·史密斯接受美国政府下达的艰巨任务——青霉素的批量生产，并由约翰·麦基领导解决了10 000加仑液体深层发酵技术。随后金霉素、氯霉素、土霉素和头孢菌素等品种相继推出，开创了化学工程与生物化学结合的新时代，生物制药工程随之产生。

20世纪60年代初期发生的反应停事件，迫使美国政府开始加大药品申报和生产监管力度，并于1962年颁布了世界第一部《药品生产质量管理规范》(GMP)；随后的20世纪70年代大部分欧洲国家也采取了相似的立法。GMP的颁布与实施促进了世界制药产业和制药工程的发展。同时，自20世纪70年代以来，重组DNA技术和人类基因组计划等重大成果陆续完成，生物技术药物如雨后春笋般层出不穷，并为医药的制造提供了全新的技术手段，生物制药工程也因此变得更加丰富和完美。

20世纪80年代，在我国以技术的规范化、质量的标准化与过程的机械化和自动化为主导的中药现代化受到高度重视，由此提出中药工程学的概念。

事实上，也正是包括GMP在内的医药产品各种法规和规范的推出，催生了有别于化学工程的制药工程的形成，同时，化学工程、生物工程和材料工程等的研究成果极大地加快了制药工程的快速进步与发展。

1.1.2 制药工程发展趋势

进入21世纪后，随着材料、机械制造、电子、通讯等领域的快速发展，制药工程技术也得到了全面提升。制药车间向着系统密闭化、过程自动化和连续化，操作精细化和管控信息化的方向发展，已经出现全智能化的无人操作制药车间。

(1) 随着制药过程研究的逐步深入，对设备的要求呈现个性化和多样化，材料及制造技术的发展，为设备的制造提供了支持。总体上，设备朝着更好的强度、更优的惰性性能、更高的运行速度和高度集成方向发展。尤其是多个设备集成为一个大的设备系统，将多步操作进行联动，使过去暴露的空间密闭化，由机械传动完成物料的传送，降低了污染的风险。

(2) 现代化制药车间的称量配料、过筛制粒、混合填充与包装，可以通过程序控制由机器人或机械手快速运转下完成，也可以在设备端对端生产线上通过在线检测及恒定持续供料装置运转下连续完成，现场工作人员以检查生产设备和监控生产状况为主。在无菌液体制剂生产过程中，用一次性过滤技术与装置彻底解决系统残留清洗及验证难题。自动化、连续化的生产过程提高了效率，并将人与料进行了有效分离，降低了人为操作带来的差错风险，同时也为生产管控、环境保障，以及设备的清洗灭菌带来便捷。

(3) 生产过程中，通过设置计量模块、称重模块，以及温度、压力等模块，可以由计算机程序控制和调节阀门的开度，来完成物料的称量、投加和过程控制，物料计量更加精准，生产操作更加精细，使反应过程、混合分散过程及成形加工过程更接近理想状态。

(4) 将现代信息化技术引入生产过程管控，可以实现在控制室监控整个生产状况和设备运行状态，能够更高效地实现生产管控。结合现在的物联网技术，可以实现数据的无线即时传输，从而对生产进行调节。同时，企业管理、供销部门可以进行原材料的溯源和产品到终端的跟踪，为决策人员提供决策依据，以及时调整产品的生产。

微纳米技术和生物技术等高新技术的兴起，不仅推出了新药和新的治疗方法，而且带动了制药设备和装置及制药过程工程研究领域等的变革。随着高新技术的发展和应用，如生物技术、微电子器件、光导技术、纳米技术及新材料的应用等，扩大了制药工程学研究的领域。

以基因工程、细胞工程等为标志的现代生物技术已成为生物制药技术的共同发展方向；基因工程的应用、蛋白质工程的发展，不但改造了生物制药的领域，还开创了许多新领域。例如，人生长素的生产因为有了基因工程，不再受原料来源的限制，可为临床提供有效的保障；利用蛋白质工程修饰改造的人胰岛素具有更稳定的性质，提高了疗效；利用植物可生产抗体；利用酵母细胞可生产核酸疫苗等。但针对大规模流行性疾病防控所需疫苗的生产面临病毒或基因工程菌大规模发酵的过程控制及分离纯化等工程难题，仍需要研究解决。

利用单元反应界面宽度为微米级的微型化的化学反应系统装置为快速、剧烈及需要控制选择性的药物合成反应过程提供便利有效的手段。另外，还出现了契合精准医疗个性化用药的药物合成反应和混合压片制剂的微型装置及3D打印制剂装置。并由此推动了微流反应工程与药物微制造过程工程的发展。正因为微纳米技术的出现，促进了多尺度学科的形成与发展。多尺度现象是化学过程工程和生物过程工程的特点，制药过程也存在药物粉粒、液滴、微乳液、微凝胶或微胶束、气泡和囊泡等微尺度及各种反应和混合器的尺度和生产单元的宏尺度构成的多尺度，对制药过程中介尺度机制的认识和定向调控正在成为过程工程和复杂系统研究的前沿。

另外，连续薄膜包衣设备、自清洁的双螺杆挤出混合制粒设备等的设计开发，不仅提高了生产效率，而且推动了连续制药过程工程与技术的诞生，制药工业正由间歇批生产向连续化生产，机械化生产向智能化生产方向发展。

第二节 制药过程工程学简介

制药工程学是制药过程工程学的简称，它是以化学、药学、化学工程与技术、生物工程为主并相互交叉的新兴学科，属于过程工程学领域。根据药物的制药技术方法可将之分为化学制药工程学、生物制药工程学和中药制药工程学，因此，它是研究批量与规模化制造药物及改变药物的物理力学和生物性质的工程技术学科，服务于药品制造业。

1.2.1 制药过程的一般性与特殊性

一、制药过程的一般性

药品生产过程跟其他流程工业生产过程一样，产物的结构与组成会因加工的顺序及时间而变化；药品的生产过程也需要有相应的设备，并通过一定的条件将过程与设备连接在一起。通常需要完成上一工序的操作，才能往下进行，即按照流程进行操作。

药品的生产过程按阶段可分为原料药生产过程和药制剂生产过程。其中，原料药的获取主要是借助化学及生物的反应过程工程与技术，和包括结晶等在内的纯化分离工程与技术等来完成的；而药制剂需要借助混合分散与溶解的传递过程工程与技术、材料成型过程工程与技术及洁净工程与技术等共同构成的制药过程工程技术来实现。因此,药品生产的过程按照技术特征可分为:合成反应过程、生物转化过程、提取分离过程、混合分散过程、颗粒化等成型加工过程及过滤净化过程等。而这些过程受到工艺操作方法、参数和过程流程等技术因素及包括设备结构、尺度、过程动力学,以及环境设施等在内的工程因素的影响,并且这些因素会直接对所得药物或药品的质量产生影响,同时也会对生产安全、环境、职业卫生、经济效益等方面产生影响。

二、制药过程的特殊性

药品的生产过程除了与一般化学品、生物产品及其他工业产品的生产过程有相通之处外,还有其特殊性。

(1) 遵循规范与生产许可　药品的生产过程必须遵循《药品生产质量管理规范》(GMP)。药品的生产需要经过注册登记与许可,并要求过程技术、设备、设施、管理都必须通过验证与认证。而一般化学品的生产仅要求通过环境和安全风险影响技术评估即可。

GMP 的基本原则是一切条件和过程都必须是可验证的,并要求制药企业采用包括过滤、稀释、隔离和灭菌与清洗等洁净技术消除污染,采取严格的人流、物流管理和其他技术措施消除混药及差错。

(2) 工艺目标　确保药品的安全、有效、均一和稳定。在药品生产过程中,药品质量的均匀性和稳定性与生产工艺密切相关,任何微小的变动都可能引入很多的不确定因素,因此,工艺需要围绕产品中某些杂质的控制进行,常常要对某些方面做出一定的牺牲。例如,为了避免产品中特定杂质的毒副作用,可通过降低反应的速度、转化率和收率等来解决。但是,如果我们缺乏对药品生产过程工程原理及技术的了解,则只能凭借经验来指导工作,也就是要凭借我们的经验将操作参数和处方化的信息运用到大规模常规生产中。

(3) 清洗灭菌工艺与设备　制药工艺过程通常包括设备及系统的清洗灭菌工艺。为了防止交叉污染,通常需要定期对设备进行清洗灭菌,清洗灭菌是制药工艺过程不可或缺的部分。为了便于清洗灭菌,要求设备和装置的材质是惰性的,设备内壁结构光滑、平整、无死角,不会造成物料的残留,且有利于清洗液和消毒液的到达与排尽。

(4) 时空隔离　用房间或隔离器、(净化的)气流屏障等物理手段将不同功能的设备装置和系统置于限定空间操作隔离,用错时运行等管理手段实现同一通道或同一区域位置的人物流及不同物流的运行隔离。

理论上,任何两种或两种以上不同性质的物质,在同一时空内存在时,即有产生污染或交叉污染的可能。在药品的生产过程中,要尽量避免这种污染情况的发生,如因生产工艺需求或其他不可避免的因素,使两种或两种以上不同性质的物质存在于同一时空的时候,应在工程实施过程中考虑辅助措施予以解决,如排放、净化、清洗、灭菌等。

当不同物质同时处在同一空间的不同位置时,需要防止空气的流动带来污染和交叉,应尽量避免气体的交换,如无法避免,则需要对交换的气体进行适当的处理。通常,比较容易实现的措施,就是将其分别放置于密闭系统或容器中,利用容器外壁的密闭性来进行预防。

当工艺要求其中的一种或多种必须暴露在空气中时,可采用的措施有:① 控制环境中气体的流向。如控制压力,利用压差的变化控制气体的流向,或者利用气体层流并设计合适的回风来控制气体的流向。② 利用不同物质的理化性质差异。如通过对气体进行洗涤、过滤等处理,将易造成污染的物质进行截留。③ 利用物质的生化性能。在涉及生物污染可能性的时候,可通过灭菌、灭活、消毒等手段进行处理。

在药品的生产过程中，会出现不同物质处于同一位置，或人与物质处于同一位置（通道），可以错时放行，从而避免交叉污染。但需要注意的是在密闭系统或视觉盲区，则必须是清洗、清理和/或净化后的错时放行。

另外，制药过程有时间限定，因为超时加工和贮存都可能会引起变性或增加微生物污染等的风险；药品有批的限定，因为质量与安全监管需要溯源保证。

1.2.2　制药工程学的内涵

一、制药过程工程

一般地，将通过一系列物理化学分离、混合和化学反应（包括催化反应、电化反应与生化反应）或生物转化等改变原料的状态、微观结构和/或化学组成的过程技术及配套的工程应用，统称为过程工程。其中所说配套的工程应用是指用系统工程的方法指导企业过程的开发、改善和运作。其服务的对象是为社会发展提供物质基础和功能产品的过程工业，包括化工、制药、石油、环境等支柱产业，并延伸到生物技术、纳米技术等新兴领域。

制药过程工程，顾名思义，就是制造药品的过程工程，它运用药学理论和化学工程与生物工程原理等，研发制药技术和设备，指导药品生产所需系统和设施的设计与建设，实施制药技术与过程管理，进行药品生产。

由于尺度效应的存在，其物料的转移、操作过程、工艺条件的达到都需要一个过程，而且是一个逐渐变化的过程。同样，在药物制剂过程中，无论是混合还是化学反应的调控都要在设备尺度上进行。尽管药物粉体的混合和制粒等都是靠小尺度的自由运动（扩散）、大尺度的自由运动（对流）及颗粒间的剪切运动机制实现的。但是，需要通过设备—装置—微团微粒等多尺度过程，将这一调控的作用传递到微观尺度水平上，才能最终对混合过程施加影响。在这个过程中，固体颗粒的黏附与界面的形成过程受到分子扩散动力学规律的影响，药品质量均一稳定性等受到药物加工过程所用机械力等工程因素的影响。

作为制药过程工程师需要预判，并展示给定小试工艺技术参数在量产所需设备中的结果映射与小试装置中的异同。而要想保证产品的质量，则需要充分了解反应或成型加工的机理、工艺条件、反应或成型破坏性因素，以及传质传热等工程原理，并针对不同提出结构装置和/或辅助（装置、工艺、过程控制）措施更改方案并优化以接近或重现小试过程与结果。

二、制药工程学

过程工程学是以不同规模物质和能量转化与传递过程的共性规律作为其主要研究内容，将物质、能量、信息转化与传递过程的实验室研究成果转化为现实生产力的科学。

相应地，制药工程学主要研究药品生产过程中物质的运动、传递和反应及其相互关系，同时，研究药物及药品质量与生产过程的关系。因此，制药工程是过程工程与产品工程的集成，它研究批量与规模化制造药物及改变药物的物理、力学和生物性质的工程技术学科，与化学工程、生物工程等密切相关。

对制药工程的研究主要有：探究并揭示药物制备各反应的热力学、动力学及细胞生长动力学等规律，天然药物和中药提取分离过程中的扩散动力学等规律，以及药物与其他非活性物质的混合和成型加工等物理过程中的流体动力学和分子扩散动力学规律；总结包括环境状态和机械力在内的工程因素对制药过程及药品的生物医学性能的影响，结合制药工艺学研究成果，解决实验室工艺向产业转移过程中的关键工程科学与技术问题，创建质量稳定和高效清洁的药品生产工艺、过程/设备和系统。

三、制药工程原理

制药工程原理主要的依据是化学工程的“三传一反”和过程工程中的信息传递、材料成型加工等基本原理。其以物理化学和化工原理等知识为基础，结合药物化学、生物化学、药剂学和药物分析及制药工艺学知识，重点研究并阐述药物合成、分离、药剂成型加工等过程原理及设备的工作原理，探索并构建流体流动与混合过程、反应过程、分离和结晶过程及颗粒化等成型加工过程的定量计算方法，解决制药工业发展中面临的工程问题。

在规模化生产原料药的反应设备中，化学反应过程或生物发酵过程与物质、热量及动量传递过程同时进行；过程不仅受到反应体系及温度等工艺参数的影响，而且受所用设备结构及操作方式和参数的影响。它是集生物化学反应和物理变化于一体的复杂过程，常称为宏观反应过程。因此，我们不能简单地利用物理化学、有机化学和生物化学中的化学动力学-本征动力学来描述规模化生产过程中的宏观反应动力学。宏观反应动力学模型是化学动力学或生物转化动力学模型、反应设备内流体流动模型及传递模型的综合，可利用反应动力学方程及与流体流动过程相关的物料衡算方程和能量衡算方程联立求解获得。由此建立的数学模型是基于过程和结果（时间、状态、转化率、杂质量）的反应器反应体积的放大计算模型。其建模内容包括：物料衡算式、热量衡算式、动量衡算式、反应速率方程式及物性参数、传递参数及热力学等计算公式在内的参数计算式。也正因为反应过程复杂，一方面由于对过程还不能全部观测和了解；另一方面由于数学知识和计算手段的限制，目前还不能用数学模型来完整地、定量地反映全面的过程。但可以抓关键问题对复杂的反应过程按等效性原则进行合理简化，从而构建简化的物理模型；然后，由简化的物理模型和相关的已知原理写出模型的数学方程及初始边界条件，即建立数学模型；最后求解模型并用来讨论反应过程的特殊规律和工程放大设计。如用理想反应器模型进行计算，再结合实际进行修正；或借助计算机挖掘大数据建模并进行计算。但是，不可能指望一次就完成工业反应器模型的建立，必须通过模型的建立、筛选、检验等多次反复的修改才能最后确定。

虽然有可能获得供放大与设计使用的数学模型，但工程试验法仍是不可缺少的工程放大研究方法。在利用模型设计的设备在投入使用之前，通常需要进行工程试验评估，再优化确定。一般地，工程试验是在特定的设备基础上，可以是冷模试验或中试试验。通过具体试验结果，来寻找合适的结构类型，并为设备的工艺设计提供依据。尽管对复杂系统可用网格模型计算流体力学等进行数学建模，实现对反应与混合状态及过程的计算仿真描述；但用量纲为 1 分析建模计算搅拌轴功率，进行搅拌反应釜搅拌器和粉体混合设备的放大设计依然是有效的工具。

药物的分离纯化与加工成型涉及的药物混合、溶解、过滤、黏合制粒或模压成型等操作过程都是物理过程，相应的设备建模内容与反应器相似，只是动力学方程要改为扩散速率方程等。其中，固体物料混合和制粒等过程是靠小尺度的自由运动（扩散）、大尺度的自由运动（对流），以及颗粒间的剪切运动机制实现的。同时要考虑流体的流变特性和流动模型，尤其要关注负载型纳（微）米药物及固体药剂的混料制粒等过程的非牛顿流变行为。

作为制药工程师要能严格、系统地应用制药工程学的原理和方法，能集成相关知识和技术，进行整个制药过程和药品的科学设计、开发和优化；并能与化学家、生物学家、药学家和监管人员一起工作。

第三节 制药设备概述

在《药品生产质量管理规范》中与工程技术相关的硬件包括厂房、设施和设备，其中设备指的是不包括空调等设施在内的工艺设备。广义地，制药设备是指药品生产企业为进行生产所采用的各种机械设备，包括制药专用设备和非制药专用的其他设备；它是实现制药过程的重要工程要素。

1.3.1 制药设备的分类

根据制药设备的用途大致可将其分为：原料药生产用设备及机械、药物制剂设备与机械、药用粉碎机械、饮片机械、制药用水设备、药品包装机械、药物检测设备，以及制药用其他机械设备等。

根据生产环节所需设备功能，制药设备具体分类如下。

(1) 片切与粉碎机械　用于固体药物和中药材尺度的减小，以便于后续加工或提高药物有效成分的利用效率。包括：生产中药饮片的切药机和万能粉碎机、齿式粉碎机、组合式粉碎机等粗碎机，生产药物微粉的超微粉碎机、锤式粉碎机、气流粉碎机、超低温粉碎机、针形磨和球磨机等。

(2) 化学合成反应与生物发酵设备　为化合物或天然产物进行化学反应或生物转化提供"三传一反"的限定空间和外部作用，进行原料药或其中间体、前体的合成。包括化学的和生物的反应设备(反应釜、发酵罐、塔式反应器、管式反应器、膜反应器及滴流床等反应器)。同一原料药可以有不同的合成工艺，但选用的反应器结构多数具有通用性。

(3) 分离设备　用于减少无效成分、降低或除去有害成分的药物纯化，以提高原药质量；用于生产过程原料和溶剂的回收套用及副产品回收利用，以减少废弃物排放、降低消耗，实现清洁生产。可分为介质过滤设备、膜分离设备、蒸馏精馏塔、浸取与萃取设备、吸附分离装置和结晶分离设备。

(4) 药物制剂设备　将药物制成各种剂型需要系统装置才能实现，包括片剂、水针(小容量注射)剂、粉针剂、输液(大容量注射剂)、硬胶囊剂、软胶囊剂、丸剂、软膏剂、栓剂、口服液、滴眼剂、冲剂、膜剂、新型给药系统(吸入剂、植入剂、纳米载体药物)等的生产装置。每一类制剂生产装置又包含有各种功能的单元操作机械设备，如片剂生产用设备依工序来看有高效混合制粒机(或原料药与辅料的混合器、湿法制粒机)、高速自动压片机、包衣机等。又如水针(小容量注射)剂生产用机械设备，它主要有配料罐及过滤系统、自动灌装设备等。

不同剂型制剂的生产操作所选制药设备大多不同，同一操作单元的设备选择也往往是多类型多规格的。按照不同的剂型及其工艺流程选择各种相应类型制药设备并掌握其工作原理和结构特点，才能确保生产出优质药品。

(5) 制药用水设备　采用各种方法制取药用纯水(含蒸馏水)的设备，包括电渗析设备、反渗透设备、离子交换纯水设备等水处理设备，以及纯蒸汽发生器、多效蒸馏水机和热压式蒸馏水机等。

(6) 药品包装机械 完成药品包装过程及与包装相关的机械与设备,包括小袋包装机、泡罩包装机、瓶装机、印字机、贴标签机、装盒机、捆扎机、拉管机、安瓿制造机、制瓶机、吹瓶机、铝管冲挤机、硬胶囊壳自动生产线。

(7) 药物检测设备 离线和在线检测各种药物制品或半成品的仪器设备,包括崩解仪、溶出试验仪、融变仪、脆碎度仪和冻力仪,以及紫外可见分光光度计、近红外分光光度计和高效液相色谱仪和 X 射线衍射仪等。

(8) 制药用其他机械设备 辅助制药生产设备的其他设备,包括空调净化设备、局部层流罩;移动料仓、提升加料设备和不锈钢卫生泵等物料输送设备及清洗和灭菌设备和废弃物处理设备等。

随着制药过程的自动化和智能化,新结构和新功能的制药设备不断涌现。传统制药过程的单元操作设备正向过程耦合的集多单元操作于一体的多功能设备,以及基于微系统技术的微型设备和同功能模块化的集装箱式流程设备等方向发展。

1.3.2 制药设备的结构与性能

一、GMP 对设备的基本要求

制药设备内壁、搅拌等动力机构及工艺参数测控传感器等辅助装置均会与药物接触,其材质、表面及物理形态结构可能因腐蚀、或因剥落、或因截留而污染药物。因此,制药设备既是药品生产的手段,同时又是不可忽略的污染因素,与药品接触的装备结构型式及质量的好坏直接影响到药品的质量。

在 GMP 中的第五章"设备"(第 71 ~ 101 条)和 5 个附录中,共有 43 条与设备有关。这些条文从风险管理角度对设备的设计与安装、维修与维护作了相关规定,而解决这些风险的根本则是技术的方法或/和工程的手段。例如:

(1) 第一节的第 71 条"设备的设计、选型、安装、改造和维护必须符合预定用途,应当尽可能降低产生污染、交叉污染、混淆和差错的风险,便于操作、清洁、维护,以及必要时进行的消毒或灭菌"。在这里给出降低风险的规定是"应当尽可能",也就是说,允许这样的风险在一定程度上存在。而其中要求便于清洁并可进行消毒或灭菌操作等的规定,则作为消除前述风险的补救措施。

(2) 第二节的第 74 ~ 78 条对设备的设计和安装相应地作了规定。

① 第 74 条"生产设备不得对药品质量产生任何不利影响。与药品直接接触的生产设备表面应当平整、光洁、易清洗或消毒、耐腐蚀,不得与药品发生化学反应、吸附药品或向药品中释放物质"。在这里给出降低风险的规定有"应当"和"不得",其中,"不得"就是不允许这样的危害存在。因为这种危害对药品质量是致命的、不可修复的,必须杜绝,因此,材质的选择是极为重要的和严格的。

② 第 75 条"应当配备有适当量程和精度的衡器、量具、仪器和仪表"。控制、检测、功能显示;保证精度、控制偏差。这是基于药品质量均一的要求而设定的,但衡器、量具、仪器和仪表的制造精度所限,故误差在所难免。前提是此误差在一定范围内不影响使用效果且不产生毒害性,即此条款风险在一定程度上是允许的。因此,给出的规定是"应当"。"应当"要求的是最好这样做,但若不这样做的风险对药品质量不产生致命的影响,且它是用常规的工程技术手段就能解决的或弥补的。

③ 第 76 条“应当选择适当的清洗、清洁设备,并防止这类设备成为污染源”。此条给出的是附加保障用周边设备,可以根据制药设备、过程和环境的实际情况确定是否配置相应的清洗、清洁设备。换句话说,不是必需的。

④ 第 77 条“设备所用的润滑剂、冷却剂等不得对药品或容器造成污染,应当尽可能使用食用级或级别相当的润滑剂”。这里给出的是限制性技术措施,它与设备的结构系统密切有关。

⑤ 第 78 条“生产用模具的采购、验收、保管、维护、发放及报废应当制定相应操作规程,设专人专柜保管,并有相应记录”。由于成型及灌装用模具和器械与药品直接接触,存在污染或交叉污染等风险,因此,需要有严格的流通和使用管理流程规定。

(3) 附录 2 对原料药的生产设备及设施进行了规定。其中,第 7 条“原料药的生产宜使用密闭设备……”

对原料药而言,加料、取样、转运均有开启,通常中间体是暴露转运;为了保证生产的安全与操作人员的健康,需要采用专用转运设备,密闭操作,且这种转运设备应该是可进行内外清洗的。如果转运设备设计无法满足清洁的需求从而存在交叉污染,那么整个工艺流程的设计就会面临失败的风险。

已经出现的有固体物料转运系统(PTS)、真空气流输送方式(文丘里原理在釜上安装的 PTS 并用氮封)、隔离技术(用于剧毒物料的投加,人穿充气防护服接呼气空气,物料提升翻转机经手套箱人工开启)、分体阀技术(用于精烘包、C/D 级;对无菌药物要求 B/C 级,加自动转运小车)便于与双锥旋转干燥器对接(接口为尼龙法兰盘)。

综上所述,对于设计或选用直接参与药品生产的制药设备,GMP 有如下要求:

① 有与生产相适应的设备能力和最经济、合理、安全的生产运行;

② 有满足制药工艺所要求的完善功能及多种适应性;

③ 能保证药品加工中品质的一致性;

④ 易于操作和维修;

⑤ 易于设备内外的清洗;

⑥ 各种接口符合协调、配套、组合的要求;

⑦ 易安装且易于移动、有利于组合的要求;

⑧ 进行设备验证(包括型式、结构、性能等)。

也就是说,设备的设计、选型、安装应符合生产要求,易于清洗、消毒和灭菌,便于生产操作和维修、保养,并能防止差错和减少污染。要确保药品的“安全、有效”,就必须做到药品在生产过程中的“稳定、可控”,因此,GMP 极其重视对制药系统的中间设备、中间环节的清洗及监控,强调对设备清洁的验证。生产中因物料变更、换批的清洗要求,所用设备需采用容易清洗、拆装方便的机构,最好是具有就地清洗的功能;对于无菌药物生产用设备还应具备在线灭菌功能。在药品加工中,凡有药物暴露的室区洁净度达不到要求或有人机污染可能的,原则上均应在设备上设计有净化功能。不同的设备,要求的这一功能形式也不尽相同,如热风循环干燥设备,气流污染是最主要的,因此,需考虑其循环空气的净化;洗瓶、洗橡胶塞等应考虑工艺用水的洁净度;粉碎、制粒、包衣、压片等粉体机械,应考虑其散尘的控制;灌装设备的防尘需采取特殊的净化方法和装置,并应尽可能考虑在密闭的设备中生产。

GMP 要求药品的生产应有有序性和时限性,且工序传输的时间最短。针对一些自动化水平不高、分散操作、靠经验操作的人机参与比例大的设备,如何降低传输周转间隔,减少人与药物的接触及缩短药物暴露时间,应成为设备设计及设备改进中重要的指导思想。同时,在设备的设计与选择时,要注意安全保护功能与机、电、仪一体化技术等在制药设备上的应用。

二、设备的结构与外观

设备的结构具有不变性,如果设备结构(整体或局部)不合理、不适用,一旦投入使用,要改变是很困难的,故在设备结构设计中要注意以下几点。

(1) 制药设备几乎都与药物有直接、间接的接触,粉体、液体、颗粒、膏体等性状多样,在药物制备中,设备结构应有利于上述物料的流动、移位、反应、交换及清洗等。设备内的凸凹、槽、台、棱角等对物料清除及设备的清洗是最不利的,对固定的、回转的容器及制药机械上的盛料、输料机构要求具有良好的自卸性和易清洗性是极为重要的。因此,要求这些部位的结构要素应尽可能采用大的圆角、斜面、锥角等。另外,与药物有关的设备内表面及设备内工作的零件表面(如搅拌桨等)上,尽可能不设计有台、沟,避免采用螺栓连接的结构。在液体药剂生产用的配料罐中设置挡板是不合适的,也是极为罕见的。

(2) 制药设备中一些非主要部分结构的设计比较容易被轻视,这恰恰是需要注意的环节。例如,某种安瓿瓶的隧道干燥箱,结构上未考虑排玻璃屑的功能需求,矩形箱底的四角会聚积大量玻璃屑,与循环气流形成污染,为此要采用大修方式才能得以清除。

(3) 与药物接触部分的构件,均应具有不附着物料的低粗糙度,抛光处理是有效的工艺手段。制药设备中有很多的零部件是采用抛光处理的,随着单面、双面不锈钢抛光板的应用,抛光的物件主要为不锈钢板材、铸件、焊件等。在制造中抛光不到位是经常发生的,故要求外部轮廓结构应力求简洁,使连续回转体易于抛光到位。

(4) 润滑是机械运动所必需的。在制药设备中有相当一部分属台面运动方式,动杆动轴集中、结构复杂,又都与药品生产有关,且设备还有清洗的特定要求,无论何种情况下润滑剂、清洗剂都不得与药物相接触,包括掉入、渗入等的可能性。反应釜及配料罐等装有搅拌的设备,无论是否有釜内压力大小的问题,其搅拌密封一般都采用机械密封而不是填料密封形式。

(5) 制药设备在使用过程中会有不同程度的尘、热、废气等产生,并影响药品生产过程与质量。散尘在粉体加工的机械中是最多见的,像粉碎、混合、制粒、压片、包衣、筛分、干燥等工序,对散尘的设备应有捕尘机构。散热散湿的设备应有通风排气装置;非散热的设备应有保温结构。即针对产生污染的情况不同,治理的方案和设备结构的要求也不同。

(6) 制药设备使用中牵涉品种、换批,且很频繁,为避免物料的交叉污染、成分改变和发生反应,清洗操作是必不可少且极为严格的。为达到易彻底清除设备内外部的粉尘、清洗黏附物等,GMP 要求设备外形简洁。

① 对设备整体及必须暴露的局部来讲,也包括某些直观可见的零件,强调对凸凹形体的简化,以减少死角并最大限度地减少藏尘积污,易于清洗。

② 对与药品生产操作无直接关系的传动机构等部分应尽可能设计成内置、内藏式。

③ 将复杂的机体、本体、管线、装置用板材包覆起来,以达到简洁的目的,但不能忽视包覆层的其他作用。

另外,在 GMP 系统中,必须注意的是设备与厂房设施、设备与设备、设备与使用管理之间都存在互相影响与衔接的接口。设备的接口主要是指设备与相关设备、设备与配套工程方面的关系,这种关系对设备本身乃至整个系统都有着连带影响。设备与工程配套设施的接口问题比较复杂,设备安装能否符合 GMP 要求,与厂房设施、工程设计很有关系。通常工程设计中设备选型在前,故设备的接口又决定着配套设施。这就要求在设备设计或选择时,要采用标准化的接口及工艺管线。

1.3.3　设备的材质

GMP 规定制造设备的材料不得对药品性质、纯度、质量产生影响,具有安全性、可辨别性及使用强度。因而在选用材料时应考虑设备与药物等介质接触时,或在有腐蚀性、有气味的环境条件下不发生反应,不释放微粒,不易附着或吸湿等,无论是金属材料还是非金属材料均应具有这些性质。

(1) 金属材料　凡与药物或腐蚀性介质接触的及在潮湿环境下工作的设备,均应选用低含碳量的不锈钢材料、钛及钛复合材料或铁基涂覆耐腐蚀、耐热、耐磨等涂层的材料制造。非上述使用的部位可选用其他金属材料,原则上用这些材料制造的零部件均应作表面处理,其次需注意的是同一部位(部件)所用材料的一致性。

(2) 非金属材料　在制药设备中非金属材料的使用是非常普遍的,选用这类材料的原则是无毒性、不污染,不可以是松散状的或掉渣、掉毛的。所用非金属材料主要包括塑料和橡胶等有机高分子材料、玻璃和陶瓷等硅酸盐或石英等无机材料。例如,含卤族元素的盐或有机小分子药物的加工输送设备和管道等常常采用玻璃或搪玻璃复合材料。特殊用途的还应结合所用材料的耐热、耐油、不吸附、不吸湿等性质考虑,而密封和过滤材料,尤其要注意清洁卫生性能。

对于酸性反应体系,多选用玻璃、四氟和石墨等非金属材料搪衬的钢制反应器,或选用 0Cr18Ni9(304)、0Cr17Ni12Mo2(抗氯化物腐蚀 316)、0Cr26Ni5Mo2 和 00Cr18Ni5Mo3Si2(耐晶间腐蚀和耐氯化物应力腐蚀能力强的双相不锈钢)等材质的不锈钢反应釜;有特殊需求且在常压下操作的可选用容积在 5 m^3 以下的透明玻璃釜。对于碱性反应体系尽可能不用玻璃或搪玻璃反应釜,而含氟离子的反应体系不宜采用玻璃或搪玻璃反应釜。对于催化加氢还原反应及副产氢气的反应体系宜选用不具催化加氢反应功能的金属或非金属材质反应釜,优选碳钢釜或搪玻璃反应釜。

1.3.4　制药设备放大设计的一般方法

一、制药设备设计内容与范围

当新药或制药新技术要转入规模化生产时,就像一般化学品一样,通常先要通过中试放大研究才能将实验室的小试工艺技术变为药品生产工艺技术,中试放大的关键在于实现工艺的生产设备(手段)和过程如何。

在设备的设计与选择的时候,尽可能采用改变设备结构或操作条件的方法,使物料在设备中完成加工放出时即具有均一性,这样不仅能满足药品生产批的要求,经济性和生产效率也更高。例如,为了增强传质效果,加快传热速度,往往对设备结构和功能进行改进,结合辅助手段来实现,如通过改变搅拌形式、增加挡板、设置外循环等方式来加强传质混合效果;通过夹套换热、内盘管换热、外循环换热,甚至提前预热(冷)等方式来加快传热速度,从而实现过程再现。

总而言之,对于制药设备,设计人员需要根据产品工艺的操作条件,决定设备的型式、结构尺寸、设备材质、操作方式及清洁方式等问题。

工艺专业在完成设备工艺设计后，需向设备专业或机械制造商提供有关备选非定型设备草图及文字说明，主要内容应有：

① 设备规格、名称、用途；

② 对设备功能、结构及材质的要求；

③ 对设备的几何参数的要求及相关接管条件；

④ 处理物料的名称及物理化学性能，如成分、相对密度、湿度、黏度、比热、酸碱度、污染性等；

⑤ 设备使用环境（如户内或户外、环境湿度、摩尔比等）；

⑥ 设备地脚螺栓的位置、规格、方位；

⑦ 设备在生产时最大使用压力；

⑧ 对取样、检测等特殊要求；

⑨ 指明设备上的接管方位或注明参见“工艺专业管口方位图”。

这些技术要求也是设备用户根据自己的使用目的、环境、用途等提出自己具体的方案，编写用户需求说明（URS，user requirement specification）的主要内容。设备制造商或供应商依据客户提供的 URS 方案，进行设备的机械设计（或确认自己已经完成设计的设备能符合需求方的要求），在需求方完成设计确认（DQ）后，再进行设备的制造。

二、制药设备设计原则与要求

制药设备设计选型应遵循“合规、合理、先进、适用”的基本原则，也就是说，除了尽可能使得所选型或制造设备的体积最小、投资最省、操作费用最低和目的产物的收率最高外，还要关注选择和确定结果与 GMP 规范的响应程度。无论何种用途的设备，都有其一定的生产任务和安全运行的能力。

关键是要从功能、结构、能力和材质上保证药品加工中品质的一致性，且要做到便于操作、清洁、灭菌；同时，要便于在线维修和保养，并能防止差错和减少污染，并具有可验证性。即在最初的设备设计和选型阶段，要从影响药品质量的化学、生物学、物理和机械因素出发，充分考量设备的自身结构、材质和性能，能将风险管控规定转化为先进设备和技术。

因此，对任一制药设备的设计或选型必须达到如下具体的要求：

① 设备的整体及其部件都应该具有足够的强度和刚度以保证设备的稳定与安全，设备的紧密性和设备的耐腐蚀及耐疲劳等耐久性符合环保和产品品质的规定，即设计制造的制药机械是可靠的。

② 设备的大小和功能结构的设计或旋转应尽可能做到设备的单位生产能力高、消耗低，须保证内外结构无死角、便于清洗。

③ 在做到上述要求的同时，将运输与安装的可能和方便性融入设计过程，将确保设备运转方便、操作简单高效、易于维护检修与自动监控的良好运转性能融入设备的设计过程。

④ 对压力容器的设计除了符合 GMP 的要求，还必须符合国家安全标准。

⑤ 由于医药是特殊产品并且多数品种的产量不大，对设备材质、功能和大小都有特别的要求，因此，对非定型设备在满足工艺要求的同时，设备结构要尽可能地简单并采用标准件，有良好的加工工艺性，以利于方便加工并保证质量。

三、制药设备设计的一般步骤与方法

由于设计人员需要决定设备的型式、结构尺寸、设备材质、操作方式及清洁方式等问题。从设备的基本功能来说，主要是满足生产工艺需求，即完成特定的工艺过程，可以是化学反应或生

物转化反应，也可以是物理的混合、分离等过程。所以，在进行化学反应或生物转化反应器的设计时，有必要先进行详细深入的工艺工程分析、工艺转化与实现、实现方式优化，再根据设备生产能力需求，进行设备放大设计。

(1) 原料药关键设备设计　对于一般化学反应器的设计来说，设计人员需要决定的是反应器的型式、结构尺寸、操作条件和操作方式等。这些决策的总目标，是在现行原料和产品价格的条件下使反应器的体积最小、投资最省、操作费用最低和目的产物的收率最高，从而使经济效益最好；化学反应器的设计通常是根据规定的生产能力、原料组成及产品规格进行的。因此，我们需要在经济性和高速度之间找到一个最佳的平衡点，其设计的原则是高效、节能。

对于原料药生产的关键设备——反应器、发酵设备和分离提取设备的设计，除了要遵循上述原则外，同时，要研究这些因素对产品的生物学性质的影响，并关注相应的结果与 GMP 的符合程度。否则，对这些设备内传递过程和影响动力学的主要因素（温度和浓度等）的研究所取得的变化规律，仅仅只能满足一般化学品的合成过程要求。最后，即使将工程计算与生产经济效益要求相结合，也不能设计或选择出最优工作状态的设备。一般来说，可按下列步骤进行：

1）深入了解反应系统的特性。

① 物系特性：主要是反应物、产物和催化剂的物理化学性质，反应体系所处状态，以帮助确定反应温度范围、毒性、材质的选择及环保等问题。

② 化学热力学：主要是化学反应方程式、反应热效应、可逆性、平衡反应率和平衡常数与温度压力的关系，为确定允许的操作范围提供依据。

③ 化工动力学：即本征和宏观速率方程式，为计算反应器的体积打下基础。

2）工艺分析与转化。

结合物系特性及操作方法，转化为可规模化生产的工艺操作步骤。并通过对工艺的深入分析，提出优化的工艺操作方案。在此基础上对设备提出初步的功能需求，包括物料混合与转移、各工艺条件支持等。

3）选择反应器的型式。

根据物系特性及反应器的性能，选择能使操作费用最低或产品收率最高的反应器型式。如选择搅拌式反应器、管式反应器、流化床式反应器、过程耦合式反应器或其他反应器。

4）选择操作方式和条件。

根据反应物系的特性和设备的类型，选择能使反应器体积最小或目的产物收率最高的操作方式和条件。主要是间歇操作、连续操作等方式，以及温度、压力、浓度和最终反应率等条件。

在完成反应器的初步型式确定后，还应进行以下步骤，以完成反应器的放大设计。

5）选择换热方式。

根据热效应的大小或对温度的敏感度选择适当的换热方式。比如用绝热式还是换热式，用列管式换热、蛇管式换热还是夹套式换热等，将影响反应器的温度分布。

6）确定反应器的尺寸与功率。

计算选定条件下的反应器主要尺寸，如体积、高和直径，以及搅拌桨叶的直径等，催化反应器还应算出所需催化剂的体积或质量。然后，计算选定条件下的搅拌雷诺数或弗劳德数及搅拌功率等。另外，在计算选定条件下的反应器主要尺寸时，还要核对反应器的换热面积是否能满足实际需要。

(2) 制剂过程设备设计　对于药物制剂过程来说，要求生产过程“稳定、可控”以确保药品

"安全、有效"。因此,制剂过程所用设备的设计原则是保证药品质量前提下的安全、高效和节能。其中,安全涉及人、设备和环境对药物的影响,以及药物对设备、环境和人的影响。因此,对于药物剂型加工设备规格的设计同样是要根据给定的生产任务进行设计,使制剂设备的生产能力、类型和操作方法符合注册登记的工艺技术和 GMP 规范。制剂过程用配料罐及混料设备的大小与反应器等的容积设计方法一样。压片与罐装设备生产能力的计算取决于设备模具运动周期以及同台设备上模具装备的数量。

就制剂的关键过程(混合制粒或混合溶解)所需设备及原料药生产的关键设备——反应器、发酵设备和分离提取设备来说,必须具有有效的容积或空间,以及保证组成均一性的混合转运装置和防止污染和交叉污染的易清洗结构。其设计步骤如下:

1)深入了解混合系统的特性。

① 物系特性:主要是原料药和辅料的物理化学和生物性质,以帮助确定混合温度范围、接触物料的材质选择,评估安全与环保等问题。

② 混合物料的流动性质:主要是粉体的流动参数、溶液或浆料的流变特性与温度、浓度和搅拌混合强度的关系,为确定混合搅拌方式与结构,以及允许的操作范围提供依据。

③ 扩散动力学:即宏观分散或溶解速率方程式,为计算混合时间和混合器的体积打下基础。

2)选择混合器的型式。

根据物系特性及混合器的性能,选择能使操作费用最低或目的混合物均一性最高的混合器型式。如选择采用回转式的 V 型、双锥型、多向筒型混合器,强力挤压式的双辊型、螺带型、螺杆型一步混合制粒机等。

同时,确定清洗或灭菌方式与装置,如在线或移动清洗方式。

3)选择操作方式和条件。

根据混合物系的特性和混合器的结构型式,选择能使混合器体积最小或目的混合物均一性最高的操作方式,以及温度、加料方式、速度、时间等操作条件。

4)确定混合器的尺寸与功率。

计算选定条件下的混合器主要尺寸,如体积、高、直径及搅拌桨叶的直径等,计算选定条件下的搅拌雷诺数或弗劳德数及搅拌功率等。

另外,由于药物在制剂中的含量不高,混合过程的热效应不明显,通常采用绝热式;但对于温度敏感型的则采用易于清洗的夹套式换热结构。需要加热条件下进行的混合,通常也是采用夹套式换热结构。

需要指出的是:设备工艺设计整个过程除第一步给出系统的特性外,反应器或混合器结构型式选择、操作方式和条件、换热方式及设备工艺计算步骤常常需要反复交叉进行。具体过程如图 1-2 所示。

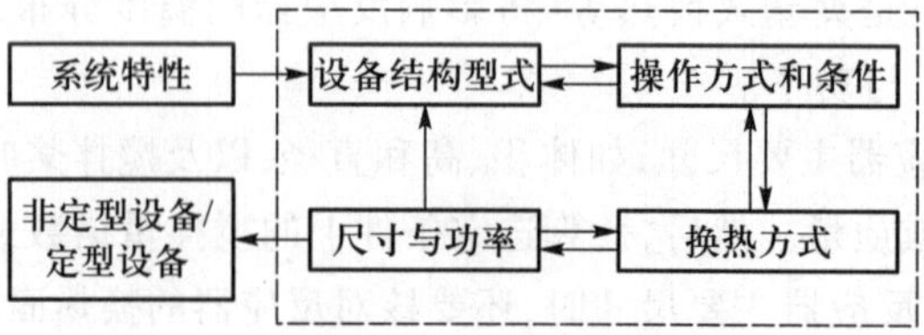

图 1-2 设备工艺设计流程示意图

第四节 课程内容与学习

1.4.1 课程内容简介

制药工程领域的工程师主要从事药品的生产技术与管理、设备/过程工程设计、生产技术研发,以及产品/过程支持等工作,将药物学家和化学家创造的药物及其合成和制备的方法转化为规模化生产所需要的技术和系统装置是其必备的基本能力。

在我国现有制药企业 4 700 多家,除了与欧美等相似的化学药物和生物药物及其制剂外,还有以植物药材为主配制和加工的中药及其制剂,要求制药工程专业技术人才具有将药品生产过程效益和产品质量统一的意识,具有药物合成、发酵和中药加工及其剂型加工的工艺工程知识与分析、解决复杂工程问题的能力。

"制药工程原理与设备"课程主要涉及药物合成反应过程、微生物(酶)发酵过程、中药材加工过程、分离纯化过程、药物制剂关键过程、净化过程等的工程原理及设备方面的知识,以及制药过程设备放大设计方法;但不包括药品生产的原料路线、方法、流程和操作条件等工艺学所阐述的内容。具体而言,本课程重点阐述化学反应动力学、发酵工程的细胞生长动力学及扩散动力学、设备内流体流动与混合及其模型、粉体的颗粒化过程机制等工程基本理论和知识;并结合对设备结构及其特殊性与功能的介绍,讲解基于"三传一反"和流体流动与混合模型等的物料衡算式和能量衡算式等动力学模型及其构建方法,以及利用药学知识与工程原理结合 GMP 等法规进行工艺工程分析的方法;同时,介绍定量计算、工程分析与放大设计和研究的策略及工作流程。

1.4.2 课程教学与学习

在学习本课程时,应具备必要的高等数学、工程数学、物理学、物理化学、化工原理、工程制图、机械基础及药物化学、药剂学、制药工艺学和药品生产质量管理等课程知识。

学习本课程有助于制药工程专业的学生加深对制药过程工程的理解,掌握制药关键过程的工程原理,了解制药关键过程设备的结构与工作原理,能够利用工程原理进行药品生产过程的工艺工程分析,应用数学和工程原理开展关键过程的设备放大计算、设计和开发研究。

(1) 教学模式 制药行业的工程实践是药物科学与过程工业技术及法规和伦理等非技术的融合,因此,制药工程既具有实践性和创新性,又具有特殊性和综合性。相应地,本课程教学要尽量将课堂理论教学与真实场景解说结合、教师讲授与引导全体学生参与研讨结合、最新制药工程技术成果与经典工程原理结合,以及学生课后习题与工程设计训练结合。

(2) 学习方法 利用工程原理分析工艺过程、开展设备选型与设计,需要有坚实的理论基础和合理的工作方法,能够归纳总结,举一反三;更需要在实践过程中的经验积累、团队协作、循序渐进,以及终生的学习。

因此,应理解工程原理与设备在整个工艺实现、工艺设计中的角色意义和任务分工,明确本课程在知识构架中的位置,建立联系,并着重从宏观中把握微观。另外,应依据知识点的难易程度,掌握层次要求:对于定义和名词解释、法规和伦理、设备的结构和功能及其用途等,以记忆和理解为主；对于工程原理、公式或经验方程、设备的选型与放大设计方法等，能够进行综合应用；而对于设备的结构和功能、用于定量计算和放大涉及的公式或经验方程，还应学会对其进行评价、优化。在解决类似药物合成反应器、药物粉体混合器的放大等的复杂工程问题的时候，用好问题学习法，有利于针对关键问题收集信息，明确学习的指向性，从而提高解决问题的效率。同时，要尽可能针对现实药品生产工艺的需求，运用所学工程原理，结合 GMP 和 EHS 等规范，进行工艺工程分析，开展工程设计，完成制造或构建。然后，将之与相同、相近或相似的药厂设备或装置、系统或设施进行比较，最后对所做设计的工程作运行评估。

（3）学习要求　通过本课程的学习，了解常用制药关键设备的结构与功能，掌握制药过程工程原理及定量计算和设备的放大设计方法；并能够在分析、研究与解决制药过程复杂工程问题的过程中，将工程实践领域的特殊性与工程原理和价值的普遍性统一，将生产效益和产品质量统一；同时，提高责任担当意识和价值创造意识。

习　题

1. 药品生产的五要素有哪些？它们在药品生产过程中的作用如何？

2. 与一般过程工程相比，制药工程的特殊性有哪些？

3. 与一般化工产品生产设备相比，制药设备的特殊性有哪些？

4. 在药品生产过程中必须避免污染和交叉污染，这对设备及其操作有哪些要求？

5. 为什么说制药设备既是药品生产的手段，又是不可忽略的污染因素？

6. 在药物从实验室到工厂的过程中，工程师要做的技术工作及要解决的关键问题有哪些？

7. 药物合成过程的宏观反应动力学模型包括哪些，它在设备放大和生产工艺开发过程中的用途如何？

8. 材质对产品质量及安全、健康和环境有哪些影响？原料药合成反应釜常用材质有哪些？各自的耐腐性如何？

9. 输送含卤族元素化合物的药液尤其是注射剂时，管材如何选择？并进行分析。

10. 催化加氢还原反应釜可选择的材质有哪些？为什么？

11. 在 Pd/C 催化 2-甲基呋喃氢化水合反应合成乙酰正丙醇的体系中需要有一定量的盐酸，请问你为此加氢反应釜选择的材质是什么？为什么？

12. 制药关键设备设计的基本步骤有哪些？如何做好“设备结构或选型”的确定工作？

课外设计作业

要求：① 4～5 人一组，一周内完成。

② 第 2 题除了技术要求外，还要有非技术限制性条款包括供货时间、验收交接方式等。

③ 到制药厂参观、收集素材和相关信息，并从设备制造企业收集所需设备样本等。

1. 请结合制药具体设备，分析其内外部结构、功能、材质及外观与 GMP 的符合度。

2. 请结合具体的药物或其中间体的合成工艺，编制 1 份反应器用户需求说明书。

参考文献

[1] 国家食品药品监督管理局. 药品生产质量管理规范(2010 年修订版). 2011.

[2] 国家食品药品监督管理局药品认证管理中心. 2010 版药品 GMP 实施指南. 北京:中国医药科技出版社. 2011.

[3] 罗康碧,罗明河,李沪萍. 化学反应工程原理. 北京:科学出版社,2005.

[4] Smith R,Linnhoff B. Chem. Eng. Res. Des. ,1988,66:195-210

[5] Smith R. 王保国,王春艳,等,译. 化工过程设计. 北京:化学工业出版社,2002.

[6] Daemmrich A A,Bowden M E,Rovner S. A rising drug industry. Chemical and Engineering News, 2005,83(25):28-41.

[7] 陈敬. 从医药技术创新的历史发展看技术创新的动力因素. 上海医药,2002,23(3):125.

[8] 曹光明. 中药工程学. 2 版. 北京:中国医药科技出版社,2001.

[9] 姚日生,等. 制药工程原理与设备. 北京:高等教育出版社,2007.

第二章　药物合成化学反应工程基础与搅拌反应器

通过化学反应合成的药物在当今依然占据药物合成的主导地位，药物合成化学反应工程是化学反应工程的一个重要分支，具有化学反应工程的共性问题，也有自己的独特性。

药物从实验室到工厂通常要经历小试、中试和产业化三个阶段，需要将合成用反应器从带搅拌的小烧瓶放大为搅拌反应釜，如图 2-1 所示。但由于化学反应的温度、浓度（投料比）、混合分散状态（相界面等）不仅影响药物合成的反应速率，而且会影响合成药物中杂质数和杂质含量。因此，反应器的放大不仅是将所需容积从 mL、L 级别增大到 m^3 级别，重要的是要在所采用的反应器内呈现与烧瓶内几乎相同的流体流动状态、混合分散尺度和均匀度，以及热转移速度和温度分布。然而，这些要求几乎是难以同时达到的，好在这些因素对反应结果的影响程度因反应类型和体系的不同而不尽相同。

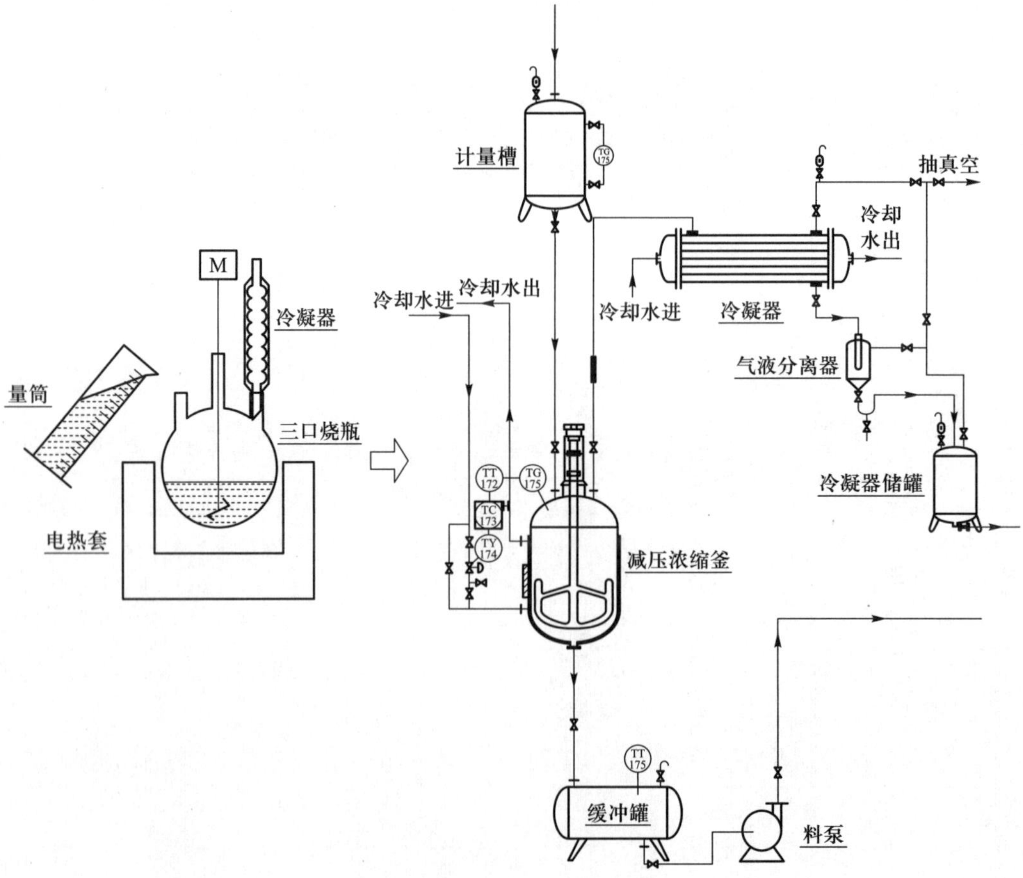

图 2-1　小试和生产用合成反应器的比较

第一节　反应器的分类与特性

药物合成化学反应器内是一个复杂的体系，在其中进行反应的同时有传热、传质、扩散和摩擦（碰撞）等物理过程存在。反应器不仅生产出所需要的产品，而且还会产生一些没有价值的副产品，这些副产品必然会引起环境问题，并带来原料药分离纯化的难度。因此，反应器不仅关系产品质量的稳定性和生产过程的经济性，而且影响环境和安全。

一般地，可用于化工产品合成的反应器都可以用于化学药物合成反应。但是，对药物合成过程来说，尤其是引入特定元素和基团或片段的中间体合成工序，以及最后原药合成工序所用反应器要避免污染、交叉污染和混淆。相应地，要求所选反应器表面光洁、与药物接触的结构件无沟槽和死角等，便于清洗；所用材质相对反应体系中的各种物料来说是惰性的。

2.1.1　反应器的分类

从反应体系中物料的聚集态来说，药物合成化学反应器可分为均相反应器和非均相反应器。其中，均相分为气相和液相，非均相可分为气-液、液-液、气-固、液-固，以及气-液-固等。对于非均相反应因存在相界面，反应进程不仅与温度、浓度等有关，还与界面面积及相间扩散速度有关。

根据操作方式分为分批（或称间歇）操作反应器、半连续操作反应器和连续操作反应器，如图 2-2 所示。分批操作是原料一次加入、结束时全部取出，其特点是反应期间反应物和产物浓度均随时间而变化，是不稳定过程；需要有加料、出料和清洗等辅助操作时间，设备利用率低，适用于批量小的原料药生产。半连续操作是某些原料在反应前一次加入，其他原料连续或断续进入反应器，或通过反应蒸馏（精馏）或结晶沉淀等将某种反应产物连续引出，也是不稳定过程；连续

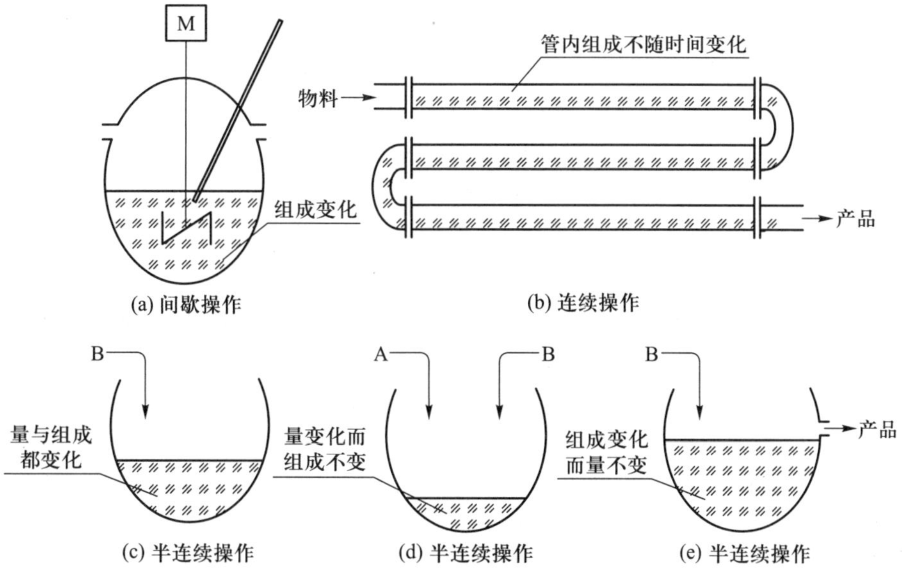

图 2-2　不同操作方式的反应器及其基本特征

操作是原料连续进入反应器,反应产物连续引出,其特点是反应期间反应物和产物浓度及各点的温度等均不随时间而变化,是稳定过程,不需要辅助操作时间,设备利用率高,易于自动化控制,适合大规模生产。

根据温度和换热方式不同可分为等温反应器和非等温反应器,绝热式反应器、外热式反应器和自热式反应器,如图 2-3 所示。对于温度极为敏感的药物合成化学反应过程的传热和温度控制是反应器设计和操作的主要问题。

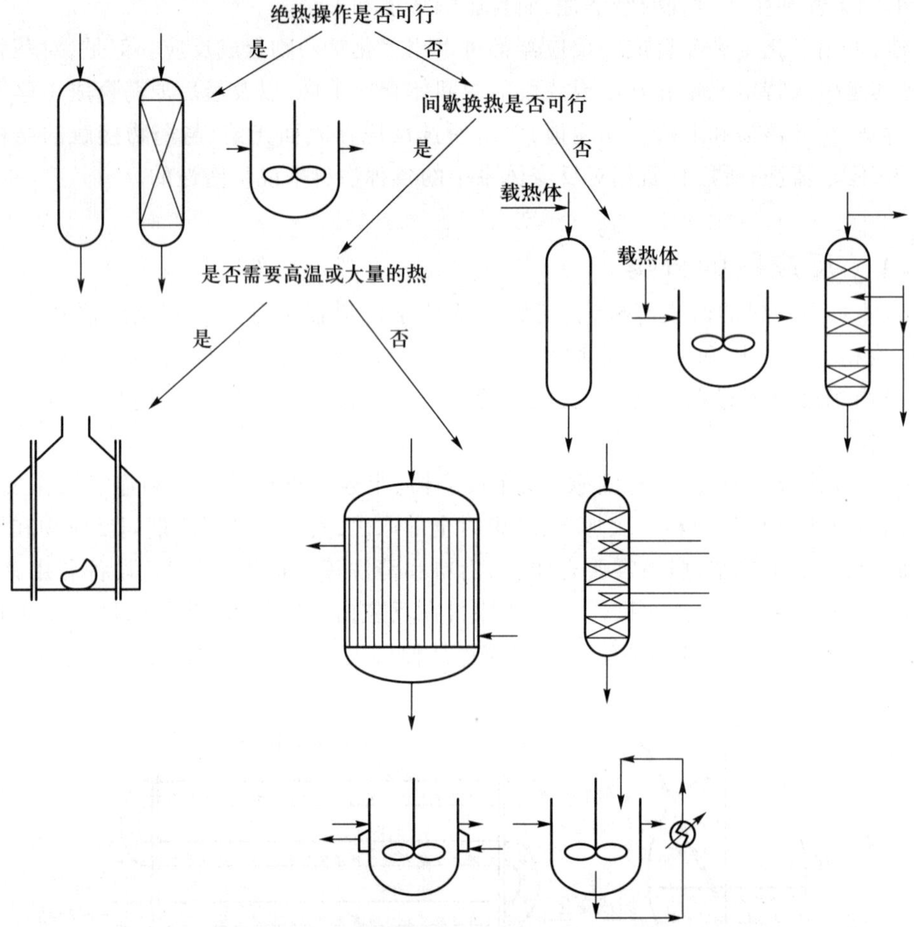

图 2-3 不同换热方式的反应器及其选择

根据流体流动及混合形式分为无轴向混合的平推流(活塞流、柱塞流、理想置换)反应器,物料在反应器内完全混合、各点组成和温度相同的理想混合流反应器,存在扩散引起的速度波动、短路与旁路及沟流,以及反应器结构引起的流体停滞和流体的循环等干扰或存在部分返混的中间流型反应器。

根据反应器的结构型式分为槽形(常称为釜式)、管式、塔式、固定床式、流化床等反应器。一般地,相同结构型式反应器的内部流体往往具有相同或相近的流动、混合、传热和传质等特性,可用同类传递过程数学模型描述它们对反应的影响。其中,塔式、固定床式、流化床等反应器主要用于药物中间体的合成,在药物合成过程中常用的是槽形反应器和管式反应器。

2.1.2 常见反应器的结构与功能

(1) 槽形反应器 主要用于液相均相、(液-液、气-液、气-液-固等)液相非均相反应,可用于间歇操作、半连续操作和连续操作。在搅拌良好的前提下,可视为理想混合反应器,其操作灵活,适应性强,便于控制和改变反应条件,尤其适用于制药工业的小批量、多品种的生产特点。此类反应器的釜体一般是由钢板卷焊而成的圆筒体,再焊上钢制标准釜底,配上封头、搅拌器(机械密封、轴联接、变速箱、电动机)等零部件而制成,如图 2-4 所示。标准釜底一般为椭圆形,也可用平底、半球底或锥形底等。按釜盖与釜体连接方式的不同,搅拌槽形反应器可分为开式(法兰连接)和闭式(焊接)两大类。罐体的内壁可内衬耐腐蚀材料,外壁常设有传热夹套,或内部安装传热蛇管。

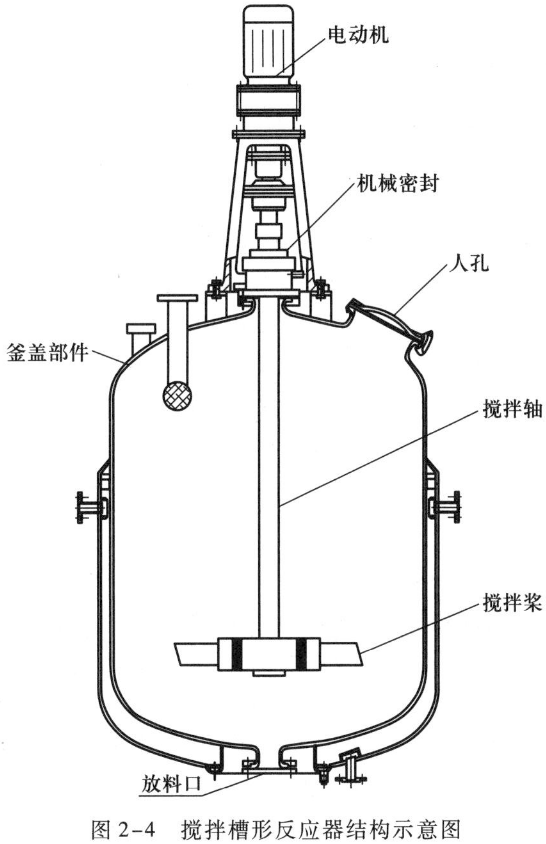

图 2-4 搅拌槽形反应器结构示意图

(2) 管式反应器 用于气相或液相连续反应,利用内置静态混合器也可以用于非均相反应,因管道承压高而多用于加氢还原等加压反应操作。它由一定长度的管道通过焊接或法兰连接而成,采用有或无夹套结构进行换热;用泵将化合物打入管道中流动,两路或几路管道汇合,化合物在流动中相互接触,反应就在这种化合物的汇合、接触、流动中进行;并通过泵送或高压气体送料控制物料在管道内的停留时间(反应时间);特点是过程操作稳定,不需要辅助操作时间。

管式反应器的主体通常是一根或多根水平或竖直放置的管子，管子常为无缝钢管，如图 2-2(b)所示。当为多根管子时，相邻管子的两端可用 U 形管件连接；管外常设有夹套，构成的套管环隙作为加热或冷却介质的流动通道。用金属管制管式反应器能耐高压，可用于加压反应；也可采用玻璃等非金属材料制成，耐压能力受到限制，但耐腐蚀能力大为提高。

管式反应器是一种典型的连续操作反应器，由于是连续操作，因而生产能力较大，并容易实现自动控制。与釜式反应器相比，单位体积所具有的传热面积较大，特别适用于热效应较大的反应。可用于气相、均液相、非均液相、气-液相、气-固相、固相等反应。为保证管式反应器内具有良好的传热和传质条件，一般要求反应物料在管内作高速湍流运动。

任何一个微观反应过程，必须经过各种尺度的调控，才能在设备尺寸上达到理想的转化率和选择性。绝大多数情况下，因搅拌而达到混合均匀所需要的时间较之物料通过容器的平均停留时间要短得多，由此，常常将带搅拌的釜式反应器视为理想混合反应器。管式、固定床催化反应器的轴向扩散作用不大，形成的返混程度很小，可近似地将其视为平推流反应器。

(3) 微(通道)反应器　近 30 年来，管径不超过 1 mm 的管式反应器——微(通道)反应器(continuous-flow microchannel reactor)正受到制药工业的特别关注。微反应器有多种几何结构，最简单的是管式结构，还有板式结构、微通道结构及集成试剂注射、混合、换热、溶剂交换、相分离等多种功能为一体的复合式结构。

微(通道)反应器起源于 Tuckerman 和 Pease 于 1981 年提出的微通道散热器概念，1985 年 Swift、Migliori 和 Wheatley 研制出了用于两流体热交换微通道散热器，20 世纪 90 年代的微流控技术的出现才正式启动了微反应器的研究与开发。通过微加工技术制造的小型单一或一系列微通道或微腔室反应系统中，反应物可以同时或依次进入微通道混合并反应，如图 2-5 所示。由于其工艺流体的通道在几十到几百微米级，通道中单相流动的特点为较低的雷诺数，由层流扩散影响混合，局部也会形成二次流混合。与 100 年来药物合成习惯采用的搅拌釜式反应器相比，微反应器的比表面积是搅拌釜的 100～1 000 倍，传统的搅拌设备的比表面积最多可达 1 000 m^2/m^3，而微反应器内的比表面积高达 10 000～50 000 m^2/m^3。因此，无论是传质还是传热都非常快[50 倍左右，其液相传热系数可以达到 10 000 $W/(m^2 \cdot K)$]，分子扩散距离非常短，可实现微观混合(分子尺度混合)，几乎不会产生局部热点、浓度分布不均、短路流和流动死区等问题，能够实现精确控制，减少反应偏差和副产物。因其优良的单通道"三传"状态重现性和多通道间抗干扰性，在对整个反应系统进行优化时，只需对单个微反应器进行模拟和分析。这就避免了传统的从实验室规模到中试规模再到工业化规模的放大过程中所遇到的诸多问题，减少了操作费用，节省了空间，也避免了进行知之甚少的中试反应过程，提高了安全性。例如，微通道加氢反应器可以很好地完成腈基还原反应，反应条件为浓度 0.1 mol/L，流速 1 mL/min，产品转化率达到 98%；并在双键饱和反应中亦有良好的应用，反应条件为浓度 0.001 mol/L，流速为 1 mL/min，产品转化率达到 96%。可用成百万上千万的微型通道进行组合实现"数增放大"，能够带来更好的重现性，几乎无放大风险。这类反应器不仅是孤儿药和个性化治疗用药等小批量药品生产用理想反应器，而且也是新药开发过程和规模化清洁生产用理想反应器。

目前，已有进料系统流速从 15～250 mL/min 的微反应器在制药工业中应用，不限于千克级药品的制备，也可用于近千吨/年的规模化生产。

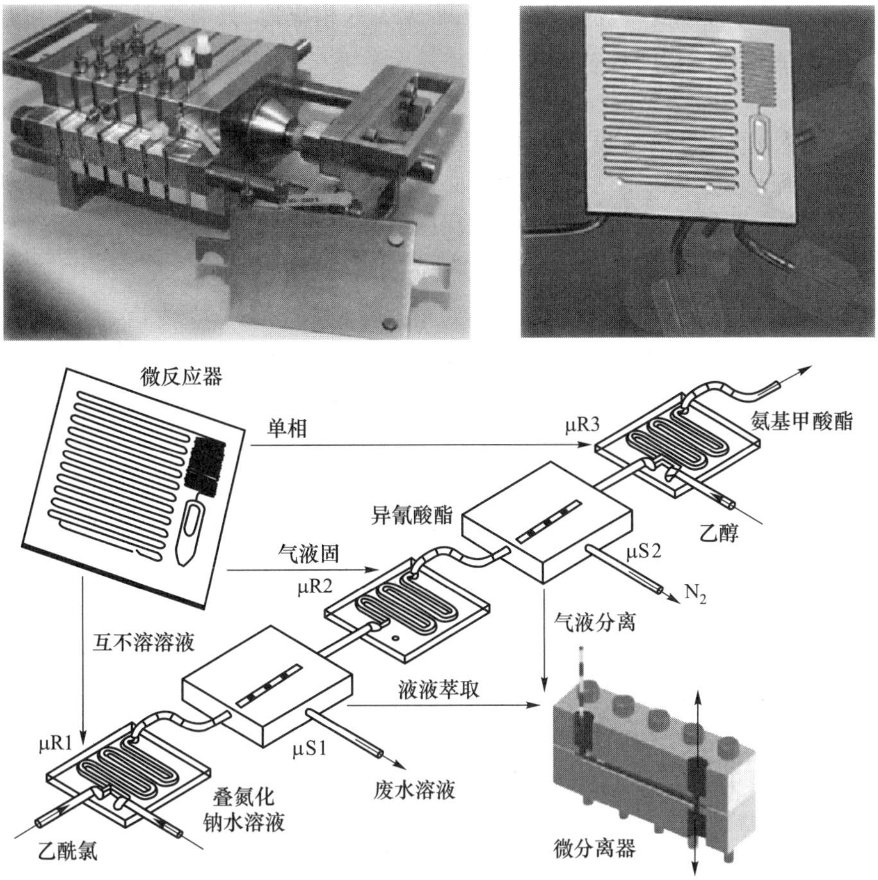

图 2-5 微(通道)反应器及其各微元的功能

第二节 理想反应器的计算

由于理想反应器的计算比较简单,工业生产中许多装置又可以近似地按理想状况处理,故常以理想反应器的设计计算作为实际反应器的设计基础。

2.2.1 反应器计算的基本方程式

反应器计算的主要任务是根据给定的生产任务,在一定条件下,计算反应所需的体积,以此确定反应器的主要尺寸。反应器计算中所用基本方程式是物料衡算式、热量衡算式和反应动力学方程式。反应过程如有较大的压降,并因此影响化学反应速率时,还要加上动量衡算式。反应器的计算也是这些方程组的联合求解。

对这些描述反应器或其反应过程的方程式的构建即为数学建模,对应的方程式即为数学模型。数学模型一般分为两大类:从过程的机理出发推导得到的机理模型和从实验数据出发归纳得到的经验模型。

2.2.1.1 物料衡算式

对于任一简单反应只需要用一个化学计量方程即可唯一地给出各反应之间量的变化关系的

反应体系。化学计量方程本身与反应的实际历程无关。相应地,只需要对一个反应物列出物料衡算式,其余的反应物和产物的量就可由化学计量关系确定。化学计量方程一般可以表示为

$$aA+bB+cC+\cdots=sS+pP+\cdots \tag{2-1}$$

由于反应器内温度和反应物浓度等参数通常随时间(如间歇槽形反应器)或空间(如平推流反应器)而变,化学反应速率也随之改变,因而必须选取微元时间和微元体积作为物料衡算的时间基准和空间基准。即在 $d\tau$ 内、在 dV_R 中,对反应物 A 进行物料衡算。于是有

$$\text{A 输入量}=\text{A 输出量}+\text{A 消耗量}+\text{A 积累量} \tag{2-2}$$

式(2-2)可用图示如下:

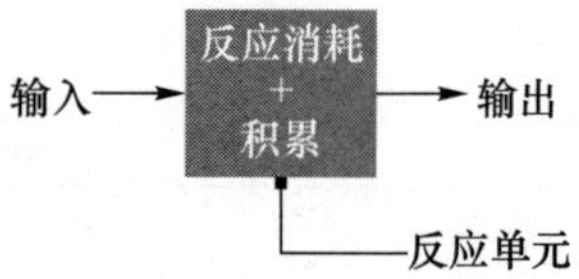

式(2-2)给出了反应器内反应物浓度或转化率随位置或时间的变化关系,A 的消耗量取决于反应速率,在 $d\tau$ 内、在 dV_R 中因反应而消耗的反应物 A 的量为 $r_A dV_R d\tau$。

2.2.1.2 热量衡算式

化学反应通常都有显著的热效应,因此,反应体系的温度会随着反应的进行而发生改变,而温度的改变又会影响化学反应速率,所以,必须进行热量衡算,以确定温度随反应器内位置或时间的变化关系,从而进一步计算化学反应速率。与物料衡算一样,分别选取微元体积 dV_R 和微元时间 $d\tau$ 作为热量衡算的空间基准和时间基准。在 $d\tau$ 内对 dV_R 进行热量衡算得

$$\text{物料带入热}=\text{物料带出热}+\text{过程热}+\text{外界交换热}+\text{累积热} \tag{2-3}$$

式(2-3)可用图示如下:

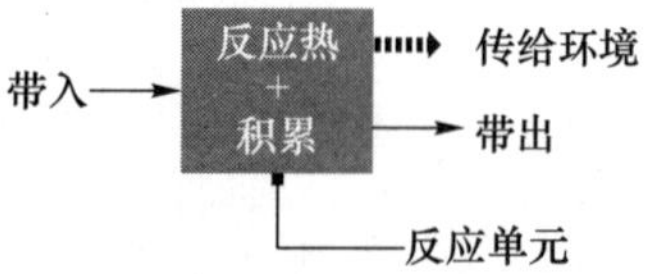

式(2-3)给出了反应器内温度随位置或时间的变化关系。式中,过程热效应由物理变化热和化学变化热组成,当物理变化热可以忽略时或当化学变化热可以忽略时,式(2-3)过程热效应相应地变为化学变化热或物理变化热。

2.2.1.3 动量衡算式

气相流动反应器的压降大时,会影响到药物组分的浓度,需要考虑压降对反应的影响,需进行动量衡算。动量守恒依牛顿第二定律导出,系统的动量变化速率等于作用于系统上的合外力。即

$$F=ma=m\mathrm{d}u/\mathrm{d}\tau=\mathrm{d}(mu)/\mathrm{d}\tau$$

或

$$F\tau=\tau\frac{\mathrm{d}(mu)}{\mathrm{d}\tau}$$

对反应体系进行动量衡算,其方程式如下:

$$\begin{bmatrix}\text{因流动输入}\\\text{的动量速率}\end{bmatrix}-\begin{bmatrix}\text{因流动输出}\\\text{的动量速率}\end{bmatrix}+[\text{累积的动量速率}]=\begin{bmatrix}\text{作用在控制体}\\\text{上的诸力之和}\end{bmatrix} \tag{2-4}$$

有时为了简化计算,常采用估算法。在压力变化较小的情况下,动量衡算可以省去不做。

2.2.1.4 反应动力学方程式

一、间歇系统

反应速率定义的数学形式与反应的操作形式密切相关。在间歇生产系统中,反应物一次加入反应器,经历一定的反应时间达到所要求的转化率后,产物一次卸出,生产是分批进行的,在反应期间,反应器中没有物料进出。如果间歇反应器中物料由于搅拌而处于均匀状态,则反应物系的组成、温度、压力等参数在每一瞬间都是一致的,但随反应的进行而变,故独立变量为时间。在间歇系统中,反应速率的定义分为以下几种情况:

(1) 均相反应 对于均相反应常用单位时间、单位反应容积内物质量的变化来定义该物质的反应速率。因此,由计量方程

$$a_A A+a_B B=a_S S+a_R R \tag{2-5}$$

① 体积 V 不恒定时,式(2-5)所示的反应中各物质的反应速率可写成

$$r_A=-dn_A/(Vd\tau);\quad r_B=-dn_B/(Vd\tau)$$
$$r_R=dn_R/(Vd\tau);\quad r_S=dn_S/(Vd\tau) \tag{2-6}$$

式中 τ 为时间;n_A、n_B、n_R 和 n_S 分别为 A、B、R 和 S 的物质的量;V 为反应容积;r_A、r_B、r_R 和 r_S 分别为 A、B、R 和 S 的反应速率。

显然,各反应的反应速率之间应具有如下关系:

$$\frac{r_A}{a_A}=\frac{r_B}{a_B}=\frac{r_R}{a_R}=\frac{r_S}{a_S} \tag{2-7}$$

② 反应物系体积 V 恒定时,间歇反应用于液相反应时反应混合物体积的变化可以略去,即作恒容处理。同样,对于等分子的气相反应也是一恒容过程。因此,经典的化学动力学常以单位时间内反应物或产物的浓度变化来表示反应速率,即

$$r_A=-dc_A/d\tau;\quad -r_B=-dc_B/d\tau$$
$$r_R=dc_R/d\tau;\quad r_S=dc_S/d\tau \tag{2-8}$$

必须指出,反应速率定义的数学形式是与反应的操作形式密切相关,式(2-6)和式(2-8)仅适用于定义分批式操作方式,而不适用于稳态连续流动的操作方式,因为此时 $dn_i/d\tau$ 或 $dc_i/d\tau$ 等于零。

(2) 多相系统(非均相反应) 在多相系统中,反应物要从一个相传递到另一个相,或者在相界面上进行反应。

① 两相流体系统。

对于两相流体系统采用单位相界面积来表示反应速率。

$$r_A=-dn_A/Sd\tau \tag{2-9}$$

式中 S 为相界面积。

② 流固系统。

对于流固系统采用单位固体表面积或催化剂内表面积 S 来表示;也可根据单位固体质量或催化剂质量 m 表示:

$$r_A=-dn_A/Sd\tau \tag{2-10}$$

式中 S 为固体表面积或催化剂内表面积。

$$r_A=-dn_A/md\tau \tag{2-11}$$

式中 m 为固体或催化剂质量。

二、连续系统

连续系统中反应速率可表示为单位体积中(或单位反应面积上或单位质量固体)某一反应物或产物的摩尔流量的变化,即

$$\pm r_i = \pm \frac{\mathrm{d}N_i}{\mathrm{d}V_\mathrm{R}} \text{或} \pm r_i = \pm \frac{\mathrm{d}N_i}{\mathrm{d}S} \text{或} \pm r_i = \pm \frac{\mathrm{d}N_i}{\mathrm{d}m} \tag{2-12}$$

式中 N_i 为组分 i 的摩尔流量;V_R 为反应体积。对于均相的反应,反应体积是反应混合物在反应器中所占据的体积;对于气固相催化反应,反应体积是反应器中催化剂床层的体积,它包括催化剂颗粒的体积和颗粒之间的空隙的体积。

2.2.1.5 反应速率方程

化学反应的速率方程(rate equation)表示反应速率与浓度等参数之间的关系,或表示浓度等参数与时间关系。速率方程的形式随不同反应而异,必须由实验来确定。大量实验表明,均相反应的速率是反应物系的组成、温度和压力的函数。而反应压力通常可由反应物系的状态方程和组成来确定,所以主要是考虑反应物系的组成和温度对反应速率的影响。

通常用于均相反应的速率方程有两类:双曲函数型和幂函数型。如果化学反应的反应式能代表反应的真正历程,称为基元反应,它的动力学方程可以从质量作用定律直接写出。即基元反应的速率与反应物的浓度(带有指数)的乘积成正比,其中各浓度项的指数就是反应式中各相应物质的化学计量数。

然而,大多数化学反应是由若干个基元反应综合而成,称为非基元反应,其动力学方程需要由实验确定。如果是均相反应,其动力学方程通常可用幂函数形式的通式表示如下:

$$a_\mathrm{A}\mathrm{A}+a_\mathrm{B}\mathrm{B}=a_\mathrm{S}\mathrm{S}+a_\mathrm{R}\mathrm{R}$$

$$r_\mathrm{A}=kc_\mathrm{A}^{\alpha}c_\mathrm{B}^{\beta} \tag{2-13}$$

(1) 反应级数。

① 反应级数不能独立地预示反应速率的大小,它只是表明反应速率对各组分浓度的敏感程度。α 和 β 值越大,则 A 的浓度和 B 的浓度对反应速率的影响也越大。

② 反应级数 α 和 β 的值是凭借实验来获得的,它既与反应机理无直接的关系,也不等于各化学计量数。只有当化学计量方程与反映实际历程的反应机理式一致时,反应级数与化学计量数才会相等,这类反应称为基元反应,它可以直接应用质量作用定律来列出其反应速率方程。

③ 由于反应级数是由实验获得的经验值,所以只能在获得其值的实验条件范围内加以应用;它们在数值上可以是整数、分数或零,亦可以是负数,但总反应级数在数值上很少是达到 3 的,更不可能大于 3。

(2) 反应速率常数。

① 式(2-13)中,k 称为反应速率常数,或称为比反应速率,它在数值上等于当 $c_\mathrm{A}=c_\mathrm{B}=1.0\ \mathrm{mol\cdot L^{-1}}$时的反应速率。按定义,它与除反应浓度外的其他因素有关,如温度、压力、催化剂及其浓度或所用的溶剂等。

② 量纲:[浓度]$^{1-n}$ · [时间]$^{-1}$。反应速率的量纲为[浓度] · [时间]$^{-1}$,所以根据反应速率方程可得反应速率常数的量纲为[浓度]$^{1-n}$ · [时间]$^{-1}$,其中 n 为总的反应级数,在式(2-13)中 $n=\alpha+\beta$。

③ 影响反应速率常数的因素。在催化剂、溶剂等影响因素固定时,k 仅是反应温度的函数,

并遵循阿伦尼乌斯(Arrhenius)方程。即

$$k=k_0\exp\left(-\frac{E}{RT}\right)$$

式中 k_0 称为频率因子;E 为反应的活化能,J/mol;R 为摩尔气体常数[$R=8.314$ J/(mol·K)]。严格地说,频率因子是温度的函数,它与 T 的 n 次方成正比,但它较之 $\exp[-E/(RT)]$而言,其受温度的影响较不显著,可以近似地看成与温度无关的常数。

活化能 E 的物理意义是把反应分子“激发”到可进行反应的“活化状态”时所需的能量。所以,E 的大小直接反映了反应的难易程度。E 越大,通常所需的反应温度亦越高。此外,E 的数值还是反应速率对温度的敏感度的标志。E 越大,反应速率对温度就越敏感,但是其敏感程度还与反应的温度水平有关,温度越低时,温度的影响也就越大。

(3) 单一反应速率。

① 不可逆反应。

$$a_A A+a_B B\xrightarrow{k}a_S S \tag{2-14}$$

任何由式(2-14)所示的不可逆单一反应,如果能应用幂函数速率式来关联其动力学数据,其反应速率式可写成

$$r_A=\frac{a_A r_B}{a_B}=\frac{a_A r_S}{a_S}=kc_A^{\alpha}c_B^{\beta} \tag{2-15}$$

上式中反应速率常数是与反应组分浓度无关而仅与反应温度有关的常数。这样,反应速率式(2-15)本身就将影响反应速率的温度变量和浓度变量加以分离。幂函数型速率方程的这一特点给动力学数据的测量和整理带来极大方便。例如,对于等温恒容的均相反应,式(2-15)可以改写成

$$r_A=-\frac{dc_A}{d\tau}=kc_A^{\alpha}c_B^{\beta} \tag{2-16}$$

其积分式为

$$k\tau=\int_{c_A}^{c_{A0}}\frac{dc_A}{c_A^{\alpha}c_B^{\beta}} \tag{2-17}$$

该式称为速率方程的积分式,式中组分 B 的浓度 c_B 和 c_A 不是相互独立的,它们是受计量方程和物料衡算关系等的约束,可以把 c_B 化为 c_A 的函数,然后代入式(2-17)中求其解析解。

② 可逆反应。可以用完全类似于处理不可逆反应的方法来处理可逆反应。为简明起见,以正、逆向均为一级的可逆反应为例来讨论其处理方法。设该可逆反应的计量方程为

$$a_A A\underset{k'}{\overset{k}{\rightleftharpoons}}a_s S \tag{2-18}$$

由于正、逆向均为一级反应。故其反应速率方程的微分式为

$$r_A=-\frac{dc_A}{d\tau}=kc_A-k'c_S \tag{2-19}$$

式中 k 为正向反应的反应速率常数;k'为逆向反应的反应速率常数。

③ 均相催化反应。许多液相酯化反应均是在酸的催化下进行的,若忽略非催化剂反应部分的速率,这类反应可表示为

$$A+C \xrightarrow{k} R+C \tag{2-20}$$

式中 C 为催化剂。若 c_C 表示催化剂的浓度，由于它在反应中并未消耗掉，所以浓度保持恒定。相应的微分速率方程为

$$r_A=-\frac{dc_A}{d\tau}=(kc_C^{\beta})c_A^{\alpha} \tag{2-21}$$

④ 对于自催化反应，其一般反应式如下：

$$A+B \xrightarrow{k} B+B$$

$$r_A=-\frac{dc_A}{d\tau}=(kc_B^{\beta})c_A^{\alpha} \tag{2-22}$$

（4）复合反应速率　复合反应系统中同时存在几个独立发生的化学反应，其数目与独立的计量方程数相同，需要用两个或更多的独立计量方程来描述。在复合反应中由于同时存在几个反应，所以将同时产生许多产物，而往往只有其中某个产物才是所需的目标产物（或主产物），其他产物均称为副产物。生成主产物的反应称为主反应，其他的反应均称为副反应。

研究复合反应特征的重要目标之一是寻求提高主反应速率同时也抑制了副反应发生的途径，从而达到改善产品分布以利于提高原料利用率的目的。

① 基本概念。

a. 收率（或总收率）。以符号 φ_P 记之，它表示生成的目的产物 P 的物质的量与反应掉的反应组分 A 的物质的量之比。即

$$\varphi_P=\frac{n_P-n_{P0}}{n_{A0}-n_A} \tag{2-23}$$

b. 得率。以符号 η_P 记之，它表示生成的目标产物 P 的物质的量与反应物的起始物质的量之比，即

$$\eta_P=(n_P-n_{P0})/n_{A0} \tag{2-24}$$

c. 选择性。以符号 S_P 记之，它是目的产物 P 所生成的物质的量与某副产物 S 生成的物质的量之比。即

$$S_P=(n_P-n_{P0})/(n_S-n_{S0}) \tag{2-25}$$

② 平行反应。如果几个反应都是从相同的反应物按各自的化学计量关系同时地发生反应，则称为平行反应，可用下式表示：

$$\begin{aligned} A+B &\xrightarrow{k_1} C \\ A+B &\xrightarrow{k_2} D \end{aligned} \tag{2-26}$$

若两者均为不可逆反应，当反应在等温恒容间歇条件下进行时，其速率方程为

$$r_{A1}=\frac{dc_C}{d\tau}=k_1c_A^{\alpha_1}$$

$$r_{A2}=\frac{dc_D}{d\tau}=k_2c_A^{\alpha_2}$$

$$r_{A2}=-\frac{dc_A}{d\tau}=\frac{dc_C}{d\tau}+\frac{dc_D}{d\tau}=k_1c_A^{\alpha_1}+k_2c_A^{\alpha_2} \tag{2-27}$$

③ 串联反应。如果几个反应是依次发生的，这样的复合反应称为串联反应，如下式所示：

$$A+B \xrightarrow{k_1} C \xrightarrow{k_2} D \tag{2-28}$$

若反应在等温恒容间歇条件下进行时，则三者的浓度变化速率为

$$r_A = -\frac{dc_A}{d\tau} = k_1 c_A^{\alpha}$$

$$r_D = \frac{dc_D}{d\tau} = k_2 c_C^{\beta} \tag{2-29}$$

$$r_C = r_A - r_D = k_1 c_A^{\alpha} - k_2 c_C^{\beta}$$

2.2.1.6 参数计算式

参数的计算一般包括物性参数、传递参数及热力学等计算公式。

在进行上述方程联立求解时，首先需要确定过程的自变量和因变量，对于稳态过程，其状态参数与时间无关，通常只以反应器的轴向距离为空间自变量；而间歇过程则均需考虑时间和空间。至于因变量，一般物料衡算时取关键组分的浓度 c_i 作因变量，热量衡算时取温度为因变量，而关键组分通常指反应物中价值最高的组分，同时也是不过量的组分。或从限定杂质及其量考虑。

由于物料的流动混合状况直接影响反应器内的浓度和温度分布，因此，在联立求解物料衡算式和热量衡算式时，必须知道反应器内物料的流动混合状况。但是，在实际反应器中，流体流动混合状态往往是难以确切知道的。

为简化复杂过程的数学描述，在实际工作中先进行理想反应器的计算，然后结合流场（模拟）分析或基于经验进行实际反应器的讨论与优化设计。

2.2.2 理想反应器的计算

制药工业常见的反应器为搅拌釜式反应器和管式反应器，对应的理想反应器分别为间歇釜式反应器、平推流反应器和连续釜式反应器。

2.2.2.1 间歇釜式反应器

（1）反应时间 τ 对于间歇反应器，其中各微元的浓度均匀相等，反应微元的 dV 中的信息与反应体系 V 内的相同。故可就整个反应器在单位时间内对组分 A 作物料衡算：

$$\begin{pmatrix}\text{单位时间}\\\text{流入的 A}\\\text{的量}\end{pmatrix} - \begin{pmatrix}\text{单位时间}\\\text{内流出的}\\\text{A 的量}\end{pmatrix} - \begin{pmatrix}\text{单位时间}\\\text{内反应掉}\\\text{的 A 的量}\end{pmatrix} = \begin{pmatrix}\text{A 在反应器}\\\text{内的积累的}\\\text{速度}\end{pmatrix}$$

$$0 \qquad\qquad 0 \qquad\qquad r_A V_R \qquad\qquad \frac{d(V_R c_A)}{d\tau} = \frac{dn_A}{d\tau}$$

由此可得 A 的衡算式：

$$-r_A V_R = \frac{d(V_R c_A)}{d\tau} \tag{2-30}$$

因为 $V_R c_A = n_A$，而 $n_A = n_{A0}(1-x_A)$（或 $dn_A = -n_{A0} dx_A$），所以，上式可以写成以转化率表示的形式：

$$-\frac{dn_A}{d\tau}=r_AV_R \quad 或 \quad \frac{dn_A}{d\tau}+r_AV_R=0$$

$$n_{A0}\frac{dx_A}{d\tau}=r_AV_R \tag{2-31}$$

积分上式可得

$$\tau=n_{A0}\int_0^{x_A}\frac{dx_A}{V_Rr_A} \tag{2-32}$$

对于 V_R 恒定($dV=0$)的反应过程,由式(2-30)两边同时消去 V_R,积分有

$$\tau=-\int_{c_{A0}}^{c_A}\frac{dc_A}{r_A} \tag{2-33}$$

V_R 恒定时,$c_A=c_{A0}(1-x_A)$,则上式可写成以转化率表示的形式:

$$\tau=c_{A0}\int_0^{x_A}\frac{dx_A}{r_A} \tag{2-34}$$

联立以上两式有

$$\tau=-\int_{c_{A0}}^{c_A}\frac{dc_A}{r_A}=c_{A0}\int_0^{x_A}\frac{dx_A}{r_A} \tag{2-35}$$

对于等温恒容的间歇操作,反应速率常数是定值,可将速率方程代入式(2-35)直接进行积分来求得 τ。

实际上这种等温操作是很难实现的,只有在反应物料中反应物的浓度很小、反应速率很小且反应的热效应又不大的场合才可能接近于等温的条件进行操作,而且在大多数情况下(除非涉及热敏性的反应物料)也不必一定要求在等温下操作。更多的情况是要求合理的温度序列最有利于反应的进行,或有利于改善反应的产物分布。

(2) 反应体积 V_R　由式(2-35)所得的时间是指在一定的操作条件下为使 A 反应达到所要求转化率 x_A 所需的反应时间 τ,而不是每批操作所需的时间。对间歇操作来说,每批药物或其中间体的合成都需要有物料降温、出料、釜清洗(和/或灭菌)和加料等反应性的辅助操作时间 τ',所以每批操作所需的时间应是 $\tau+\tau'$。故处理一定量的物料所需要的有效容积——反应体积不仅与反应时间有关,还与辅助操作时间有关。

根据给定生产任务要求每天处理量为 V,平均每小时处理量须达到 $Q_0=V/24$,则每天可生产 $24/(\tau+\tau')$ 批,故反应体积为

$$V_R=\frac{V}{24/(\tau+\tau')}=Q_0(\tau+\tau') \tag{2-36}$$

式中 V_R 为反应体积,即反应物料所具有的体积,或者说反应器必须具备的有效容积,m^3;Q_0 为平均每小时需要处理的物料体积,m^3/h;τ 为达到要求转化率所需的反应时间,h;τ' 为辅助操作时间,h。

由于反应时间是反应本身所决定的,在注册登记的药物合成工艺限定下,要缩短反应时间只能降低原料的转化率;通常,需要工艺工程师设法对辅助操作过程进行工艺优化以尽可能减少辅助操作时间 τ'。

考虑反应体系物料特性与操作方式等因素,在确定反应器的实际容积时,还应考虑装填系数

φ 和后备系数 δ,则

$$V_R' = \frac{\delta}{\varphi} V_R \qquad (2-37)$$

装填系数 φ 一般取 0.4 ~ 0.85,对于易起泡沸腾物料取 0.4 ~ 0.6;为搅拌器和换热装置的体积考虑的后备系数 δ 一般取 1 ~ 1.5。

例 2-1　在搅拌良好的间歇操作槽形反应器中,用乙酸和丁醇生产乙酸丁酯,反应式为

$$CH_3COOH + C_4H_9OH \longrightarrow CH_3COOC_4H_9 + H_2O$$

反应在等温下进行,温度为 100 ℃,进料配比为乙酸 1 kmol、丁醇 4.97 kmol,以少量硫酸为催化剂。当使用过量丁醇时,其动力学方程式为

$$r_A = kc_A^2$$

上式下标 A 表示乙酸。其中,反应速率常数 k 为 17.4 L/(kmol · min),反应物密度为 0.75 kg/L,并假设反应前后不变。每天生产 2 400 kg 乙酸丁酯(不考虑分离过程损失),如要求乙酸转化率为 50%,每批非生产时间为 0.5 h,试计算反应器的有效体积。

解:① 计算反应时间。因是二级反应,由式 $\tau = \frac{x_{Af}}{kc_{A0}(1-x_{Af})}$ 知乙酸和丁醇的相对分子质量分别为 60 和 74,故知

$$c_{A0} = \left(\frac{1\times0.75}{1\times60+4.97\times74}\right)\ \text{kmol/L} = 1.75\times10^{-3}\ \text{kmol/L}$$

所以,

$$\tau = \left[\frac{0.5}{17.4\times0.001\ 75\times(1-0.5)}\right]\ \text{min} = 32.84\ \text{min} = 0.55\ \text{h}$$

② 计算有效体积。每天生产 2 400 kg 乙酸丁酯,其化学反应计量关系式如下:

$$CH_3COOH + C_4H_9OH \longrightarrow CH_3COOC_4H_9 + H_2O$$

60	74	116
$Q_{A0}\times50\%$		2 400

根据化学反应计量关系式得

$$Q_{A0} = \left(\frac{2\ 400}{24\times116}\times60\times\frac{1}{0.5}\right)\ \text{kg/h} = 103.34\ \text{kg/h}$$

上式中 Q_{A0} 是每小时乙酸的用量,kg/h。

每小时总原料量为

$$Q_0 = \left[103.34\times1+\left(\frac{103.34}{60}\times74\right)\times4.97\right]\ \text{kg/h}$$
$$= 734\ \text{kg/h}$$

每小时需要处理的原料体积为

$$V_0 = \left(\frac{734}{0.75}\right)\ \text{L/h} = 979\ \text{L/h}$$

故反应器有效体积为

$$V_R = V_0(\tau+\tau') = [979\times(5.46+0.5)]\ \text{L} = 5\ 838\ \text{L}$$

(3) 间歇操作的优化分析　在间歇(分批)操作的反应过程中随着反应物转化率的提高,反

应速率将下降，反应器的效率也随之下降。所以存在着在什么转化率下停止反应最为有利的问题。可以有两种目标来进行优化：

① 以反应器的平均生产速率 Y_R 为最大的优化

Y_R 的定义为

$$Y_R=\frac{c_R V}{\tau+\tau'} \tag{2-38}$$

将上式对时间 τ 求导并令其导数等于零可得

$$\frac{dY_R}{d\tau}=V\left[\frac{dc_R}{d\tau}\cdot\frac{1}{\tau+\tau'}+(-1)\cdot\frac{1}{(\tau+\tau')^2}\right]=0 \tag{2-39}$$

整理上式有

$$\frac{dc_R}{d\tau}=\frac{c_R}{\tau+\tau'} \tag{2-40}$$

或写成以转化率来表示的形式，若有 $\alpha_A A=\alpha_R R$，则有下式成立：

$$\frac{c_{A0}-c_A}{a_A}=\frac{c_R}{a_R} \qquad (c_{R0}=0) \tag{2-41}$$

即有

$$c_R=\frac{a_R}{a_A}(c_{A0}-c_A)=\frac{a_R}{a_A}c_{A0}x_A \tag{2-42}$$

所以

$$\frac{dc_R}{d\tau}=\frac{a_R}{a_A}\left(-\frac{dc_A}{d\tau}\right)=\frac{a_R}{a_A}c_{A0}\frac{dx_A}{d\tau} \tag{2-43}$$

把式(2-42)、式(2-43)代入式(2-40)可得

$$\frac{dx_A}{d\tau}=\frac{x_A}{\tau+\tau'} \tag{2-44}$$

在确保原药中的杂质在可控范围内的前提下，可以应用上式以图解法来求得使反应器平均生产速率为最大时的转化率 $x_{A,opt}$ 和反应时间 τ（如图 2-6 所示）。

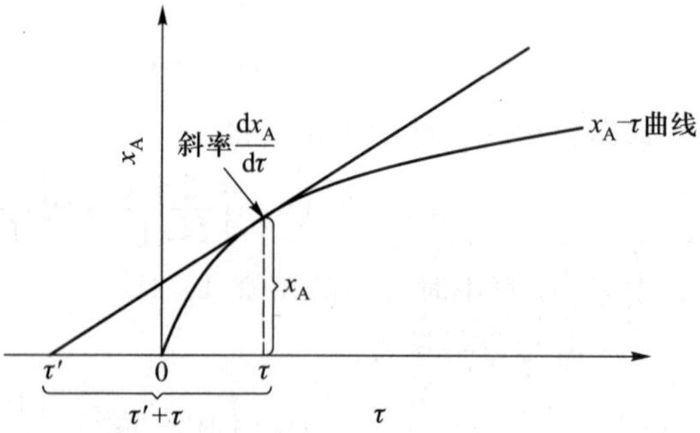

图 2-6 分批式操作优化图解法示意图

② 以生产费用最低为目标的优化

若以 a 表示在反应操作时的操作费用（元/小时）；a_0 为非生产性操作时的费用（元/小时）；a_F 表示固定消费（元），则单位生产量的总费用 $T.C.$ 应为

$$T.C.=\frac{a\tau+a_0\tau'+a_F}{Vc_R M_R} \tag{2-45}$$

上式右边分母项为产物 R 的质量。将上式对 τ 求导并令其等于零，即可得

$$\frac{dc_R}{d\tau}=\frac{c_R}{\tau+[(a_0\tau'+a_F)/a]} \tag{2-46}$$

应用上式即可求得满足生产费用最小的条件。

(4) 热量衡算　在利用间歇釜式反应器进行药物合成反应过程中,通常有升温、降温或保温等温度控制,这些控制要求容器内物料与外界需进行换热,而与外界换热多采用间壁传热方式,因此,需要利用热量衡算式进行换热能力需求的计算,并由此确定换热器的面积等。

间歇釜式反应器多采用夹套和/或内部盘管进行换热,由于没有物料流入和流出,因此,物料带入和带出的热量为零。在恒容情况下,间歇反应器的热量衡算通式为

物料带入热=物料带出热+反应热+外界交换热+累积热

$$0 \qquad 0 \qquad \Delta H_r V_R r_A \qquad hA(T-T_c) \qquad V_R \rho \bar{c}_p \frac{dT}{d\tau}$$

由式(2-31)可知
$$r_A = \frac{n_{A0}}{V_R}\frac{dx_A}{d\tau}$$

则
$$V_R \rho \bar{c}_p \frac{dT}{d\tau} = hA(T_c - T) + (-\Delta H_r) n_{A0} \frac{dx_A}{d\tau} \tag{2-47}$$

式中　h——总传热系数,kJ/(m^2·h·K);

A——传热面积,m^2;

T_c——热介质的温度,K;

$\bar{c}_p$——反应混合物的平均比定压热容,kJ/(kg·K);

ρ——反应混合物的密度,kg/m^3。

式(2-47)右边第一项为反应物系与传热介质交换的热量。对于吸热反应需要外界向反应体系内供热,要求 $T_c>T$;对于放热反应则是反应体系需要向外界散热,要求 $T_c<T$。右边第二项为反应热,$-\Delta H_r$ 为焓变。

对于等温过程,$dT/d\tau=0$,式(2-47)变为

$$hA(T_c - T) = \Delta H_r n_{A0} \frac{dx_A}{d\tau} \tag{2-48}$$

对于绝热过程,反应体系与外界不发生热交换,式(2-47)变为

$$V_R \rho \bar{c}_p \frac{dT}{d\tau} = (-\Delta H_r) n_{A0} \frac{dx_A}{d\tau}$$

$$\int_{T_0}^{T} V_R \rho \bar{c}_p dT = \int_0^{x_A} (-\Delta H_r) n_{A0} dx_A$$

$$T - T_0 = \frac{(-\Delta H_r) n_{A0}}{V_R \rho \bar{c}_p} x_A = \frac{(-\Delta H_r) c_{A0}}{\rho \bar{c}_p} x_A \tag{2-49}$$

令
$$\frac{(-\Delta H_r) c_{A0}}{\rho \bar{c}_p} = \lambda \tag{2-50}$$

则
$$T - T_0 = \lambda x_A \tag{2-51}$$

式(2-51)中,λ 为在绝热条件下当反应体系中组分 A 全部转化时,体系温度升高的数值;对于在绝热条件下进行的放热反应,$\lambda>0$,即反应体系的温度总是随着反应的进行而不断上升;反之,对于在绝热条件下吸热的反应,$\lambda<0$,反应体系温度随反应的进行是不断下降的。

例 2-2　在水大量过量的情况下,在间歇反应器中,将乙酸酐水解为乙酸:

$$Ac_2O + H_2O = 2HAc$$

由于水过量,故反应可看作乙酸酐的拟一级不可逆反应。温度与反应速率常数的关系见下表:

温度/K	288	293	298	303
反应速率常数	0.001 34	0.001 88	0.002 63	0.003 51

乙酸酐初始浓度 $c_{A0}=0.3$ mol/L,反应混合物的比定压热容和密度可视为常数,分别为 3.8 kJ/(kg · K) 和 1 070 kg/m^3。试计算:(1) 在绝热条件下计算乙酸酐反应率为 80% 时所需的时间;(2) 若辅助时间为 0.4 h。日产 1 000 kmol 的乙酸,所需反应器的体积。

解:(1) 计算反应时间

$$\lambda=\frac{(-\Delta H_r)c_{A0}}{\rho c_p}=\frac{210\ 000\times0.3}{1\ 070\times3.8}=15.5$$

代入 $T-T_0=\lambda x_A$ 得

$$T-T_0=15.5x_A \tag{A}$$

反应时间与反应率的关系为

$$\tau=c_{A0}\int_0^{x_{Af}}\frac{dx_A}{r_A}=\int_0^{x_{Af}}\frac{dx_A}{k(1-x_A)}=\int_0^{x_{Af}}I dx_A \tag{B}$$

式中

$$I=\frac{1}{k(1-x_A)} \tag{C}$$

计算步骤:首先假定反应率,用式(A)求 T,由 T 与 k 的关系求出对应 T 的 k 值,由式(C)计算 I,如此下去,直到给定的反应率为止。计算结果列于表 2-1:

表 2-1 不同反应率下的 I 值

反应率	0	0.1	0.2	0.3	0.4	0.5	0.6	0.7	0.8
T	288	289.5	291.1	292.6	293.2	295.7	297.3	298.8	300.4
反应率	0	1.5	3.1	3.6	6.2	7.7	9.3	10.8	12.4
k	0.001 34	0.001 51	0.001 67	0.001 84	0.002 06	0.002 29	0.002 52	0.002 78	0.003 05
I	746.3	737.2	746.5	775.6	809.3	872.7	990.5	1 199.7	1 638.8

用梯形公式进行数值积分,得反应时间

$$\tau=\int_0^{x_{Af}}I dx_A=\frac{I_0+2\sum_{i=1}^{7}I_i+I_B}{2}(x_{Ai}-x_{Ai-1})=732.39\ \text{s}=0.203\ \text{h}$$

(2) 计算反应体积

日产 1 000 kmol 的乙酸所需乙酸酐的溶液量

$$\frac{1\ 000}{60\times24\times0.3\times2\times0.8}\ \text{m}^3/\text{h}=1.447\ \text{m}^3/\text{h}$$

需要反应器的反应体积为

$$V_R=Q_0(\tau+\tau')=[1.447\times(0.203+0.4)]\ \text{m}^3=0.872\ \text{m}^3$$

2.2.2.2 平推流反应器

连续稳态下,平推流反应器内物料的各种参数(浓度、温度、反应速率等)随物料流动方向变化,不随时间而变化;反应物料具有相同的停留时间。就管式反应器来说,各个截面上的各种参数只是位置的函数，不随时间而变化，其径向速度均匀，径向也不存在浓度梯度，管内没有物料累积。因此，可取反应器内任何一体积微元 dV_R 进行物料衡算。如图 2-7 所示。

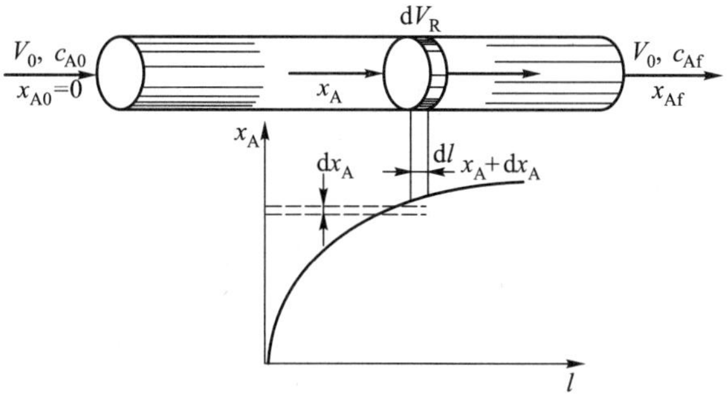

图 2-7 平推流反应器物料衡算图

物料衡算式的基本式为

流入量=流出量+反应量+累积量

在稳态下任一微元 dV_R 内反应物的累积量为零。于是有

流入量=流出量+反应量+0

则
$$c_{A0}(1-x_A)V_0 d\tau = c_{A0}[1-(x_A+dx_A)]V_0 d\tau + r_A dV_R d\tau \tag{2-52}$$

即
$$c_{A0}V_0 dx_A = r_A dV_R \tag{2-53}$$

将上式积分得
$$V_R = \int_0^{x_{Af}} c_{A0}V_0 \frac{dx_A}{r_A}$$

$$\tau_c = \frac{V_R}{V_0} = c_{A0}\int_0^{x_{Af}} \frac{dx_A}{r_A} \tag{2-54}$$

式(2-54)与间歇反应器的公式(2-34)形式相同，式中 τ_c 为反应器的空间时间，h；V_R 为反应器的有效容积，m^3；V_0 为物料进口处的体积流量，m^3/h。

对于等温恒容过程，反应速率常数不变，反应速率仅是浓度的函数，$r_A=kc_A^n$，式(2-54)经定积分变为

$$V_R = \frac{V_0}{k}\int_0^{x_{Af}} \frac{dx_A}{c_{A0}^{n-1}(1-x_A)^n} = -\frac{V_0}{k}\int_{c_{A0}}^{c_{Af}} \frac{dc_A}{c_A^n} \tag{2-55}$$

例 2-3 在管式流动反应器中生产乙酸丁酯，操作条件和产量同例 2-1，试计算所需反应器体积。

解：(1) 按理想管式流动反应器进行计算。由例 2-1 已知 $c_{A0}=0.001\ 75$ kmol/L，$V_R=979$ L/h，$x_{Af}=0.50$，代入 $\tau_c=\frac{V_R}{V_0}=\frac{x_{Af}}{kc_{A0}(1-x_{Af})}$ 得

$$V_R = \frac{V_0 x_{Af}}{kc_{A0}(1-x_{Af})} = \left[\frac{979\times0.5}{17.4\times60\times0.001\ 75\times(1-0.5)}\right] \text{L} = 536\ \text{L}$$

(2) 变容过程 等温理想管式流动反应器内进行有分子式变化的气相反应时，式(2-54)和式(2-55)的关系不再成立。变容时任一位置浓度与转化率的函数关系推导如下。

设有反应

$$aA+bB \longrightarrow mM$$

把每转化 1 kg 反应物 A 所造成的反应体系内分子数的改变量定义为膨胀因子 δ_A，即

$$\delta_A=\frac{m-a-b}{a}$$

进料中如含有惰性气体，并不影响值的大小。如上反应中含 U kg 惰性气体，则

$$\delta_A=\frac{m-a-b}{a}=\frac{m+U-a-b-U}{a}=\frac{m-a-b}{a}$$

引入膨胀因子，即可进行反应前后体积变化的计算。

设一变容过程，总进料分子流量为 F_0，其中反应物 A 的分子流量为 F_{A0}，占总进料的分子分数为 $y_{A0}=F_{A0}/F_0$。总进料体积流量为 V_0。当转化率为 x_A 时，反应体系总物料分子流量变为

$$F_t=F_0+\delta_A F_{A0}x_A=F_0(1+\delta_A y_{A0}x_A)$$

如可当成理想气体，并且不考虑流动压降，则相应的体积流量为

$$V_t=\frac{RT}{P}F_0(1+\delta_A y_{A0}x_A)=V_0(1+\delta_A y_{A0}x_A)$$

c_A 与 x_A 的关系式为

$$c_A=\frac{F_A}{V_t}=\frac{F_{A0}(1-x_A)}{V_0(1+\delta_A y_{A0}x_A)}$$

$$c_A=c_{A0}\frac{1-x_A}{1+\delta_A y_{A0}x_A}$$

$\delta_A=0$，即等容过程，代入后得

$$c_A=c_{A0}(1-x_A)$$

说明 $c_A=c_{A0}\dfrac{1-x_A}{1+\delta_A y_{A0}x_A}$同时适用等容和变容过程。

当反应速率以分压表示时，还必须知道任一位置分压 p_A 与 x_A 的关系。把上式等号两侧同乘以 RT，则得

$$p_A=p_{A0}\frac{1-x_A}{1+\delta_A y_{A0}x_A}$$

将上述关系代入反应速率方程式，就可以计算变容过程为达到一定转化率所需要的反应器体积。

对于等温理想管式反应器内进行有物质的量变化的气相反应时，$c_A=c_{A0}(1-x_A)$ 的关系式不再成立，任一位置的浓度 c_A 与转化率 x_A 的函数关系因物质的量变化产生的膨胀而变化，通常引入膨胀因子进行核算。至于非等温(理想)平推流管式反应器，须列出热量衡算式、物料衡算式和反应动力学方程式联立求解，才能算出反应器内沿管长方向温度和转化率的分布，并求得为达到一定转化率所需要的反应器容积。

详细的计算方法可查阅相关资料。

2.2.2.3 连续釜式反应器

连续釜式反应器或理想混合反应器既可单釜操作也可多釜串联操作。

假设：反应物料以稳定流量流入反应器，在反应器中，刚进入的新鲜物料与存留在反应器中的物料瞬间达到完全混合。

于是，反应器中所有空间位置的物料参数都是均匀的，而且，等于反应器出口处的物料性质，物料质点在反应器中的停留时间参差不齐，有的很长，有的很短，形成一个停留时间分布。

反应单元 dV 中的信息与其所在反应釜 V 内的相同,反应器内物料的浓度和温度处处相等,且等于反应器流出物料的浓度和温度。稳态反应期间,反应釜内没有物料累积;即在任一微小时间内釜内累积量为零。如图 2-8 所示。

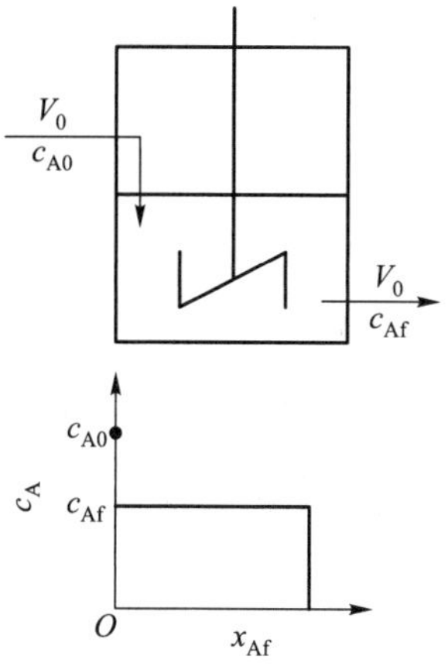

图 2-8 连续釜式反应器物料衡算图

对于单级连续釜式反应器,有以下物料衡算式:

$$流入量=流出量+反应量+0$$

于是有

$$V_0c_{A0}=V_0c_{A0}(1-x_{Af})+(r_A)_fV_R$$

$$V_0c_{A0}x_{Af}=(r_A)_fV_R$$

$$\tau=\frac{V_R}{V_0}=\frac{c_{A0}-c_A}{(r_A)_f}=\frac{c_{A0}x_{Af}}{(r_A)_f} \tag{2-56}$$

例 2-4 在搅拌良好的槽形反应器内连续操作生产乙酸丁酯,反应条件和产量与例 2-1 相同。试计算连续槽形反应器的有效体积。

解:用 $\bar{\tau}=\dfrac{V_R}{V_0}=\dfrac{x_A}{kc_{A0}(1-x_A)^2}$ 进行计算。

由例 2-1 已计算出:

$$c_{A0}=0.001\,8\ \text{kmol/L},\quad V_0=979\ \text{L/h},\quad x_A=0.5,\quad k=17.4\times60\ \text{L/(kmol}\cdot\text{h)}$$

代入得

$$V_R=\frac{V_0x_A}{kc_{A0}(1-x_A)^2}=\frac{979\times0.5}{17.4\times60\times0.001\,8\times(1-0.5)^2}=1\,042(\text{L})$$

对于多级连续釜式反应器,有以下物料衡算式:

$$V_{i-1}c_{i-1}=V_ic_i+r_iV_{Ri} \tag{2-57}$$

因为釜式反应器多用于液相反应,所以反应过程中液体体积的变化不明显,可当作恒容过程。可假定 $V_i=V_{i-1}\approx V_0$

$$V_{Ri}=\frac{V_0(c_{i-1}-c_i)}{r_i},i=1,2,\cdots,K \tag{2-58}$$

上式即为连续釜式反应器反应体积的计算公式。只要原料的处理量已知,进出口组成已知,反应速率方程已知,就可直接计算 V_{Ri} 了。

$$\tau_i=\frac{V_{Ri}}{V_0}=\frac{c_{i-1}-c_i}{r_i} \tag{2-59}$$

利用上式,若空时 τ_i 已知,则可用来计算物料出口组成,即出口转化率,以及目的产物 P 的收率等。

例 2-5 用二段连续槽形反应器生产乙酸丁酯,第一段乙酸的转化率为 32.3%,第二段转化率为 50%,反应条件和产量同例 2-1。计算各段反应器的有效体积。

解:用解析法

第一段反应器

$$\frac{V_{R1}}{V_0}=\frac{x_{A1}}{kc_{A0}(1-x_{A1})^2}$$

$$=\frac{979\times0.323}{17.4\times60\times0.001\,8\times(1-0.323)^2}=367.1(\text{L})$$

第二段反应器

$$\frac{V_{R2}}{V_0}=\frac{V_0(x_{A2}-x_{A1})}{kc_{A0}(1-x_{A2})^2}$$

$$=\frac{979\times(0.5-0.323)}{17.4\times60\times0.0018\times(1-0.5)^2}=368.8(\text{L})$$

$$V_R=V_{R1}+V_{R2}=367.1+368.8=735.9(\text{L})$$

第三节 反应器内流体流型与搅拌

由于化学反应及酶催化反应均源于分子或微粒的热运动带来的分子之间的碰撞，而来自不同微团(粒)的分子碰撞概率除了与分子热运动有关以外，更重要的是与微团的分散均匀度及微团比表面积密切相关。因此，微团被分切次数越多，其分散将越均匀，比表面积越大，分子碰撞概率则越大。与此同时，反应体系的热交换效率因物料的对流、剪切与分散而改善甚至提高。通常，反应器内物料的"被分切"主要是由流体流动及流体速度涨落所造成的，物料的流动与分切既可以通过搅拌桨的转动，也可以经泵送外循环等来实现。在药物合成反应反应器中，常用的是搅拌桨。

在上一节，有关反应器的有效容积——反应体积的计算似乎与搅拌没有关系。事实上，它是基于反应器内的搅拌能实现流体流动混合与分散状态达到均匀混合的理想状态或重现小试合成反应过程状态。由此可见，搅拌在药物合成反应过程中具有十分重要的作用。为此，必须对各种搅拌器的优缺点、使用范围，以及它们对液体所产生的流型有所了解。

2.3.1 搅拌器的结构与功能

搅拌在反应器内流体微团形成、分散及扩散、反应、传热过程中发挥重要的外力作用。通过搅拌使密度、黏度不同的物料混合均匀，使物料流动加快从而提高传热及传质速率；借助搅拌的推动作用使液体因流动而产生拖拽作用促使密度大的固体颗粒或液滴在液体介质中悬浮；借助搅拌产生的剪切作用使气体、液体或固体分散在液体介质中并增大不同物相间的接触面积，加快传热和传质过程。

搅拌是药物及化学合成过程常用的手段，主要用于：① 液液互溶系统的搅拌；② 液液不互溶系统的搅拌；③ 固液系统的搅拌；④ 气液系统的搅拌。在实际生产过程中，对搅拌作用的需求往往是综合的，但因主体需求而有所不同。比如，Pd/C 催化加氢还原合成美罗培南的反应过程，要求通过搅拌造成流体强制对流和旋转流动保证颗粒尽可能处于悬浮；而对于 2,4-二硝基氟苯光催化氯化合成 2,4-二氯氟苯的反应过程，则主要要求搅拌产生剪切分散作用使氯气气泡直径尽可能地小。一般地，对于第①种情况缓和的搅拌就足够完成了，但为了缩短操作时间，搅拌可以加剧；在第②种情况下，强烈的上下翻动的搅拌是必要的；第③种情况，如固体为量较少且不易沉降时，可以采用缓和的搅拌，反之，固体量较多，且较易沉降时，则必须采用强烈的上下翻动的搅拌；在第④种情况下，通常必须采用强烈的搅拌。要实现相应的搅拌作用，对搅拌器及相应的附属装置的合理选择是必要的。

2.3.1.1　搅拌器的结构分类

搅拌器由搅拌浆叶(叶轮)及轴所组成。由于搅拌任务不同,浆叶的形式不尽相同,轴的数量也不同。搅拌器因轴的数量分为传统的单轴和为满足不同需求的双轴组合式搅拌;双轴因布轴方式而分为立式和卧式,因轴线位置的不同而分为同心式、对心式和偏心式等几种,如图 2-9 所示。

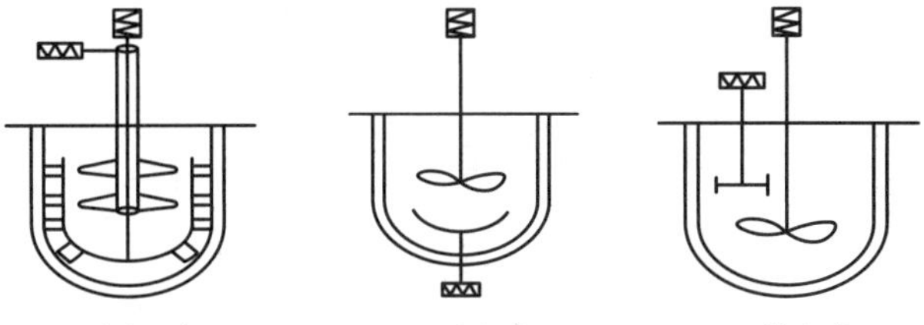

(a) 同心式　(b) 对心式　(c) 偏心式

图 2-9　立式双轴组合式搅拌结构示意图

搅拌器根据桨叶结构不同主要分为桨式、推进式、涡轮式、锚式、框式、螺轴式、螺带式,以及桨式和叶片组合式等组合改进型,如图 2-10 所示。

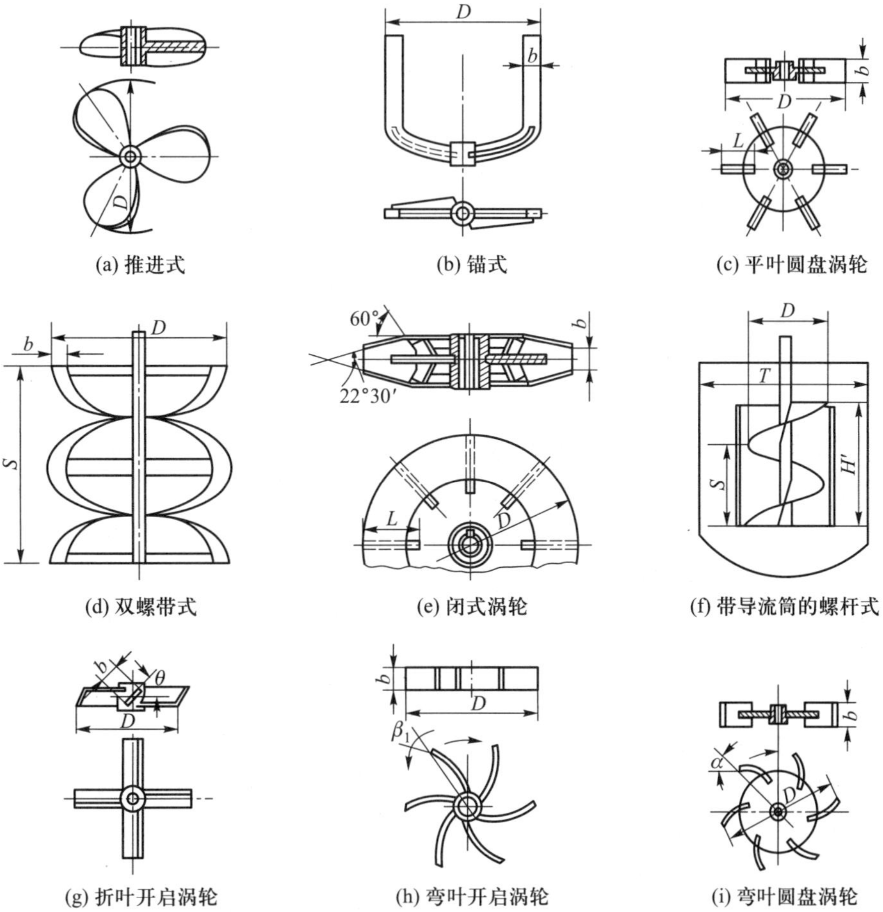

(a) 推进式　(b) 锚式　(c) 平叶圆盘涡轮

(d) 双螺带式　(e) 闭式涡轮　(f) 带导流筒的螺杆式

(g) 折叶开启涡轮　(h) 弯叶开启涡轮　(i) 弯叶圆盘涡轮

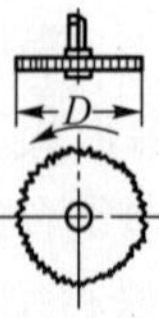

(j) 锯齿圆盘涡轮

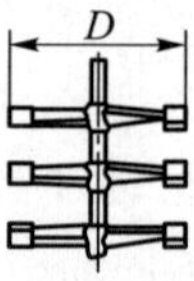

(k) MIG型

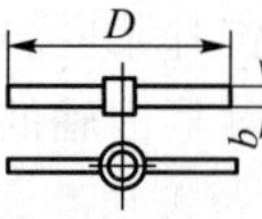

(l) 平叶式

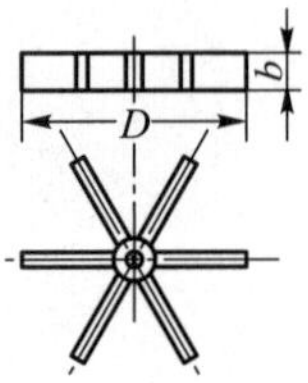

(m) 平叶开启涡轮

(n) 箭叶圆盘涡轮

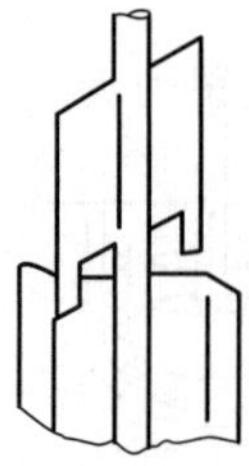
(o) 泛能式

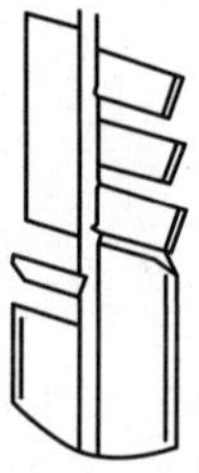
(p) 叶片组合式

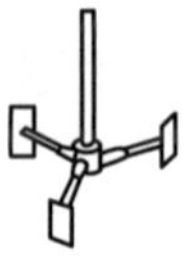
(q) 布鲁马金式

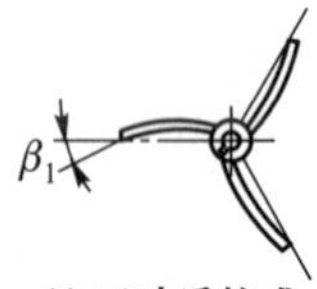

(r) 三叶后掠式

图 2-10 常见搅拌桨叶结构

2.3.1.2 搅拌桨叶的结构与功能

(1) 桨式搅拌器 桨式搅拌器是搅拌器中最简单的一种,制造方便,它对黏性小或固体悬浮物含量在 5% 以下的液体,以及仅需保持缓和混合场合最适用。

桨式搅拌器在慢转速时的剪切作用不大,轴向运动小,适用于黏度高达 15 Pa · s,密度达 2 000 kg/m^3的非均一系统液体的搅拌,尤其适用于流动性液体的混合、纤维状或结晶状的固体物质的溶解、固体的熔化、保持较轻固体颗粒呈悬浮状态等。当轴在液体中旋转时,平板桨叶主要是造成水平的圆形液流。平桨式搅拌器的主要缺点是不易产生轴向液流,但只要尺寸及转速选择得正确,桨式搅拌器仍不失为一种有效的搅拌器。为了提高流体循环量,可选用桨叶前端有后角推板的布尔马金式改进型多叶平叶桨;这种新型桨式搅拌桨叶的叶端圆击点线速度可高达 3 ~ 10 m/s,具备较高的排出能力,且功耗低、剪切力小,可用于黏度不超过 50 Pa · s 的物料体系,适用传热要求高的工艺过程;有挡板时,可产生对流循环和湍流扩散。

应用于液液互溶系统的混合或可溶性固体溶解时,平桨的直径一般选为容器直径的 0.7 倍,叶端圆击点线速度维持在 1.5 ~ 2 m/s,液体的深度与容器的直径相当。如欲使较轻的不溶性固体均匀地悬浮于液体中,此时平叶桨直径等于容器直径的 1/3 ~ 1/2,桨叶宽度为桨叶直径的 1/6 ~ 1/4,桨叶下方边缘离容器底的距离等于桨叶的宽度。为了达到较剧烈的湍流以制止固体物下降的倾向,桨叶叶端圆击点线速度可以高于 1.5 ~ 2 m/s,但以不超过 3 m/s 为宜,实际上桨式搅拌器在高转速下已起到涡轮式搅拌器的作用。

桨式搅拌器在液体中旋转时主要是造成水平的圆形液流,靠近转轴的液体形成一漏斗状的漩涡,这种漩涡将直接影响混合的效率,因为相对密度较小的固体在靠近轴的区域里作回转运动，而相对密度较大的固体则由于受到较大的离心力，被抛到离轴较远的区域活动，这样便形成了固体的分离作用，而不是混合作用。

为了使液体在容器中上下翻动，而采用桨叶与水平方向形成一定倾斜角（45°～60°）的斜叶桨，如三叶斜叶桨就具有产生一定轴向循环的能力，高速（桨叶叶端圆击点线速度约 6 m/s）时有剪切分散作用，适用于黏度<10 Pa·s 的流体的溶解、混合、分散、传热操作过程。

（2）涡轮式搅拌器　涡轮式搅拌器和离心泵相似，高速旋转，液体径向流速较高，冲击在内壁上，变成沿壁上下流动，基本上形成比较有规则的循环作用，如图 2-11 所示。在装有挡板的容器中，液体的轴向流动更为显著。亦可在这种搅拌器的四周装上导流筒以加强轴向流动，但叶轮应置于筒下，以免影响其径向液流。搅拌器与导流筒的间隙为容器直径的 0.05 倍；导流筒高度≥容器直径的 1/4。

由于这种搅拌器能最剧烈地搅拌液体，因而它主要应用在下列场合：混合黏度相差较大的两种液体；气体在液体中的扩散过程；混合含有较高浓度固体微粒（达 60%）的悬浮液；混合相对密度相差较大的两种液体。涡轮式搅拌器适合用于黏度为 2～25 Pa·s，密度达 2 000 kg/m^3 的液体介质。

涡轮式搅拌器可分为闭式和开式两种，但在制药工业中以选用开式的较多，因闭式的涡轮式搅拌器制造复杂，造价较高，不利于推广使用。最常见的开式涡轮式搅拌器有① 平叶圆盘涡轮；② 弯叶圆盘涡轮；③ 箭叶圆盘涡轮；④ 平叶涡轮；⑤ 45°斜叶涡轮；⑥ 弯叶涡轮。

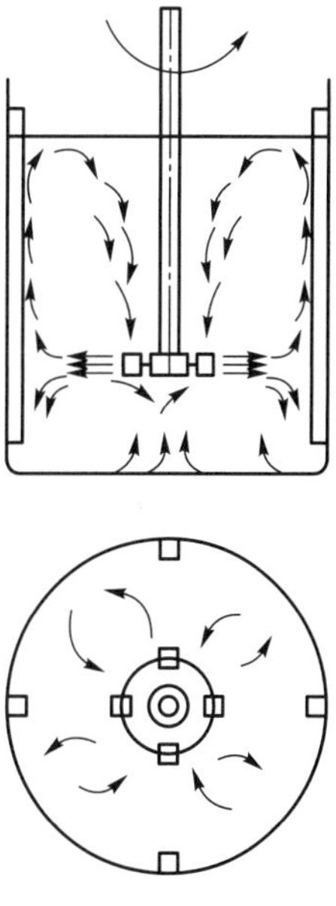

图 2-11　涡轮搅拌的流型

平叶圆盘涡轮及弯叶涡轮这两种搅拌器广泛地应用于传热过程、溶解或悬浮操作、抗生素的发酵及其他气液搅拌，其混合的有效程度与闭式涡轮相仿，但结构比较简单，造价较低。比如，平直六叶圆盘涡轮在中高速（桨叶叶端圆击点线速度 4～10 m/s）的搅拌桨中是搅拌强度最强、功耗最大的一种，其剪切力大、分散能力强；由于圆盘效应，气体分散更平稳、均匀，叶片上带排液孔可以降低 10% 功耗，特别适用于高强度要求的气体分散、吸收，也用于固体悬浮、传热、非均匀相反应操作。为了提高气液反应速率，采用具有强大的气体处理能力的新型凹面六叶盘式搅拌，比常规平叶盘式搅拌传质系数可高近 1 倍，处理气体的能力能提高 46%。与圆盘式涡轮产生的径向流不同，六折叶或弯叶开启式涡轮有较好的对流循环能力和湍流扩散能力，产生的是轴流型流动，非常适合混合、微细结晶、分散、反应、溶解、悬浮、传热操作。

一般标准设计中，搅拌器的直径为容器直径的 1/3。在液位较高的场合，应该采用多层的搅拌器。

$$\text{涡轮式搅拌器层数}=\frac{H\rho}{1\,000d} \tag{2-60}$$

式中 H 为液位高度；d 为桨叶直径；ρ 为液体密度。当搅拌两相物料时，密度 ρ 应取平均值。涡轮式搅拌器的转速较高，叶端圆周速度一般为 2.5～5.5 m/s，最高可达 6 m/s。适用于大容器的场合，个别情况下，甚至可达 2 000 m^3。

（3）推进式搅拌器　推进式搅拌器有 2～4 片短桨叶（一般为 3 片），桨叶面是弯曲的，呈螺旋推器形式，犹如轮船上的推进器。推进式搅拌器的桨叶端圆击点线速度往往可达 15 m/s，与电动机直接连接的小型桨叶端圆击点线速度最大可达 25 m/s。搅拌桨叶与运动方向的水平面成一定的倾斜角度，整个桨叶的直径为容器直径的 1/4 ~ 1/3。由于这样的构造，推进式搅拌器主要是产生轴向液流。在高速旋转时，它能从一面吸进液体，而从另一面推出液体；当转速高时，剪切作用较大，并产生强烈的湍动，因此它的容积循环率高。由于它能产生大的液流速度，且能持久而波及远方，因此对搅拌低黏度（可达 2 Pa · s）而密度达 2 000 kg/m^3 的各种液体有良好的效果，但不适用于高黏度的液体。桨叶与运转水平面间的倾斜角度有向上倾斜和向下倾斜两种。

当倾斜角大于 90°时（即向上倾斜），液体质点在撞击后向上翻转。当倾斜角小于 90°时（即向下倾斜），则液体质点在撞击后向下折转。因此，当搅拌的目的是要从器底将沉重的沉淀物搅起时，应使搅拌器靠近器底，并将桨叶装成大于 90°的倾斜角。

推进式搅拌器与导流筒间的尺寸关系如图 2-12 所示。其中，$d=(0.3\sim0.33)D_0$；$D_1=1.1d$；$H_4=d$；$C=1.2d$；$H_2\leqslant0.5H_1$；$H=0.75H_0$；$H_3=0.8d$。这种搅拌器的桨叶端圆击点线速度一般为 5 ~ 10 m/s，适用于容积在 2 m^3 范围之内的场合。

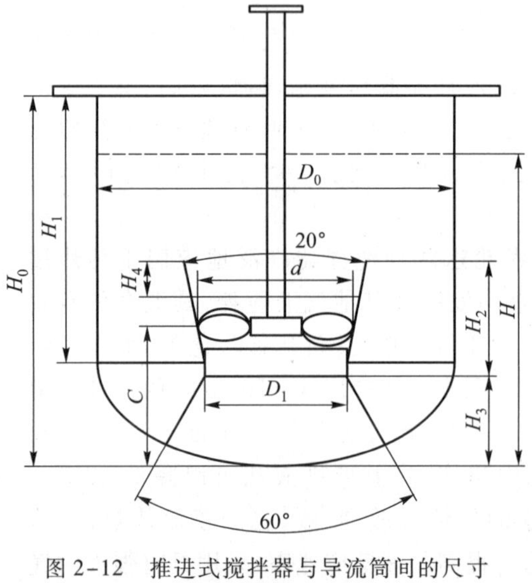

图 2-12　推进式搅拌器与导流筒间的尺寸

（4）框式及锚式搅拌器　框式搅拌器和锚式搅拌器一般说来仍属于桨式搅拌器的类型。框式搅拌器是由水平的及垂直的桨叶组成，有时还包括斜的桨叶。锚式搅拌器的形状和框式相似，但具有弧形弯曲的桨叶，根据器底的形状，它的曲面可以是圆形的、椭圆形的和锥形的。

这两种搅拌器主要用在搅拌不必强烈、而必须基于全部液体的场合，以及用于搅拌含有相当多的固体悬浮物、而固体和液体的相对密度相差不大者。它们在运转时，雷诺数一般不要超过 10^3，否则表面会生成漩涡，对混合不利，因此叶端部圆击点线速度较低，一般为 0.5 ~ 1.5 m/s。转速一般低于 60 r/min，大型的则低于 30 r/min。

锚式搅拌器曾成功地用于黏度接近于 1 000 Pa · s 的液体（相当于糖蜜）的分批混合操作。例如，在 40 r/min 下，锚式搅拌器能够混合 40 Pa · s 的液体，液体黏度在 0.1 ~ 1 Pa · s 时可以用没有中间横挡的锚式，但桨式搅拌器只能混合不超过 15 Pa · s 的液体。

锚式搅拌器运动缓慢，表面积大，外形与锅壁吻合且贴近，用于传热操作时，可利用其刮壁作用以防止锅壁上静止膜的形成，尤其对于黏稠的物料，可以防止物料在锅底及锅壁上附着，从而防止局部过热和焦化现象的发生。锚式搅拌器边缘到容器壁的距离通常为 30 ~ 50 mm，在必须防止形成残留物时，距离可以更小（小到 5 mm）。

小型框式搅拌器的作用与桨式相同，锚式搅拌桨增加横挡即为框式搅拌，产生以水平环向流为主的径向流，一般在层流状态下工作，不同位置的横梁和竖杆可增强附近的涡流；它适用于黏度低于 15 Pa · s 的物料的混合、传热、乳化、结晶过程。框式搅拌器的框架大小一般为反应器直径的 2/3 ~ 9/10。

（5）自吸式搅拌器　自吸式搅拌器目前在抗生素等的发酵罐上应用较广，但在化学反应中的应用还不普及，由于这种装置既能使液体得到激烈搅拌，又能自行吸入空气，并将其分散在液相中，有利于气液间的接触，可作为气液相的反应设备。

自吸式发酵罐采用的搅拌器与通常用的涡轮搅拌器有很大差别：① 它需要产生一定的真空以利于空气的吸入；② 空气通过装在搅拌器中心的吸入管进入叶轮中，使气、液两相在转动甩出时充分混合。自吸式搅拌器由一个转动的叶轮和一个固定的导轮组成。叶轮有三角形、六角形等多种，在转动时能产生较大的负压，装设导轮可以使气、液两相进一步均匀混合，同时能使吸入的空气和液体平稳地向罐的四周分散流动，减少涡流损失。

自吸式搅拌器的转速较高，所以它消耗功率比普通的涡轮搅拌器更大，但实际上由于节约空气压缩机所消耗的大量动力，故对要求大通气量的发酵过程来说，总的动力消耗还是降低的。

（6）双轴组合式搅拌器　传统的搅拌器主要以单一桨型为主，基本上可以满足特定的工艺生产的一般要求。但有些药物化学合成反应过程伴随着相态、黏度或流变学特性的变化及热量的传递变化。采用传统的单轴搅拌器难以胜任牛顿流体变为非牛顿流体的搅拌要求，且单纯的径向流搅拌桨叶就只能产生剪切作用，易形成湍流扩散，但区间混合时间长，整体混合效果不好；单纯的轴向流搅拌桨叶就只能使流体产生轴向流动，循环能力强，但剪切能力相对较弱，局部混合效果较差。

采用同心双轴组合式搅拌器能够很好地产生颗粒悬浮，可用于牛顿流体及非牛顿流体的混合；偏心双轴组合式搅拌器，则能很好地避免流体分区和隔离。立式双轴组合式搅拌器适合于非牛顿流体和热敏性液体的混合，也适用于中、高黏度物料的反应体系；两轴不共线的偏心立式双轴组合式搅拌器，其中偏心的轴为高速轴，转速可以高达上千转，以用来打碎颗粒，适合容易黏结形成大颗粒状物料的场合。

2.3.2　搅拌过程的流体动力特性

桨式搅拌器中，流体是由桨叶的旋转而带动的，目的要使搅拌器在一定的时间间隔之内将所有的液体均被搅及。能量消耗于补偿搅拌期间各种流体阻力所引起的能量损失及液体内部漩涡的产生。液体在搅拌器中的运动是由恒定能量将液体搅动的结果。

从流体力学可知，动力学上相互作用的力具有使物体作旋转运动的性质，而液体被搅拌的情况下是通过恒定的能源使液体产生螺旋形的运动。

液体旋转运动的形式有静旋转运动和动旋转运动，液体的任何动旋转都会在其旋转中心形成静旋转的圆筒状旋转体。

2.3.2.1 静旋转运动

静旋转运动的基本条件为旋转体的所有质点的旋转角速度 ω 恒定不变，彼此处于相对静止状态，因而质点间没有摩擦存在，按照固体旋转的原则而进行的旋转运动。即

$$\omega = \text{常数}$$

各质点的（旋转圆周）运动速度为

$$u = \omega r \tag{2-61}$$

可知：当 $r=0$（在旋转轴处）时，$u=0$（与真实情况相符）

当 $r\to\infty$ 时，则 $u\to\infty$（与真实情况不符）

若假设液体在被搅拌过程中完全作静旋转运动，那么靠近器壁的液层应具有最高的速度。但由于容器中液体与静止器壁之间发生摩擦，故液体的速度随着向器壁接近而不断下降，在紧贴器壁处 $u\to 0$。可见，不可能采用静旋转的规律作为液体在搅拌器中旋转的普遍规律。

2.3.2.2 动旋转运动

动旋转运动的基本规律为液体各质点的圆周速度 u 与其到旋转中心的距离 r 的乘积保持恒定，即

$$ur = C = \text{常数（惯量）}$$

所以，

$$u = C/r \tag{2-62}$$

可见，在动旋转时 $u \propto r^{-1}$，与静旋转时 $u \propto r$ 相反，这主要是在动旋转时液体各质点间互相黏着力很小的缘故。

也就是说，液体的旋转运动不可能是刚体运动。

任一质点 $\omega = u/r$，旋转时 $u = C/r$，则动旋转时的 ω 为

$$\omega = u/r = C/r^2 \tag{2-63}$$

当 $r\to\infty$ 时，$u\to 0$（与真实情况相符）

当 $r=0$ 时，$u\to\infty$（与真实情况不符）

可见动旋转与静旋转是不同的。

根据伯努利方程：

$$Z + p/(\rho g) + u^2/(2g) = \text{常数}$$

式中 Z 为位头，m；p 为静压力，Pa；ρ 为液体密度，kg/m^3；g 为重力加速度，9.81 m/s^2。

由动旋转的圆周速度 $u = C/r$，以及 Z 为定值，得

$$p/(\rho g) = \text{常数} - [C^2/(2gr^2)] \tag{2-64}$$

此式表明，液体中的压力随旋转半径 r 的减小而降低，因而，旋转液体表面的中心形成漏斗状下陷的漩涡。

当 $r\to 0$，$u\to\infty$，因而 $p\to-\infty$，但这一结论显然与事实不相符合。

事实证明，任何搅拌装置在稳定运转时，环绕着轴的周围可以发现一个截面为圆形的，直达液面顶端的且具有一定不变能量的圆筒状旋转体（如图 2-13 所示，图中阴影部分为静旋转区）。

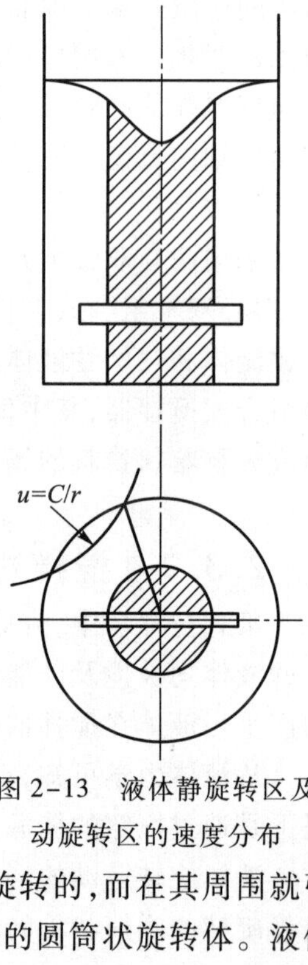

图 2-13 液体静旋转区及动旋转区的速度分布

从流体力学可知，这部分组成圆筒状旋转体的液体是环绕着轴作静旋转的，而在其周围就引起液体的动旋转；反之，液体的任何动旋转都会在其旋转中心形成静旋转的圆筒状旋转体。液体

的这种联合旋转，在流体力学中称为复合旋转。

上述只能说明液体作旋转运动的机理。事实上，当搅拌器以一定的速度旋转时，除了正常的旋转运动之外，还可以发现有轴向运动的存在。

2.3.3　搅拌产生的流动状况

搅拌器特别是平叶桨或弯叶桨促使流体产生圆周运动，此种切线流动称为原生流，流速 v_p 与搅拌转速 N 成正比；原生流对传热、传质及混合贡献都比较小。当原生流在槽壁处受挡板折流而改变方向，形成轴向流动，即为次生流。其流速 v_s 与搅拌转速 N 成平方正比；次生流对传热、传质及混合贡献都比较大。当 $v_p \approx v_s$ 时，混合才渐渐变好。由此可见，在流体搅拌中流体流动的方向和流动的速度对于搅拌效果所起的作用同样重要。图 2-14 所示为筒形槽内搅拌产生的流况示意图。

径向流因挡板作用后产生次生流。为此，搅拌釜内常设置一定数量的挡板，以促进次生流的形成，改善混合效果。

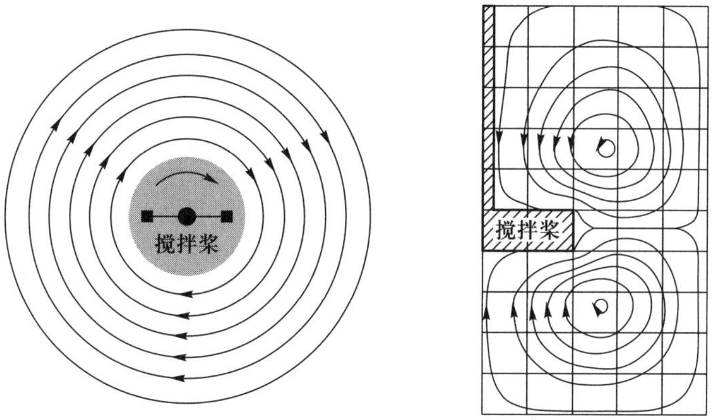

(a) 原生流流线图　　(b) 次生流流线图

图 2-14　筒形槽内搅拌产生的流况示意图

2.3.3.1　两种典型的流况

搅拌釜等容器内流体流动的状况可以分为两个层次：宏观和微观。流体在搅拌等外力的作用下形成的径向流动和轴向流动为宏观流动，一般称为流况，可用示踪或影像记录观察；流况也可定义为“在整个搅拌容器中流体速度向量的方向”。微观流动状况它是流体分子或微元构成的主流的运动轨迹。

流况有两种典型状况：径向流动和轴向流动。平桨叶的搅拌造成的主要是径向流动；倾斜桨叶或推进器式的搅拌造成的主要是轴向流动。平桨叶造成的循环流动，以叶轮为界，分为上下两层。

如果搅拌器的桨叶插在液体的中间部位时，由于次级流束而形成的循环情况同液体通过弯曲导管时一样。将搅拌叶放置在靠近容器底，以使容器底部造成较大的速度；最大速度的流束随桨叶的位置而下移。相应地，由于次级流束而形成的循环区的位置就不对称，如图 2-15 所示。

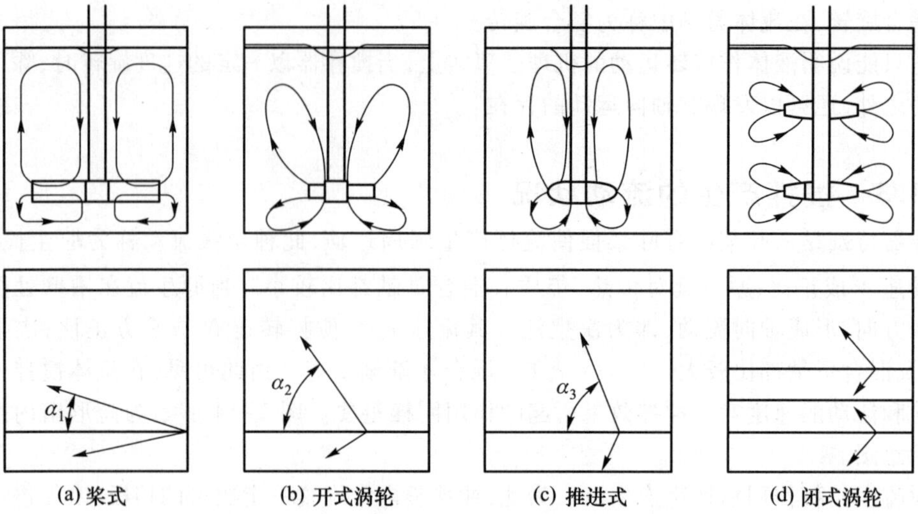

图 2-15 搅拌器型式对倾斜角 α 的影响

位于两个循环区分界面上的各点，其流动方向与分界线成某一角度 α 的向上或向下的流线。图 2-15 所示是搅拌器的型式对倾斜角 α（螺旋形流线）的影响，所有各种类型的搅拌装置，其中流线与水平线的倾斜角 α 随搅拌速度的增加而加大。

就连续搅拌式反应器而言，其混合可视为三个不同部分所组成：因搅拌器的旋转面造成液体的流通或循环，使得整个反应器中的物料引起湍动面混合，并称为主流；在较小的范围中因搅拌器的剪切或进料的喷射面引起的湍动，使物料分散成微团（或小滴）；分子扩散，均匀化的最后步骤。产生混合的主要因素：由于液体中分子扩散的速度很慢，故在很大程度上混合受主流及湍动的影响，而主要影响因素则是主流的速度。连续反应器中的流动与混合是由进料的喷射效应及机械搅拌（主要因素）所造成的。

2.3.3.2 搅拌作用下的湍流及剪切流动

“化工原理”等工程基础类课程告诉我们可以用雷诺数描述管道内流体流动状态，并分为层流、转换区（过渡区）和湍流三种。

在搅拌容器中，流体的流动型式（流型）也可分为层流、转换区（过渡区）和湍流三种。在层流和湍流区域流体的流型是固定的。在湍流程度较高时，流型对于搅拌效果具有重要作用。人们在研究搅拌过程中发现搅拌的效果与雷诺数有关，在适用于搅拌的场合引入搅拌雷诺数 N_{Re} 对被搅拌流体的流动混合状态进行描述，并用于搅拌能力的评估。

搅拌雷诺数定义为

$$N_{Re}=\frac{\rho n d^2}{\mu} \tag{2-65}$$

式中 d 为搅拌桨直径，m；n 为搅拌器的转速，r/s；ρ 为流体的密度，kg/m^3；μ 为流体的黏度，Pa · s。在搅拌过程中，当 $N_{Re}>10^4$ 时，流体的流型为湍流状态，流体在湍流区；当 $N_{Re}<10$ 时，流体的流型为层流状态，流体在层流区；其转换区的范围较一般管道中的流体为宽。

湍流在旋转的桨叶所造成的流股中产生，处于层流状态的流体，随着流速的增大并超过一定值时，产生的速度梯度使流体发生变形，同时发生速度的涨落。这种涨落造成涡流，产生与主流方向交叉的质量传递及动量传递，这种流动方式就是湍流。湍流向所有方向进行质量传递并完成混合过程。湍流向各个方向发展，不仅使流动快的流体微元进入流动慢的区域，同时，速度低的流体微元也会带入速度较高的区域；这种不同区域流体微元的转移为微观流动。因此，湍流对混合及搅动的效果起很大的作用。

在具有一定黏度流体的流动中，只要存在速度梯度，则同时就存在着剪切力。剪切力主要造成分散的效果。研究表明桨叶顶端的圆击线速度对剪切力的影响大，大功率高转速的搅拌器叶轮产生的剪切力大小可类同于胶体磨，叶轮与容器壁接近区域的剪切速率最大。搅拌的循环流量（泵送量）与 nd^3 成正比，而剪切力则与 n^2d^2 有关。因此，对于主要要求达到分散效果的反应过程来说，可以加大搅拌器的转速或减少桨叶直径，以减少用于流体循环方面的功率消耗。

2.3.3.3　搅拌产生漩涡及其消除

在流体黏度较低的搅拌容器内，在径向循环速率足够大的情况下，且轴向的循环速率远低于径向的循环速率时，旋转的流体会产生漩涡流况并可以到达叶轮的位置；这种剧烈打旋的液体常引起往复冲动的浪涛，结合漩涡的作用，对搅拌轴将造成储存的冲击力，如图 2-16 所示。

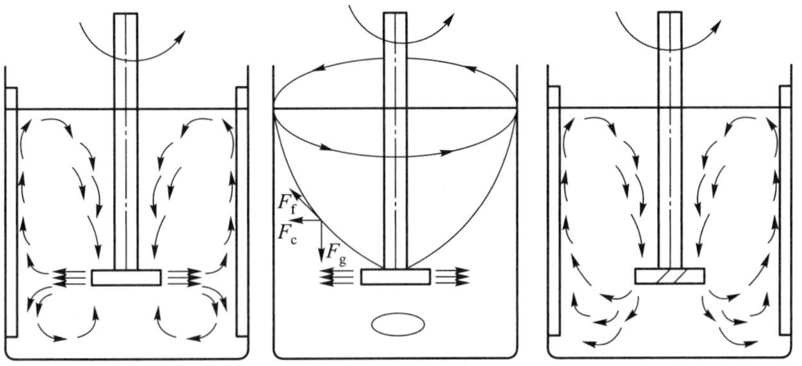

(a) 平桨叶　径向流动　　(b) 平桨叶　漩涡流动　　(c) 斜叶桨　轴向流动

图 2-16　流体流况（径向流动、漩涡流动和轴向流动）

漩涡是离心力作用于旋转的液体（流体）所产生的，漩涡产生的力学条件：

$$F_f \geqslant F_g \tag{2-66}$$

为了增进搅拌效果，必须消除推进式搅拌器在高速旋转下产生的漩涡和圆形液流。消除漩涡一般有下列几种方法。

（1）挡板　安装数个与液体等高而宽度为容器直径的 1/12 ~ 1/10 的垂直挡板，可减少水平旋转的液流，以提高轴向循环速率；即垂直的上下液流增加。或在容器底上安装十字形挡板，可使液体有更好的轴向流动，同时避免了旋转的液流。由于作用于转轴上的旁推力大大减小，轴长可达 3 m 而不致发生摆动。

反应器内安装的挡板可以干扰甚至终止液体的水平运动，而增加上下翻动的液流，从而消除转轴的漩涡。同时，在挡板周围还可以造成较小的涡流，搅拌的效率会因此大大增加，但功率的消耗也会因此而增加 50%，甚至 4 ~ 5 倍。在大容器的设计中，挡板数为 4 个或 6 个。当反应设备直径很大或很小时，可以减少挡板数，其值可由下式求取。

$$n_b = 0.35(D_0/W)^{1.2} \tag{2-67}$$

式中 n_b 为挡板数目；W 为挡板的宽度，m；D_0 为设备的内径，m。挡板在圆周上的间隔距离以不超过 1.2 m 为宜。图 2-17 为挡板安装方式。

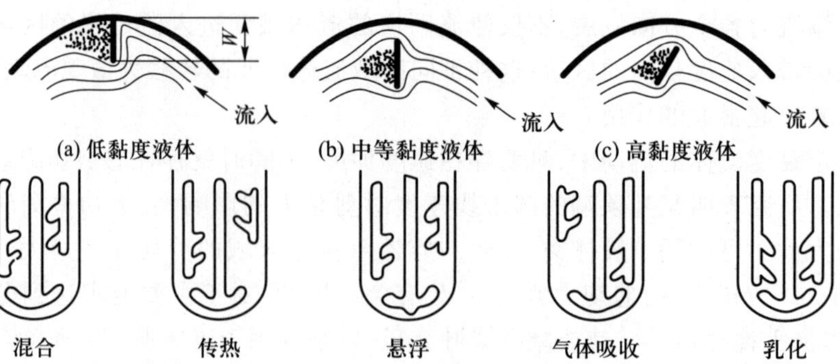

图 2-17 挡板安装方式

(2) 加装导流筒 如为向上推进液体的搅拌器，液体将产生在导流筒内向上流动而在筒外向下流动的循环；如为向下推进液体的搅拌器，则将产生与上述反方向的循环。加装导流筒后，能严格控制流型，混合效果也显著加强，所以，导流筒有时能达到与挡板同样的作用，但搅拌时流体中央仍有漩涡，且两者的流型也不相同。图 2-18 为导流筒安装方式。

(3) 偏心安装搅拌 药物配液罐通常采用的就是偏心安装搅拌，将搅拌偏心插入或以一定角度(15°～30°)斜插入液体中，均能提高搅拌效率，如图 2-19 所示。但这种安装方法在高速搅拌时，转轴可能产生摆动。因此轴长一般限于 1.8 m 以内，传动功率限于 7.5 kW 以下。

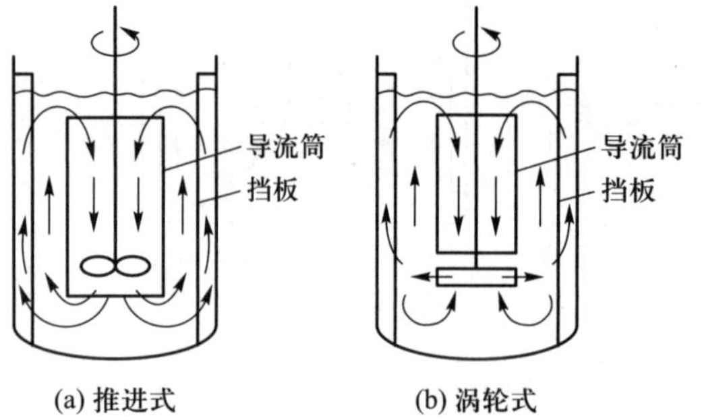

图 2-18 导流筒安装方式

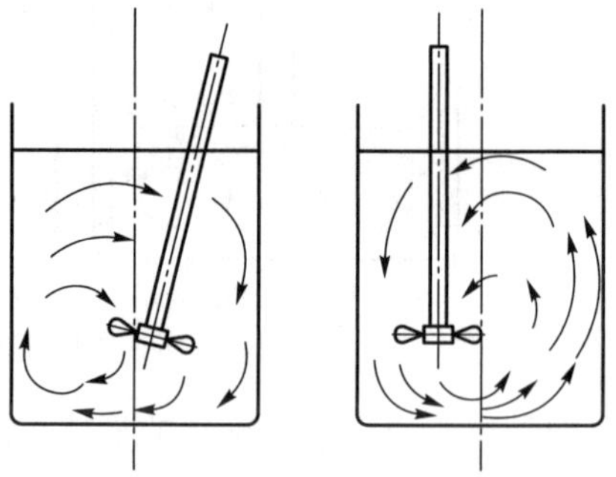

图 2-19 搅拌器的偏心安装

(4) 侧位安装搅拌 搅拌器由容器壁水平地伸入液体，这种安装方法适用于直径大的深槽搅拌，因转轴短，可避免引起转轴摆动。但转轴浸没在液体中，必须要有密封良好的填料函，以防液体漏出。在用于液体较深的场合推进式搅拌器常常可装有 2 排或 3 排的桨叶，最下一排桨叶离锅底的距离为设备直径的 1/9～1/7。

2.3.4 搅拌过程分析与轴功率计算

搅拌器的功率即搅拌器输出的轴功率，它是指搅拌器单位时间对被搅拌介质所做的功，这种功表现在液体流动方面。由此可见，机械搅拌器输出的轴功率 P 与反应器的直径 D_0、搅拌器的直径 d、液柱的高度 H_L、搅拌器的转速 n、液体的黏度 μ、密度 ρ、重力加速度 g 及搅拌器的型式和结构等相关。因为 D_0、H_L 均与 d 之间有一定的比例关系，于是，

$$P=f(n, d, \rho, \mu, g) \tag{2-68}$$

因此，影响搅拌器功率的因素主要有：

① 搅拌器的几何参数和运转参数：桨叶直径 d，桨宽 b，桨叶角度 θ，桨叶数量 n_a，桨叶的安装尺寸，搅拌器的转速 n；

② 搅拌反应器的几何参数：反应器的内直径 D_0，液层高度 H_L，搅拌器挡板高度 W 和数量 n_b 搅拌器数量 n_c，导流筒尺寸；

③ 搅拌介质的物性参数：液相密度 ρ，液相黏度 μ，重力加速度 g 等。以上这些变量可以归纳为几何变量、运转变量和物理变量。

解决功率计算可用实验方法来解决。但变量众多，实验次数必将很多，因为在实验时必须改变某一个自变量而将其他变量暂且固定，然后再改变另一个自变量。同样将其他变量暂且固定，所以要在实验前设法尽量减少自变量的数目。采用量纲分析法可以将大量的变量转换成少量的有意义的量纲为 1 的特征数。

2.3.4.1　搅拌过程的微元分析

1942 年希克松（Hixon）曾首先从力学观点出发，借助数学解析法对搅拌器进行分析研究；1946 年坎托罗维奇（Канторович）继续做了这方面的研究工作。

图 2-20 是平板桨叶示意图，今取其中的 dA 面积来分析它在液体中转动时所受的阻力。

$$dF=\zeta\frac{u^2\rho}{2}dA \tag{2-69}$$

式中 dF 为截面面积 dA=hdx 的微元转动时所受的力，N；ζ 为阻力系数；u 为微元桨叶的圆周速度，m/s；ρ 为被搅拌液体的密度，kg/m³。

要克服阻力 dF 使截面微元 dA 移动距离 l，必须做的功为 ldF，若微元 dA 移动 l 共需耗 τ 时间，则消耗在此微元上的功率为

$$dP'=l\,dF/\tau=u\cdot dF \tag{2-70}$$

微元 dA 的线速度为

$$u=l/\tau=2\pi nx$$

所以施于此微元的功率为

$$dP'=u\cdot dF$$

又

$$dA=h\cdot dx$$

则

$$dP=\zeta\frac{u^3\rho}{2}h\,dx$$

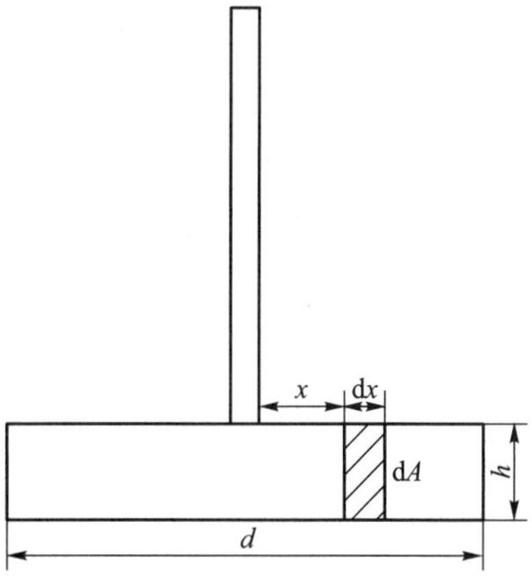

图 2-20　平板桨叶

所以搅拌功率　$P=2P'=8\pi^3\zeta n^3\rho h\int_0^{\frac{d}{2}}x^3dx$

$$P=2P'=\frac{\pi^3h}{8d}\zeta\cdot n^3d^5\rho \tag{2-71}$$

令　$N_P=\frac{\pi^3h}{8d}\zeta$，则

$$P=N_Pn^3d^5\rho \tag{2-72}$$

只要确定系数 N_P 就能进行搅拌功率的计算，而 N_P 与搅拌的形式有关。

2.3.4.2　搅拌过程的量纲分析

对任何一个微元或系统，动量衡算式都可以用下式表示：

[动量输入量]-[动量输出量]+[系统作用力的总和]=[动量累积量]

动量的传输方式有黏性动量传输和对流动量传输；作用力的形式有表面力——压力和体积力——重力。对稳定流动系统，上式中的[动量累积量]=0。

搅拌体系中的流体在流动过程中遵守质量守恒定律和动量守恒定律，根据牛顿第二定律：

$$\sum F=ma=\frac{m\mathrm{d}u}{\mathrm{d}\tau} \tag{2-73}$$

即作用力的合力等于单位时间内动量的变化量。当$\sum F=0$，流体静止，处于静力平衡；而当$\sum F\neq0$，流体运动，处于动力平衡。从这些定律出发，可以导出描述流体运动的奈维尔-斯托克斯（Navir-Stockes）方程。

$$\rho\left(\frac{\partial u_x}{\partial\tau}+u_x\frac{\partial u_x}{\partial x}+u_y\frac{\partial u_x}{\partial y}+u_z\frac{\partial u_x}{\partial z}\right)=\mu\left(\frac{\partial^2u_x}{\partial x^2}+\frac{\partial^2u_x}{\partial y^2}+\frac{\partial^2u_x}{\partial z^2}\right)-\frac{\partial p}{\partial x}+\rho g_x$$

$$\rho\left(\frac{\partial u_y}{\partial\tau}+u_x\frac{\partial u_y}{\partial x}+u_y\frac{\partial u_y}{\partial y}+u_z\frac{\partial u_y}{\partial z}\right)=\mu\left(\frac{\partial^2u_y}{\partial x^2}+\frac{\partial^2u_y}{\partial y^2}+\frac{\partial^2u_y}{\partial z^2}\right)-\frac{\partial p}{\partial y}+\rho g_y$$

$$\rho\left(\frac{\partial u_z}{\partial\tau}+u_x\frac{\partial u_z}{\partial x}+u_y\frac{\partial u_z}{\partial y}+u_z\frac{\partial u_z}{\partial z}\right)=\mu\left(\frac{\partial^2u_z}{\partial x^2}+\frac{\partial^2u_z}{\partial y^2}+\frac{\partial^2u_z}{\partial z^2}\right)-\frac{\partial p}{\partial z}+\rho g_z$$

累积　动量收支差量（对流动量）　黏性力　　压力　重力

将上述 x、y、z 三个方向的运动用一般式表示为

$$\rho\frac{\mathrm{ID}u}{\mathrm{ID}\tau}=\mu\nabla^2u-\nabla p+\rho g \tag{2-74}$$

式（2-74）即为奈维尔-斯托克斯方程，又称运动方程，即描述流体运动的数学模型。式中 ∇^2 为拉普拉斯算子；∇为向量微分算子。可用量纲相同的特征量除其中物理量，将之转化为量纲为 1 的变量，导出量纲为 1 特征数方程。

针对搅拌过程，选定桨叶直径 d 为特征长度，以搅拌转速 n（单位时间的转数）的倒数 $1/n$ 为特征时间，以流体密度桨叶直径 d 的立方（体积的量纲）的乘积为特征质量。特征速度可自特征长度和特征时间导出，即

$$特征速度=\frac{特征长度}{特征时间}=\frac{d}{1/n}=dn \tag{2-75}$$

以此类推有

量纲为 1 长度　　$x^*=x/d$；　$y^*=y/d$；　$z^*=z/d$

量纲为 1 时间　　$\tau^*=\tau/\frac{1}{n}=\tau\cdot n$

量纲为 1 速度　　$u^*=u/(nd)$

量纲为 1 压力　　$p^*=\frac{压力}{特征压力}=\frac{p}{\rho n^2d^2}$

代入式（2-74）得

$$\rho\frac{nd\mathrm{ID}u^*}{1/n\mathrm{ID}\tau^*}=\mu\frac{nd\nabla^{*2}u}{d^2}-\frac{\rho n^2d^2}{d}\nabla^*p^*+\rho g \tag{2-76}$$

经整理得

$$\frac{\mathrm{ID}u^*}{\mathrm{ID}\tau^*}=\left(\frac{\mu}{d^2n\rho}\right)\nabla^{*2}u^*-\nabla^*p^*+\left(\frac{g}{dn^2}\right)\left(\frac{\boldsymbol{G}}{g}\right) \tag{2-77}$$

即量纲为 1 的奈维尔-斯托克斯(Navir-Stockes)方程式,式中 $\boldsymbol{G}$ 为重力加速度的向量。式中有 2 个量纲为 1 特征数作为参数,即搅拌雷诺数 $N_{Re}=\rho nd^2/\mu$,及弗劳德数 $N_{Fr}=nd^2/g$,前者代表惯性力和黏性力的比,后者代表惯性力与重力的比。

量纲为 1 的奈维尔-斯托克斯方程式表述了流体的流速、压力和搅拌器的特性、流体性质的基本关系。对于几何相似的流体搅拌体系来说,速度分布和压力分布是 N_{Re}和 N_{Fr}的函数,即

$$u^*(x^*,y^*,x^*,\tau^*)=f(N_{Re,}N_{Fr})$$

$$p^*(x^*,y^*,z^*,\tau^*)=f(N_{Re,}N_{Fr})$$

搅拌器需要消耗的功率和搅拌釜中流体的压力分布直接相关。从物理概念上来讲,功率是转速和施加力矩的乘积,力矩等于作用力与力臂的乘积。理论上力矩可以从桨叶面上的压力分布通过积分法求出。因此,功率与压力、桨叶面积、力臂、转速的乘积成正比,桨叶面积用特征长度的二次方 d^2 表示,力臂以特征长度的一次方 d 表示,则

$$P\propto p\cdot d^2\cdot d\cdot n$$

$$p\propto P/(nd^3) \tag{2-78}$$

由量纲为 1 压力

$$p^*=\frac{\text{压力}}{\text{特征压力}}=\frac{p}{\rho n^2d^2}$$

得

$$p^*=\frac{\text{压力}}{\text{特征压力}}=\frac{p}{\rho n^2d^2}\propto\left(\frac{P}{nd^3}\right)/(\rho n^2d^2)=\frac{P}{\rho n^3d^5} \tag{2-79}$$

上式的右边也是一个量纲为 1 特征数,称为“功率特征数”,记为 N_P。代入描述量纲为 1 压力分布式,得

$$\frac{P}{\rho n^3d^5}=f(N_{Re},N_{Fr})$$

$$\frac{P}{n^3d^5\rho}=K\left(\frac{nd^2\rho}{\mu}\right)^x\left(\frac{n^2d}{g}\right)^y \tag{2-80}$$

式中 $\frac{P}{n^3d^5\rho}=N_p$——功率特征数;

$\frac{nd^2\rho}{\mu}=N_{Re}$——搅拌情况下的雷诺数;

$\frac{n^2d}{g}=N_{Fr}$——搅拌情况下的弗劳德数;

K——与搅拌器类型、反应器几何尺寸有关的常数。

当重力影响可以忽略不计时,得

$$\frac{P}{\rho n^3d^5}=f(N_{Re})$$

此式是计算搅拌器功率的基础。

首先考虑搅拌雷诺数大,搅拌体系的流型属于湍流范围这种情况。在湍流搅拌情况下,惯性力的作用超过黏性力,这样可以把奈维尔-斯托克斯方程中的黏性力项及重力项均略去不计,可得到流体运动的表达式,所谓欧拉(Euler)式,写成量纲为 1 的形式,为

$$\frac{\mathrm{ID}u^*}{\mathrm{ID}\tau^*}=-\nabla^*p \tag{2-81}$$

由于雷诺数不再是一个参数，因此在这种极端情况下，压力分布和速度分布是固定的。沿搅拌器桨叶具有固定的量纲为 1 压力分布，意味着在搅拌器雷诺数高时，功率特征数是常数：

$$\frac{P}{\rho n^3 d^5}=\text{常数}$$

即

$$P\propto\rho n^3 d^5 \tag{2-82}$$

低黏度高转速的搅拌体系是符合这种条件的典型情况。

其次在考虑另一种极端情况，即雷诺数低，搅拌体系的流型属于层流的这种情况。此时奈维尔-斯托克斯方程中的惯性力及重力项均可略去不计，得到压力和黏性力的关系式：

$$\boldsymbol{\nabla}p=\mu\boldsymbol{\nabla}^2 u \tag{2-83}$$

在黏性力起主要作用时，特征压力的涵义和在惯性力起主要作用时有所不同，在黏性力起主要作用，惯性力的作用可略去不计的情况下，特征压力与单位面积上所受的黏性力有关。前面讲过，在惯性力起主要作用的情况下，特征压力为 $\rho n^2 d^2$，在现在的情况下，特征压力应为 μn，可推导如下：

黏性力的定义式为

$$F/A=\tau=\mu \mathrm{d}u/\mathrm{d}y$$

式中 F 为黏性力；A 为界面面积，可设想为桨叶的表面积；τ 为剪切应力。F/A 和惯性力、重力造成的压力具有相同的量纲，等式的右边也必然具有相同的量纲。$\mathrm{d}u/\mathrm{d}y$ 的量纲是 $\frac{\text{长度}}{\text{时间}}$/长度，即 1/时间，而时间的倒数即为搅拌器转速 n，量纲特征压力可写作 μn。从而在黏性力作用为主的情况下，量纲为 1 压力可写为

$$p^{**}=\frac{p}{\mu n} \tag{2-84}$$

式中 p^{**} 是黏性力为主要作用下的量纲为 1 压力。将式(2-84)代入式(2-83)，得

$$\boldsymbol{\nabla}^* p^{**}=\boldsymbol{\nabla}^{*2} U^* \tag{2-85}$$

上式中只有量纲为 1 压力和量纲为 1 速度之间的关系，雷诺数再次消失。这意味着在黏性力起主要作用的条件下，压力和速度的分布也是一定的。将式(2-78)代入式(2-84)，得

$$p^{**}\propto\frac{P}{nd^3}/(\mu n)=\frac{P}{\mu n^2 d^3} \tag{2-86}$$

上式的右边称为“黏性功率特征数”。在层流区域内是常数。由此可得

$$P\propto\mu n^2 d^3 \tag{2-87}$$

2.3.4.3 搅拌轴功率

功率特征数和雷诺数的函数关系是计算搅拌器功率的依据。前面说过，在湍流情况下功率特征数等于常数，使关系大为简化，得到如式(2-82)所示的公式：$P\propto\rho n^3 d^5$，可以写为

$$P=C\rho n^3 d^5 \tag{2-88}$$

式中 C 为常数，可由实验测定。

$$10<N_{Re}<10^4\ \text{时}，\quad P=\Phi\rho n^3 d^5 Fr^y \tag{2-89}$$

式中 Φ 为功率因数，$\Phi=N_P/Fr^y$。

因为功率特征数是从沿叶轮桨叶的压力分布推导出来的，因此，可以想象到，虽然功率特征数和雷诺数的函数关系具有相似的普遍形式，但各种不同几何形状的叶轮桨叶将具有特有的关系式

和图线。图 2-21 显示多种不同几何形状的涡轮搅拌器的功率特征数和雷诺数关系的试验数据。

在图 2-21 中可以看到，$N_{Re}>100\,00$ 为湍流区，$N_{Re}<20$ 为层流区。转换区的范围较一般管道中的流体流动宽，这是搅拌过程的特征。通常，搅拌器大多在湍流状态下操作，故可用式 $P=K\rho n^3 d^5=N_P\rho n^3 d^5$ 来计算搅拌器的轴功率。N_P 可通过 N_P-N_{Re} 关系图读出。但桨叶安装在轴上的方式、桨叶的倾斜角度、桨叶的宽度 B 对叶轮直径 d 的比值不同，以及其他几何变量，均对搅拌器的功率产生影响；还有叶轮距釜底的间距、叶轮直径对釜径的比、多层叶轮装置中的叶轮与叶轮之间的距离，以及挡板的数目和尺寸等，也会对搅拌器的功率有一定的影响，见表 2-2；但它们的影响一般没有叶轮本身那样明显。搅拌釜内桨叶及其安装如图 2-22 所示。

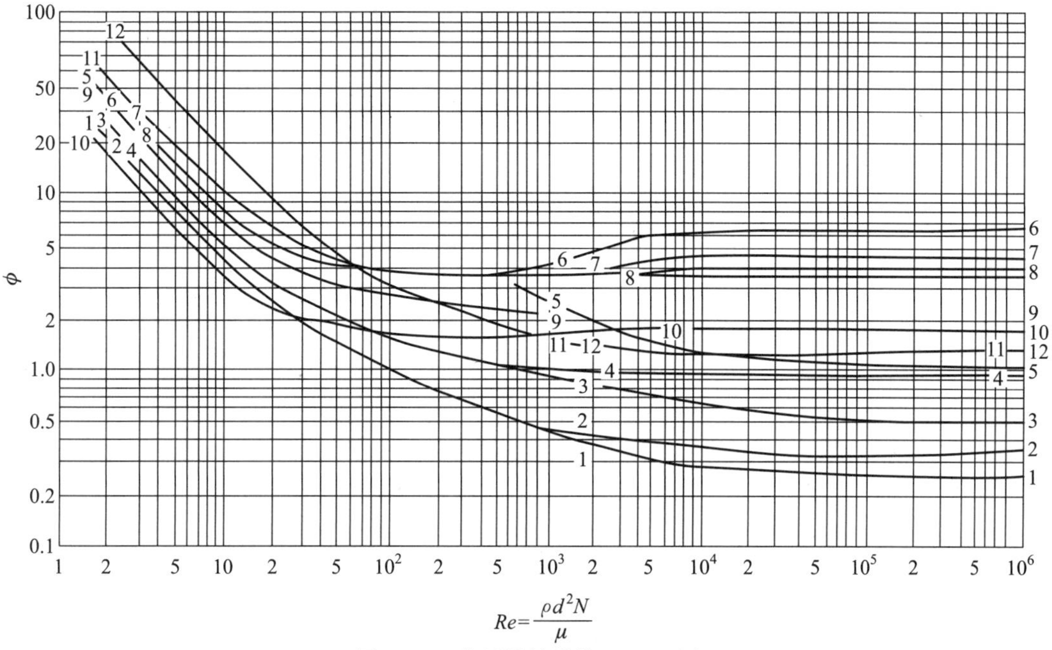

图 2-21　常用搅拌器的 N_P-N_{Re} 图

表 2-2　搅拌功率曲线的常用搅拌器条件表*

序号	搅拌桨形式	挡板		d/D_0	B/d	H_L/D_0	C/D_0	l/d	n_a	螺距或角度	其他	曲线号
		W/D_0	n_b									
1	推进式	/	/	1/3		1	1/3		3	$S=d$		1
2	推进式	0.1	4	1/3		1	1/3		3	$S=d$		2
3	推进式	/	/	1/3		1	1/3		3	$S=2d$		3
4	推进式	0.1	4	1/3		1	1/3		3	$S=2d$		4
5	平桨式	0.1	4	1/3	1/6	1	1/3		2			10
6	平桨式	0.1	4	1/3	0.25	1	1/3		2			2
7	平直叶圆盘涡轮	/	/	1/3	0.2	1	1/3	0.25	6			5
8	平直叶圆盘涡轮	0.1	4	1/3	0.2	1	1/3	0.25	6			6

续表

序号	搅拌桨形式	挡板		d/D_0	B/d	H_L/D_0	C/D_0	l/d	n_a	螺距或角度	其他	曲线号
		W/D_0	n_b									
9	平直叶圆盘涡轮		4	1/3	0.125	1	1/3		16			3
10	平直叶圆盘涡轮	0.11	4	1/2.3	0.1	1.087	1/3	0.35	6			1
11	平直叶开启涡轮		4	1/3	0.2	1	1/3		6			2
12	平直叶开启涡轮		4	1/3	0.125	1	1/3		8			4
13	折叶开启涡轮	0.1	4	1/3		1	1/3		6	$\theta=45°$		9
14	折叶开启涡轮		4	1/3	0.125	1	1/3		6	$\theta=45°$		6
15	折叶开启涡轮	0.1		0.337	0.117	1	0.17 ~ 0.34		6	$\theta=45°$	$\Delta c/D_0=0.02$	1
16	弯叶圆盘涡轮	0.1	4	1/3	0.2	1	1/3	0.25	6			7
17	弯叶开启涡轮		4	1/3	0.125	1	1/3	0.25	6	$\beta_1=45°$		5
18	箭叶圆盘涡轮	0.1	4	1.3	0.2	1	0.375	0.25	6			8
19	闭式涡轮	0.1	4	1/3	0.2	1	0.16	0.25	6			11
20	闭式涡轮	/	/	1/3	0.2	1		0.25	6		带有20叶的静止导向器	12
21	锯齿圆盘涡轮	0.1		0.375		1			36		$\Delta c/D_0=0.02$	4
22	MIG型	0.1		0.7		1					$\Delta c/D_0=0.02$, $n=3$, $h/D_0=0.28$	2
23	锚式	/	/	0.96	0.062 5	1					$\Delta e/D_0=0.025$, $H'=0.48D_0$	3
24	双螺带式	/	/	0.98	0.1	1				$S/d=0.5$	$H'/D_0=1$, $\Delta e/D_0=0.01$	5
25	螺带式	/	/	0.95						$S/d=1.25$	$H'/D_0=0.95$	1
26	螺带式			0.95						$S/d=1$	$H'/D_0=0.95$	2
27	螺带式			0.95						$S/d=0.75$	$H'/D_0=0.95$	3

续表

序号	搅拌桨形式	挡板		d/D_0	B/d	H_L/D_0	C/D_0	l/d	n_a	螺距或角度	其他	曲线号
		W/D_0	n_b									
28	带导流筒的螺杆式									$S/d=1$		4
29	带钩窄叶桨	0.13	4	0.55	0.014 5	0.8	0.4		4	挡板**		8
30	带钩圆盘桨	0.13	4	0.538	0.011 1	0.8	0.4		18			7
31	布鲁马金式		/	0.513	0.18				8			5
32	布鲁马金式		8	0.513	0.18				8	有挡板		3
33	三叶后掠式		/	0.489	0.105				3			6
34	三叶后掠式		2	0.489	0.150				3	有挡板***		4

注　* Δc 为挡板和槽壁的间隙；Δe 为桨叶和釜底的间隙；h 为桨叶层间距；H'为导流筒高度。

** 圆弧形。

*** 指形。

对于安装了挡板的搅拌釜来说，一般处于高度湍流状态，任何形式的叶轮的功率特征数均为常数，湍流区对于低、中黏度流体的搅拌器的设计是重要的。

在层流区，N_P 与 N_{Re}成反比关系，这是由试验数据所证实的。在图 2-21 中，在层流区图线的斜率为-1。

挡板的快速搅拌下，对低黏度流体易形成漏斗状下陷的漩涡，如图 2-23 所示。液面形成下

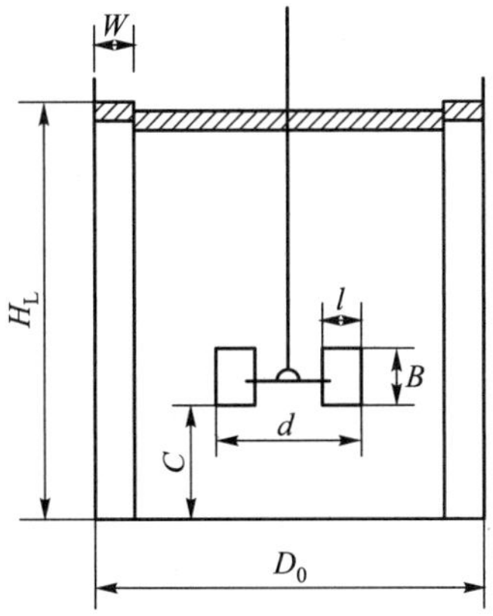

图 2-22　搅拌釜内桨叶及其安装尺寸①

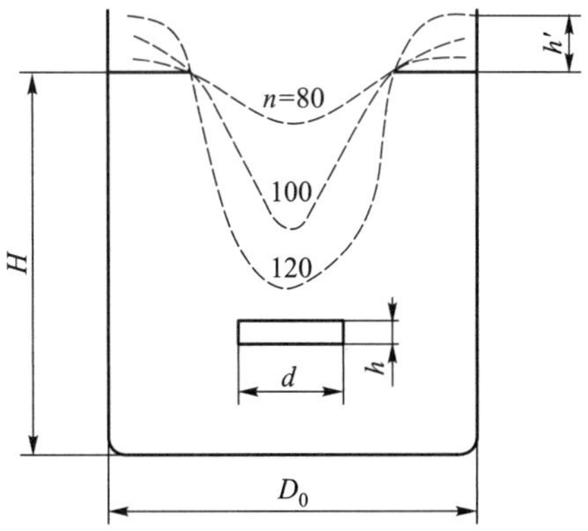

图 2-23　不同转速下液面下陷程度示意图

① 王抚华. 化学工程实用专题设计手册：下册. 北京：学苑出版社，2002.

陷漏斗状的程度与 N_{Re}、N_{Fr}有关，且当 $300<N_{Re}\leqslant$临界的 N_{Re}值（漩涡没有到达搅拌器上端面）时，Rushton 等给出无挡板搅拌功率计算公式为

$$P=\Phi\rho n^3d^5(n^2d/g)^{(a-\lg N_{Re})/b} \tag{2-90}$$

表 2-3　式(2-90)中的 a、b 值

搅拌器型式	D_0/d	a	b
推进式	2.1	2.6	18
	2.7	2.3	18
	3.0	2.1	18
	3.3	1.7	18
	4.5	0	
涡轮式	3.3	1.0	40
	3.0	1.0	40

意大利巴勒莫大学的 Scargiali F 等人研究发现，只要漩涡没有达到搅拌叶轮，在搅拌器相邻区的流场与是否存在变形的自由表面关系不大。且对任一黏度的物料，随着搅拌转速的增大，漩涡可达到搅拌叶轮。相应地，在其 N_P-N_{Re}关系曲线上出现由缓慢到急剧下降的转折点，称为 N_{Re}的临界点，如图 2-24 所示。这是由于 N_{Re}超过临界点时，Fr 对气体卷入的流体速率的作用才变得重要，并严重影响系统功率消耗；在低于临界点时，与 Fr 无关。也就是说，Rushton 的无挡板搅拌轴功率计算式(2-85)是有限制的。

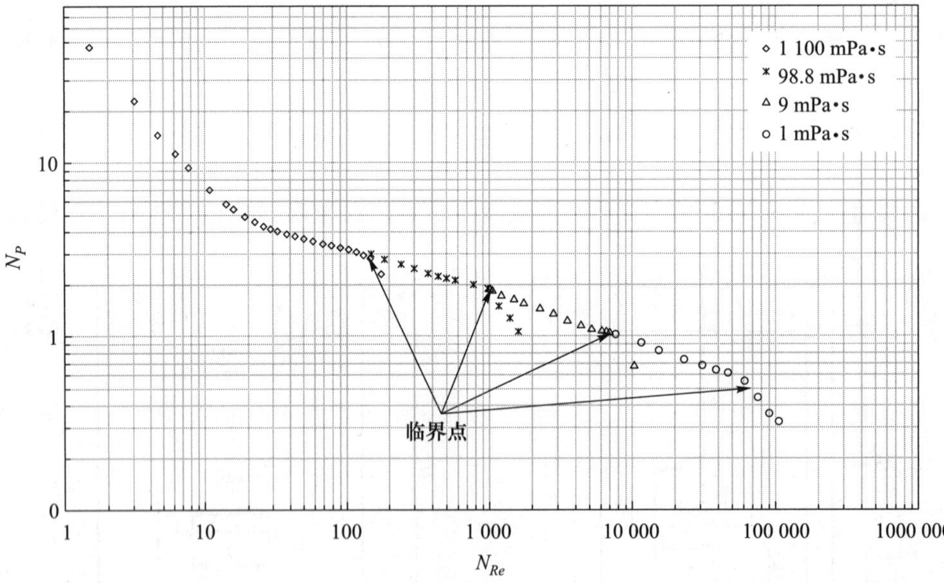

图 2-24　无挡板大直径搅拌的 N_P 与 N_{Re}的关系曲线（$d=D_0/2$ 和 $H_L=D_0=0.19$ m，$\mu_L=1\sim1\ 100$ mPa·s）

(1) 对于 Rushton 涡轮桨叶标准配置的搅拌釜内（$H_L=D_0$，$d=D_0/3$）的无挡板搅拌。

当 $N_{Re}<10$ 时，即在层流区　　　　$N_P=90/N_{Re}$

当 N_{Re}不超过临界值时　　　　$N_P=19.5\cdot N_{Re}^{-0.3}$

当 N_{Re}超过临界值时 $N_P=24.0(N_{Re}\cdot Fr)^{-1/3}$

（2）对于非标准搅拌釜内的无挡板搅拌。

当 $N_{Re}<10$ 时，即在层流区

对 $d=(1/3\sim1/2)D_0$ 的 Rushton 涡轮桨叶其搅拌轴功率与标准配置的仅有微小差，仍可以用 $N_P=90/N_{Re}$计算；而对无挡板，大推进式搅拌有

$$N_P=70/N_{Re}$$

当 N_{Re}数值较高时，$500<N_{Re}<250,000$，有

$$N_P=K\cdot N_{Re}^{-0.3}$$

对于大直径搅拌，若 $H=D_0$，$d=D_0/2$，则 $K=14.8$；若 $H=D_0/2$，$d=D_0/3$，则 $K=13.5$。

当 N_{Re}超过临界值时，有

$$N_P=S(N_{Re}\cdot Fr)^{-1/3}$$

式中 S 是量纲为 1 的常数，因系统结构而变化；对标准配置的 S 为 24.0，对 $d=D_0/2$ 和 $H=D_0$ 的 S 为 15.5，$d=D_0/3$ 和 $H=D_0/2$ 的 S 为 9.5。

例 2-6 某平直叶圆盘涡轮搅拌器，$C/d=1$，$d=D_0/3=0.3$ m，$H=D_0$，用以搅拌 $\mu=1.72\times10^{-3}$ Pa·s，$\rho=1.43\times10^3$ kg/m^3 的液体。试求取搅拌器的轴功率。

解：设搅拌为中等搅拌强度，圆击点线速度取 450 m/min。

$$u=\pi nd$$

$$n=u/(\pi d)=450/(\pi\times0.3)\approx480(\text{r/min})$$

$$N_{Re}=nd^2\rho/\mu=5.986\times10^5$$

（1）对平直叶圆盘涡轮搅拌器全挡板场合，查上图有

$$N_P=0.6$$

$$P=0.6n^3d^5\rho=1\,067.5(\text{W})$$

（2）对无挡板场合，若 N_{Re}不超过临界值，则有

$$N_P=19.5\cdot N_{Re}^{-0.3}$$

$$=19.5\times(5.986\times10^5)^{-0.3}=0.36$$

$$P=0.36n^3d^5\rho=640.5(\text{W})$$

若 N_{Re}超过临界值，则有

$$N_P=24.0(N_{Re}\cdot Fr)^{-1/3}$$

$$=24.0\times[(5.986\times10^5)\times(0.3\times8^2/9.8)]^{-1/3}=0.228$$

$$P=0.228n^3d^5\rho=405.6(\text{W})$$

另外，描述搅拌器的特性和行为的四个量纲为 1 特征数：功率特征数 N_P，泵送特征数 $N_Q=Q/(nd^3)$，量纲为 1 速度 u^* 和量纲为 1 搅拌时间 τ_b^*，均与搅拌雷诺数有依存关系，如图 2-25 所示。在层流和湍流区，它们和搅拌雷诺数 N_{Re}呈线性关系，除功率特征数在层流区与 N_{Re}成反比关系外，无论层流或湍流区它们都是常数。其中，泵送特征数的 Q 为泵送量（可以将搅拌器的叶轮设想为泵的叶轮），$Q=u_{av}\cdot A_s$，u_{av}为流体在搅拌器中的总体流速或称平均流速，A_s 为搅拌容器的截面积。由此可见，搅拌雷诺数 N_{Re}不仅能反映搅拌釜内流体流动的流型是层流还是湍流，而且，在一定程度上能够反映搅拌器的特性和行为。

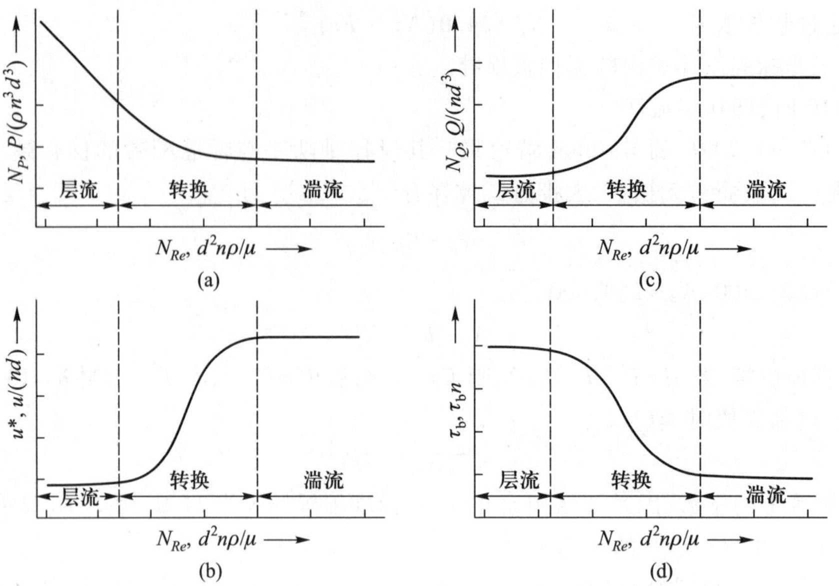

图 2-25　搅拌雷诺数 N_{Re} 和四个量纲为 1 特征数的关系（对数坐标）

通气将降低对搅拌器轴功率输出的要求，减少程度与通气量存在一定的关系，为此，引入通气系数 N_a。

$$N_a = Q_G/(nd^3) \tag{2-91}$$

若 P_g 为通气搅拌功率，P_0 为不通气搅拌功率，则，

当 $N_a < 0.035$

$$P_g/P_0 = 1 - 12.6\ N_a \tag{2-92}$$

当 $N_a \geqslant 0.035$

$$P_g/P_0 = 0.62 - 1.85\ N_a \tag{2-93}$$

Brown 等提出

$$P_g/P_0 = a\exp(-bQ_G) \tag{2-94}$$

a、b 与气体速度和搅拌直径等有关。

第四节　反应器的选型与放大设计

2.4.1　反应器类型的选择

如何利用实验室烧瓶合成药物的小试结果进行工业生产用反应器的选型与放大是制药工程师经常要解决的工程技术问题。所谓反应器放大，就是在小试或中试工艺研究基础上，运用化学反应工程原理进行工业规模药物合成化学反应器设计的技术，最理想的放大结果是选择或设计的工业反应器能够重现小试或中试的反应过程和产品质量与收率。若在选择或设计的工业反应器中每个反应单元的温度、浓度、传质和所受剪切率与小试或中试一样，就能保证工业反应器的过程和结果（速率、收率、质量）与小试或中试的一致或相近。

就像化工过程一样，制药过程存在着原子/分子、纳米/微米、颗粒（含气泡、液滴）、聚团（非均匀结构）、设备和工厂等尺度，这些尺度从化学、生物学和物理学等角度发挥作用，并影响和决定着工程放大的可靠性。在分子尺度上，进行的是微观反应，因分子碰撞、涨落和成核而引起的分相，分子碰撞产生的传递。在纳米和微米尺度上，因纳米和微米的团、簇分相及微孔微隙中的物质交换等小尺度流动引起的传递，促使反应在微孔微隙中进行。而在设备尺度上，多态行为及其突变引起分相，返混、扩散和分集产生的传递，流动引起的径向和轴向非均匀分布，直接影响转化率和反应的选择性。

对反应过程的任何调控通常都要在设备尺度上进行，然后通过多尺度过程将这一调控的作用传递到微观尺度水平上，最终对反应过程施加影响并在设备尺度上达到理想的转化率和选择性。

与连续全混流反应器相比，间歇或平推流反应器中，反应物和产物的停留时间分布窄，反应物的平均浓度较高；因此，为了保证合成药物质量，对串联反应过程及对主反应级数高于副反应级数（$\alpha_1>\alpha_2$）的平行反应过程宜选用间歇或活塞流反应器；而对副反应级数高于主反应级数（$\alpha_2>\alpha_1$）的平行反应过程，则宜选用连续全混流反应器。由于原料药的生产规模较小，多采用间歇批次生产，因此，原料药合成反应过程所用反应器主要是适合间歇操作的搅拌釜式反应器。

2.4.2 搅拌反应器的放大

工程上将中型和/或小型试验所得的最佳操作条件及装置的工艺参数，经过适当的计算处理，从而获得为工业化生产装置的工艺设计所需结构参数和操作条件，这一过程称为放大。假使在实验反应器中确定了优选的温度、浓度和反应时间，获得了满意的效果。但在放大的设备装置中，由于流动的不均匀性，物料在反应器中的停留时间（反应时间）出现不均匀，反应时间偏离了优选的时间；和/或由于大装置中传热的限制，反应热效应会引起温度的不均匀，反应温度偏离了优化的温度。温度的不均匀必然会形成反应速率的差异，由此导致浓度的不均匀。这些效应引起大装置中的效率下降，产品成本提高，甚至发生副反应而产生杂质而难以分离，致使放大失败而不宜用于生产。

因此，反应器放大技术的主要手法就是千方百计使工业反应器中的温度、浓度、传质和剪切率这四者的平均值及其分布与中试反应器相近。由于影响因素较多，不可能通过放大使所有的参数与中型试验装置完全一致。

2.4.2.1 搅拌反应器的放大方法

目前，反应器的放大方法主要有经验放大法、量纲分析法、恒圆周速度法、时间常数法、数学模型法和计算机辅助放大设计。

（1）经验放大法　依据对已有装置的操作经验所建立起来的认识为主而进行的放大方法，具体包括几何相似放大和恒定等体积相似功率放大等。搅拌釜的几何相似放大法其实只回答一个问题：在直径为 D_1 的中试槽中，当转速为 n_1 时能获满意结果；则在直径为 D_2 的工业槽中，转速 n_2 为多少时能重复中试槽的结果？几何相似法可归结为$(n_2/n_1) \sim (D_2/D_1)^{-\beta}$，故求取 β 值是几何相似放大的核心。

（2）量纲分析法　又称模型相似法。在模型设备与生产设备相似时，除几何尺寸相似外，还需要求两系统中相似特征数相等。根据相似论的原理,采用量纲为1特征数相等的原则进行放大,具体包括描述搅拌器的特性和行为的四个量纲为1特征数相等。由于搅拌操作涉及的参数较多,在放大过程中除几何尺寸相似外,欲使所有的特征数都相等是不可能的,因此,只能考虑使主要的特征数相等。

(3) 恒圆周速度法 实质是使放大后搅拌器的叶端圆击点线速度与中型装置的叶端圆击点线速度保持一致。它反映的是搅拌强度,实际上是保持 nd 恒定,即近似于流体动力相似,但在传热或传质上不能获得相同的效果。

在解决这个问题之前,首先应该确定各种型式搅拌器可取的圆周速度。表2-4列出了涡轮式搅拌器的转速随容器尺寸和所需的搅拌强度而变化的情况。对涡轮式搅拌器来说,轻度搅拌为150~200 m/min、中等搅拌为200~240 m/min、强烈搅拌为240~330 m/min。

表2-4 涡轮式搅拌器的圆周速度及转速

容积/m^3	搅拌器转速范围/($r\cdot min^{-1}$)			搅拌器直径/m
	轻度搅拌	中等搅拌	强烈搅拌	
80	32~41	41~51	51~70	~1.5
40	41~52	52~64	64~88	~1.2
20	50~65	65~80	80~111	~1.0
4	87~113	113~139	139~191	0.56
2	109~142	142~175	175~240	0.40
0.4	185~241	241~297	297~408	0.27
	212~276	276~340	340~467	0.23
0.2	234~304	304~374	374~574	0.20
	318~414	414~510	510~700	0.15
	382~497	497~611	611~841	0.127
0.02	504~655	655~806	806~1 109	0.1
	637~828	828~1 019	1 019~1 401	0.076
0.01	856~1 128	1 128~1 388	1 388~1 909	0.056

注:轻度搅拌圆周速度为150~200 m/min,中等搅拌圆周速度200~240 m/min,强烈搅拌圆周速度240~330 m/min。

例2-7 设一直径为0.2 m的涡轮搅拌器,在0.2 m^3的反应器中以600 r/min的速度转动,今欲在20 m^3的生产设备中获得同样的搅拌效果,那么它的搅拌器转速应该是多少?

解:从表2-4查得,20 m^3的设备,其搅拌直径约为1.0 m,即为中型装置时的5倍。要使两种装置中的圆周速度一致[$\pi 0.2\times600=120\pi$(m/min)],即

$$n_1 d_1 = n_2 d_2$$

$$600\times0.2 = n_2\times1.0$$

$$n_2 = 120\ \text{r/min}$$

则生产装置的转速120 r/min,仅为中型装置的1/5即可。

至于锚式或框式搅拌器、桨式搅拌器及推进式搅拌器的圆周速度,则建议采用如下的数值:

锚式或框式搅拌器:30~90 m/min

桨式搅拌器:90 ~ 180 m/min

推进式搅拌器:270 ~ 1 000 m/min

推进式搅拌器与电动机直接连接: ~ 1 500 m/min

这种放大方法,实际上是保持 nd 恒定,即近于流体动力相似,但在传热或传质上不能获得相同的效果。

(4) 时间常数法　指某一变量与其变化速率之比,此类方法可用于找出某过程放大的主要矛盾,并根据此来进行该反应器的放大。具体包括:

混合时间　$\tau_b = V/(1.5nd^3)$

反应时间　$\tau_r = c/r_A$

扩散时间　$\tau_D = H_L^2/D_Z$

液体停留时间　$\tau_L = V/Q_L = H_L/u$

气体停留时间　$\tau_G = V\varepsilon_G/Q_G$

传质时间　$\tau_{mt} = 1/k_{La}$

式中 H_L 为反应器内液柱高度;ε_G 为液体含气率;u 为液体流过反应器径向截面的线速度;D_Z 为扩散通量;k_{La}为传质速率;Q_L 为液体体积流量;Q_G 为气体体积流量。

有了这些时间常数,就可进行比较判断。如:当 $\tau_b > \tau_r$ 时,表示流体混合时间比反应所需时间长,此时,流体混合成为控制因素。在放大时,首先要保证流体混合达到要求。另外,对一个反应器放大设计水平的评价也可采用的是混合时间作为评价指标。混合时间 τ_b 是在搅拌反应器中进行各种分散和均质化处理过程的一个关键过程参数,它定义的是达到统计意义上规定均匀度所必需的时间。包括浓度、密度、电导率和温度或比色和其他光学等在内的技术方法都可以被用来测量搅拌容器中的物料的混合时间 τ_b。

从现有的文献来看,模拟混合时间的数学模型可以大致分为四类:扩散模型、整体流动模型、间隔(分段)模型和 CFD 宏观混合模型。前三者的策略是简单和容易计算的,但模型参数必须要通过经验估算,其外推应用有风险。因此,此类方法正逐步被 CFD 宏观混合模型替代。但是,目前宏观混合时间的定义和测量方法仍有很强的主观性,结果仍不能科学地反映化学反应器内宏观混合过程的全局,模型难以满足工业反应器及其结构创新的设计和优化要求。

(5) 数学模型法　根据有关原理和必要的实验结果,对实际对象用数学的形式加以描述,然后,再用计算机进行模拟研究、设计和放大。所建立的数学方程称为数学模型。由过程机理推导而得的"机理模型",由经验数据归纳而得的"经验模型",介于二者之间的"混合模型"。

(6) 计算机辅助放大设计　利用计算机构建的专家系统进行反应器放大知识的采集、表示和处理的智能化设计。上述(1) ~ (5)放大方法都可以借助计算机辅助实施,它可以减轻因应用体系、搅拌设备、操作条件和物性的多样性与复杂性带来的设计工作量和难度,但目前仍需要领域专家凭借丰富的经验进行设计。

2.4.2.2　搅拌釜放大的一些理论问题

最简单且最基本的放大方法是按几何相似的原则进行放大,按照一定的比值将叶轮直径、桨叶宽度、釜径、液位等的尺寸加以放大,即

$$\frac{d_2}{d_1} = \frac{b_2}{b_1} = \frac{D_{02}}{D_{01}} = \frac{Z_2}{Z_1} = R \tag{2-95}$$

式中 R 是放大的倍数,脚注 1 为小设备,2 为大设备。几何相似只是简化放大计算的手段,几何相似放大法通常仅适合于简单的物理过程。事实上,反应器放大设计完全没有必要被几何相似所制约,必须使工业反应器中尽可能多的混合参数与中试相同,从而能使工业中更好地重复中试的过程结果。

(1) 量值相等 指的是在放大时保持某些设计变量为常数,如保持混合时间不变。需要着重考虑的问题是搅拌器转速的放大。搅拌器的转速往往是需要或不可能按几何相似的倍数放大。转速放大的要求是在大装置中能够重现小装置中的搅拌效果,达到相同的搅拌级别,这样的放大工作是按所谓"量值相等"的原理进行的。

(2) 相似原理 要求建立的大尺度下搅拌反应器内的流体流动体系与小反应器内的流体流动,除了几何相似外,还有运动相似和动力相似。运动相似定义为两个流动体系相应的时间或速度的比值等于放大倍数,动力相似则要固定相应的力的比值,如惯性力、黏性力、重力等。在流体流动体系中,运动相似和动力相似不是经常能够同时达到的;不同方面相似性在形式上的抵触,以及考虑到一个方面而忽视另一个方面,会常常造成搅拌釜相似放大中的错误。

相似概念和实际工作中运用的放大方法,是既有联系又有区别的,相似概念固定了一些物理量的比值,放大方法则往往着重考虑影响过程效果的设计变量的数值。例如,搅拌过程的运动相似,定义为相应的速度的比为定值,这个定义可以和前面讨论过的量纲为 1 速度分布相对照。然而,搅拌器的行为和流体实际速度大小的关系比和量纲为 1 速度的关系更加直接,因此常常用总体流速这个概念来描述流体搅拌的动力效应。

在湍流搅拌中,量纲为 1 速度分布成为常数,这意味着相应速度的比值是常数,这样在湍流搅拌中,随同几何相似也存在着运动相似。如果搅拌器某一方面的行为要求速度在放大后成倍地增加,则仅作运动相似还不能加以规定,还必须令一个已知的速度保持不变,如令桨叶顶端的线速度保持不变。

放大的任务在于使搅拌的效率得到重现,放大方法不能单纯强调形式上的相似。运动相似和动力相似往往不是放大的主要条件。

(3) 搅拌参数 影响搅拌效果的关键物理量统称为搅拌参数。在放大方法中常常见到一些物理量的名词,如"叶端圆击点速率""单位体积的功率""单位体积的转矩"等,按这个或那个物理量保持不变来放大,往往得不到所希望的效果。因此,应该按照一定的过程对搅拌的特殊要求(或者说动力效应),如混合时间的长短、颗粒悬浮的程度等,来选定关系的搅拌参数作为放大的依据。

(4) 放大准则 对药物合成化学反应器的放大可采用一些物理的和化学的手段,必要时可在一定范围内改变投料比甚至分散介质。在放大设计及放大试验时,要明确所着手的反应过程中哪些是必须重现的结果,并明确关键混合参数;再就是要通过一定规模的中试(至少几十升),掌握影响主要过程结果的主要变量。

对于某个特定的反应过程,并非在放大时需要大槽与小槽的全部混合参数相同。有时要求一个混合参数的某个幂值恒等,可能同时还要求另一个混合参数需大于某个临界值;有时还可能要有第三和第四个需同时满足的条件,更复杂的情况是随反应的进行物料的物性发生变化,这时放大准则也要相应改变。

对于没有副反应的单一途径的化学反应来说，放大产生的风险不过是转化率下降。但对于有副反应的化学反应来说，如放大不当，造成局部浓度过浓等现象，则将导致产品质量下降。首先，要做到流体的流况相似，应该使搅拌雷诺数大于 10^4，这样可以使在几何相似的反应釜内，物料的平均流速分布仅与空间坐标有关，而大体上与雷诺数无关。其次，要做到单位体积中输入的能量不变，使在湍流流速的高频范围内湍流的流况相似，使非均相体系中的一颗粒子周围的速度场在放大后保持不变。如果放大时保持单位体积中输入的能量不变，则混合时间将发生变化；如果要保持混合时间不变，则必须保持搅拌转速不变，这样搅拌雷诺数将增大。

对非均相反应而言，混合时间是影响反应的重要因素，放大时保持搅拌转速不变，保持高雷诺数，对放大效果是可以有信心的，但是，在多数情况下是不现实的，因为如保持转速不变，雷诺数随特征长度 d 成正比增加，而单位体积输入的能量则随 d^2 增加，这样，或者是放大倍数受到限制，或者是消耗的能量过大。因此，一般在放大时考虑延长混合时间。对于一级反应来说，反应的转化率仅与停留时间有关，而与混合时间无关。

对于许多反应体系来说，混合时间常以秒计，停留时间则以分计或以时计，除非有的体系对混合非常敏感，或者反应器极大的，否则延长混合时间不会造成明显的影响。

2.4.2.3　搅拌反应釜放大步骤

由于影响搅拌反应釜行为的因素很多，所以针对特定的过程需要采用特定的设计方法至今尚缺乏普遍的规律可循。

搅拌反应釜放大通常是在模型试验又称为中试基础上进行的，主要有三个阶段的工作要做。首先，为了得到理想的反应效果及反应器的操作稳定性，从物料投加方式及其配比和流量、合成反应温度和操作压力、最终转化率和产品质量等操作参数的相关性进行工艺工程分析，确定最佳的工艺条件及反应器的类型；第二，为了满足给定的生产任务，利用理想反应器数学模型或根据中试过程与结果进行反应体积定量计算，结合工程经验，优化并确定反应器结构尺寸；第三，从反应体系特性及反应结果一致性要求出发，选择搅拌结构，利用数学模型或经验方程进行搅拌轴功率的计算，确定传动方式和电动机配备。

反应器放大工作流程如图 2-26 所示。

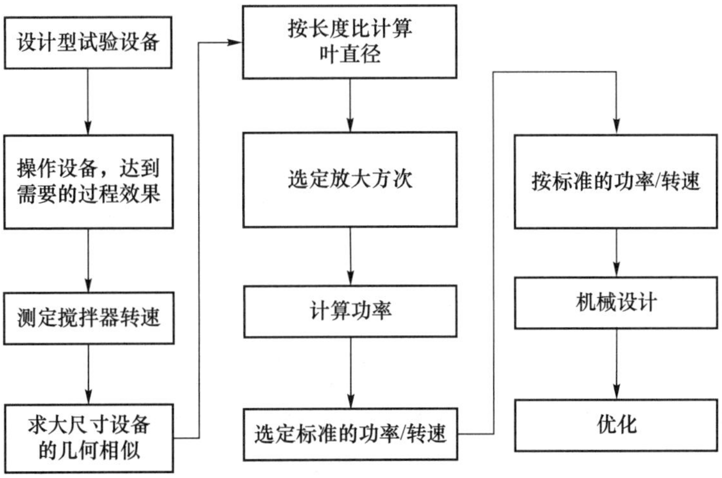

图 2-26　反应器放大工作流程

2.4.3 搅拌器放大设计

搅拌反应器的放大关键是搅拌器的放大，搅拌的目的主要是为了提高传热和传质速率。由于不同类型的反应，其影响因素不尽相同。搅拌反应釜的搅拌器的设计，首先要考虑到反应体系对搅拌效果的要求，同时要考虑到经济上的合理性及技术先进性。

在药物合成反应过程中，液液反应要求达到混合和搅动。混合操作是将不同黏度或浓度的液体混合均匀的过程。其中，互溶混合称为调和，不互溶（或非常难以互溶）混合称为分散。即前者混合后为均相；后者停止搅拌后，会分层。而气液非均相反应过程中除了要求混合、搅动之外，还要求打碎气泡，提高气液接触面积，以提高气液间的传质速率；对于气液固体系还要求达到催化剂等固形物料保持悬浮状态，以形成稳定的悬浮体系。

为了使所设计的搅拌器满足反应过程的要求，必须对相应的反应过程有一定的了解，需要了解反应物料的量，物料的一些物理性质，如密度、黏度、体系在反应过程中达到的最高黏度、物料的表面张力、粒状物料在悬浮介质中的沉降速度等。然后从搅拌器设计的角度，分析搅拌任务的尺度及难度。所谓尺度是指搅拌体系中物料的量，所谓难度是指达到搅拌效果所需要克服的“阻力”。例如，需要混合的两种物料的密度差和黏度差，需要保持悬浮的粒子的沉降速度等，在掌握搅拌任务的尺度及难度的基础上，就可以选搅拌器的形式、设计搅拌器叶轮的尺寸、搅拌器的转速及需要的轴功率。最好还需要确定搅拌器的安装尺寸：叶轮距釜底的距离；如果采用多层（个）叶轮，需要确定叶轮之间的距离，还要确定是否需要安装挡板，以及如何安装挡板。搅拌器的设计步骤可用框图 2-27 表示。

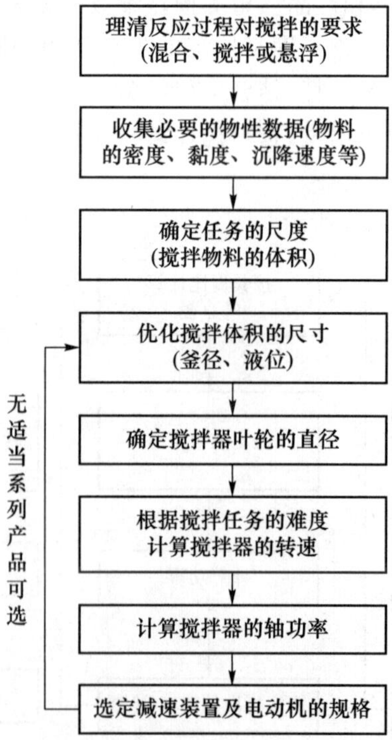

图 2-27 搅拌器的设计步骤

2.4.3.1　搅拌的“尺度”和“难度”的确定

(1) 混合和搅动类型的搅拌过程　其搅拌任务的“尺度”:对分批(间歇)操作的搅拌釜来说,是一批反应物料的体积;对连续操作的搅拌釜来说,是每一级釜内反应物料的体积。“尺度”可以用搅拌釜的截面积和料位高度的乘积($\pi D_0^2/4$)H 来表示。所谓“难度”是指相互混合的液体的黏度差别和密度差别。

搅拌程度的级别是根据任务的难度来区别的,尺度则决定搅拌器的尺寸和安装方式。其强烈搅拌程度按习惯分为 10 级,表 2-5 列出 10 个搅拌级别的划分标准。

表 2-5　不同搅拌级别的搅拌效果(混合及搅动)

搅拌级别	总体流速 m/min	搅拌效果
1 2	1.8 3.7	1～2 级搅拌适用于混合相对密度及黏度差别很小的液体; 2 级搅拌可以把能够相互混合的相对密度差别小于 0.1,黏度差别小于 100 倍的液体混合均匀,液面平坦
3 4 5 6	5.5 7.3 9.2 11	3～6 级搅拌是多数间歇反应所需要的搅拌程度; 6 级搅拌可以把能够相互混合的相对密度差别小于 0.6,黏度差别小于 10^3 倍的液体混合均匀。可使沉降速度小于 1.2 m/min 的微量固体(<1%)保持悬浮。液体黏度小时,液面呈波浪形
7 8 9 10	12.8 14.6 16.5 18.3	7～10 级搅拌为要求较高的聚合釜等的反应器所需要的搅拌级别; 10 级搅拌可将相对密度差别小于 1.0,黏度差别小于 10 万倍的液体混合均匀。可使沉降速度小于 1.8 m/min,含量小于 2% 的固体保持悬浮。液体黏度较小时,液面产生大波涛

(2) 悬浮类型的搅拌过程　悬浮反应是制药工业常用的生产方法,如由硝基苯催化氢合成扑热息痛的中间体——对氨基苯酚,或对硝基苯酚的铁粉还原制对氨基苯酚,微生物发酵制抗生素,游离酶催化合成反应等制药过程,均采用悬浮反应来完成。

悬浮反应过程对搅拌的基本要求是:搅拌器的容积循环好,对固体悬浮反应,剪切作用居次要位置;对液滴悬浮及气体分散则要求有强的剪切作用,剪切与容积循环同样重要。

通常,可从剪切力对气体分散或液滴颗粒分散相粒度的影响等来确定搅拌器的尺寸和转速。由于相关数据难以获得,且一些经验关系往往有很大的局限性,因此,所需相关数据在很大程度上要依赖于实验的测定。

悬浮类型的搅拌过程的尺度同样是指搅拌体系量的大小。难度则决定于悬浮粒子的沉降速度。搅拌级别(或悬浮程度)正比于转速和叶轮两者一定方次的乘积,反比与颗粒的沉降速度,也就是说叶轮的转速越高,直径越大,颗粒的沉降速度越小,获得的搅拌程度越高。

悬浮类型的搅拌强度也划分为 10 级,具体划分标准见表 2-6。

表 2-6 不同搅拌级别的搅拌效果（颗粒悬浮）

搅拌级别	搅拌效果
1～2	1～2 级搅拌只适用于颗粒悬浮要求低的情况； 1 级搅拌的能力是：使具有一定沉降速度的颗粒全部在容器中运动。使沉积在容器底部边缘的颗粒作周期性的悬浮
3～5	3～5 级搅拌用于多数化工过程对颗粒悬浮的要求，固体溶解是一个典型的例子； 3 级搅拌的能力是：使具有一定沉降速度的颗粒全部离开器底，在一定程度上悬浮。至少使 1/3 料层（液位）高度的浆料保持均匀悬浮，使浆料容易从器底出口放出
6～8	6～8 级搅拌使颗粒悬浮的程度接近均匀； 6 级搅拌的能力是：使 95% 料层高度的浆料保持均匀悬浮，使浆料可以方便地在 80% 料层高度处放出
9～10	9～10 级搅拌可以使颗粒悬浮达到最均匀的程度； 9 级搅拌的能力是：使 98% 料层高度的浆料保持均匀悬浮，使溢流方式可以方便地将浆料放出

2.4.3.2 搅拌器设计计算与优化

（1）不同情况下搅拌器转速的放大　上节讨论了搅拌釜放大中需要考虑的一些问题，中心思想是放大不能简单地考虑几何相似、运动相似及动力相似，而应该是根据过程要求的特征，搅拌所造成的主要的动力效应，来确定采用什么放大方法。

下面介绍一个放大的法则，所谓“方次法则”。这个法则可用下式表示：

$$n_2=n_1\left(\frac{d_1}{d_2}\right)^m=n_1\left(\frac{1}{R}\right)^m \tag{2-96}$$

式中 m 是一个常数，是由过程对搅拌的要求，或者说搅拌的动力效应（如混合、搅动、悬浮等）所确定的，各种搅拌动力效应的 m 数值如下：

$m=0$，$n_1=n_2$，混合时间相等；

$m=1$，$n_2=\frac{1}{R}n_1$，作用于流体的剪切力相等；

$m=1/2$，$n_2=\left(\frac{1}{R}\right)^{1/2}n_1$，液面运动状况相同，弗劳德数相等；

$m=2/3$，$n_2=\left(\frac{1}{R}\right)^{2/3}n_1$，单位体积输入功率相等，传质速率相等；

$m=3/4$，$n_2=\left(\frac{1}{R}\right)^{3/4}n_1$，颗粒悬浮的程度相等。

下面再做一些解释：

① $m=0$，$n_1=n_2$，当扩散控制作用对混合的影响相对湍流和对流作用可以忽略时，量纲为 1 混合时间 $\tau_b^*=f(N_{Re})$。对任一定型叶轮有

$$\tau_b^*(d/D_0)^m=f(N_{Re})$$

由此可见，混合时间相等。

② $m=1$，$n_2=\frac{1}{R}n_1$，则 $n_2d_2=n_1d_1$，即桨叶端圆击点线速度相等。相应地，作用于流体的剪切

力相等。

③ $m=1/2$，$n_2=\left(\frac{1}{R}\right)^{1/2}n_1$，即 $n_2=(d_2/d_1)^{1/2}n_1$，　$d_1n_1^2=d_2n_2^2$，可写作 $d_1n_1^2/g=d_2n_2^2/g$，即弗劳德数相等。此结果意味着离心力和重力（体积力）的作用不可忽略。

④ $m=2/3$，$n_2=\left(\frac{1}{R}\right)^{2/3}n_1=\left(\frac{d_1}{d_2}\right)^{2/3}n_1$，即要求实现单位体积输入的功率相等。

由于在湍流时，搅拌轴功率正比于转速的三次方，叶轮直径的五次方：

$$P\propto n^3d^5 \tag{2-97}$$

由于保持几何相似，所有的长度比为常数，釜径是叶轮直径一定的倍数，这样釜的体积正比于叶轮直径的立方：

$$V\propto d^3 \tag{2-98}$$

将式（2-97）除以式（2-98）：

$$\frac{P}{V}\propto n^3d^2 \tag{2-99}$$

当要求单位体积的功率输入保持不变，则有

$$n_1^3d_1^2=n_2^3d_2^2 \tag{2-100}$$

将上式整理一下，即得出

$$n_2=n_1\left(\frac{d_1}{d_2}\right)^{2/3}=n_1\left(\frac{1}{R}\right)^{2/3} \tag{2-101}$$

⑤ 对于要求颗粒悬浮相同的固液非均相反应体系，即要求悬浮程度相同。由于悬浮程度与 $n^{3.75}d^{2.81}$ 成正比，则

$$n_1^{3.75}d_1^{2.81}=n_2^{3.75}d_2^{2.81} \tag{2-102}$$

整理后可得

$$n_2=n_1\left(\frac{d_1}{d_2}\right)^{0.749\,3}=n_1\left(\frac{d_1}{d_2}\right)^{0.75}=n_1\left(\frac{1}{R}\right)^{3/4} \tag{2-103}$$

这样的放大仅仅是从达到相同的悬浮程度考虑的，对于化学反应器而言，还需要对传热过程进行核算，通过调整传热面积和温度差来达到传热的要求；还需要分析对传质过程和反应过程的影响。

实际上，在不同规模反应器中，要呈现温度、浓度、传质和剪切率的完全相同是不可能的。许多场合并非要求工业反应器中重现中试反应器的所有过程结果，有些反应也并不对上述四个量都敏感，放大设计就有可能简化。

一般来说，放大时保持单位体积输入功率相等，大体上可保持相同的传质速率，但有时和另外的搅拌效果有矛盾，此时应该按对过程起控制作用的搅拌效果来进行放大。

（2）计算步骤　以混合及搅动类型的反应釜搅拌装置的设计为例，搅拌设计的放大计算步骤如下：

① 根据设计任务的尺寸确定釜的有效容积，确定釜的直径 D_0、液层深度 H_L。

② 根据要求的搅拌程度，确定搅拌级别及总体流速。

③ 计算搅拌器的泵送量 Q。

④ 选定桨叶直径与釜径的比例：d/D_0，初步求出桨叶直径 d。d/D_0 的值一般在 0.2～0.6。

⑤ 运用泵送特征数 N_Q 和搅拌雷诺数 N_{Re} 的函数关系(如图 2-28 所示),求搅拌器转速 n。

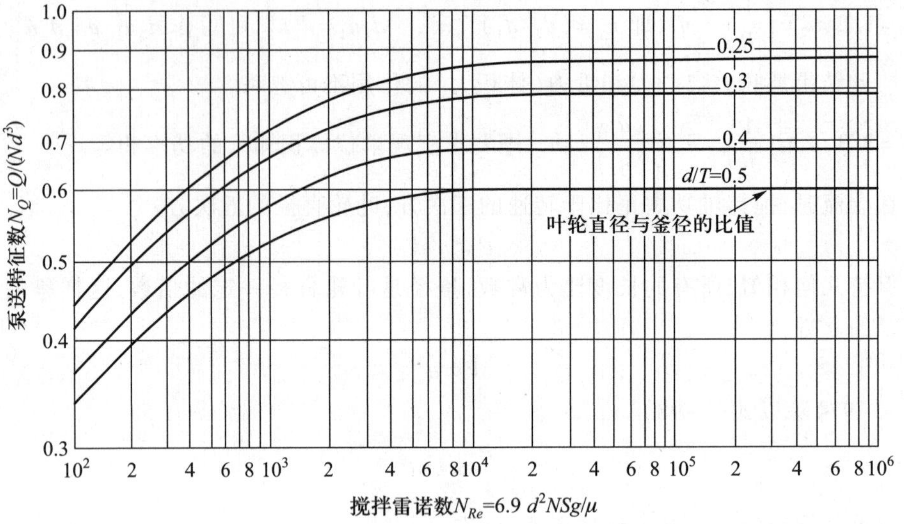

图 2-28 泵送特征数和搅拌雷诺数的函数关系

⑥ 对搅拌器直径进行黏度校正,校正因数 C_F 列于表 2-7。$d=d_CC_F$,d_C 为桨叶经校正后的直径。

表 2-7 桨叶直径的黏度校正因数 C_F

搅拌雷诺数 N_{Re}	校正因数 C_F	搅拌雷诺数 N_{Re}	校正因数 C_F	搅拌雷诺数 N_{Re}	校正因数 C_F
700	1.00	200	0.95	70	0.89
500	0.99	150	0.93	60	0.88
400	0.98	100	0.91	50	0.87
300	0.97	80	0.90		

⑦ 算得 d_C 后,用式(2-89)计算搅拌器所需要的功率。

如果搅拌容器长径比大时,需安装两个以上的叶轮。根据经验,在一定的 H_L/D_0(料层深度与釜径之比)及黏度范围内,安装叶轮的数目,及安装的位置尺寸的有关规定,见表 2-8。

表 2-8 叶轮数目和 H_L/D_0 及黏度的关系

黏度/cP	最大 H_L/D_0	叶轮数目	叶轮位置	
			下叶轮距釜底	上叶轮距釜底
至 25 000	1.4	1	$H_L/3$	—
至 25 000	2.1	2	$D_0/3$	$2/3H_L$
>25 000	0.8	1	$H_L/3$	—
>25 000	1.6	2	$D_0/3$	$2/3H_L$

这样算得的功率和转速不一定与电动机和减速机的系列产品相吻合,应该选用相近的系列产品。

还需要说明一点,上面算得的功率仅仅是轴功率,实际选用电动机时还需要考虑传动装置的效率和密封装置造成的功率损耗。这些数据可查阅有关的设计手册。

例 2-8 一个容积为 40 m^3 的贮罐,容纳几台分批反应器的产物,产物相对密度为 1.05,最大波动为 0.05,黏度为 0.49 N·s/m^2(490 cP)。各批产品间无明显黏度变化,产品在贮罐中至少存放两天。罐径 3.5 m,直边高 3.65 m,罐底为蝶形。试设计混合进入贮罐的各批物料所需的搅拌器。

解:各批物料的相对密度差别小,黏度无显著变化,搅拌强度可选用一级或二级。任务没有提出特别的均匀程度的要求,存放时间又长,因此可选用一级。

自表 2-4 查得,一级搅拌,总体流速为 1.8 m/min。因此,搅拌器的泵送量 Q 为

$$Q = uA_s = 1.8\times\frac{\pi}{4}\times3.5^2 = 17.32(m^3/min)$$

d/D_0 选 0.25,则叶轮直径 d 为

$$d = 0.25D_0 = 0.25\times3.5 = 0.875(m)$$

求搅拌器的转速 n,可运用图 2-28 泵送特征数和雷诺数的函数关系。先假设搅拌在湍流下进行,在 $d/D_0 = 0.25$ 时,$N_Q = 0.87$,从而

$$n = \frac{Q}{N_Q d^3} = \frac{17.32}{0.87\times0.875^3} = 29.72(r/min)$$

搅拌雷诺数为

$$N_{Re} = \frac{d^2 n\rho}{\mu} = \frac{0.875^2\times29.72\times1.05\times6.9}{0.49} = 336$$

从图 2-28 上读出,N_Q 约为 0.59,重新计算转速:

$$n = \frac{17.32}{0.59\times0.875^3} = 43.8(r/min)$$

则搅拌雷诺数为

$$N_{Re} = \frac{0.875^2\times43.8\times1.05\times6.9}{0.49} = 496$$

从图 2-28 上读出,N_Q 约为 0.64,再计算转速:

$$n = \frac{17.32}{0.64\times0.875^3} = 40.4(r/min)$$

搅拌雷诺数为

$$N_{Re} = \frac{0.875^2\times40.4\times1.05\times6.9}{0.49} = 457.3$$

从图上看出 N_Q 约为 0.63,与上一个 N_Q 值接近,搅拌器转速可定为

$$n = \frac{17.32}{0.63\times0.875^3} = 41.0(r/min)$$

对叶轮直径进行黏度校正,自表 2-7 查得 N_{Re} 为 457.3 时,$C_F = 0.986$,

$$D_C = \frac{0.875}{0.986} = 0.887(m)$$

用公式(2-93)计算搅拌器所需的轴功率,二叶平叶桨 $N_P = 1.62$

$$P = 1.62\times1.05\times10^3\times0.667^3\times0.887^5 = 0.277(kW)$$

对于悬浮类型搅拌过程所需搅拌器的设计计算，需要先运用化工原理课程知识计算颗粒的"极限沉降速度"u_t，并根据固含量的不同乘以校正因子f_w（列于表2-9）。也可查阅Perry工程师手册。

$$u_t = 1.74\left[\frac{d_p(\rho_p - \rho_f)}{\rho_f}\right]^{0.5}$$

然后，参照混合及搅动类型的反应釜搅拌装置的设计计算步骤进行，其中，总体流速通常需要依赖实验测定数据。

表2-9　颗粒沉降校正因子f_w

颗粒质量分数/%	f_w	颗粒质量分数/%	f_w	颗粒质量分数/%	f_w
2	0.80	20	1.10	40	1.55
5	0.84	25	1.20	45	1.70
10	0.91	30	1.30	50	1.85
15	1.0	35	1.42		

（3）搅拌器设计的优化　搅拌器叶轮（桨叶）的直径和转速是决定搅拌器行为的主要参数，因此，在满足工艺过程要求的前提下，搅拌器的优化设计主要是一个经济问题。

前面讲过，桨叶的顶端线速度nd和作用于物料的剪切力有关，而nd^3则表征流体在斧内循环量的大小。保持nd或nd^3的数值一定，n和d可以在一定范围内变化。在实际工作中，叶轮额定直径和转速是相互依存的两个参数，在一定的范围内此大彼小或此小彼大，对搅拌器的行为不会有明显的影响，都可以满足工艺条件的要求。

将直径小转速高的叶轮与直径大转速低的叶轮相比较，前者需要的功率小（功率$\propto n^3d^5$），但需要的减速装置较大（减速比值较大）。因此，直径小转速高的搅拌装置，设备的操作费用低而投资费用高，但对于使用寿命较长的减速机和电动机来说，操作费用占主要地位，选用操作费用低的设备往往在两三年内就可以在经济上获得效益。

简而言之，搅拌器设计的优化关键在于确定适当的叶轮（桨叶）直径和转速，在满足工艺过程要求的前提下，使操作费和设备投资的总额最低。

2.4.4　搅拌反应器的放大设计举例

药物合成反应器的选型与设计不仅包括反应器的类型选择、容积大小计算，对于搅拌釜式反应器还包括搅拌桨的结构类型和轴功率放大计算。

例2-9　5% Pd/C催化2-甲基呋喃氢化水合反应合成乙酰正丙醇，其反应方程式如下：

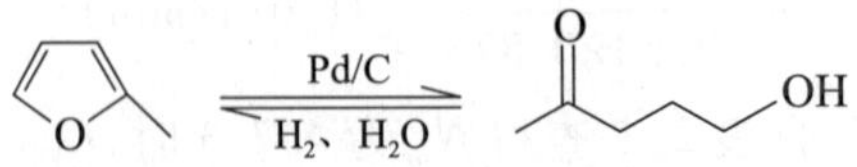

其中，2-甲基呋喃的黏度与温度的关系如图2-29所示。小试用0.5 L高压釜作为反应器，其内径为75 mm，配直径50 mm的六叶平叶桨（$d/W=5$）机械搅拌。首先，加入2 g 5% Pd/C催化剂，常温下先用水泵抽掉高压釜中空气，依次加入160 mL 2-甲基呋喃、30 mL 2-甲基四氢呋喃、75 mL水和35 mL37%浓盐酸；然后，在转速600 r/min的搅拌下通入氢气使压力达到0.14 MPa，

约在 18 ℃持续通入氢气，直到不再吸氢为止。中试用 50 L 搪玻璃搅拌釜作为加氢还原水合反应釜，搅拌为六叶平叶桨、转速为 130 r/min 时，所得结果与 0.5 L 高压釜的基本一致。今因产能需要将加氢反应釜放大至 2 000 L，请完成搅拌器的放大设计。

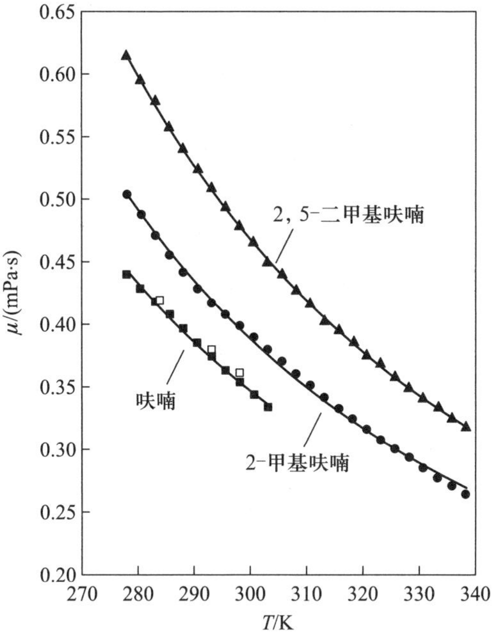

图 2-29 呋喃类溶剂的黏度与温度的关系曲线

解：(1) 0.5 L 高压搅拌釜内流体流动状态与搅拌轴功率

① 搅拌雷诺数。在 18 ℃即 291 K 下的 2-甲基呋喃黏度可从图 2-29 读出，约为 0.435 mPa · s。由于 2-甲基呋喃在整个体系中占体积量超过 1/2，近似为混合溶液的黏度。

于是，搅拌雷诺数

$$N_{Re}=d^2n\rho/\mu$$
$$=0.05^2\times10\times913/(0.435\times10^{-3})$$
$$=1.05\times10^5$$

即体系呈湍流状态。

② 搅拌轴功率。查图 2-24 得 $N_P=2.75$。于是，搅拌轴功率

$$P=N_P\rho n^3d^5$$
$$=2.75\times0.913\times10^3\times10^3\times(5\times10^{-2})^5(\mathrm{W})$$
$$=0.785(\mathrm{W})$$

(2) 搅拌器的放大计算

根据方次法则进行搅拌器的放大计算，即采用式(2-96)进行放大计算。

① 作用于流体的剪切力相等，$m=1$。

于是，放大搅拌器转速与小搅拌器转速的关系式为

$$n_2d_2=n_1d_1$$

a. 对 50 L 搅拌釜放大

$$n_2 = (0.05/0.3)\times 10 = 1.67(\text{r/s})$$

即 $n_2=100$ r/min。而中试结果显示与小试基本一致，则要求

$$n_2 = 130 \text{ r/min}$$

b. 对 2 000 L 搅拌釜的转速放大

(a) 基于 50 L 计算所得 $n_2=100$ r/min 进行放大计算

$$n_2 = (0.3/0.72)\times 1.67 = 0.696(\text{r/s})$$

即要求 $n_2=42$ r/min。

(b) 基于 50 L 中试所得 $n_2=130$ r/min 进行放大计算

$$n_2 = (0.3/0.72)\times 2.167 = 0.903(\text{r/s})$$

即要求 $n_2=54$ r/min。

② 要求颗粒悬浮相等，$m=3/4$。

于是，放大搅拌器转速与小搅拌器转速的关系式为

$$n_2 = (d_1/d_2)^{3/4} n_1$$

a. 对 50 L 搅拌釜放大

$$n_2 = (0.05/0.3)^{3/4}\times 10 = 2.6(\text{r/s})$$

即 $n_2=156$ r/min。

b. 对 2 000 L 搅拌釜的转速放大

(a) 基于 50 L 计算所得 $n_2=156$ r/min 进行放大计算

$$n_2 = (0.3/0.72)^{3/4}\times 2.6 = 1.35(\text{r/s})$$

即要求 $n_2=81$ r/min。

(b) 基于 50 L 中试所得 $n_2=130$ r/min 进行放大计算

$$n_2 = (0.3/0.72)^{3/4}\times 2.167 = 1.124(\text{r/s})$$

即要求 $n_2=67$ r/min。

③ 单位体积输入功率相等，$m=2/3$。

于是，放大搅拌器转速与小搅拌器转速的关系式为

$$n_2 = (d_1/d_2)^{2/3} n_1$$

a. 对 50 L 搅拌釜放大

$$n_2 = (0.05/0.3)^{2/3}\times 10 = 3.03(\text{r/s})$$

即 $n_2=182$ r/min，相应地，

$$P = N_P \rho n^3 d^5 = 2.75\times 0.913\times 10^3\times 3.03^3\times 0.3^5$$

$$=170(\mathrm{W})$$

b. 对 2 000 L 搅拌釜的转速放大

（a）基于 50 L 计算所得 $n_2=182\ \mathrm{r/min}$ 进行放大计算

$$n_2=(0.3/0.72)^{2/3}\times3.03$$
$$=1.69(\mathrm{r/s})$$

即要求 $n_2=101\ \mathrm{r/min}$。相应地，

$$P_0=N_P\rho n^3d^5$$
$$=2.75\times0.913\times10^3\times1.69^3\times0.72^5$$
$$=2\ 345(\mathrm{W})$$

（b）基于 50 L 中试所得 $n_2=130\ \mathrm{r/min}$ 进行放大计算

$$n_2=(0.3/0.72)^{2/3}\times2.167$$
$$=1.209(\mathrm{r/s})$$

即要求 $n_2=73\ \mathrm{r/min}$。相应地，

$$P_0=N_P\rho n^3d^5$$
$$=2.75\times0.913\times10^3\times1.209^3\times0.72^5$$
$$=859(\mathrm{W})$$

（3）搅拌器的放大设计

① 工艺工程分析。

a. 根据方次法则可知：(a) 作用于流体的剪切力相等的搅拌转速 n_1，保证气体分散效果相近；(b) Pd/C 催化剂颗粒悬浮相等的搅拌转速 n_2，保证催化反应结果相近；(c) 单位体积输入功率相等的搅拌转速 n_3，保证体系混合状态相似。

由上述计算结果表明对 2 000 L 搅拌反应釜要求来说，有

$$n_1<n_2<n_3$$

b. 对 Pd/C 催化加氢还原反应来说，在保证氢气浓度的前提下，最主要的是保证 Pd/C 催化剂颗粒悬浮相等。因此，搅拌器的转速优先考虑选用 n_2。

另外，合成通过加氢-水合 2 步反应完成，而 2-甲基呋喃的水溶性较低，使得反应在气液固多相体系中进行，可见保证湍流是实现此合成反应的关键之一。因此，搅拌还要促进湍流的形成。

c. 综上所述，最终的搅拌速度以不低于 n_2 为宜；或者说，保证单位体积轴功率相等即可。

② 基于中试的搅拌轴功率相等的工程放大计算。

依据 50 L 搅拌釜、混合液体积 30 L 的中试结果进行。搅拌轴功率为

$$P=N_P\rho n^3d^5$$
$$=2.75\times0.913\times10^3\times(130/60)^3\times0.3^5$$
$$=62(\mathrm{W})$$

则，

$$P/V=62/30$$
$$=2.07(\mathrm{W/L})$$

对 2 000 L 搅拌釜，同样的装填系数，有

$$P=2.07\times2\ 000\times0.6$$

$$=2\ 484(\mathrm{W})$$

由上述(2)计算结果可知,采用单层平直六叶桨作为搅拌器时,搅拌的转速要高于 100 r/min。

若采用双层桨叶如何?

由于,
$$P=P_0(0.4+0.6N)$$
$$=1.6P_0$$

于是,
$$P_0=N_P\rho n^3 d^5$$
$$=P/1.6$$
$$=2\ 484/1.6$$
$$=1\ 552.5(\mathrm{W})$$

则,
$$n=[1\ 552.5/(2.75\times0.913\times10^3\times0.72^5)]^{1/3}$$
$$=1.473(\mathrm{r/s})$$

即转速为 88.4 r/min,圆整取值为 90 r/min。

③ 搅拌器设计。

a. 根据方次法则的计算和中试放大结果的工程放大计算,结合工艺工程分析,得出

(a) 搅拌器为双层平直叶六叶桨、转速 90 r/min、全挡板,搅拌轴功率约 2.45 kW;

(b) 电动机配备功率 2 ~2.5P 即 4.9 ~6.125 kW。

b. 2 000 L 搪玻璃釜反应器的搅拌确定为

(a) 搅拌器为平直叶和斜叶双层组合桨、转速 90 r/min,非贴壁挡板通过进料管固定;

(b) 配备电动机功率 5.5 kW。

此例题源于工业实际生产装置,计算结果用于工程设计并得到理想的运行结果。此设计方法虽简单粗糙,但工程原理清晰、放大设计结果总体可靠。

由于药物合成反应大多数是平行和/或连串反应及其组合的复杂反应,如何实现反应具有最大的选择性、重现小试反应过程与结果所需的流动混合及悬浮分散状态是反应器的设计主要目标。同时,要结合质量和经济效益、安全健康环保要求,以及制药设备的特殊性进行工艺工程分析与设计,设计或选择的原药终端合成反应器应配置有在线自动清洗和在线灭菌装置,对一些敏感性药物的合成反应器应配置必要的隔离(防护)装置。

习 题

1. 试述制药过程用的反应器结构装置与一般化工过程用的反应器的异同点。

2. 试述微通道反应器的结构与性能,并就你所学知识说出,药物合成中的哪些反应宜选用微通道反应器?为什么?

3. 液相反应体系中,物料 A 经过催化异构化为产物 B,其速率方程可用 $-\mathrm{d}c_A/\mathrm{d}\tau=kc_A/(K+c_A)$ 表示,其中 k 和 K 为常数。实验测定的数据如下,试计算 k 和 K,并计算转化率达 99.5% 和 99.9% 的反应时间。

τ/h	0	7.45×10^{-3}	8.57×10^{-3}	9.56×10^{-3}
$c_A/(\mathrm{mol\cdot m^{-3}})$	10.0	1.0	0.5	0.25

4. 在间歇反应器中进行液相反应 A+B ⟶P, $c_{A0}=0.3$ mol/L,实验测得其反应速率常数 $k=60\times10^{-2}$ L/(mol · h),计算当 $c_{B0}/c_{A0}=1$ 和 5 时,转化率分别为 0.5、0.85、0.9、0.95、0.99 所需的反应时间。

5. 邻硝基氯苯(A)与无水氟化钾(B)(摩尔比 1 : 1.5)在间歇釜式反应器中,于 230 ℃下以 N-异辛基-4-二甲氨基吡啶氯化物为催化剂、以无水环丁砜为溶剂,溶剂量为邻硝基氯苯质量的 1.5 倍,进行氟化反应合成邻氟硝基苯。反应速率为一级动力学:

$$r_A=kc_A$$

其中, $k=7.5\times10^{-2}\ h^{-1}$, $c_A=2.283$ mol/L。每天需要处理 1 200 kg 邻硝基氯苯,A 的转化率要求为 75%,每批进出料操作需要 1 h,试计算反应器的容积。

6. 在平推流反应器中进行的等温一级反应,出口转化率为 0.9,现将该反应转移到一个等体积的全混流反应器中进行,且操作条件不变,问出口转化率是多少?

7. 某一自催化反应 A ⟶R,其反应速率方程为 $r_A=kc_Ac_R$,在某温度下 $k=1.52\ m^3/(kmol\cdot min)$,采用的原料中, $c_{A0}=0.99\ kmol/m^3$、$c_{R0}=0.01\ kmol/m^3$。要求 A 的最终浓度降到 0.001 $kmol/m^3$,当原料的进料量为 1.0 m^3/h 时,求:(1) 反应速率达到最大时,A 的浓度为多少?(2) 采用全混流反应器时,反应器的体积是多大?(3) 采用平推流反应器时,反应器的体积是多大?(4) 为使反应器体积为最小,将全混流和平推流反应器组合使用,组合方式如何?其最小体积为多少?

8. 引起流体混合的主要原因是什么?

9. 搅拌易引起漩涡,如何消除漩涡?液体制剂生产过程中所用配料罐的搅拌通常采取的是偏心安装,为什么?

10. 某推进式搅拌器, $S/d=1$, $d=0.55$ m,用以搅拌 $\mu=1.72\times10^{-3}$ Pa · s, $\rho=1.43\times10^3\ kg/m^3$ 的液体,试求取搅拌器的轴功率。

11. 现有一 200 L 配料搅拌罐,配置桨式搅拌,今拟用之配制 PVA 水溶液。最终形成 50.4% 的 PVA 水溶液呈现假塑性流体的特性,其 $n=0.676$、稠度系数 $k=(1.64\times10^{-12})^{-n-1}$。搅拌罐内复杂流动的平均剪切速率 $\dot{\gamma}_{av}=13$ N,试求转速为 60 r/min、90 r/min 及 130 r/min 时罐内液体的表观黏度。

12. 已知有一搅拌器,搅拌槽直径 $D_0=1.2$ m,设有 4 块挡板, $W/D_0=0.1$,搅拌桨为 6 片平直叶圆盘涡轮, $d/D_0=0.4$, $B/d=0.15$, $L/d=0.25$, $C/D_0=1/3$, $H/d=0.8$。物料由两种液体组成,连续相密度 $\rho_c=1\ 000\ kg/m^3$,黏度 $\mu_c=0.001$ Pa · s;分散相密度 $\rho_d=1\ 200\ kg/m^3$,黏度 $\mu_d=0.072$ Pa · s,质量分数 $w=0.3$。搅拌转速为 160 r/min,搅拌采用填料密封,求搅拌器电动机功率。

(提示平均黏度 $\mu=\mu_d^{v}\mu_c^{(1-v)}$, v 是分散相的体积分数。)

13. 反应器的工程放大是难点,需要进行操作方式的优化分析,所用反应器结构、大小和材质,与搅拌结构、大小、材质和搅拌轴及电动机功率的确定。结合某一具体反应器,给出你的工作方案。

课外设计作业

要求:① 4 ~5 人一组,二周内完成;

② 第 2 题除了进行反应器的放大设计外,还要给出具体的工艺过程和操作说明。

1. 今要建 400 t/a 克林霉素盐酸盐醇合物的合成装置。请利用三口烧瓶进行合成反应的实例中的工艺参数,计算反应器的大小与搅拌轴功率,进行搅拌反应釜及搅拌桨的选型。

附小试合成工艺:向 2 L 三颈瓶加 DMF205 g、氯仿 540 mL,搅拌冷却至 0 ℃以下,缓慢滴加 BTC 266.7 g/氯仿 530 mL 溶液、控温 0 ~ 8 ℃;滴毕,加入抗氧剂 BHT2.3g,以 5 ~ 10 ℃/h 升至 15 ~ 18 ℃反应 90 min。降至 0 ℃以下,分次加入 200 g 盐酸林可霉素,控温 0 ~ 8 ℃。加完盐酸林可霉素后,以 5 ~ 10 ℃/h 升温至 10 ℃左右反应 1 h;升至 20 ℃左右,保温反应 2 h;升至 40 ℃左右,保温反应 2 h;升至 56 ~ 60 ℃,保持 56 ~ 60 ℃反应 15 h。反应完毕,将反应液降温到 5 ℃以下。然后,经水解萃取、水洗、浓缩至干,加入适量乙醇,搅拌静置结晶 2 h 以上,抽滤,用乙醇洗涤一次,滤饼真空干燥得盐酸克林霉素醇合物结晶 219 g。

(提示:① 用反应动力学方程与物料恒算式计算反应器的容积;② 利用搅拌雷诺数和经验方程计算搅拌轴功率。)

2. 邻硝基氯苯(A)与无水氟化钾(B)(摩尔比 1∶1.5)在间歇釜式反应器中,于 230 ℃下以 *N*-异辛基-4-二甲氨基吡啶氯化物为催化剂、以无水环丁砜为溶剂,溶剂量为邻硝基氯苯质量的 1.5 倍,进行氟化反应合成邻氟硝基苯。反应速率为一级动力学:

$$r_A = kc_A$$

其中,$k=7.5\times10^{-2}\ h^{-1}$,$c_A=2.283\ mol/L$。每天需要处理 2 000 kg 邻硝基氯苯,邻硝基氯苯的转化率要求为 85%,分别选用全混流单釜连续操作、2 台釜串联连续操作、4 台釜串联连续操作,请给出反应器的总容积;同时,进行搅拌桨的选型、搅拌轴功率的计算和反应釜材质的选择,并给出必要的分析。

(提示:反应体系黏度可借用 Einstein 公式或 Vand 经验式近似计算。)

参考文献

[1] 裘元焘. 基本有机化工过程及设备. 北京,化学工业出版社,1981.
[2] 李静海,胡英,袁权,等. 展望 21 世纪的化学工程. 北京,化学工业出版社,2004.
[3] 罗康碧,罗明河,李沪萍. 反应工程原理. 北京,科学出版社,2005.
[4] 姚日生. 制药工程原理与设备. 北京,高等教育出版社,2007.
[5] Buchholz S. Future manufacturing approaches in the chemical and pharmaceutical industry. Chemical Engineering and Processing,2010,49:993-995.
[6] 秦福磊,金志江,刘宝庆. 过程工业双轴组合式搅拌器的开发及研究进展. 化工进展,2010,29(7):1181-1185.
[7] 毛在砂,杨超. 化学反应器宏观混合研究展望. 化工学报,2015,66(8):2795-2804.
[8] Scargiali F,Tamburini A,Caputo G. On the assessment of power consumption and critical impeller speed in vortexing unbaffled stirred tanks. Chemical Engineering Research and Design,2017,123:99-110.
[9] 刘兆利,张鹏飞. 微反应器在化学化工领域中的应用. 化工进展,2016,35(1):10-17.

第三章 生物反应工程基础与生物反应器

生物反应工程包括酶催化反应工程、细胞反应工程及废水的生物处理工程，它是利用化学工程原理和方法对实验室取得的生物技术成果加以开发，可将上游技术的发展转化为实际的产品以满足社会需要。生物反应过程是利用生物催化剂完成生物技术产品生产的过程，其中生物催化剂可以是微生物、动物、植物的整体细胞，也可以是从细胞中提取出来的酶(enzyme)。它们可以游离的形式使用，也可以采用固定化技术将其固定在多孔介质中或表面后再使用。在生物反应过程中，若采用活细胞(包括微生物、动物、植物细胞)为生物催化剂，称为发酵或细胞培养，若生物催化剂采用游离或固定化酶则称为酶反应过程。两者的区别在于在发酵过程中除得到反应产物外，还可得到更多的生物细胞，而在酶反应过程中，酶不会增长。因此，生物反应过程与化学反应过程有着许多的不同，如设备在加料前需要经过灭菌，发酵过程需要培养基等。

第一节 生物反应器的分类与特性

3.1.1 生物反应器的分类

由于生物催化剂种类或生产目的的多样性，所采用的生物反应器也相应地种类繁多。不同生物反应器在结构和操作方式上具有不同的特点。根据生物反应器的结构和操作方式的某方面特征，可以从多个角度进行分类。

(1) 根据生物催化剂分类　生物催化剂包括酶和细胞两大类，相应地，可以把生物反应器分为酶反应器和细胞反应器。

酶反应器的结构往往与化学反应器结构类似，只是通常不需要太高的温度和压力。游离酶催化通常采用搅拌罐反应器，固定化酶催化除了搅拌罐反应器外，还常用固定床和膜反应器。

对于细胞反应器，根据细胞类型的不同，又可分为微生物细胞反应器(发酵罐)、动物细胞反应器和植物细胞反应器。

(2) 根据底物加入方式分类　根据底物加入方式的不同，可将生物反应器分为分批式(间歇式)反应器、连续式反应器和流加(半连续式)反应器。

工业生产中，由于分批式(间歇式)反应器培养不易产生严重的染菌问题，周期相对短，能适应细胞株和产物经常变化的培养需求，因此其应用最为广泛。

流加反应器培养能延长细胞稳定生产期的时间，适合于次级代谢产物(如抗生素等)的合成；可在避免底物抑制的前提下大幅度增加单位反应器体积中的底物量，有利于实现细胞的高密度培养。

连续式反应器只适用于遗传性状稳定、培养条件比较独特而不易受到环境微生物污染的菌种培养过程(如乙醇发酵等)。由于无需考虑染菌的问题，而且可以在长期的培养过程中由于自然选择使优势微生物种群得以增殖，连续式反应器在污水处理中得到了广泛的应用。

（3）根据流体流动或混合状况分类　对于理想的连续式反应器，根据反应器内流动状态可分为连续操作搅拌式反应器（CSTR）和连续操作活塞式（也称为平推流或柱塞式）反应器（CPFR）。

CSTR 内的流体在各个方向完全混合均匀，而 CPFR 内的流体在流动方向上完全不混合，在流体流动方向的界面上完全混合。实际反应器内流体流动方式往往介于两者之间。

（4）根据反应器结构特征及动力输入方式分类　根据反应器主要结构特征的不同，可将反应器分为罐（釜）式反应器、管式反应器、塔式反应器和膜式反应器等。

罐式反应器能用于间歇式、流加和连续式等多种操作模式，而管式反应器、塔式反应器和膜式反应器一般适用于连续式操作。

根据动力输入方式的不同，反应器可分为机械搅拌反应器、气流搅拌反应器和液体环流反应器。机械搅拌反应器采用机械搅拌实现反应体系的混合，气流搅拌反应器以压缩空气为动力来源实现混合，液体环流反应器则通过液体循环泵实现混合。

另外，根据是否需要供氧，还可分为通风发酵设备和嫌氧发酵设备。从发酵工业来看，乙醇行业和啤酒行业使用的发酵罐是典型的嫌氧发酵设备。

可以预见的是，随着技术的进步与装备制造的升级，新型的生物反应设备必将不断涌现，满足或带动生物医药行业技术水平的整体提升。

生物反应器的分类如图 3-1 所示。

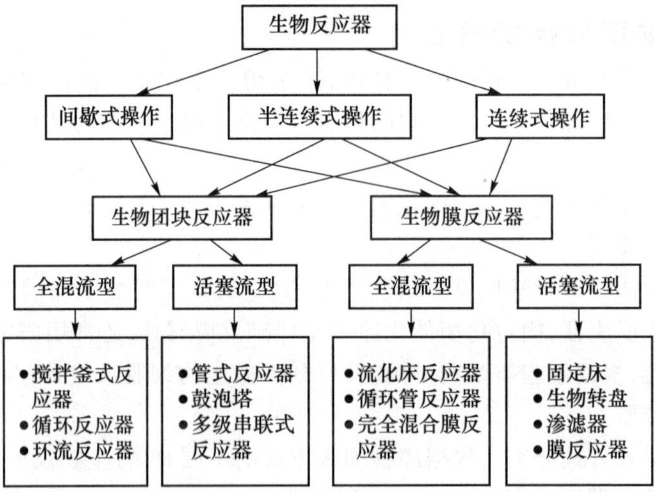

图 3-1　生物反应器的分类

3.1.2　常见生物反应器的结构与功能

（1）机械搅拌式发酵罐　通气搅拌罐是最常用的生物反应器，其规模可以从几升到几百立方米，外形多是上下为椭圆封头的圆柱罐，主要部件有搅拌器、空气分布器、冷却管、消泡器等，反应器内装设测量温度、pH、溶氧等的传感器，100 m^3 通气机械搅拌式发酵罐的结构及典型尺寸如图 3-2 所示。

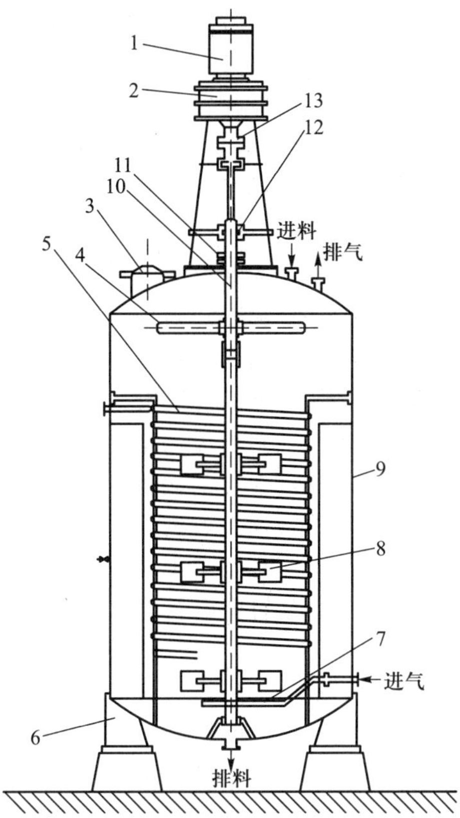

图 3-2　100 m^3 通气机械搅拌式发酵罐示例

1—电动机;2—齿轮箱;3—人孔;4—消泡器;5—冷却蛇管;6—支撑座;7—空气分布器;8—搅拌器叶轮;9—罐体;10—搅拌轴;11—无菌轴封;12—轴承;13—联轴器

关于通气机械搅拌式发酵罐有几点需要说明:

① 罐体上的管路尽可能减少,罐内壁及接口等尽可能光滑、无死角;

② 搅拌器叶轮有涡轮式、推进式等,应根据培养的微生物细胞的特性优选,三种常见的搅拌器叶轮如图 3-3 所示;

③ 搅拌轴封是发酵罐渗漏杂菌的薄弱环节,必须精密,通常用双端面机械轴封;

④ 发酵罐必须有足够的冷却器,大型罐常用竖式列管或蛇管,而实验室小型罐和种子罐可用夹套式换热器;

⑤ 溶氧速率和效率是通气发酵罐的重要指标,根据传质理论,溶氧传质速率为

$$OTR=k_{L}a(c^{*}-c) \qquad (3-1)$$

式中,k_La 为体积溶氧系数,1/h 或 1/s;c^*、c 为相应温度、压强下饱和溶氧浓度和发酵液中溶氧浓度,mol(O_2)/m^3。

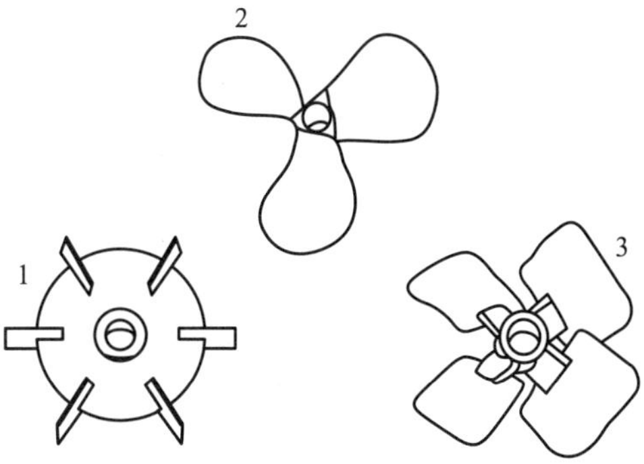

图 3-3　发酵罐搅拌器叶轮类型

1—六直叶平叶涡轮;2—推进式;3—Lightnin A-315 式

根据试验研究，通气机械搅拌罐的 k_La 为 100 ~ 1 000 h^{-1}，通常，c/c^* 宜控制在 20% ~ 40%，在此溶氧饱和值下，既可保证充分的溶氧供应，又可节约供氧能耗；

⑥ 关于搅拌与通气：通常，发酵罐越大，搅拌转速越低，每个发酵罐在设计时均有一个最大转速的值，过高的搅拌转速可能使微生物细胞受损伤。不同种类的微生物，耐受的搅拌剪切强度不同，对球状或杆状的细菌和酵母，通常可以耐受的最高搅拌叶尖线速度为 7 ~ 10 m/s。至于通气量，最大的空截面气速取 1.75 ~ 2 m/min。

（2）气升式发酵罐　除了机械搅拌式发酵罐之外，气升式发酵罐也常使用。这类反应器具有结构简单、不易染菌、溶氧效率高、能耗低等优点，目前世界上用于微生物发酵的大型气升环流式发酵罐体积高达 3 000 m^3。气升式发酵罐有多种类型，常见的有气升环流式、鼓泡式、空气喷射式等，其工作原理是使无菌空气通过喷嘴或喷孔射进发酵液中，通过气液混合的湍流作用使气泡分割细碎，同时由于形成的气液混合物密度降低而向上运动，而气含率小的发酵液则下沉，形成循环流动，实现混合与溶氧传质。气升环流式发酵罐结构及循环流动示意图如图 3-4 所示。

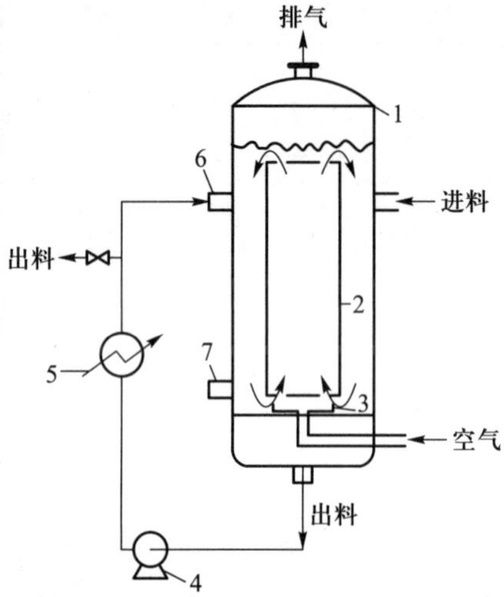

图 3-4　具有外循环冷却的气升环流式发酵罐

1—发酵罐；2—导流筒；3—发酵液进口；4—空气分布器；5—空气进口；6—循环泵；7—发酵液出口

气升式发酵罐不需机械搅拌装置，结构简单，加工和维修方便，有较高的溶氧速率和溶氧效率，剪切力小，对生物细胞损伤少，尤其适合植物细胞和组织的培养及酵母、微藻等细胞培养。

除了前述的通气机械搅拌式发酵罐和气升式发酵罐外，还有机械自吸式发酵罐、喷射自吸式发酵罐和溢流自吸式发酵罐也常用于生产中。

（3）通风固相发酵系统　通风固相发酵是传统的发酵生产工艺，在生物制药领域可应用于某些抗生素和酶制剂等的生产。通风固相发酵具有设备简单、投资省等优点。下面举例说明机械通风固相发酵系统，如图 3-5 所示。

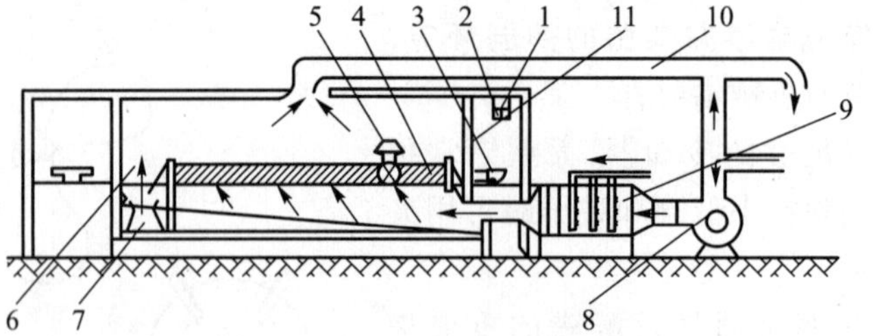

图 3-5　机械通风固相发酵系统

1—输送带；2—高位料斗；3—送料小车；4—料室；5—进出料机；6—料斗；7—输送带；8—鼓风机；9—空调室；10—循环风道；11—闸门

机械通风固相发酵系统的发酵室多用长方形水泥池，宽约 2 m，深 1 m，长度则根据生产场地及产量等选取，但不宜过长，以保持通风均匀；发酵室底部应比地面高，以便于排水，池底应有 8°~10°的倾斜，以使通风均匀；池底上有一筛板，发酵固体物料置于筛板上，料层厚度 0.3~0.5 m。发酵池一端（池底较低端）与风道相连，其间设一风量调节闸门。通风常用单向通风操作，为了充分利用冷量或热量，一般把离开料层的排气部分经循环风道回到空调室，另吸入新鲜空气。

（4）一次性生物反应器　在生物制药工艺过程中，需要达到无菌、无污染等极高的条件，其中交叉污染当属“重灾”因素。传统的不锈钢工艺已逐渐被一次性生物制药系统取代，这种系统因在制药过程中能显著降低清洗、消毒、验证的成本，避免产生交叉污染等优点，正日益受到生物药品生产企业的青睐。一次性袋装工艺可以节约生物制药过程中灌装桶反复清洗、灭菌、消毒的过程，为制药企业节约了试错和生产的时间，并且成功率更高。

不锈钢工艺下的细胞培养通常失败率高达 30%，而一次性工艺的成功率几乎可以达到 100%。同时，一次性生物反应器不仅可以提高生产有毒或传染性的产品时的安全性，还可以降低生产多种产品时的交叉污染。

1996 年，Singh 发明了新型波浪混合式一次性生物反应器（wave-mixed disposable bioreactor），带来了细胞培养行业的革命。1998 年，Wave Biotech 公司推出了第一台用于商业化生产的波浪混合式一次性生物反应器 WAVE Bioreactor 20，从此，一次性生物反应器开始得以大规模应用。

目前波浪混合式一次性生物反应器的最大培养规模可达到 500 L。波浪混合式一次性生物反应器的主要部件为一个已灭菌的一次性塑料细胞培养袋，其应用非常广泛，主要应用于种子扩大培养，对剪切力敏感的哺乳动物细胞、植物细胞和昆虫细胞的培养；也适用于厌氧或氧需求较低的微生物的培养。据报道，CELL-tainer 生物反应器的体积溶氧系数（k_La）可以达到 700 L/h。而对于其在氧需求量较高（k_La>800 L/h）的微生物培养中的应用还需进一步研究。同时，波浪混合式一次性生物反应器的应用也在逐步扩展到其他领域，如病毒生产、杂交瘤细胞培养、淋巴细胞培养等。

搅拌式一次性生物反应器（stirred disposable bioreactor）已成为应用最广泛的一次性生物反应器，使用的是塑料材料，用于中试和生产规模的搅拌式一次性生物反应器，最大工作体积达到了 2 000 L。一般用于培养强健且稳定的细胞，主要应用于哺乳动物细胞培养，也逐步用于植物、昆虫细胞培养及人体干细胞培养。

搅拌式一次性生物反应器的发展迅速主要有两个原因，一是与搅拌式一次性生物反应器对应的可重复利用的搅拌式生物反应器是生物技术生产过程中使用最普遍、培养条件较容易优化的传统生物器类型，并且有利用传统搅拌生物反应器培养细胞经验的公司更倾向选择相对应的搅拌式一次性生物反应器，因此，其市场需求也会相对较大；二是传统搅拌式反应器长期的使用经验和丰富的理论知识对搅拌式一次性生物反应器的发展和放大起到了非常重要的作用。搅拌式一次性生物反应器由于易于放大，且培养条件和传统搅拌式生物反应器相似，因此，其商业化应用最广。

轨道振摇式一次性生物反应器（orbital shaken disposable bioreactor）依靠一次性塑料材质的培养容器围着中央轴心旋转，在液体中心形成漩涡，振荡液体在反应器壁形成薄膜。薄膜被顶部空间的氧气所饱和，然后此薄膜迅速与液相主体相结合，进而通过表面通气和快速的混合提供较强的氧气输送能力。

轨道振摇式一次性生物反应器由于表面通气避免了泡沫的生成，并且与搅拌式一次性生物反应器相比,轨道振摇式一次性生物反应器的培养容器里由于不含有价格昂贵的搅拌和曝气装置,因此其不仅对细胞剪切伤害小,同时具有操作简单和成本效益高等优点。对于小规模的轨道振摇式一次性生物反应器,其培养容器一般为塑料材质的微孔板、微孔培养盒、旋转管等;对于稍大规模的轨道振摇式一次性生物反应器,其培养容器为一次性塑料袋。

轨道振摇式一次性生物反应器突出的特点是流体运动的确定性良好,使其具有很高的平行使用性。因此,轨道振摇式一次性生物反应器广泛应用于大规模的菌株筛选及培养条件优化,并逐步扩大至生产规模。目前商业化的轨道振摇式一次性生物反应器最大工作体积可以达到 2 500 L,同时也是目前为止一次性生物反应器所能达到的最大工作体积。其主要应用于氧需求较低的动物细胞和植物细胞的培养。

(5) 酶催化反应器。

① 游离酶反应器:游离酶在反应溶液中呈均相,酶分子易于与底物碰撞复合催化,故常用机械搅拌反应器和超滤膜反应器。前者可进行间歇、半连续和连续操作,而后者则采用连续操作或间歇循环操作,且可回收酶。

② 固定化酶反应器:与游离酶相比,固定化酶反应器有多种型式,目前常用的型式、操作方法及特点见表 3-1。

表 3-1 固定化酶反应器型式、操作方法及特点

型式	操作方法	特点
搅拌罐	间歇、半连续、连续	应用机械搅拌作用使固定化酶悬浮分散于反应溶液中
固定床或填充床	连续	应用多孔筛板(网)使固定化酶粒填充在反应塔中,反应溶液流过床层进行酶反应
流化床	间歇、连续	固定化酶颗粒在反应器内在流动料液或气流带动下不断运动,可强化质量传递
膜式	连续	固定化酶膜可加工成平板式、管式和中空纤维式反应器

除了表 3-1 介绍的几种型式的固定化酶反应器外,还有其他型式。在选用固定化酶反应器型式时,主要根据固定化酶的形状和大小、底物的物化特性、酶反应动力学、固定化酶的稳定性、生产规模及生产工艺要求等多因素进行综合分析,抓住主要矛盾,进行全面的技术和经济分析,最后确定最适宜的反应器。

随着生物技术的发展,固定化酶在生物制药领域获得越来越多的应用。例如,利用固定化青霉素酰化酶催化天然的青霉素 G 或 V 生产 6-APA,它是进一步合成氨苄青霉素的中间产物。第二个例子是利用固定化氨基酰化酶处理含有 L 型和 D 型的外消旋氨基酸混合物,使 L 型的氨基酸脱酰基,然后结晶分离,再把 D 型氨基酸消旋化,生成的乙酰-DL-氨基酸混合物又进入酶反应器被催化,如此往复循环就获得生物活性的纯 L 型氨基酸。利用这种酶法进行氨基酸光学拆分,以化学合成法生产获得的 DL-氨基酸中生产纯的 L 型氨基酸技术,已用于 L-甲硫氨酸、L-苯丙氨酸、L-酪氨酸和 L-丙氨酸等工业化生产,获得良好的经济效益和社会效益。该技术的工艺设备流程示意图如图 3-6 所示。

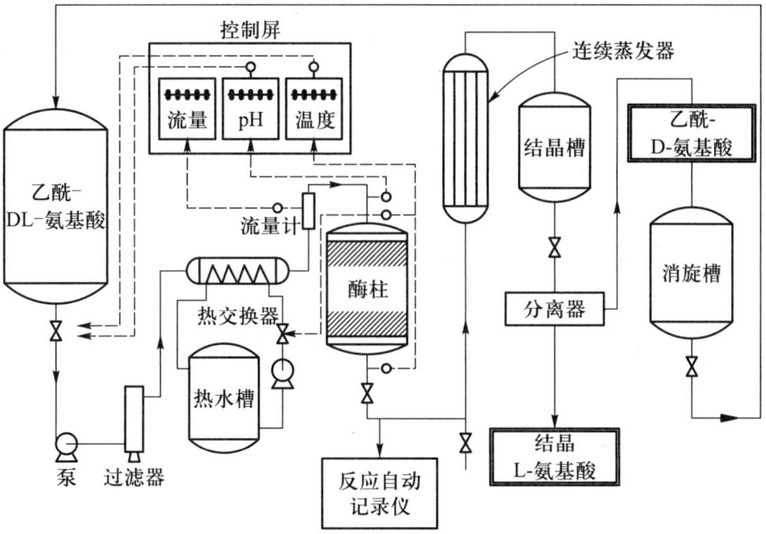

图 3-6　固定化氨基酰化酶连续催化生产 L-型氨基酸

第二节　生物反应工程基础

3.2.1　生物反应计量学

对生物反应过程进行量化分析，方可便于开展工程放大计算与设计。

酶催化反应的反应计量学及反应动力学与一般有机化学反应相似，而对于生物反应过程来说，在细胞生长的同时还伴随着代谢产物生成的反应。从概念上可将生物反应简记为

$$碳源+氮源+O_2 \longrightarrow 菌体+有机产物+CO_2+H_2O$$

但因细胞内多种组分参与的反应和代谢途径的错综复杂，难以用常规的化学反应计量式进行描述。为了表示生物反应过程中各物质和各组分之间的数量关系，常用的方法是对各元素进行衡算。

细胞的分子式定义为 $CH_\alpha O_\beta N_\delta$，忽略其他微量元素 P、S 和灰分等。典型的细胞组成可以表示为 $CH_{1.8}O_{0.5}N_{0.2}$。对需氧反应，消耗速率可利用呼吸商(RQ)的定义作为元素衡算求解的 1 个方程：

$$RQ = CO_2 \text{ 产生速率}/O_2 \text{ 消耗速率} \tag{3-2}$$

对有胞外产物的反应，引入化合物还原度 γ 用于生化反应的质子-电子平衡，还原度 γ 表示该组分中 1 g 碳原子的有效电子当量数，在任一化合物中任何元素的还原度 γ 等于该元素的化合价。对某些关键元素的还原度是：$\gamma_C=4$，$\gamma_H=1$，$\gamma_N=-3$，$\gamma_O=-2$。对 CO_2、H_2O、NH_3 的还原度为 0。

于是，对底物 CH_mO_n 的还原度：

$$\gamma_S = 4+m\times1+n\times(-2) = 4+m-2n \tag{3-3}$$

对细胞 $CH_\alpha O_\beta N_\delta$ 的还原度：

$$\gamma_B = 4+\alpha-2\beta-3\delta \tag{3-4}$$

建立严格的元素衡算方程是极其困难的，为了简化处理，引入得率系数（Y）进行生物反应的量化计算，包括基于底物消耗的细胞得率、基于碳消耗的细胞得率、基于能量的细胞得率，还有宏观得率与理论得率等。本文不作逐一介绍，读者可参考其他书籍详细了解。

$$Y_{B/S} = \frac{生成细胞的质量}{消耗底物的质量} = -\frac{\Delta X}{\Delta S} = \frac{r_B}{r_S} \tag{3-5}$$

$$Y_{B/C} = \frac{生成细胞量\times细胞含碳量}{消耗底物量\times底物含碳量} = \frac{X_C}{S_C} Y_{B/S} \tag{3-6}$$

例 3-1 分批培养广泛用于抗生素的生产，而深层培养常见于菌丝体的繁殖。假设每批生产 1 kmol 青霉素（334 kg），具体反应如下：

$$aC_6H_{12}O_6 + bH_2SO_4 + cNH_3 \longrightarrow dC_{16}H_{18}O_4N_2S + eCO_2 + fH_2O + gC_4H_7O_3N$$

假设 $Y_{P/S}=0.2$，$Y_{B/S}=0.5$。求化学计量式中的系数。

解：已知 $d=1$ kmol，则

$$Y_{P/S} = 0.2 = 青霉素\ G/葡萄糖 = 334/x_a$$

$$x_a = 334/0.2$$

$$a = (334/0.2)/180 = 9.28$$

$$Y_{B/S} = 0.5 = x_g/(9.28\times180)$$

$$x_g = (9.28\times180)\times0.5$$

$$g = x_g/117 = 9.28\times180\times0.5/117 = 7.14$$

剩下的系数通过元素平衡来计算：

N 平衡：$c=2d+g$

S 平衡：$b=d$

C 平衡：$6a=16d+e+4g$

总平衡：$180a+98b+17c=334d+44e+18f+117g$

得 $c=9.14 \quad b=1 \quad e=11.12 \quad f=14.73$

于是有

$$9.28C_6H_{12}O_6 + H_2SO_4 + 9.14NH_3 \longrightarrow C_{16}H_{18}O_4N_2S + 11.12CO_2 + 14.73H_2O + 7.14C_4H_7O_3N$$

3.2.2 生物反应过程的能量代谢

能量存在于物质之中，物质代谢过程即是能量的代谢过程。在微生物的反应过程中，消耗的基质能量一部分通过合成代谢转移到细胞核产物中贮存起来。其余部分通过分解代谢转化为热能（发酵热）释放出来。

化合物的标准燃烧热可代表其所包含的化学能。如果微生物发酵过程中各种物质的变化量（基质的消耗量、菌体的生长量和产物的生产量）都能够进行测量，那么就可以利用标准燃烧热的数据计算出理论发酵热（分解代谢热）。

化合物的标准燃烧热可代表其所包含的化学能。如果微生物发酵过程中各种物质的变化量（基质的消耗量、菌体的生长量和产物的生产量）都能够进行测量，那么就可以利用标准燃烧热的数据计算出理论发酵热（分解代谢热）。如图 3-7 所示。

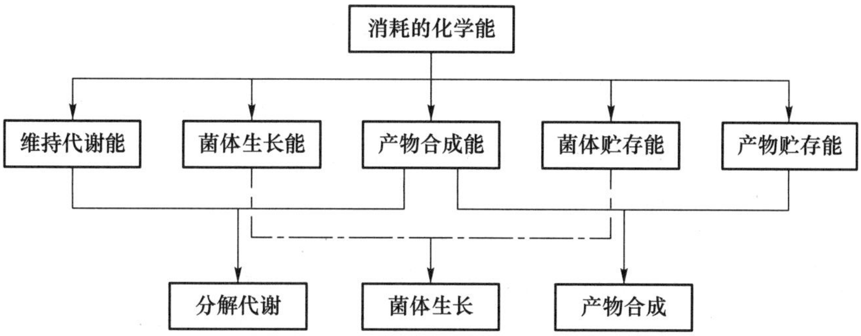

图 3-7　生物反应过程的能量代谢

$$-\Delta H_{C}=\sum_{i=1}^{m}(-\Delta H_{Si})(-\Delta N_{Si})-\sum_{j=1}^{n}(-\Delta H_{Pj})(\Delta N_{Pj})-(-\Delta H_{a})(\Delta N_{B}) \tag{3-7}$$

式中　ΔH_C——发酵过程释放的分解代谢热，kJ；

ΔH_{Si}——第 i 项基质的标准燃烧热，kJ/mol；

ΔN_{Si}——第 i 项基质的消耗量，mol；

m——基质的总项数；

ΔH_{Pj}——第 j 项产物的标准燃烧热，kJ/mol；

ΔN_{Pj}——第 j 项产物的生成量，mol；

n——产物的总项数；

ΔH_a——干菌体的标准燃烧热，kJ/g，往往因菌体不同而不同，一般取值为-22.15 kJ/g。

例 3-2　酿酒酵母在 30 ℃厌氧条件下以葡萄糖为碳源，以氨水作为氮源连续培养，产物是甘油和乙醇，流加速率一定。如图 3-8 及表 3-2 所示。具体反应如下：

$$C_6H_{12}O_6+NH_3 \longrightarrow \text{生物量}+C_3H_6O_3+C_2H_6O+CO_2+H_2O$$

图 3-8　甘油和乙醇发酵物料流程图

表 3-2　发酵工艺中的一些物质燃烧热

物料名称	标准燃烧热/(kJ · mol^{-1})	相对分子质量	燃烧热/(kJ · kg^{-1})
葡萄糖	-2 805.0	180	-1.558×10^4
NH_3	-382.6	14	-2.251×10^4
甘油	-1 655.4	92	-1.799×10^4
乙醇	-1 366.8	46	-2.971×10^4

假设恒温培养，系统不做功，则

$$\Delta Q=-\Delta H_{rxn}$$

根据上式计算得

$$-\Delta H_{rxn} = \sum n_{in} h_{in} - \sum n_{out} h_{out}$$

$$\begin{aligned}-\Delta H_{rxn} &= \{36\times(-1.558\times10^4)+0.4\times(-1.558\times10^4)-[7.94\times(-1.799\times10^4)+2.81\times \\ &\quad (-2.12\times10^4)+11.9\times(-2.971\times10^4)]\}\ \mathrm{kJ} \\ &= -1.392\times10^5\ \mathrm{kJ}\end{aligned}$$

$$\Delta Q = -\Delta H_{rxn} = -1.392\times10^5\ \mathrm{kJ}$$

由计算结果可知,系统释放能量产热,因此,该反应是放热反应。

3.2.3 生物反应动力学

3.2.3.1 生物发酵动力学

(1) 分批发酵(培养) 在分批发酵过程中,微生物细胞浓度、基质浓度、代谢产物浓度及 pH 等都不断发生变化。细胞生长可分为停滞期、对数生长期、减速期、稳定期和衰老期。在对数生长期,对特定的微生物利用特定的基质,细胞以一定的比生长速率增长,即有

$$\mathrm{d}X/\mathrm{d}t = \mu X \tag{3-8}$$

式中 X——细胞浓度,g/L;

μ——微生物比生长速率,h^{-1};

t——时间,h。

设发酵开始时细胞浓度为 X_0,则积分式(3-8)得

$$\ln(X/X_0) = \mu t \tag{3-9}$$

根据式(3-9)可得对数生长期中细胞浓度倍增时间为

$$t_d = \ln 2/\mu \tag{3-10}$$

上式对细菌和大多数酵母是正确的,但对霉菌和动植物细胞生长不适用。当基质浓度是限制性因子时,可用 Monod 方程表述比生长速率:

$$\mu = \mu_{max} S/(K_s + S) \tag{3-11}$$

式中 μ_{max}——对某特定基质的最大比生长速率;

K_s——饱和常数,当 $S \gg K_s$ 时,$\mu = \mu_{max}/2$。

方程(3-11)是半经验方程,部分微生物的 K_s 见表 3-3。

表 3-3 部分微生物在一定基质条件下的 K_s 值

微生物	基质	$K_s/(mg \cdot L^{-1})$
Aspergillus	葡萄糖	0.5
Candida	甘油	4.5
E. coli	葡萄糖	2.0~4.0
Hansenula polymorpha	甲醇	120
Saccharomyces cerevisiae	葡萄糖	25

上述 Monod 方程只适用于细胞浓度较低和基质限制的情况。在较高细胞浓度下,代谢产物对细胞生长的影响不能忽略。故还有不少学者提出不同的细胞生长模型,如:

Tessier 方程： $\mu=\mu_{max}(1-e^{-K_sS})$ (3-12)

Moser 方程： $\mu=\mu_{max}s^n/(K_s+S^n)$ (3-13)

Contois 方程： $\mu=\mu_{max}s/(K_sX+S)$ (3-14)

值得指出的是，抗生素等目的产物大多是在分批发酵的减速期和稳定期中生成的，此时细胞的生长很缓慢或停止增殖，但细胞的代谢常会发生大的改变，因此合成我们所需要的代谢产物。不同的微生物菌种和生长条件，达到最大目的代谢产物浓度的时间也不同，故发酵成熟收获时间要通过分析检测或根据生产经验确定。

因为很多微生物发酵均存在不同程度的底物抑制，故底物初始浓度均有一定限制，因而分批发酵的生产效率较低。通常可用下式表示底物的抑制（非竞争性抑制）：

$$\mu=\mu_{max}S/(K_s+S+S^2/K_i) \quad (3-15)$$

或

$$\mu=\mu_{max}S[\exp(-S/K_i)]/(K_s+S) \quad (3-16)$$

式中 K_s 和 K_i 分别为饱和常数和抑制剂的平衡常数。

（2）补料分批发酵 所谓补料分批发酵，就是在分批发酵的基础上，在某段时间内间歇或连续补充加入新鲜的培养基（通常为碳源和氮源），发酵过程罐内培养基总量不断增加，减缓培养液所含碳氮源浓度的衰减，因而可使微生物细胞的对数生长期和稳定期延长，使细胞浓度增加和提高代谢产物的终浓度。值得注意的是，生长稳定期的微生物通常会产生蛋白酶，因此在进行基因工程菌发酵生产活性蛋白药物时就必须注意在细胞生长至稳定期之前就终止发酵或构建蛋白酶缺陷型菌株。当然，到目前为止细胞浓度的在线检测技术与仪器仍不够理想，一般的自控发酵罐未装配细胞浓度检测仪，故常用间接检测发酵液的 pH 变化、有机酸和 CO_2 的产生量等来指导发酵的控制。

补料分批发酵的补料策略可分为无反馈补料和反馈补料。前者具体又有间歇补料、恒速连续补料和指数递增连续补料等工艺。相关的补料时间、补料速率及补料总量、补料液中含糖和氮源浓度等的最佳值必须通过实验予以确定。至于反馈补料，通常是根据发酵系统中碳源浓度和氮源浓度或 pH、溶氧值等检测结果指导补料液的添加。

例如，药用酵母生产过程，在连续发酵稳定期或分批培养的对数生长期，把葡萄糖或蔗糖浓度控制在某一范围（如 10g/L），低于此值时就补加浓糖液，但至今糖浓度大多未有在线检测，故也可用溶氧值的变化来间接反映糖是否缺乏，即当溶氧值突然升高时表示培养基缺糖，此时即补料。至于氮源补料，常用液氨，使用氨不仅补充氮源，而且可以调节 pH。通过分批补料操作，可获得比分批操作高数倍的酵母浓度，同时保持高的菌体对糖的产率。

（3）连续发酵 无论是分批发酵，或是补料分批发酵，微生物细胞均经历停滞期、对数生长期、减速期、稳定期等 4 个生长阶段，而且分批操作必须每批都要经过发酵罐清洗、空消、实消、发酵、放料等多个环节，因此总的发酵周期长，设备利用率低，生产效率低。补料分批发酵虽然比分批发酵可大大延长对数生长期，提高产物浓度，但是对许多发酵生产，均存在不同程度的产物抑制细胞生长或抑制更多的产物生成。因此研究开发了连续发酵方法，即发酵过程不断往发酵罐内加入新鲜的培养基，同时不断取出成熟的发酵液，由于保证提供一定浓度的营养基质，又使代谢产物的浓度控制在一定范围，因而可保证微生物细胞有良好的生长代谢环境，使细胞生长维持长的对数生长期，大大提高了发酵速度。连续发酵处于稳定态时，细胞浓度 X、基质浓度 S、代谢产物浓度 P 均维持定值。

① 连续发酵过程的定量描述。假定微生物细胞浓度的变化在连续发酵过程稳定态下可忽略不计，并令 $D=F/V$，其中 F 为进入发酵系统某一浓度的新鲜培养基量（m^3/s），V 为发酵罐有效容积（m^3），则根据物料衡算可得到

$$\mu=D \tag{3-17}$$

式中 $\mu=(1/X)/(dX/dt)$，即比生长速率。由式(3-17)可见，稳定态连续发酵微生物细胞比生长速率等于稀释速率 D，在一定范围内改变 D，则 μ 也随之变化。

根据 Monod 方程 $\mu=\mu_{max}S/(K_s+S)$，若流加新鲜培养基的基质浓度为 S_0，则可推出连续发酵稳态系统的细胞浓度为

$$X=Y_{x/s}[S_0-DK_s/(\mu_{max}-D)] \tag{3-18}$$

式中 $Y_{x/s}$ 为基质转化为细胞的系数（g 细胞/g 基质）。

在连续发酵过程中，稀释速率 D 有一个临界值 D_c，即当 D 增大至某一值时，S 趋近于 S_0，细胞浓度趋向零，即此时因基质在罐内停留时间太短，以致微生物来不及生长繁殖便随之排出罐外，称此现象为“冲出”（washout）。由衡算方程可得临界稀释速率为

$$D_c=\mu_{max}S_0/(K_s+S_0) \tag{3-19}$$

在连续发酵操作时应使稀释速率小于 D_c。

② 连续发酵的优缺点。与分批发酵相比，连续发酵的优点主要有：连续进料和排料，细胞浓度、基质浓度和代谢产物浓度稳定，细胞生长和代谢旺盛，产物的质量和产量稳定，所需的发酵罐容积小，便于自动控制，下游的分离纯化设备投资小，生产效率高。

但连续发酵也存在缺点，一是因为发酵周期长，细胞易突变，特别是用基因工程菌发酵时，少量细胞可能会丢失重组质粒，丢失质粒的细胞生长繁殖更快，故基因重组的细胞所占比例趋于下降，使产物的表达量减少。对此缺点可把外源基因整合到宿主染色体上来解决此问题。二是在长时间维持无杂菌污染是相当困难的，尤其对于大规模的工业生产。

由于连续发酵存在上述主要缺点，故目前在生物制药及其他生物工程生产上大部分发酵产品仍采用间歇发酵工艺。可以预期，随着生物技术与过程检测控制水平的提高，连续发酵在生物制药上的应用将越来越广泛。

3.2.3.2　酶催化基本理论

酶和微生物、动植物细胞、微藻等构成了生物催化剂，酶本身是微生物等生物细胞生产的，具生物催化活性的蛋白质。和传统的化学催化相比，酶反应具有高度的专一性；有很高的催化效率；且酶反应的条件温和，通常在常温常压下进行，故酶反应对设备的要求不高。但酶反应也有不足之处，因酶是生物活性蛋白质，在强酸、强碱、高温、重金属离子等作用下极易变性失活，而且易被杂菌污染。故在利用酶作催化剂进行生物加工时，必须从工艺条件上尽可能充分发挥其优点，避开其缺陷与不足。下面概略介绍酶反应的基本理论及其在生物制药中的应用。

（1）单底物酶促反应动力学——米氏方程　对单底物酶促反应，底物首先与酶结合，形成复合物后再分解成产物并使酶释放：

$$E+S \underset{k_{-1}}{\overset{k_{+1}}{\rightleftharpoons}} ES \xrightarrow{k_2} P+E$$

式中 E、S、ES 和 P 分别代表酶、底物、酶和底物的复合物及产物。设底物浓度[S]比酶浓度[E]大得多，复合物浓度[ES]为动态平衡的不变值，则可推导出产物的生产速率为

$$v=v_{max}[S]/(K_m+[S]) \tag{3-20}$$

式(3-20)就是著名的 Michaelis-Menten 方程,简称米氏方程。式中 v_{max} 是最大反应速率。利用米氏方程求解酶反应动力学问题时,关键是需要求取 K_m 和 v_{max} 值。把式(3-20)两边取倒数,整理后可得

$$\frac{1}{v}=\frac{K_m}{v_{max}}\frac{1}{[S]}+\frac{1}{v_{max}} \tag{3-21}$$

因为在一定条件下对一定的酶反应,K_m 和 v_{max} 为常数,故可通过实验测定不同[S]的 v 值,利用回归方法便可求得 K_m 和 v_{max} 值。

(2) 底物抑制的酶反应方程 实际上,由于存在底物或抑制剂的抑制会降低酶反应速率,即酶反应速率会随底物浓度升高而下降,称此为底物抑制。此时酶反应速率为

$$v=\frac{v_{max}[S]}{[S]+K'_m+[S]2/K_s} \tag{3-22}$$

式中 K'_m 为修正的米氏常数,mol/L;K_s 为底物抑制的解离常数,mol/L。

(3) 抑制物抑制的酶反应方程 与底物结构类似的物质,能在活性部位与酶结合,阻碍酶与底物结合、反应,此现象称为竞争性抑制,此时酶反应速率为

$$v=\frac{v_{max}[S]}{K_m(1+[I]/K_i)+[S]} \tag{3-23}$$

式中 K_i 为结合物 EI 的解离常数。

有另一种情况,即抑制剂在酶的活性部位以外与酶结合,但也影响酶反应速率,称此为非竞争性抑制,此时酶反应速率为

$$v=\frac{v_{max}[S]}{(K_m+[S])(1+[I]/K_i)} \tag{3-24}$$

还有第三种抑制情况,即抑制剂仅与复合物 ES 作用生成 ESI,使酶反应速率下降,此时,

$$v=\frac{v_{max}[S]}{K_m+(1+[I]/K_i)[S]} \tag{3-25}$$

在式(3-23)~式(3-25)三式中,[I]为抑制剂浓度,K_i 为解离常数。

第三节 发酵液的流动特性与混合

生物发酵过程通常是非均相体系,由于微生物的繁殖细胞颗粒增加、蛋白质及菌丝体的形成使得体系的流变特性发生变化,通常由牛顿流体逐步或突变为非牛顿流体。

按照流体的剪切应力与剪切速率的变化关系,可将真实流体分为牛顿流体和非牛顿流体两类。任何液体在流动过程中都可产生横向速度梯度场和纵向速度梯度场,对应的流动分别称为剪切流动和拉伸流动,相应的黏度分别为剪切黏度和拉伸黏度。对于牛顿流体,在一定温度下 μ 为常数,称为流体的黏度系数或剪切黏度,习惯简称黏度,单位为 $N\cdot S/m^2$($1\ N\cdot S/m^2=10\ P$, $1P=10\ cP$)。而非牛顿流体 μ 是个变数,μ 随剪切速率、剪切应力 τ 或时间的变化而变化。

$$\frac{F}{A}=\mu\frac{du}{dy}\quad 或\quad \tau=\mu\dot{\gamma} \tag{3-26}$$

非牛顿流体,剪切应力 τ 与剪切速率的比值在一定温度下不是常数,即黏度随剪切速率、剪

切应力或时间而变化。如医药和化妆品常用的聚乙二醇水溶液就是非牛顿流体。

非牛顿流体分为非依时性和依时性。非依时性非牛顿流体有① 假塑性和胀塑性流体;② 宾汉塑性、屈服-假塑性和屈服-胀塑性流体;③ 其他。常见的依时性非牛顿流体有① 触变性流体;② 震凝性流体;③ 黏弹性流体。定义非牛顿流体的黏度等于剪切应力与剪切速率之比值,称为表观黏度,以 μ_a 表示。

$$\mu_a = \tau/\dot{\gamma} \tag{3-27}$$

3.3.1 非牛顿流体的流变行为

对于非依时性的假塑性和胀塑性非牛顿流体可用 Ostwall 幂律模型进行描述,剪切应力 τ 与剪切速率的比值在一定温度下不是常数。

$$\tau = k\dot{\gamma}^n \tag{3-28}$$

即黏度随剪切速率及剪切应力的变化而变化。式中 k 和 n 为非牛顿参数。n 亦称为非牛顿指数,k 亦称为稠度系数,k 越大,流体就越稠。

对 $0<n<1$,假塑性流体,n 值越小,流体的非牛顿特性越明显。羧甲基纤维素(0.25% 的 $n=0.943$)、PVA(2.5% 的 $n=0.952$)、黄原胶的水溶液和甲壳素的 CS_2 水溶液均表现出假塑性流动特性。随甲壳素含量的增加,流体的假塑性行为明显增大,如图 3-9 所示。

羟乙基甲壳素的水溶液的假塑性行为也是如此,如图 3-10 所示。在剪切应力的作用下,高分子链的缠结被拉伸,分子取向一致性增加,表现为表观黏度的下降。在一定浓度范围内羟乙基甲壳素水溶液属于假塑性流体,其稠度系数为 0.252 ~ 24.830,非牛顿指数为 0.803 ~ 0.978;随着质量分数的增大,稠度系数增大,非牛顿指数减小,是典型的幂律流体。

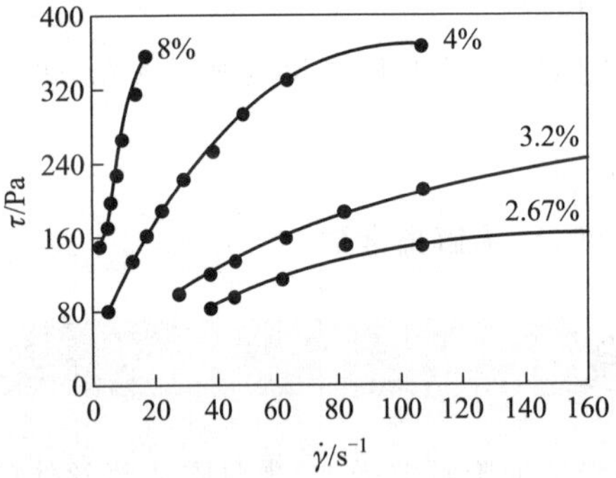

图 3-9 不同质量分数甲壳素水溶液的流动曲线

[$t=30$℃,$\varphi(CS_2)=2\%$]

[源于:吴国杰,姚汝华.华南理工大学学报(自然科学版),1997,25(10):62-66.]

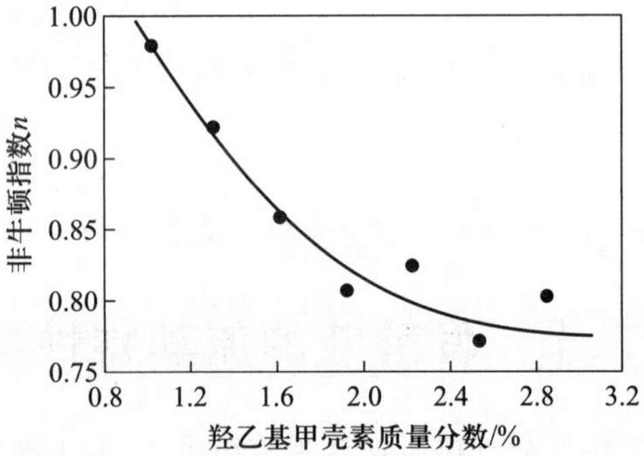

图 3-10 非牛顿指数与质量分数的关系

[源于:赵育,陈国华,晋治涛等.北京化工大学学报 2004,vol.31,No.5.]

除了许多高分子溶液外,高聚物熔体也属于这种流体,由于溶液或熔体中的大分子链相互之间存在无规缠结,这种缠结在高剪切应力或高剪切速率下能被破坏,所以,提高剪切速率使黏度下降,这就是聚合物熔体表现假塑性的原因所在。

对 $n>1$,胀塑性流体,n 值越大,流体的非牛顿特性越明显。在药物制剂及生物发酵过程中经常设计一些高聚物或大分子的分散体系,因含固量较高,体系中高聚物或大分子有一部分不溶解或相对分子质量增大而使溶解性下降，固体颗粒数显著增多而表现为胀塑性。如某些聚合胶乳、淀粉的浆液，固体药剂湿法制粒阶段的浆料及填料充填的高聚物熔体体系等。产生胀塑性流动的机理是：当固含量高的（以及填料充填的高聚物熔体构成的）悬浮液静止时，在很低的剪切速率下，体系中的固体颗粒系紧密堆砌，故空隙最小，其中有少量液体能够填充其空隙，起"润滑剂"的作用，所以黏度不高。但当剪切速率增大，固体颗粒间原来的紧密堆砌状况已不能维持，而逐渐被破坏，因而产生膨胀效应，这时体系中的流体，不再能填满全部空隙，因为黏度增大。

当迫使流体流动的剪切应力低于屈服点值 τ_y 时，不发生流动，超过这个值时可产生牛顿或非牛顿的流动，τ_y 称为屈服应力，流体流动有如下的关系式：

$$\tau-\tau_y=k\dot{\gamma}^n \tag{3-29}$$

$0<n<1$，屈服－假塑性流体（如 1% ～5% 的卡波末、一些发酵液）。$n>1$ 的屈服－胀塑性流体极少见。

对 $n=1$，宾汉塑性流体，如牙膏、中药浸膏、润滑脂及一些高聚物浓溶液。另外，对血液、融化的巧克力等，符合 Casson 塑性流体流动行为

$$\tau^{\frac{1}{2}}-\tau_y^{\frac{1}{2}}=k\dot{\gamma} \tag{3-30}$$

造成屈服流动的原因常被认为是：这类流体中粒子与粒子之间形成一定三维结构，这种三维结构是由于粒子不对称性、水化及扩散双电层中 P 点的电位减弱等使得部分粒子吸力占优势而导致形成疏松而有弹性的网状结构，流体在流动变形之前必须在一定程度先拆散粒子间的结构，使粒子发生相对运动，这就是流体存在着屈服值的原因。当流体流动时，由于粒子间的吸引依然存在。结构的拆散和重新形成在流动时可以同时发生，在切变速率不太高的情况下，由于结构重新形成的速度随拆散程度的增加，在流动中可以达到速度相等的稳定态。影响这类流体流动的因素很多，但归根结底是网状结构的形成。而这完全取决于固体粒子的浓度、粒子大小、形状及它们之间的吸引力，显然有足够浓度的固体粒子才有可能形成网状结构，而粒子形状不对称性增大，以及粒子间吸引力的增大都有利于网状结构的形成。

此外，尚有一些流体的黏度强烈地依赖于时间。随着流动时间的增长，黏度逐渐下降的流体称为触变性流体；反之，随流动时间延长，黏度提高的流体称为震凝性流体。

触变性流体：流体的黏度不随剪切速率变化，而且在恒定的剪切速率下，它的黏度随时间的推移而下降，并达到一个常数值。当剪切停止后，黏度可以恢复到最初的黏度值。微晶纤维素胶体虽然不是真溶液，但其粒子之间的相互作用力强，当它们相互接近时胶体质点之间形成一定的空间结构，在长时间存放下的结构不容易破坏，所以其黏度无明显下降趋势，贮存稳定性好。用微晶纤维素胶体做成产品可以较长时间地稳定存放。但微晶纤维素胶体是典型的触变性流体，如图 3-11 和图 3-12 所示。

微晶纤维素胶体和羧甲基纤维素水溶液均为触变性流体，其表观黏度与转速关系符合幂律方程。

$$\eta=KS^{-n} \tag{3-31}$$

或表示为

$$\ln\eta=\ln K-n\ln S \tag{3-32}$$

式中 η 为表观黏度；K 为常数；S 为转速；n 为触变度。

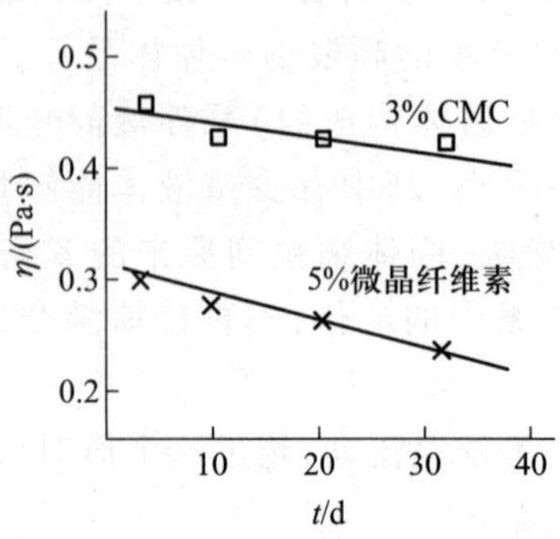

图 3-11 触变性多糖类高分子溶液的黏度随时间的变化

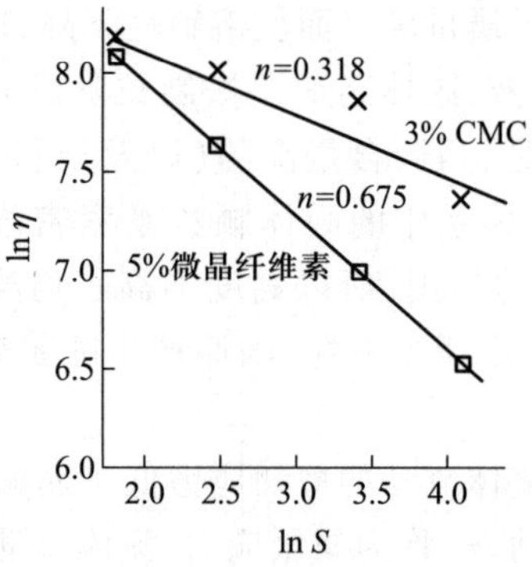

图 3-12 搅拌速率对触变性流体黏度的影响

触变性流体与假塑性流体有时不容易分辨,但可依触变滞后曲线进行判别。连续增加剪切速率然后连续地降低剪切速率,触变性流体会因受到的剪切作用不同而不能重合。

震凝性流体:具有与触变性流体相反的行为。已发现相对分子质量 2 000 的饱和聚酯就是震凝性流体,如某些典型的原油、中药的凝胶、糊状物等,易与假塑性流体混淆。

黏弹性流体:根据流动和变形特征分为纯黏性流体和黏弹性流体。纯黏性流体在外力作用下发生的流动是一种不可逆形变。聚合物熔体流动时伴有高弹形变,即表观弹性行为。聚合物熔体流动并非大分子链之间简单相对滑移,而是各链段分段运动的总结果。

3.3.2 微生物培养液的流变学特性与氧传递

微生物反应体系是一个包含固相(如微生物细胞、发酵介质中的不溶性固体等)、液相(培养液)和气相(气泡等)的三相复杂体系,其中液相的比例最大,因此,液相的流变学特性对于体系的传质与生物代谢活动会产生重要影响。同时,流变学特性也会受到细胞大小、形状及产物特性的影响。例如,在黄原胶的发酵中,野油菜黄单胞菌培养液的拟塑性主要是由于黄单胞菌分泌的胞外多糖黄原胶引起的。一些稀薄的细菌发酵液,以水解糖或糖蜜为原料培养酵母的醪液,为噬菌体侵害的发酵液等均为牛顿流体。丝状菌悬浮液菌呈丝状或团状,流变学特性都是非牛顿流体。表 3-4 列出了一些微生物培养液的流变学特性。

表 3-4 一些微生物培养液的流变学特性

产物	微生物	发酵液流变学特性
制霉菌素	诺尔斯氏链霉菌	牛顿流体
青霉素	产黄青霉菌	假塑性流体
青霉素	产黄青霉菌	塑性流体
青霉素	产黄青霉菌	胀塑性流体
链霉素	灰色链霉菌	塑性流体
新生霉素	雪白链霉菌	塑性流体
卡那霉素	卡那霉素菌	假塑性流体

续表

产物	微生物	发酵液流变学特性
曲古霉素	卡那霉素链霉菌	塑性流体
曲古霉素	卡那霉素链霉菌	假塑性流体
非洛霉素	卡那霉素链霉菌	假塑性流体

一般而言，在培养液中液相部分黏度很低，随着细胞浓度的增加，培养液的黏度也相应增大。当培养液中的颗粒（细胞或培养基质）呈球状或接近球状，且浓度较低时，为牛顿流体。其表观黏度可用 Einstein 公式 $\mu_a=\mu_L(1+2.5\varphi)$ 表达。当细胞浓度很高时，如体积分数大于 40%，则呈现非牛顿流体特性，Vand 提出其表观黏度可用公式 $\mu_a=\mu_L(1+2.5\varphi+7.25\varphi^2)$ 表示；其中 μ_a 为培养液表观黏度（Pa · s），μ_L 为培养液中纯液相的黏度（Pa · s），φ 为细胞或颗粒的体积分数。

同时，细胞形态对于培养液的流变学特性也有很大影响。对具有拟塑性的丝状真菌悬浮液，当它的剪切率较低时，由于菌丝体的互相牵制，因而表观黏度较高；且随着剪切率的增大，由于菌丝体被拉直，甚至发生断裂，导致表观黏度下降。

影响培养液流变学特性的另一因素为胞外产物。对于一些多糖发酵体系，决定培养液流变学特性的主要因素是多糖的浓度，随着多糖的浓度增加，培养液的表观黏度大大增加。

培养液流变学特性的变化对于微生物反应体系的重要影响之一就体现在对于氧传递的影响。

对于药物生产的发酵过程而言，大多数均为好氧发酵。由于氧是一种难溶性气体，在 25 ℃和 1×10^6 Pa 时，空气中的氧在纯水中的溶解度仅为 0.25 mol/m^3 左右。而培养液中通常含有大量的有机物和无机盐，造成氧在液相中的溶解度就更低。

当菌体浓度为 10^{15} 个/m^3，每个菌体体积（含水量 80%）为 10^{-16} m^3（直径 5.8 μm），细胞呼吸强度为 2.6×10^{-3} mol 氧/（kg 细胞 · s），菌体密度为 1 000 kg/m^3，则每立方米培养基的需氧量为

$$2.6\times10^{-3}\times10^{-16}\times10^{15}\times1\,000\times(1-80\%)=0.052[\text{mol 氧}/(\text{m}^3\cdot\text{s})]$$
$$=187.2[\text{mol 氧}/(\text{m}^3\cdot\text{h})]$$

即在 1 m^3 培养基中每小时需要的氧是溶解量的 750 倍。

由此可见，如若中止供氧，几秒钟内细胞将会把氧消耗殆尽，直至细胞死亡。因此，在生物反应过程中有效而经济的供氧是极为重要的。

微生物对氧的利用率首先取决于发酵液中氧的溶解度和氧传递速率，特别是在高密度发酵、菌丝团发酵、双液相发酵等体系中。由于氧的溶解度很低，且受到气泡与液体间的比表面积、搅拌速度、培养基组成和空气中氧分压等化学及物理因素的影响，氧的传递效率因此常常成为限制性步骤，成为提高反应器生产能力的关键因素。

氧的传递理论在近几十年的研究与发展中，被广泛用来解释传质机制和作为设计计算依据的主要为双膜理论。该理论认为氧由气泡传递到细胞可分为以下几个步骤进行：① 氧从气相主体扩散到气液界面；② 氧通过气液界面；③ 通过气泡外侧的滞流液膜，到达液相主体；④ 在液相主体溶解；⑤ 通过细胞或细胞团外的滞流液膜，到达细胞团与液体的界面；⑥ 通过细胞或细胞团与液体的界面；⑦ 在细胞团内的细胞与细胞间的介质中扩散；⑧ 通过细胞膜进入细胞内；⑨ 在细胞内部进行扩散与反应。具体如图 3-13 所示：

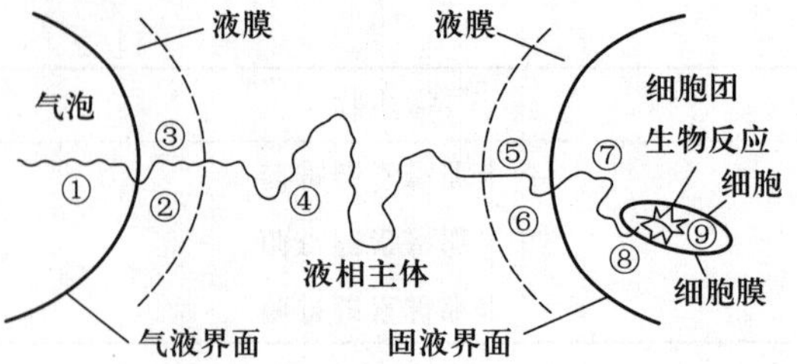

图 3-13 氧在培养液中传递示意图

上述各个步骤为串联过程,氧的总传递阻力为各个步骤的阻力之和。其中,①~④步表示供氧过程及阻力,⑤~⑨步表示耗氧过程及阻力。各步阻力如图 3-14 所示,分别为气膜阻力 $1/k_1$,气液界面阻力 $1/k_2$,液膜阻力 $1/k_3$,反应液阻力 $1/k_4$,细胞外液膜阻力 $1/k_5$,液体与细胞之间界面的阻力 $1/k_6$,细胞之间介质的阻力 $1/k_7$,细胞内部传质的阻力 $1/k_8$。

其中当单个细胞以游离状态悬浮于液体中时,第⑦步过程及其阻力不存在。而且,由于气相主体与液相主体呈湍流流动,扩散速率较大,可以忽略传质阻力,也可以不考略细胞间的传质阻力;因此,氧的总传质速率主要取决于气液界面间的传递速率。

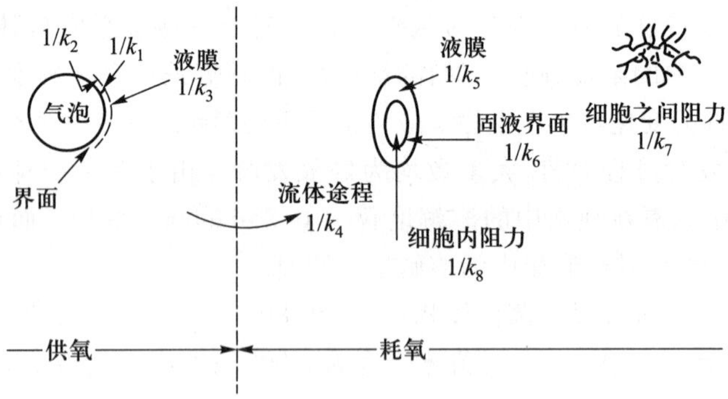

图 3-14 氧的传递阻力示意图

若总阻力计为 R,则,

$$R=\sum_{i=1}^{n} R_i \qquad i=1,2,3,\cdots,n$$

式中 R_i 为 i 阶段的分阻力。稳态时,各阶段的氧传递速率 N 为一定,则,

$$N=\frac{\Delta c_1}{R_1}=\frac{\Delta c_2}{R_2}=\cdots=\frac{\Delta c_n}{R_i(i=n)}$$

式中 Δc_1、Δc_2、…、Δc_n 为各阶段的溶解氧浓度差。

在双膜理论中,其认为:

① 在气、液两个流体相间存在界面,界面两旁具有两层稳定的薄膜,即气膜和液膜。这两层稳定的薄膜在任何流体动力学条件下,均呈滞流状态。

② 在气液界面上,两相的浓度总是相互平衡(空气中氧的浓度与溶解在液体中的氧的浓度处于平衡状态),即界面上不存在氧传递阻力。

③ 在两膜以外的气、液两相的主流中,由于流体充分流动,氧的浓度基本上是均匀的,也就

是无任何传质阻力，因此，氧由气相主体到液相主体所遇到阻力仅存在于两层滞流膜中。如图 3-15 所示。

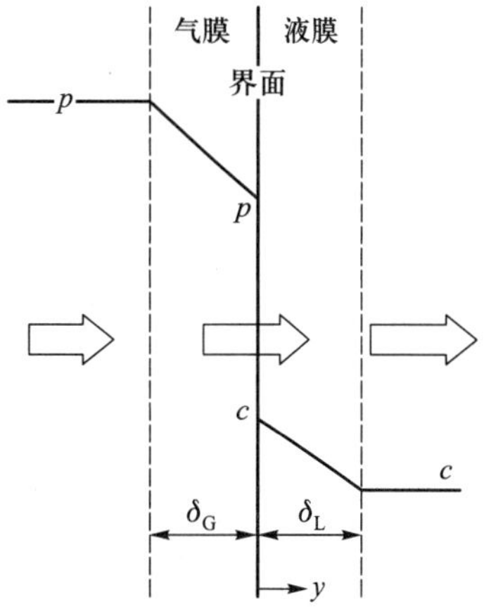

图 3-15 气液界面附近氧传递的双膜理论模型

由此理论，对于氧的传递速率，以液相浓度为基准可得

$$N=\frac{推动力}{阻力}=\frac{c_i-c}{1/k_L}=\frac{c^*-c_i}{1/k_G}=\frac{c^*-c}{1/k_L+H/k_G}=K_L(c^*-c)$$

式中 k_L 为液膜传质系数；k_G 为气膜传质系数；c_i 为气液界面上的平衡浓度；c 为反应液主流中氧的浓度；c^* 为与气相氧分压相平衡的氧浓度；H 为亨利常数；K_L 为以液膜为基准的总传质系数。

各传质阻力的大小取决于气体的溶解度。如果气体在液相中的溶解度高，如氨气溶于水中时，液相的传质阻力相对于气相的可忽略不计；对于溶解度小的气体，总传质系数 K_L 接近液膜传质系数 k_L，此时，总传质过程为液相中的传递过程所控制。因此，有

$$\frac{1}{k_L}\gg\frac{H}{k_G}$$

所以，$K_L\approx k_L$，则上式可改写为 $N=k_L(c^*-c)$。

两边同乘以 a（单位体积培养液中气液比表面积），即

$$Na=k_La(c^*-c)$$

式中 Na 为单位体积反应液中氧的传质速率，$mol/(m^3\cdot s)$；k_La 为体积传质系数，s^{-1}。

以上是以微生物只利用溶解于液体中的氧为依据进行讨论的，实际上，液膜中存在的微生物细胞也可直接利用空气中的氧气，但其数量与反应液内部的微生物细胞的数量相比甚微，故可不考虑。另外，当反应液混合充分，不发生细胞絮凝现象时，细胞间的传质阻力也不再考虑。

氧的体积传质系数（k_La）的测定方法有很多种，如亚硫酸盐法、动态法、稳态法和葡萄糖氧化法是较为常见的几种方法。

其中亚硫酸盐法应用最为广泛。正常条件下，亚硫酸根离子的氧化反应非常快，远大于氧的溶解速度。当 Na_2SO_3 溶液的浓度在 0.018～0.45 $mol\cdot L^{-1}$，温度在 20～45 ℃时，反应速率几乎不变。所以，氧一旦溶解于 Na_2SO_3 溶液中立即被氧化，反应液中的溶解氧浓度为零。此时氧的溶解速度（氧传递速度）成为控制氧化反应速率的决定因素。

以铜（或钴）离子为催化剂，亚硫酸钠的氧化反应式为

$$2Na_2SO_3+O_2\xrightarrow{Cu^{2+}或Co^{2+}}2Na_2SO_4$$

过量的碘与反应剩余的 Na_2SO_3 反应，再用标准的 $Na_2S_2O_3$ 溶液滴定剩余的碘。根据 $Na_2S_2O_3$ 溶液消耗的体积，可求出的 Na_2SO_3 浓度。由前式可知：

$$k_La=\frac{Na}{c^*}=\frac{dc_{Na_2SO_3}/dt}{c^*}$$

将测得的反应液中残留的 Na_2SO_3 浓度与取样时间作图，由 Na_2SO_3 消耗曲线的斜率求出 $dc_{Na_2SO_3}/dt$，再由上式求出 k_La。

亚硫酸盐法的优点是适应 k_La 值较高时的测定，但对于大型反应器而言，每次实验都要消耗大量的高纯度的亚硫酸盐。

从一定意义上而言，k_La 越大，好氧生物反应器的传质性能越好。对于生物反应体系而言，影响 k_La 的因素可分为操作变量、培养液理化性质和反应器结构三部分。操作变量包括温度、压力、通风量、转速（搅拌功率）等；反应液的理化性质包括反应液的黏度、表面张力、氧的溶解度、反应液的组成成分、反应液的流动状态、发酵类型等；反应器的结构指反应器的类型、反应器各部分尺寸的比例、空气分布器的形式等。

3.3.3 搅拌作用下的流动与混合

生物工业中的混合过程可分为 6 种基本类型，气液、液固、固固、可互溶液液、不互溶液液和液体流动。根据完成混合过程的装置不同，生物反应器内的混合方法可分为机械搅拌混合与气流搅拌混合。见表 3-5。

表 3-5 生物反应过程中的混合过程分类

类型	说明	物理过程	化学过程
气液	气液接触混合	扩散	溶氧
液固	固相颗粒在液相中悬浮	悬浮	溶解
固固	固相间混合	混合	反应
可互溶液液	互溶液体	混合	反应
不互溶液液	不互溶液体	乳化	萃取
液体流动	传热	抽液	传热

以机械搅拌式反应器为例，其内的混合过程是在主体对流扩散、涡流扩散和分子扩散的综合作用下完成。

主体对流扩散是指搅拌器把动量传递给它周围的液体，产生一股高速液流，这股液流又推动周围的液体，使全部液体在反应器内流动起来。

涡流扩散是指由于主体对流扩散作用，反应器内高速流体与低速流体间产生的漩涡运动。

分子扩散是指由于物料分子的热运动和分子间作用力，不同分子相互混合的过程。

实际混合过程中，主体对流扩散、涡流扩散和分子扩散的作用范围依次减小，前者只能将不同物料进行粗略的混合，呈宏观流动；涡流扩散使物料的不均匀性降至漩涡本身大小，呈微观流动；最终通过分子扩散才能达到完全的混合，呈微观混合。

生物反应器中的通用式发酵罐主要通过机械搅拌来实现。机械搅拌不仅可以促使培养基混合均匀，而且有利于增加气液接触面积，提高溶氧速率。对于双液相反应体系可提高液液接触面积，另外还可促进传热与固形物料的悬浮。

流体的流动与混合主要是通过搅拌器来实现的，搅拌器可以使被搅拌的液体产生轴向流动和径向流动，不同类型的搅拌器产生的两种流向侧重也不同。

生物反应器中常用的搅拌器类型与化工反应器中采用的搅拌器类型大同小异，多为螺旋桨、平桨、涡轮桨、翼型桨、自吸式搅拌桨和栅状搅拌桨等。

螺旋桨搅拌器是一种以产生轴流动为主的搅拌器，将反应器内液体从轴向流入叶轮，再从轴向流出叶轮,以形成轴向的螺旋状运动。螺旋桨的特点是直径小,转速高,产生的循环量大,混合效果好,但对气泡的分散效果差。

涡轮式搅拌器是一种典型的径向流搅拌器。由于涡轮的叶片对液体施以径向离心力,因此,液体在离心力的作用下从轴向流入后再从径向流出,使之在反应器内循环。在气液混合中为避免气泡在阻力较小的搅拌器中心部分沿搅拌器轴上升,在搅拌器中央常带有圆盘。涡轮搅拌器的特点是对流体的剪切作用较为强烈,同时由于涡轮的叶片较宽,因此在反应器内造成较大的流体循环量。通用式发酵罐中广泛采用此类搅拌器。

常用的涡轮式搅拌器的叶片有平叶式、弯叶式和箭叶式三种。在相同半径、转速时,功率消耗方面:平叶式>弯叶式>箭叶式;在相同搅拌功率下,三者的粉碎气泡的能力(实现液体微观湍动)方面:平叶式>弯叶式>箭叶式;在相同搅拌功率下,三者翻动流体的能力(实现宏观液体翻动)方面:平叶式<弯叶式<箭叶式。涡轮式搅拌器的叶片数一般为 6 个,也有少至 4 个或多至 8 个的。为方便拆装,大型搅拌器可做成两半型,用螺栓连成整体。如图 3-16 所示。

(a) 六平叶涡轮桨　　(b) 六弯叶涡轮桨　　(c) 六箭叶涡轮桨

图 3-16　涡轮式搅拌桨类型

在罐中心垂直安装的搅拌桨,无论是涡轮桨还是螺旋桨,在无挡板的情况下都会以轴为中心形成凹陷漩涡。添加挡板后可迫使液体向轴心方向流动,使漩涡消失。

3.3.4　生物反应器搅拌轴功率的计算

生物反应器搅拌轴功率的计算与化工反应器搅拌轴功率的计算相比,有很多相同之处。但由于生物反应器中涉及氧的传递,因此在搅拌轴功率的计算方面又有其独特之处。

搅拌器的功率是指搅拌器单位时间对被搅拌介质所做的功。轴功率不包括机械传动与摩擦所消耗的功,这种功主要表现在液体流动方面,因此凡是影响搅拌器内液体流动的因素,都是会影响搅拌器的功率。

影响搅拌器功率的因素如下:① 搅拌器的几何参数和运转参数:桨叶直径 d_j,桨宽 b,桨叶角度 θ,桨叶数量 Z,桨叶的安装尺寸,搅拌器的转速 n;② 搅拌反应器的几何参数:反应器的内直径 D,液层高度 H_L,搅拌器挡板高度 W 和搅拌数量 Z,导流筒尺寸;③ 搅拌介质的物性参数:液相的密度 ρ,液相的黏度 μ 还有重力加速度 g 等。以上这些变量可以归纳为几何变量、运转变量和物理变量。可用主要的独立变量来表示:

$$N=f(n,d_j,\rho,\mu,g) \tag{3-33}$$

对于无通气状态的牛顿流体,通过量纲分析可得到如下关联式:

$$N_P=\frac{P_0}{n^3d^5\rho}=K\left(\frac{nd^2\rho}{\mu}\right)^x\left(\frac{n^2d}{g}\right)^y \tag{3-34}$$

进一步可表示为

$$N_P = KRe_M^x\ Fr_M^y \tag{3-35}$$

式中 $\frac{P}{n^3 d^5 \rho} = N_P$——功率系数，表示机械搅拌力与惯性力之比；

$\frac{nd^2\rho}{\mu} = Re_M$——搅拌下的雷诺数，表示惯性力与黏性力之比；

$\frac{n^2 d}{g} = Fr_M$——搅拌下的弗鲁特数，表示搅拌加速度与重力加速度之比；

K——与搅拌器类型、反应器几何尺寸有关的常数。

实验表明，在全挡板条件下，液面不产生漩涡，此时 $y=0$，N_P 仅是 N_{Re} 的函数。且当 $Re_M<10$ 时，液体为层流状态，$x=-1$；当 $Re_M>10^4$ 时，液体为湍流状态，$x=0$；多数发酵罐搅拌器在此范围，故此，

$$N_P = KN_{Re}^0 = K \tag{3-36}$$

因此，可以根据搅拌桨的几何尺寸、类型等，通过实验测定功率特征数 N_P 与 N_{Re} 之间的关系，绘制相应的关系曲线，如图 3-17 所示。

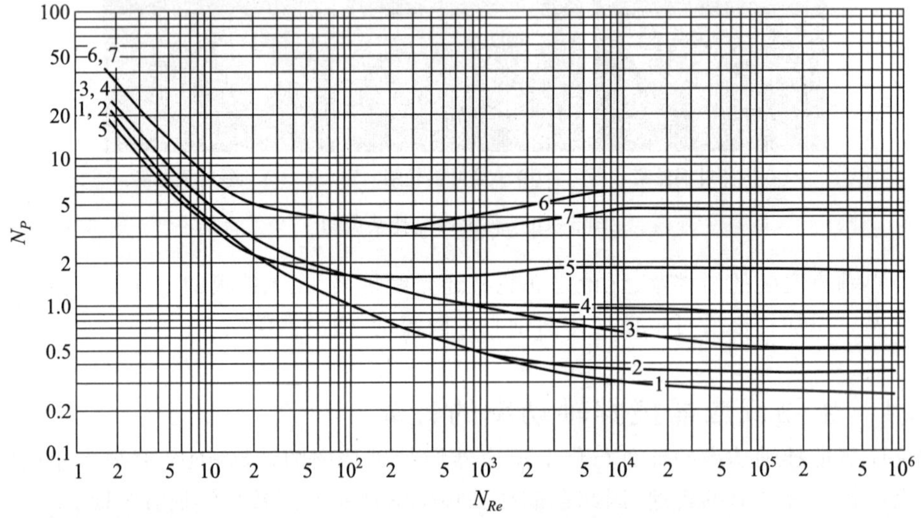

图 3-17 各种搅拌器的 N_P-N_{Re} 图

1—推进式，$\frac{s}{d}=1$，无挡板；2—推进式，$\frac{s}{d}=1$，全挡板；3—推进式，$\frac{s}{d}=2$，无挡板；4—推进式，$\frac{s}{d}=2$，全挡板；

5—平直叶桨式，$\frac{d}{d}=5$，全挡板；6—圆盘平直叶涡轮式，全挡板；7—圆盘弯叶涡轮式，全挡板

在具体应用时，可通过查找此曲线得 N_P。再由公式 $N_P=\frac{P_0}{n^3 d^5 \rho}$，即可求出 P_0。常用到的搅拌轴功率计算公式为 $P_0 = N_P d^5 n^3 \rho = Kd^5 n^3 \rho$。

例 3-3 今有一发酵罐，内径为 2 m，安装一个六弯叶涡轮搅拌器，搅拌器直径为 0.7 m，转速为 150 r/min，设发酵液密度为 1 050 kg/m³，黏度为 0.1 Pa·s。试求不通气状态下搅拌器功率。

解：由题可知

$$d=0.7\ \text{m},\ n=150/60=2.5(\text{r/s}),\ \rho=1\ 050\ \text{kg/m}^3,\ \mu=0.1\ \text{Pa}\cdot\text{s}$$

$$Re_M=\frac{nd^2\rho}{\mu}=\frac{2.5\times0.7^2\times1\ 050}{0.1}=1.29\times10^4>10^4$$

N_P 由查 N_P-N_{Re}图得 4.7,即

$$N_P=\frac{P_0}{n^3d^5\rho}=4.7$$

故不通气下的搅拌功率:

$$P_0=4.7\times n^3d^5\rho=4.7\times2.5^3\times0.7^5\times1\ 050=12\ 960(\mathrm{W})$$

若各种参数如 D/d、H_L/d 等不符合所查图表中的曲线特性,则先查出值,计算后再进行修正:

$$P^*=fP_0$$

式中 P_0 为按图查出的 N_P 值算得的功率;f 为修正系数,$f=\frac{1}{3}\cdot\sqrt{(D/d)\cdot(H_L/d)}$。

由于工业发酵罐的高径比一般为 2~3,因此在同一轴上往往装有很多层搅拌器。对于多层搅拌器的功率可在单层搅拌器功率计算的基础上,乘上一个系数。

一种简单的估算方法是 $P_m=P(0.4+0.6m)$,m 为搅拌器层数。

以上均为不通气时搅拌功率的计算。

但在生物反应过程中,往往都是需要强化通风供氧,由于通风造成实际所需的搅拌功率会不同程度的降低,降低幅度与通气速率 Q_g(m^3/min)等因素有关。此时的搅拌轴功率用 P_g 来表示,它的计算往往因不同的反应器种类、通风状况、体积溶氧系数等而采用不同的计算方法。

可以依据通气系数 N_a 估算,N_a 表示的是发酵罐内空气的表观流速与搅拌器叶端速度之比,反映的是发酵罐内通气速率与搅拌液流循环量之比。

$$N_a=\frac{Q_g/d^2}{nd}=\frac{Q_g}{nd^3} \tag{3-37}$$

式中 Q_g 为工作状况下的通气速率,m^3/s;d 为搅拌叶轮直径,m;n 为转速,r/s。

根据 N_a 的大小,可用下式进行估算:

$$N_a<0.035\ 时,\quad P_g/P_0=1-12.6N_a \tag{3-38}$$

$$N_a\geqslant0.035\ 时,\quad P_g/P_0=0.62-1.85N_a \tag{3-39}$$

当发酵罐内发酵密度为 800~1 650 kg/m^3,黏度为 9×10^{-4}~0.1 Pa·s 时,Michel 等提出了应用较广泛的经验式进行计算:

$$P_g=C\left(\frac{P_0^2\,nd^3}{Q_g^{0.56}}\right)^{0.45} \tag{3-40}$$

当 $d/D=1/3$ 时,$C=0.157$;当 $d/D=2/3$ 时,$C=0.113$;当 $d/D=1/2$ 时,$C=0.101$。式中 n 的单位为 r/min,Q_g 的单位为 m^3/min,d 的单位为 m,P_g、P_0 的单位为 kW。

在 Michel 经验式的基础上,福田秀雄通过对 100 L 至 42 000 L 的系列设备,进行了 60 多组的实验测定,对 Michel 经验式进行了修正,得到修正 Michel 经验式,适用于较大型发酵罐。

$$P_g=2.25\left(\frac{P_0^2\,nd^3}{Q_g^{0.08}}\right)^{0.39}\times10^{-3} \tag{3-41}$$

对于生物反应体系的非牛顿流体的搅拌轴功率的计算而言,由于黏度随搅拌转速而变化,其中的搅拌轴功率 P_g、P_0 计算一般遵循如下步骤:先知道黏度与搅拌速度的关系;计算不同搅拌速

度下的黏度和 Re_M；再根据实验绘出其 N_P-N_{Re} 曲线，得出 N_P；随后的计算过程如同牛顿流体的搅拌功率计算步骤。

第四节 生物反应器的选型与放大设计

3.4.1 生物反应器的选型

就大多数微生物发酵过程来说，采用的是液体深层发酵技术，所用反应器几乎为发酵罐；其中，好氧发酵选用带搅拌的发酵罐，而利用大肠杆菌发酵的中小型发酵罐及好氧量低的兼性厌氧发酵可以采用无机械搅拌的气升式发酵罐。对于利用霉菌或真菌的发酵过程来说，有的需要采用固态或半固态发酵，所用反应器有固体浅盘发酵装置和压力脉动式发酵罐或旋转筒式发酵罐等。

就动植物细胞培养而言，既可采用管式、低剪切的搅拌罐式反应器，也可采用无机械搅拌的袋式反应器。为了确保无污染及交叉污染，以选用一次性反应器为宜。

3.4.2 生物反应器的放大设计

任何一个生物工程产品的研究开发都必须经历三个阶段：

① 实验室阶段，在此阶段进行基本的生物细胞（菌种）的筛选和培养基的研究，通常是使用摇瓶或 1～5 L 的生物反应器进行；

② 中试阶段，在此阶段参考实验室小试的结果，用 5～500 L 生物反应器进行发酵反应，以进行环境因素最佳操作条件的研究；

③ 工厂化生产，在此阶段利用生产设备进行生产试验直至商业化生产，获取经济效益和社会效益。

在上述的三个阶段中，对同一生物发酵，使用不同规模的发酵罐进行的生物反应是相同的，但反应溶液的混合状态、传质与传热性能等不尽相同，因此细胞生长与代谢产物生成的速率也有差别。如何估计不同规模的生物反应器中生物反应的状况，尤其是反应器放大过程中，维持细胞生长与生物反应速率相似，这就是生物反应器的放大。概言之，所谓生物反应器的放大，就是指以实验室小试或中试设备所取得的试验数据为依据，设计制造并运转大规模的生物反应系统。一种新的生物技术产品从实验室到工业生产的开发过程中，会遇到生物反应器的逐级放大问题，每一级放大 10～100 倍。生物反应器的放大，从表面看来仅是一个体积或尺度放大问题，实际上并不是那么简单。生物反应过程的复杂性远大于普通的化工过程，影响过程的参变数很多，不仅有传统化工过程的传质和传热、流体动力学及反应动力学，而且生物细胞的生长、酶（酶系）的活性及细胞的生理特征等影响因素非常复杂。反应器是生物工程设备的核心，其设计和放大就成为生物发酵过程放大的关键。

3.4.2.1 生物反应器放大的基本理论

反应器放大研究虽已提出了不少方法，但还没有一种是普遍都能适用的。目前还只能是半理论半经验的，即抓住反应过程中的几个关键性参数或现象进行放大。

相似性理论是生物反应器放大的最基本理论基础，其基本点是：如果两个反应系统能用相同的微分方程来描述，并具有相同的外形特征，那么两个系统将具有同样的行为方式。相似性可分为五类：① 几何相似性；② 流体动力学相似性；③ 热相似性；④ 质量浓度相似性；⑤ 生物化学相似性。

按照上述顺序，前一级是后一级的前提，例如，如果要研究两个系统的生物化学相似性，必须首先了解几何相似性、流体动力学相似性、热相似性和质量浓度相似性。从理论上讲，生化反应速率与反应器的大小和形状无关，但实际上，其反应速率受物质传递、热量及动量传递等物理过程影响，所以生物反应不可避免地受反应器类型及三维结构的影响。理论放大方法是十分复杂的，目前很难在实际中应用。

3.4.2.2　生物反应器放大的准则和方法

（1）生物反应器放大的准则　生物反应器的放大方法有多种，可归纳为理论放大法、半理论放大法、量纲分析法和经验放大法等。因为生物反应系统的复杂性，至今常用的放大方法是经验放大法，下面重点介绍经验放大法。机械搅拌发酵罐的经验放大法主要有四种，即

① 以体积溶氧系数 k_La 相等为基准；

② 以单位体积发酵液搅拌功率 P_0/V_L 相等为基准；

③ 以搅拌器叶尖线速度相等的准则；

④ 维持培养基溶氧浓度不变。

这四种经验放大法各适用于不同的特定情况，其中第①个基准即 k_La 相等的准则用于高好氧发酵可获得良好的效果；对于溶氧速率控制生物反应的非牛顿发酵液，用第②个基准即 P_0/V_L 相等的准则通常获得良好的放大效果。

根据实验研究和生产实践，对于机械搅拌发酵罐的放大是需要系统的知识和经验。首先，不同规模的发酵罐应大体维持几何相似但不是一成不变；为了维持不变的 k_La 和剪切浓度，可适当改变几何尺寸比例；最常用的方法是维持体积溶氧系数 k_La 恒定，有时需兼顾搅拌剪切强度不变或改变不大。实际上，放大设计的成功还需生产实践验证。机械搅拌发酵罐较合理的放大过程可概括为如图 3-18 所示。

（2）生物反应器的放大方法。

1）液液相的搅拌功率　非均相系的液液搅拌，由于两相的存在，其物性参数与均相系不同。在求其搅拌功率时，需求出两相的平均密度 ρ_m 和平均黏度 μ_m，然后再按照均相系搅拌功率的求法进行。

① 平均密度 ρ_m

$$\rho_m=\varphi\rho_d+(1-x)\rho_0 \tag{3-42}$$

式中　ρ_d——分散相的密度；

ρ_0——连续相的密度；

φ——分散相的体积分数。

② 平均黏度 μ_m。在两相液体的黏度都较低时为

$$\mu_m=\mu_d^x\mu_0^{(1-x)} \tag{3-43}$$

式中　μ_d——分散相的黏度，Pa · s；

μ_0——连续相的黏度，Pa · s；

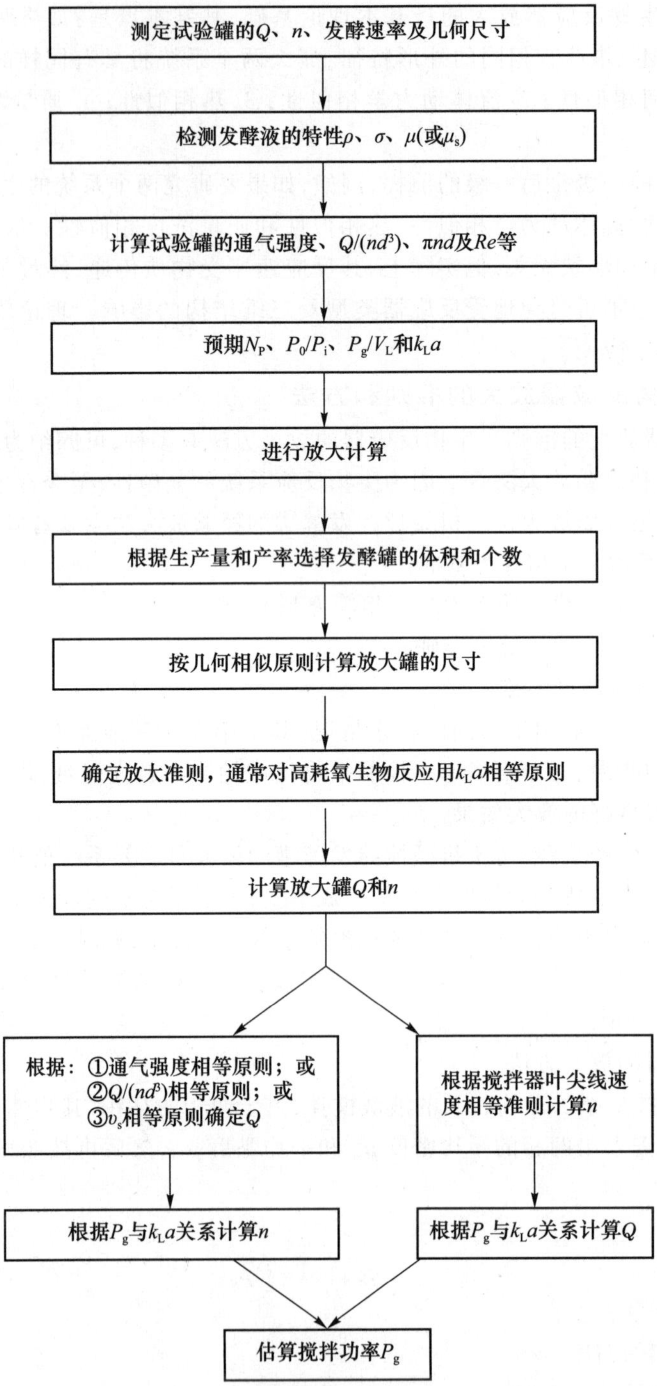

图 3-18　机械搅拌发酵罐放大过程

对常用的水和有机溶剂系统,当水的体积分数 φ_w 在 0.40 以上时,其平均黏度:

$$\mu_m=\frac{\mu_w}{1-\varphi_w}\left(1+\frac{6\varphi_w\mu_0}{\mu_w+\mu_0}\right) \tag{3-44}$$

当水的体积分数在 0.40 以下，水为分散相时，平均黏度为

$$\mu_m=\frac{\mu_0}{X_0}\left(1+\frac{1.5\varphi_w\mu_w}{\mu_w+\mu_0}\right) \tag{3-45}$$

式中　μ_w——水相的黏度，Pa · s；

μ_0——有机溶剂相的黏度，Pa · s；

φ_0——有机溶剂相的体积分数；

φ_w——水的体积分数。

2）气液相的搅拌功率　在发酵、废液处理和抗菌素生产等许多生化过程中，常用气体处理乳浊液和悬浮液，这时多采用机械搅拌。通入气体进行搅拌，由于气泡的存在使液体的视密度降低，并且搅拌器叶片和气泡相撞时的阻力也比与均相液体的相撞阻力低，因而通气搅拌的功率 N_g 要比均相液体的搅拌功率 N 低。N_g 的大小与叶片附近气泡的分散状态有关。通气速率 Q_g 越大，或者叶片的排出性能越低，则叶片近旁气泡存在的程度越高。这两个条件组成一个量纲为 1 的通气系数，以 N_a 表示：

$$N_a=\frac{Q_g}{nd_j^3} \tag{3-46}$$

式中　N_a——通气系数；

Q_g——通气速率，m^3/s；

n——搅拌器转速，1/s；

d_j——搅拌器直径，m。

由实验得出通气搅拌功率系数 N_g 与均相搅拌功率系数 N 之比与通气系数 N_a 的关系曲线（图 3-19）。

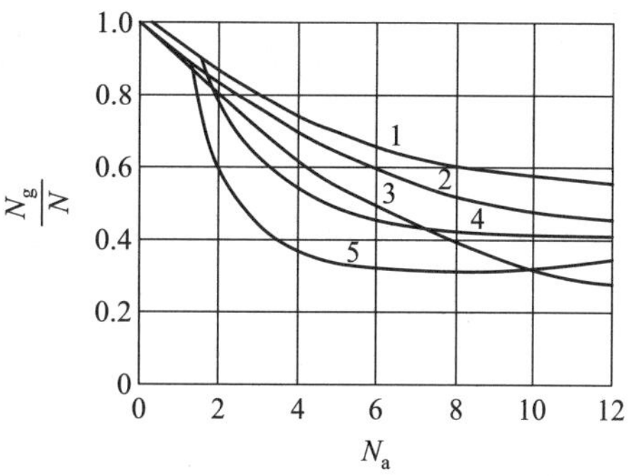

图 3-19　功率比与通气系数的关系曲线

1—平直八叶圆盘涡轮；2—平直八叶上侧圆盘涡轮；3—平直十六叶上侧圆盘涡轮；4—平直六叶圆盘涡轮；5—平直叶双浆

3）固液相的搅拌功率　当固体颗粒的量不大时，可近似看成均匀的悬浮状态。这时可取平均密度 ρ_m 代替原液相的密度，取平均黏度 μ_m 代替原液相的黏度。

平均密度：　$\rho_m=\gamma\rho_s+\rho(1-\gamma)$　(3-47)

式中　ρ_s——固体颗粒的密度，kg/m^3；

ρ——液相的密度，kg/m^3；

γ——固体颗粒的体积分数。

当固体颗粒占液体的体积比 $\varepsilon\leqslant1$ 时，平均黏度为

$$\mu_m=\mu(1+2.5\varepsilon) \tag{3-48}$$

当 $\varepsilon>1$ 时，平均黏度为

$$\mu_m=\mu(1+4.5\varepsilon) \tag{3-49}$$

式中　μ——液相黏度。

以 ρ_m 和 μ_m 作为被搅拌物料的物性，然后按均相系计算搅拌功率。不过，固液相的搅拌功率和固体颗粒的大小有关，当固体颗粒在 200 以上时，由于颗粒和叶片碰撞时阻力变大，用这种算法所得功率偏小。

① 以体积溶氧系数 k_La 相等为基准的放大。

许多好氧发酵,特别是在细胞浓度较高时耗氧很快,所以溶氧速率是否能满足生物细胞的代谢与生长就成为发酵生产的限制性因素。实践证明,高好氧发酵应用等 k_La 的原则进行反应器放大通常可获得良好结果。

通气搅拌发酵反应器的主要参数及计算公式有:

a) 不通气搅拌功率

$$P_0=N_P\,n^3d^5\rho \tag{3-50}$$

式中功率系数 N_P 视搅拌强度及叶轮形式而定。当发酵系统充分湍流时($Re\geqslant10^4$),对圆盘六直叶涡轮,$N_P=6.0$;对圆盘六弯叶涡轮,$N_P=4.7$;对圆盘六箭叶涡轮,$N_P=3.7$。

b) 通气搅拌功率

$$P_g=2.25\times10^{-3}(P_0^2nd^3/Q^{0.08})^{0.39} \tag{3-51}$$

c) 体积溶氧系数

$$k_La=K(P_g/v_L)^a(v_s)^b \tag{3-52}$$

或

$$K_d=(2.36+3.3m)(P_g/v_L)^{0.56}v_s^{0.7}n^{0.7}\times10^{-9} \tag{3-53}$$

上式中,Q 为通气速率,mL/min;m 为搅拌叶轮组数;v_s 为空截面空气流速;n 为搅拌转速,r/min;P_o 为不通气搅拌功率,kW;P_g 为通气搅拌功率,kW。

② 以单位体积发酵液搅拌功率 P_0/V_L 相等为基准。

通常溶氧系数 k_La 或 K_d 是使用亚硫酸钠氧化法测定的,它并不是发酵系统真实的溶氧系数,所以以 k_La 或 K_d 相等为原则的放大法对某些发酵系统并不理想。而以单位体积发酵液搅拌功率 P_0/V_L 与 k_La 或 K_d 有密切关系,而且容易测量。实践证明,对于溶氧速率控制发酵反应的非牛顿发酵液,把以单位体积发酵液搅拌功率 P_0/V_L 相等为基准用于反应器的放大通常可获得良好的结果。

3.4.3 机械搅拌式发酵罐的放大

下面以实例说明生物反应器的放大。

例 3-4 某发酵工厂在 100 L 机械搅拌发酵罐中进行 α-淀粉酶生产试验,所用菌种为枯草芽孢杆菌,获得良好的发酵效果。100 L 机械搅拌发酵罐有关参数如下:发酵液悬浮固体浓度 $\varphi=10\%$,35 ℃下的黏度(视为牛顿流体)$\mu_0=1.55$ cP(上清液),发酵液黏度 $\mu=1.55(1+4.5\varphi)\times10^{-3}=2.25\times10^{-3}$ N·s/m^2,$\rho=1\,010$ kg/m^3;罐直径 $D=375$ mm;搅拌桨直径 $d=125$ mm;$D/d=3$;$H/D=2.4$;$H_L/D=1.5$;四挡板 $W_b=0.1T$;装液量 60 L;通气量 1.0 vvm;搅拌桨双层圆盘六弯叶涡轮,转速 $\omega=350$ r/min。实验研究证明此发酵为高好氧的生物反应,拟放大至 20 m^3。

解:(1) 由于此发酵为高好氧的生物反应,故可按体积溶氧系数相等的原则进行放大。

(2) 根据小罐几何和操作参数计算小罐的 K_d。

先求雷诺数 Re:
$$Re=\omega d^2\rho/\mu=4.14\times10^4$$

故发酵系统属充分湍流,$N_P=6.0$。两组叶轮的不通气搅拌功率为

$$P_0=n^3d^5\rho N_P\times2=74.1(\text{W})=0.074\,1(\text{kW})$$

通气搅拌功率为

$$P_g=2.25\times10^{-3}(P_0^2nd^3/Q^{0.08})^{0.39}=0.039\,5(\text{kW})$$

从而算出溶氧系数：

$$K_d=(2.36+3.3m)(P_g/V)^{0.56}v_s^{0.7}n^{0.7}\times10^{-9}$$
$$=7.01\times10^{-6}\text{mol}O_2/[\text{mL}\cdot\text{min}\cdot\text{atm}(p_{O_2})]$$

（3）按几何相似原则确定 20 m^3 生产罐的尺寸。

根据题设几何尺寸比例，放大罐与小罐相同，则有 $D/d=3$，$H/D=2.4$，$H_L/D=1.5$，有效装量取 60%，忽略罐底体积（$V_L=12\ m^3$），可计算得到 $T=2.16$ m，$D=0.72$ m，$H=5.20$ m，$H_L=3.24$ m。

搅拌桨仍然采用双层圆盘六弯叶涡轮。

（4）放大罐通气强度的确定。

按几何相似原则放大设备，放大倍数越高，其单位体积占有的发酵罐横截面积越小，若维持原有通气强度即 1.0 vvm 不变，则放大后空截面气速则随着罐容增大而迅速提高。因：

$$V_L\propto D^3$$

通气量在维持通气强度（vvm）不变时，有 $Q\propto V_L\propto D^3$。而空截面气速为

$$v_s=Q/(\pi D^2/4)\propto D$$

由上式可知，随着罐规模的增大，空截面气速 v_s 的增大与发酵罐直径的增大成正比。显然，经放大的倍数较大时，则其空截面气速有较大增加，过大的 v_s 会造成太多的泡沫产生甚至跑料，而且消耗的通气功率也将提高。因此，在发酵罐放大时，必须全盘考虑以确定通气强度。

若按通气强度不变，即取大罐的通气速率为 1.0 vvm，可算出通气量为

$$Q=20\times60\%\times1.0=12(m^3/\text{min})=1.2\times10^7(\text{cm}^3/\text{min})$$

相对应的空截面气速为

$$v_s=Q/(\pi D^2/4)=3.24(\text{m/min})=324\ \text{cm/min}$$

可见，若按通气强度不变，则大罐的通气空截面气速约相当于试验罐的 6 倍。经验表明，这种气速太高。故可折中取 $v_s=150$ cm/min，由此可计算大罐的通气速率为

$$Q=(\pi/4)\times2.16^2\times(150/100)=5.55(m^3/\text{min})$$

可见，通气强度为 5.55/12=0.462（vvm）

（5）按 K_d 相等原则计算放大罐的搅拌转速和搅拌轴功率。

因
$$K_d=(2.36+3.3\times2)(P_g/V_L)^{0.56}v_s^{0.7}n^{0.7}\times10^{-9}$$
$$=8.96\times(P_g/12)^{0.56}150^{0.7}n^{0.7}\times10^{-9}$$
$$=7.434\times10^{-8}\times P_g^{0.56}n^{0.7}$$

由上式可得
$$P_g=3\ 356n^{-1.25}$$

又
$$P_g=2.25\times10^{-3}(P_0^2nd^3/Q^{0.08})^{0.39}$$
$$=0.206P_0^{0.78}n^{0.39}$$
$$P_0=n^3d^5\rho N_P\times2=(\omega/60)^3\times0.72^5\times1\ 020\times6.0$$
$$=5.48\times10^{-6}\omega^3(\text{kW})$$

由上述方程组可以求得放大罐的搅拌转速及搅拌功率：

$$n=123\ \text{r/min}$$
$$P_0=10.2\ \text{kW}$$
$$P_g=8.19\ \text{kW}$$

放大罐与试验罐的体积、尺寸及搅拌转速、功率等的对照见表 3-6 所示。

表 3-6 试验罐与放大罐结果对照

项目	试验罐	放大罐
公称体积 V/m^3	0.1	20
有效体积 V_L/m^3	0.06	12
放大倍数	1	200
高径比 H/D	2.4	2.4
液柱高径比 H_L/D	1.5	1.5
D/d	3	3
通气强度/vvm	1.0	0.462
$\frac{P_0}{V_L}/(kW \cdot m^{-3})$	1.24	0.789
$\frac{P_g}{V_L}/(kW \cdot m^{-3})$	0.658	0.704
搅拌转速 $n/(r \cdot min^{-1})$	350	123
溶氧系数 $K_d/[mol\ O^2 \cdot (mL \cdot min \cdot atm)^{-1}]$	7.01×10^{-6}	7.01×10^{-6}

由表 3-6 可见，尽管试验罐和放大罐的溶氧系数相同，其几何尺寸也相似，但经放大后，大罐的通气强度和搅拌转速均大大下降。

习 题

1. 解析生物反应的分批式操作。有何特点？
2. 试对分批式操作进行物料衡算和优化分析。
3. 什么是米氏方程？米氏方程 K_m 的物理意义是什么？
4. 酶固定化后特性有何变化？固定化酶反应器主要有哪几种？
5. 什么是分批发酵、补料分批发酵和连续发酵？试对三种发酵方式进行比较。
6. 常用的生物反应器有哪几种类型？各有何优点？
7. 生物反应器放大的准则和方法有哪几种？
8. 对于装有 100 m^3 培养基的分批式发酵罐，培养基连续灭菌是较好的选择。设初始培养基中含有 10^6 孢子，设计允许污染概率为 1%（仅对培养基灭菌而言）。孢子的热致死常数与温度的关系大致遵循阿伦尼乌斯方程：

$$k = Ae^{-E/(RT)}$$

$$A = 10^{47.2}\ min^{-1}$$

$$E = 354\ kJ/mol$$

$$R = 8.29\ J/(mol \cdot K)$$

（1）如果灭菌器的维持段为直径 10 cm 的管子，流体速度为 1.0 m/s，射入蒸汽可以瞬时加热到 140 ℃。达到所需的灭菌程度停留时间为多少？灭菌器有多大？说明计算的假设。

(2) 如果使用一个全混的搅拌罐作为维持罐,维持在 140 ℃,当停留时间与活塞流灭菌器一样时,其灭菌度为多少? 为达到与 A 一样的灭菌度需要多大的维持罐?

9. 以补料批式操作方式培养面包酵母,初始菌浓度为 5 g/L,初始糖浓度为 5 g/L,发酵液初始体积为 1 L,假设在糖浓度为 5 g/L 时,酵母菌的倍增时间(t_D)为 2 h,通过补加糖液维持恒定的糖浓度,从而维持恒定的比生长速度(μ),总培养时间为 10 h。设菌体对糖的得率系数为 $Y_{x/s}=0.5$。

试计算在补料糖液浓度分别为 200 g/L 及 400 g/L 情况下,发酵液菌体浓度、发酵液体积和总菌量随发酵时间的变化,画出其关系曲线。

并讨论在计算中作了那些简化的假设,通过计算可以得到哪些有益的结论?

10. 实验室研究了利用重组大肠杆菌生产蛋白质产品,测得比氧消耗速率(q_{O_2})为 4 mmol/g。现要求把这一过程放大到 1 500 L 的生物反应器。1 500 L 发酵罐的参数如下:

$$D_i/D_T=1/3$$
$$H_L/D_T=3$$
$$n_{max}=500\ r/min$$
$$Q=1000\ L/min$$

重组大肠杆菌含有 50% 的总蛋白,而重组蛋白的表达量为总蛋白的 15%。由实验室研究得知,过程中溶氧浓度(c_L)不能低于空气饱和浓度的 10%。利用上述信息分析在分批式发酵过程中每次可以得到多少克重组蛋白质?

(提示:① 设 C、N 不是限制性基质;② 搅拌桨按照 $2D_i>H_i>D_i$ 来安排。H_i 为搅拌桨层间距;③ 设发酵液密度 $\rho=1\ 000\ kg/m^3$,黏度 $\mu=0.01\ g/(cm\cdot s)$)

参考文献

[1] 梁世中. 生物制药理论实践. 北京:化学工业出版社,2005.
[2] 梁世中. 生物工程设备. 北京:中国轻工业出版社,2002.
[3] 瞿礼嘉,顾红雅,胡苹,等. 现代生物技术导论. 北京:高等教育出版社,1998.
[4] 俞俊棠,唐孝宣. 生物工艺学:上册. 上海:华东化工学院出版社,1991.
[5] 俞俊棠,唐孝宣. 生物工艺学:下册. 上海:华东化工学院出版社,1991.
[6] Lydersen B K, D'elia N A, Nelson K L. Bioprocess Engineering: Systems, equipment and facilities. New York: John Wiley&Sons, 1994.
[7] 海野肇,清水和幸,岸本通雅. バィォプロセス工学(计测と制御). 东京:講谈社サィエンティフィク,1996.
[8] 董大勤. 化工设备机械基础. 北京:化学工业出版社,2003.
[9] 汤善书,朱思明. 化工设备机械基础. 北京:化学工业出版社,2004.
[10] 袁渭康,朱开宏. 化学反应工程分析. 上海:华东理工大学出版社,1995.
[11] (美)H 斯科特·福格勒. 李术元,朱建华,译. 化学反应工程. 北京:化学工业出版社,2005.

第四章 药物分离工程基础与设备

由于药物的纯度和杂质含量与其药效、毒副作用、价格等息息相关；而且，无论是药物的化学合成、生物发酵还是中草药提取，所涉及的分离纯化步骤多、要求严，其费用占比一般是生产总成本的 50% ~ 70%，近年日益兴起的生物制药，尤其是基因工程药物，费用占比更高达 80% ~ 90%。因此，开发和研究药物的分离纯化技术，对提高药品质量和降低生产成本具有举足轻重的作用。

在化工原理课程中，已学习可用于药物分离的精馏、液液萃取和蒸发等单元操作方法、原理知识，并对相应设备有一定的了解。本章主要阐述中药的浸提分离；小分子药物和生物活性大分子药物的去杂、除盐和浓缩等操作常用的膜分离；以及用于产品最终纯化的结晶分离所涉及的设备及其过程工程原理。

第一节 药物分离的一般过程

4.1.1 药物分离过程类型

药物分离操作可分为传质分离和机械分离两大类。传质分离主要用于各种均相混合物的分离，其特点是有质量传递现象发生。机械分离过程的分离对象是非均相混合物，可根据物质的大小、密度的差异进行分离，如过滤、重力沉降、离心分离、旋风分离和静电除尘等。依据物理化学原理的不同，工业上常用的传质分离过程又分为平衡分离过程和速率分离过程，具体见表 4-1 和表 4-2。

表 4-1 常见的平衡分离方法

过程名称	原料	分离剂	产品	分离原理
蒸发	液体	热	液体+蒸汽	蒸气压不同
蒸馏	液体	热	液体+蒸汽	蒸气压不同
吸收	气体	不挥发性液体	液体+气体	溶解度不同
萃取	液体	不互溶液体	液体+液体	溶解度不同
结晶	液体	冷或热	液体+固体	过饱和
吸附	气体或液体	固体吸附剂	固体+液体或气体	吸附力不同
干燥	湿物料	热	固体+蒸汽	湿组分蒸发
浸取	固体	溶剂	固体+液体	溶解度不同
离子交换	液体	固体树脂	液体+固体	离子的可交换性

表 4-2 速率分离方法

过程名称	原料	分离剂	产品	分离原理
气体扩散	气体	压力梯度和膜	气体	多孔膜中扩散的速率差异
热扩散	气体或液体	湿度梯度	气体或液体	热扩散速率差异
电渗析	液体	电场和膜	液体	膜对不同离子的选择性渗透
电泳	液体	电场	液体	胶质在电场下的迁移速率差异
反渗透	液体	压力梯度和膜	液体+液体	溶质溶解度与溶剂在膜中的扩散速率
超过滤	液体	压力梯度和膜	液体+液体	分子大小差异

(1) 平衡分离过程 利用外加能量或分离剂,使原混合物体系形成新的相界面,利用互不相溶的两相界面上的平衡关系使均相混合物得以分离的方法。其传质推动力为偏离平衡态的浓度差。如溶剂萃取,向含有待分离溶质的均相水溶液中加入有机溶剂(一般含有萃取剂)形成互不相溶的有机相-水相两相体系,利用溶质在两相中分配系数的差异,平衡后,目标溶质进入有机相,共存溶质留在水相。

(2) 速率分离过程 这是一类利用外加能量,强化特殊梯度场(重力梯度、压力梯度、温度梯度、浓度梯度、电位梯度等),有时在选择性透过膜的配合下,利用各组分扩散速率的差异实现组分分离的方法。

当产物或待分离体系为固体和液体,或固体和气体,或液体和气体的非均相混合物时,可利用力学的能量,如重力或压力进行分离。如液固混合物,当固体颗粒足够大,在重力场中放置较短时间可自然沉淀而分离;当固体颗粒很小、颗粒密度也不高时,颗粒下沉速度会很慢,这时就需要外加离心力场,甚至高速或超速离心力场,或采用过滤材料等形成不同物质移动的速度差,从而实现分离。又如将电解质溶液置于直流电场中,以阳离子交换膜作为分离介质,在电位梯度的作用下,溶液中的带电离子就会定向移动,因阳离子交换膜只允许阳离子通过,这样就可以从溶液中分离出阳离子。

在具体的分离过程工艺技术方法选择中,可通过分离度、回收率、富集倍数、准确性和重现性等对分离方法加以评价。但在实际使用过程中,还需考虑更多的问题,如设备成本、有无环境污染、使用成本、对被分离物质是否有破坏等。

4.1.2 药物分离的一般工艺过程

药物通常是在一个复杂的多相系统经过化学或生物的过程生成的,含有杂质、非活性成分及原辅料等多种物质。其中,某些反应过程须分批进行,而来自生物系统的有效成分通常不稳定且浓度较低,需要经过分离纯化操作才能获得符合临床用药质量要求的产品。

绝大多数药物分离与纯化方法来源于化工产品的分离方法,大约 80% 的化工分离方法可应用于药物分离技术中。但药品不同于一般的化工产品,药品生产必须执行《药品生产质量管理规范》(GMP),药品的特殊性使得药物分离与纯化过程与一般化工分离过程存在着明显的差异。

① 药品种类繁多,性质差异较大,致使混合物复杂多样。目前世界上已有药物 2 万余种,这使得在分离方法的选择上较为困难。

② 混合物中欲分离的目的药物成分含量低,常需多步分离,致使收率较低。如发酵液中抗

生素的质量分数为1% ~3%，酶为0.1% ~0.5%，维生素 B_{12} 为0.002% ~0.005%，胰岛素不超过0.01%，单克隆抗体不超过0.000 1%，而杂质含量却很高，并且杂质往往与目的药物成分有相似的结构，从而加大了分离的难度。

③ 药物成分的稳定性通常较差，使分离与纯化方法的选择受到很大限制，必须严格控制操作条件。如青霉素发酵液在整个分离纯化过程中，始终控制在10 ℃以下；如生物活性药物对温度、酸碱度、某些有机溶剂等都十分敏感，易引起药物的失活或分解。

④ 药品质量要求高。药品生产要求质量第一，确保药品的安全有效、稳定均一，才能保证达到防病治病、保护健康的目的。如果在质量上不严格要求，就会对患者造成危害，形成各种药源性疾病。依据国家药品标准，药品只有合格品与不合格品，所有不合格药品不准出厂，不准销售，不准使用。

⑤ 某些药物在分离与纯化过程中，还要求无菌操作。对于基因工程产品，还应注意药物生物安全问题，即在密闭环境下操作，防止因生物体扩散对环境造成危害。

正是由于药物原料来源的不同，以及药物生产过程的多样性，使得生成的含有目的药物成分的混合物组成复杂，所用分离与纯化工艺及设备各不相同。

按生产过程的性质划分，药物分离与纯化工艺过程可划分为四个阶段，即分离纯化前的预处理、初步纯化、高度纯化、成品加工。其一般工艺过程如图4-1所示。

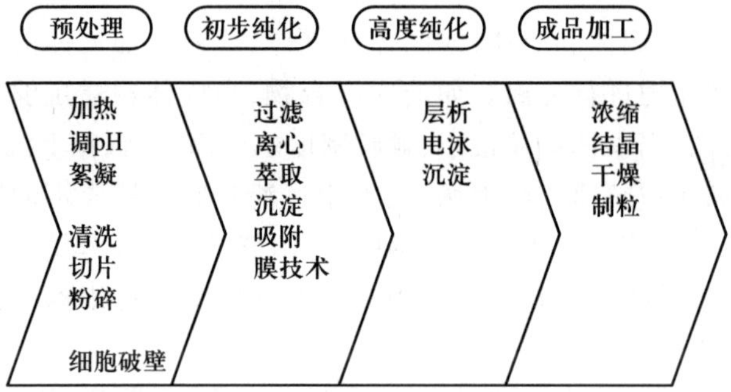

图4-1 药物分离纯化的一般工艺过程

从图4-1可见，除了预处理外，后续的纯化均涉及分离操作。药物分离纯化过程主要是利用待分离的物系中的有效活性成分与共存杂质之间在物理、化学及生物学性质上的差异进行分离。但是，这些差异通常需要借助设备装置输入能量使之发生相态的改变或尺度及密度的变化以进一步强化或放大。

对药物分离过程开发应达到的目的包括：

① 确定合适的分离方法和流程，通常通过小试研究来实现分离方法的选择和分离流程的确定。

② 优化的工艺操作条件，通常是在小试数据的基础上，通过中试对工艺参数进行优化。

③ 合理的设备选型，通过中试确定工业化过程的设备形式和几何尺寸。

在建立药物分离工艺时，需按照药物混合物分离的可行性（是否能分离）、物料的物理化学性质（是否好分离）、生产的处理规模（是否分离快）、投资及运行的经济性（是否成本低）及安全与环保（是否绿色清洁）等原则进行考虑，其中核心原则是成本最低，选取具体的单元操作方法进行组合形成具体的分离工艺过程。

第二节　药物分离设备

4.2.1　中药浸提分离设备的结构与特性

依浸提液的流加方式可将浸提设备分为静态浸出设备和动态浸出设备。静态浸出设备有间歇操作的多功能、多级逆流浸提罐，动态浸出设备有渗漉器、连续逆流浸提装置等。

(1) 多功能提取罐　常见中药浸取的多功能提取罐由带夹套的筒体、带滤板的活底、上下运动的搅拌轴(料叉)、上气动装置、下气动装置和盖等组成(如图 4-2 所示)。其搅拌轴(料叉)是由上气动装置带动作上下运动，也有不配置搅拌轴的。

用多功能提取罐进行中草药浸取的通用操作：先加入一定量水(溶剂)将中药材粉碎浸没，于室温或加热下处理一定时间，再经滤板过滤去渣而得提取液。

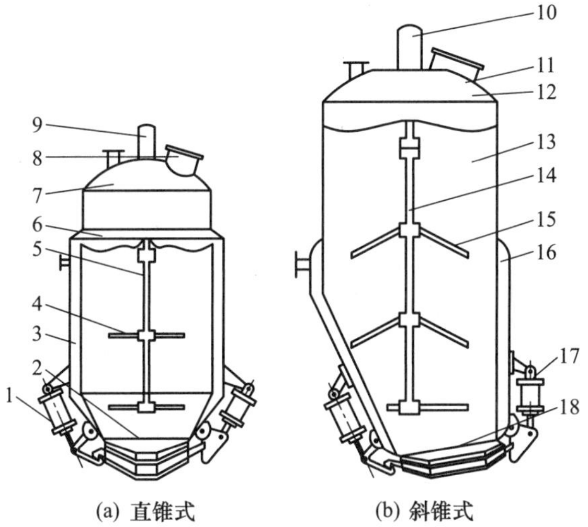

图 4-2　多功能提取罐

1、17—下气动装置；2、18—带滤板的活底；3、16—夹层；4、15—料叉；5、14—上下移动轴；6、13—罐体；7、12—盖；8、11—药材加料口；9、10—上气动装置

(2) 搅拌式提取器　图 4-3 是搅拌轴旋转的中药浸提设备，其搅拌桨叶为“梳”或“耙”形结构，不易缠结。其筒体可带加热夹套，搅拌轴由电动机通过齿轮或皮带传动，其中立式结构多为底置电动机驱动搅拌。既可用于粉粒状和片状等果实或根茎类的，也可用于叶草类的中药材浸提。

(3) 连续浸提设备　已在工业中应用的连续浸提设备有管式逆流浸取器、逆流超声波浸取器、U 形螺旋式提取器、螺旋推进式提取器、平转式连续提取器、肯尼迪式连续逆流提取器波尔曼式连续提取器、渗漉器等，如图 4-4 ~ 图 4-11 所示。

U 形螺旋式提取器是在一个 U 形组合的浸取器中，分装三段螺旋输送器来输送物料。在螺旋线表面开孔，这样溶剂可以通过孔进入另一螺旋中，达到与固体呈逆流运动。主要用于浸取轻质的、渗透性强的药材。

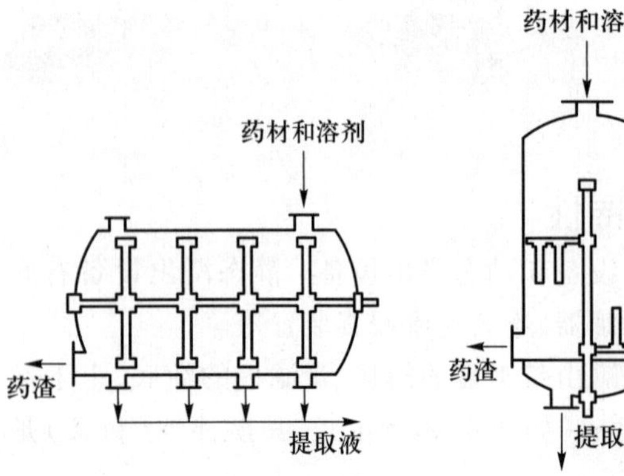

(a) 卧式 (b) 立式

图 4-3 搅拌式提取器

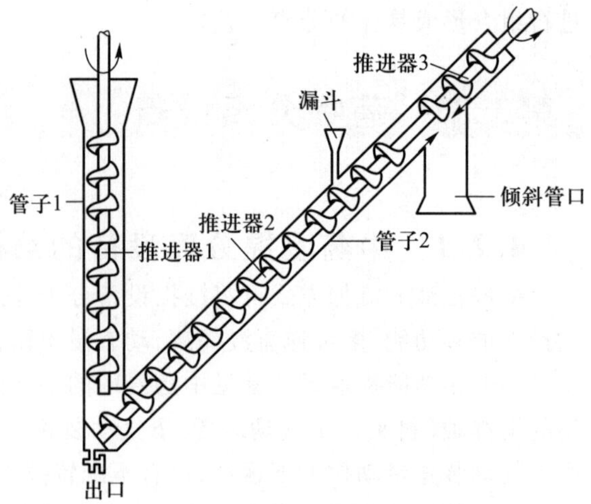

图 4-4 管式逆流浸取器

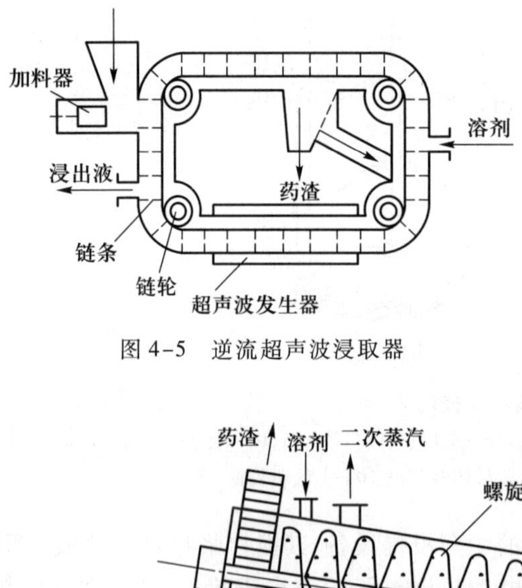

图 4-5 逆流超声波浸取器

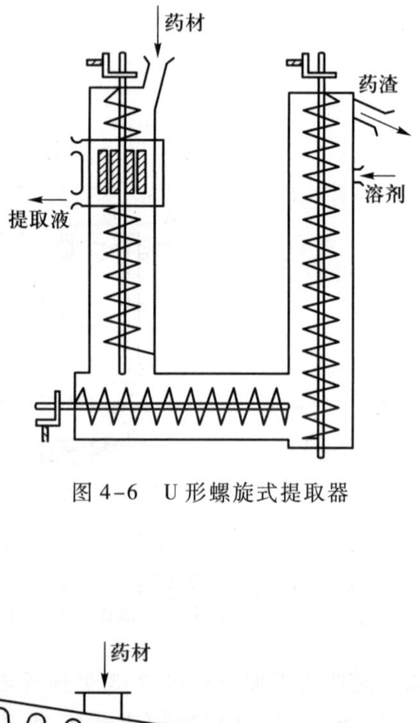

图 4-6 U 形螺旋式提取器

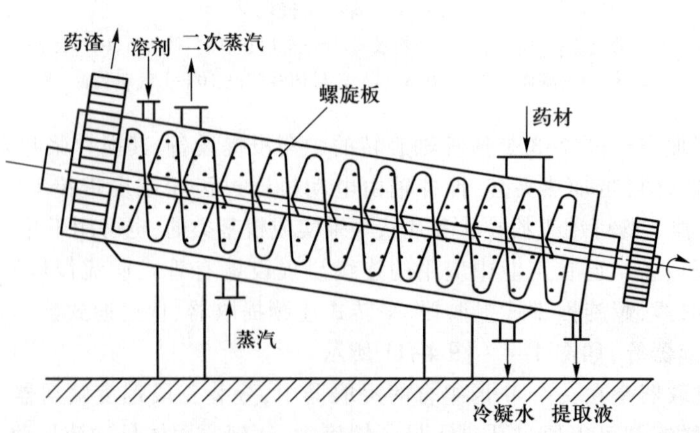

图 4-7 螺旋推进式提取器

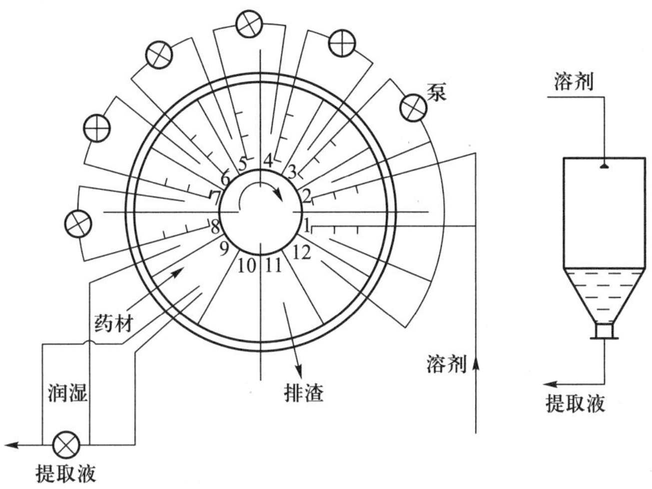

图 4-8　平转式连续提取器

螺旋推进式提取器如图 4-7 所示，提取器上盖可以打开（以便清洗和维修），下方带有夹套，其内通入蒸汽以加热。如果采用煎煮法，二次蒸汽由排气口排出。提取器安装时有一定的倾斜度，以便液体流动。器内推进器可以加工成多孔螺旋板式，螺旋的头数可以是单头或多头的，也可以用数十块桨片组成螺旋带式。

肯尼迪式连续逆流提取器如图 4-9 所示，具有半圆断面的槽呈水平或倾斜地排列，各个槽内有带叶片的桨，通过旋转，固体物按各槽顺序向前移动，溶剂和固体物逆流接触，其特点是可通过改变桨的转速和叶片数量来适应不同品种药材的提取。

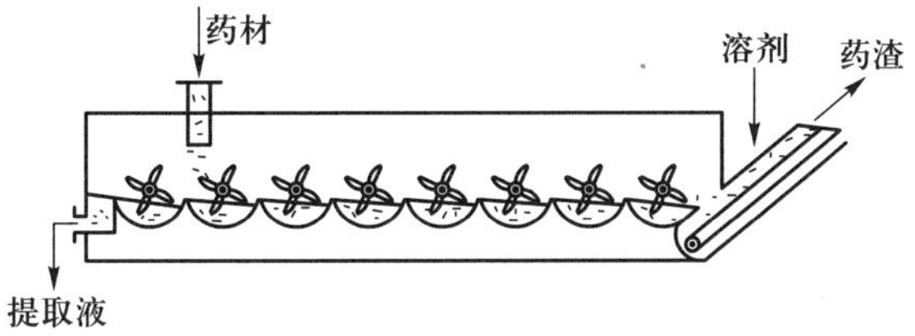

图 4-9　肯尼迪式连续逆流提取器

（4）微波萃取设备　微波萃取设备主要由特别加工微波加热装置、萃取器、控压及控温装置（根据不同要求配备）及附件构成。一般由聚四氟乙烯材料制成专用密闭容器作为萃取器，它能允许微波自由通过、耐高温高压且不与溶剂反应。一般设计每个系统可容纳多个萃取器，因此试样的批处理量得以显著提高。

用于微波萃取的设备分两类：一类为微波萃取器，用于分批处理物料，类似多功能提取罐；另一类为连续微波萃取过程装置，用于连续萃取操作。具体参数一般由生产厂家根据使用厂家要求设计，使用的微波频率一般有 2 450 MHz 和 915 MHz 等。因微波的促进作用而有快的浸提速率，但同时其他成分也会增多，因此需要在仪器设计上实现突破，使微波萃取像超临界流体萃取一样与检测仪器实现在线联机，以使微波协助萃取获得更强大的生命力。

（5）超临界流体萃取过程装置与特性　图 4-12 是超临界流体萃取工艺流程示意图。超临界流体萃取的工艺流程主要有等温法、等压法和吸附法三种。

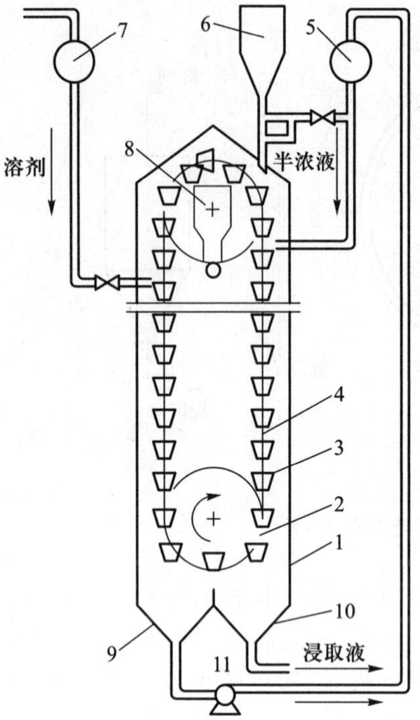

图 4-10 波尔曼式连续提取器

1—壳体;2—链轮;3—篮子;4—链条;5—半浓液高位槽;
6—药材料斗;7—液体高位槽;8—药渣槽;
9—半浓液槽;10—全浓液槽;11—输液泵

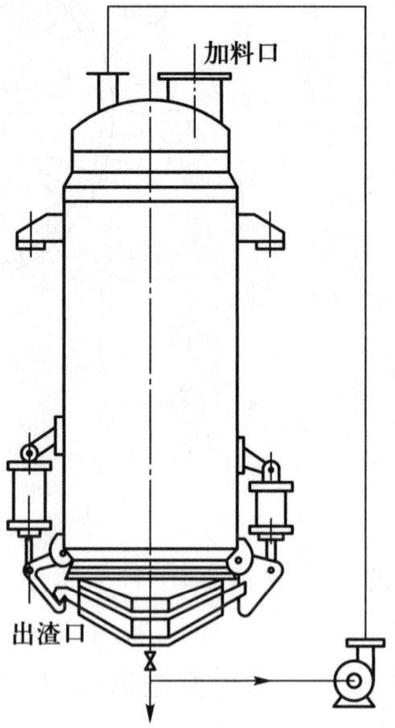

图 4-11 渗漉器

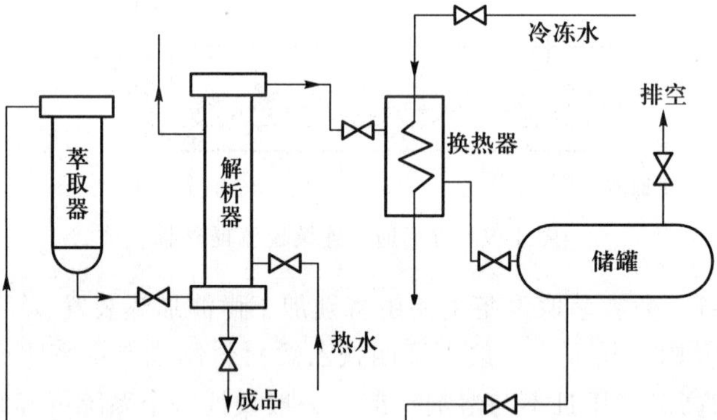

图 4-12 超临界流体萃取工艺流程示意图

图 4-13(a)是等温变压萃取流程装置。这种流程较为简便,超临界流体进入萃取器萃取,萃取后的超临界流体经膨胀阀降压变成气体,其溶解度下降,被萃取物析出,经分离器分离从底部取出,经过分离器分离的气体又被压缩机压缩成为超临界流体,再进入萃取器。如此循环,从而得到被分离的萃取物。

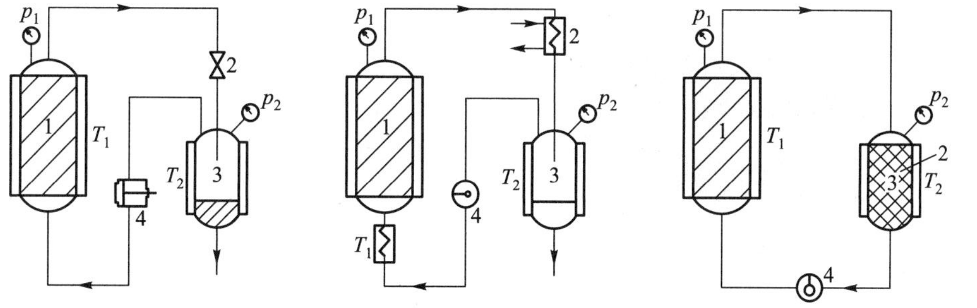

(a) 等温法　　(b) 等压法　　(c) 吸附法

$T_1=T_2$　$p_1>p_2$
1—萃取器；2—膨胀阀；
3—分离器；4—压缩机

$T_1<T_2$　$p_1=p_2$
1—萃取器；2—加热器；
3—分离器；4—泵；
5—冷却器

$T_1=T_2$　$p_1=p_2$
1—萃取器；2—吸收剂(吸附剂)；
3—分离器；4—泵

图 4-13　超临界流体萃取的三种典型工艺过程装置示意图

图 4-13(b)是等压变温萃取流程装置。这种流程通常是萃取后的超临界流体经加热使之温度升高，溶解度降低，被萃取物在分离器中分离并从下部取出；气体则经压缩加压以克服阻力，再经冷却恢复超临界状态后循环操作。

图 4-13(c)是吸附萃取流程装置。这种流程是在分离槽中加入能吸附被萃取物的吸附剂，负载着被萃取物的超临界流体经适当加压，再送回萃取器进行循环操作。吸附萃取流程适用于萃取除去杂质的情况。即采用超临界流体将物质中的杂质萃取，然后被吸附剂吸附除去，于是萃取器中留下的萃取剩余物则为提纯产品。

近年来还报道有一种新的分离方法：添加惰性气体的等压分离方法。在超临界流体中加入 N_2、Ar 等惰性气体，可以改变物质的溶解度。例如，在超临界 CO_2 中加入 N_2，使咖啡因在 CO_2 中的溶解度显著下降。根据这一原理建立起来的超临界萃取过程叫添加惰性气体的分离法流程。此流程的操作都在等温等压下进行，故能耗低。但关键是有使超临界流体与惰性气体分离的简便方法。

4.2.2　膜组件与特性

将膜、固定膜的支撑材料、间隔物或管式外壳等组装成的一个单元称为膜组件。膜组件的结构及型式取决于膜的形状，工业上应用的膜组件主要有板框式、管式、螺旋卷式、中空纤维式等四种型式。管式和中空纤维式组件也可以分为内压式和外压式两种。

4.2.2.1　膜组件

(1) 板框式(plate-and-frame)膜组件　板框式膜组件是最早使用的一种膜组件。其设计类似于常规的板框过滤装置，膜被放置在可垫有滤纸的多孔的支撑板上，两块多孔的支撑板叠压在一起形成料液流道空间，组成一个膜单元，单元与单元之间可并联或串联连接。不同的板框式设计的主要差别在于料液流道的结构上。板框式膜组件的结构及其示意流道如图 4-14(a)所示，料液在进料侧空间的膜表面上流动，通过膜的渗透液则经板间隙孔中流出。

其特点是保留体积小，操作费用低，液流稳定，比较成熟。但死体积较大，易漏，高固含量会堵塞进料液通道，拆卸比清洁管道更费时间。

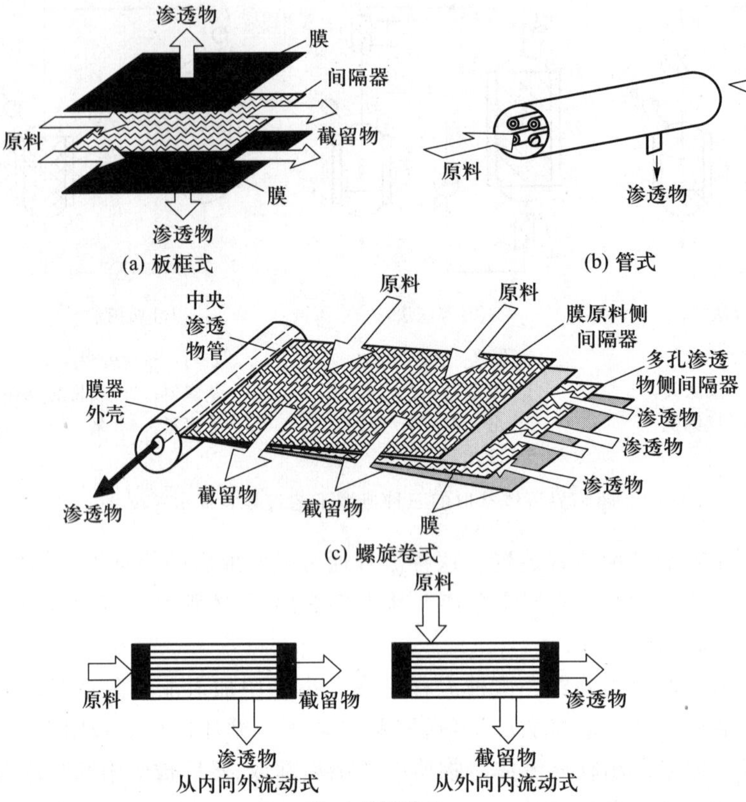

图 4-14 膜组件的四种型式示意图

(2) 管式(tubular)膜组件　管式膜组件有外压式和内压式两种,如图 4-14(b)和图 4-15 所示。对内压式膜组件,膜被直接浇铸在多孔的不锈钢管内或用玻璃纤维增强的塑料管内。加压的料液流从管内流过,透过膜的渗透溶液在管外侧被收集。对外压式膜组件,膜则被浇铸在多孔支撑管外侧面。加压的料液流从管外侧流过,渗透溶液则由管外侧渗透通过膜进入多孔支撑管内。无论是内压式还是外压式,都可以根据需要设计成串联或并联装置。

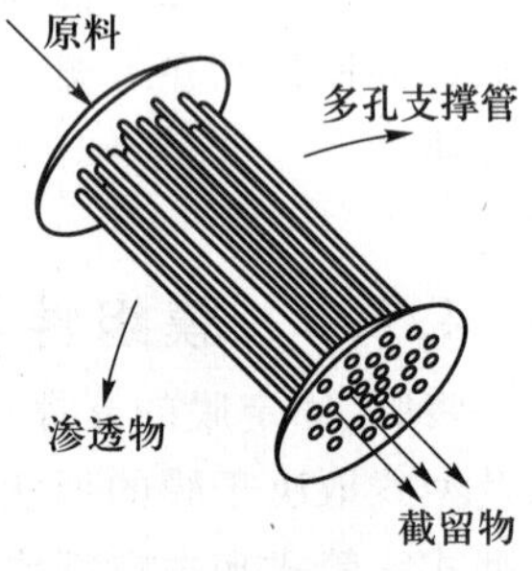

图 4-15 管式膜组件

其特点是易清洗,单根管子容易调换,无机组件在高温下可用有机溶剂进行操作并可用化学试剂来消毒。但保留体积大,单位体积中所含过滤面积较小,压力降大。

(3) 螺旋卷式(spiral wound)膜组件　目前,螺旋卷式膜组件被广泛地应用于多种膜分离过程,图 4-14(c)和图 4-17 为螺旋卷式膜组件的基本构型及原料与渗透物在膜组件内的流向。膜、原料通道网,以及多孔支撑体等通过适当的方式被组合在一起,然后将其装入能承受压力的外壳中制成膜组件。通过改变原料和渗透物流动通道的形式,这类膜组件的内部结构也可被设计成多种不同的形式。

其特点是设备投资很低,操作费用也低,单位体积中所含过滤面积大,换新膜容易。但原料需经预处理,压力降大、易污染、难清洗、液流不易控制。

（4）中空纤维式（hollow fiber）膜组件　中空纤维式膜组件的最大特点是单位装填膜面积比所有其他组件大，最高可达到 30 000 m^2/m^3。中空纤维式膜组件也分为外压式和内压式。将大量的中空纤维安装在一个管状容器内，中空纤维的一端以环氧树脂与管外壳壁固封制成膜组件，如图 4-14（d）和图 4-16 所示。原料从中空纤维组件的一端流入，沿纤维外侧平行于纤维束流动，透过液则经中空纤维壁渗透进内腔，然后，从纤维在环氧树脂的固封头的开端引出，原料则从膜组件的另一端流出。

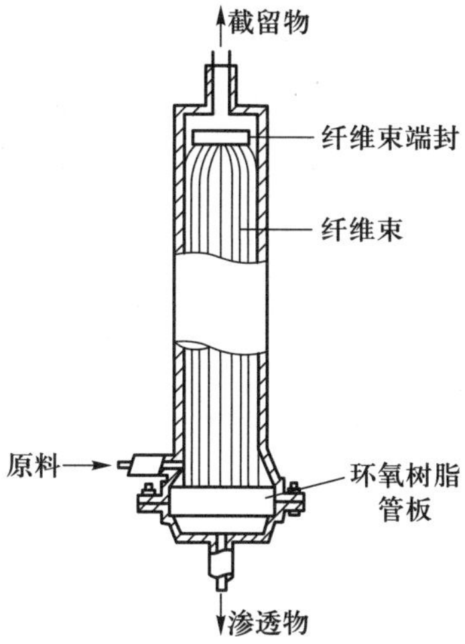

图 4-16　中空纤维式膜组件

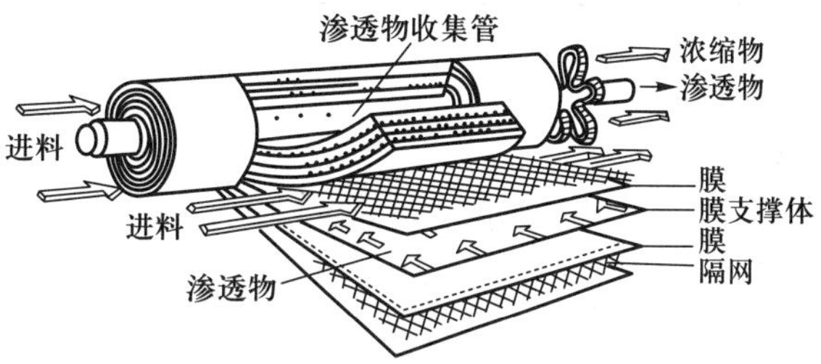

图 4-17　螺旋卷式膜组件

其特点是保留体积小，单位体积中所含过滤面积大，可以逆流操作，压力较低，设备投资低。但原料需要预处理，单根纤维损坏时，需调换整个组件。

（5）纳滤膜组件　纳滤膜大多从反渗透膜衍化而来，如 CA-CTA 膜、芳族聚酰胺复合膜和磺化聚醚砜膜及无机膜等。根据纳滤膜的特点和性能，纳滤过程主要有膜法软化水、水净化、相对分子质量在百级的物质的分离、分级和浓缩等。随着社会发展的需求，纳滤膜在饮用水净化，水质软化，染料、抗生素、多肽、多糖等化工和生物工程产物的分级和浓缩、脱色和去异味，甚至废水处理和资源回收等方面都会发挥越来越明显的作用。

纳滤处于反渗透和超滤之间。纳滤膜的孔径范围在纳米级，其相对分子质量截留范围为数百道尔顿。不少纳滤膜表面带负电荷，对不同电荷和不同价数的离子有相当不同的 Donann 电位，纳滤膜的孔径和表面特征决定了其独特的性能。

纳滤膜材料基本上和反渗透膜材料相同，主要有 CA、CA-CTA、S-PS、S-PES 和芳族聚酰胺复合材料及无机材料等。目前，最广泛用的为芳族聚酰胺复合材料。

4.2.2.2　膜组件的性能比较

各种膜组件的传质特性和综合性能的比较分别见表 4-3 和表 4-4。

表 4-3　四种膜组件的特性比较

比较项目	螺旋卷式	中空纤维式	管式	板框式
填充密度/($m^2 \cdot m^{-3}$)	200 ~ 800	500 ~ 30 000	30 ~ 328	30 ~ 500

续表

比较项目	螺旋卷式	中空纤维式	管式	板框式
原料流速/[$m^3\cdot(m^2\cdot s)^{-1}$]	0.25～0.5	0.05	1～5	0.25～0.5
原料侧压降/MPa	0.3～0.6	0.01～0.03	0.2～0.3	0.3～0.6
抗污染	中等	差	非常好	好
易清洗	较好	差	优	好
膜更换方式	组件	组件	膜或组件	膜
组件结构	复杂	复杂	简单	非常复杂
膜更换成本	较高	较高	中	低
对水质要求	较高	高	低	低
原料预处理	需要	需要	不需要	需要
相对价格	低	低	高	高

表 4-4 各种膜组件的性能比较

型式	优点	缺点
管式	易清洗，无死角，适宜于处理含固体较多的原料，单根管子可以调换	保留体积大，单位体积中所含过滤面积较小，压力降大
中空纤维式	保留体积小，单位体积中所含过滤面积大。可以逆洗，操作压力较低（小于 0.25 MPa），动力消耗低	原料需要预处理，单根纤维损坏时，需调换整个组件，不够成熟
螺旋卷式	单位体积中所含过滤面积大，换新膜容易，设备投资低，操作费用也低	原料需要预处理，压力降大，易污染，清洗困难，液流不易控制
板框式	保留体积小，能源消耗界于管式和螺旋卷式之间，流体稳定，比较成熟	投资费用大，固体含量较高时，会堵塞进料液通道，拆卸费时

板框式和管式多用于小批量的浓缩生产，螺旋卷式和中空纤维式膜组件由于填充密度高，易规模化生产，造价低，可大规模应用。

目前反渗透膜材质主要为醋酸纤维素膜、芳香族聚酰胺系低压复合膜及先进的超低压复合膜。反渗透膜表面的微孔尺寸一般在 1 nm 左右，它能有效去除微粒、胶体、细菌、热原及有机物和绝大部分离子，反渗透膜材质主要性能见表 4-5。

表 4-5 反渗透膜材质主要性能

项目	醋酸纤维素膜	低压复合膜（CPA 型）	超低压复合膜（ESPA 型）
脱盐率（以 2 000 mg/L NaCl 为基准）	≈90%	≥90%	≥90%
操作压力（均为螺旋卷式结构）	2.60 MPa	1.55 MPa	1.05 MPa
pH 使用范围	5.5～6.0	2.0～10.0	2.0～10.0
使用寿命	1 年	3～5 年	3～5 年

醋酸纤维素膜是最早应用的反渗透膜，但是由于容易被细菌吞蚀，pH 使用范围窄，脱盐率低，目前，该材质膜已逐渐被淘汰，高脱盐率、低压、稳定性好的复合膜广泛被使用。

表 4-6 和表 4-7 给出了某些纳滤膜的性能和分离特性，纳滤膜对单价离子脱除率低、对硫酸根和蔗糖的脱除率高。这些特性来源于膜材料、膜的结构和形态，以及膜的表面性质等。商用的纳滤组件多为螺旋卷式，另外有管式和中空纤维式。

表 4-6 一些纳滤膜的性能

膜型号	厂商	性能		试验条件	
		脱盐率/%	通量/($L \cdot m^{-2} \cdot h^{-2}$)	压力/MPa	进料 NaCl/($mg \cdot L^{-1}$)
Desal—5	Desal	47	46	1.0	1 000
NF—40	Filmtec	45	43	1.0	2 000
NF—70	Filmtec	80	43	0.6	2 000
NTR—7410	Nitto	15	500	1.0	5 000
NTR—7450	Nitto	51	92	1.0	5 000
SU—600	Toray	55	28	0.35	500
SU—200NF	Toray	50	250	1.50	1 500
ANM™	Trisep	40	40	0.70	1 000
PVDI	Hydranautics	60	60	1.0	1 500
MPT—10	Memb. Prod	63	30	1.0	2 000

表 4-7 一些纳滤膜的分离条件

溶质	膜型号							
	NF—40	NF—70	NTR—7450	NTR—7410	NTR—7250	SU—600	SU—200NF	ANM™
NaCl	40	70	51	15	60	80	65	40
Na_2SO_4	—	—	92	55	99	—	99.7	—
$MgCl_2$	20	—	13	4	90	—	99.4	—
$MgSO_4$	95	98	32	9	99	99	99.7	98
乙醇	—	—	—	—	26	10	—	—
异丙醇	—	—	—	—	43	35	17	—
葡萄糖	90	98	—	—	94	—	—	—
蔗糖	98	99	36	5	98	99	99	97
试验条件								
进料浓度/%	0.20		0.20			0.10		0.10
压力/MPa	0.40		1.00			0.75		0.70
温度/℃	25		25			25		25

表 4-8 列出了部分纳滤膜组件的性能，可供应用选择。

表 4-8 一些纳滤膜组件的性能

厂商	组件	试验条件				产量/(m³·d⁻¹)	脱除率/%
		名称	ρ/(mg·L^{-1})	压力/MPa	温度/℃		
Filmtec	S—NF—70—400	$MgSO_4$	2 000	0.48	25	47	95
Filmtec	S—NF—90—400	$MgSO_4$	2 000	0.48	25	39	>95
Hydranautics	ESNA—4040—VHY	NaCl	500	0.52	25	6.4	>85
Hydranautics	ESNA—8040—VHY	NaCl	500	0.48	25	30.3	>85
Toray	SU—320	NaCl	500	0.75	25	44.0	60.0
Toray	SU—320	NaCl	500	0.75	25	36.0	65.0
Trisep	8040—TS—40—TSA	NaCl	500	0.7	25	41.7	40.0
Trisep	8040—TS—40—TSA	$MgSO_4$	500	0.7	25	41.7	98.0
Desal	DK8040F	$MgSO_4$	1 000	0.75	25	30.28	96
Desal	DL8040F	$MgSO_4$	1 000	0.75	25	38.86	94
Nitto	NTR—7250	NaCl	1 500	1.5	25	48	60
Nitto	NTR—7410	NaCl	2 000	0.5	25	25	10
Nitto	NTR—7450	NaCl	2 000	1.0	25	13	50
国产 CTA 中空纤维式膜组件	HF—110—1300	NaCl	500	1.0	25	15~20	40~50
国产 CA-CTA 螺旋卷式膜组件	SW—100—1000	NaCl	500	1.0	25	10~12	40~50

4.2.3 结晶分离设备

结晶器是结晶分离的关键设备,合理设计结晶器是实现结晶分离工业化的可靠保证。多年来结晶分离技术的研究重点集中在结晶器的结构设计及结晶工艺流程的设计。

目前工业结晶装置种类多,按溶液获得过饱和状态的方法可分蒸发结晶器和冷却结晶器;按流动方式可分母液循环结晶器和晶浆循环结晶器;按操作方式可分连续结晶器和间歇结晶器。

1. 冷却结晶器

(1) 空气冷却结晶器 空气冷却结晶器是一种最简单的敞开型结晶器,靠顶部较大的敞开液面及器壁与空气间的换热,以降低自身温度从而达到冷却析出结晶的目的,并不加晶种,也不搅拌,不用任何方法控制冷却速率及晶核的形成和晶体的生长。

这类结晶器构造最简单,造价最低,可获得高质量、大粒度的晶体产品,尤其适用于含多结晶水物质的结晶。缺点是传热速率太慢,且属于间歇操作,生产能力较低,占地面积较大。在产品量不太大而对产品纯度及粒度要求又不严时,仍被采用。

(2) 搅拌结晶槽 在空气冷却结晶器的外部,装设传热夹套或在内部装设蛇管式换热器以促进传热,并增加动力循环装置,即成为强制循环冷却结晶槽或搅拌结晶槽。晶浆强制循环于外冷却器与结晶槽之间,使晶浆在槽内能较好地混合,并能提高冷却面的热交换速率,这种结晶槽可以分批或连续操作。为自然冷却，必要时可配备内部冷却器。搅拌器可以从下方传动，也可以从上方传动。晶浆在导流筒中可以向上流动，也可以向下流动。

这类结晶器内温度比较均匀，产生的晶体较少但粒度较均匀，也使冷却周期缩短，生产能力提高。对于易在空气中氧化的物质的结晶，可用闭式槽，槽内通入惰性气体。

2. 蒸发结晶器

蒸发结晶器是一类通过蒸发溶剂使溶液浓缩并析出晶体的结晶设备，其中以奥斯陆蒸发结晶器为例，结构主要由结晶室、蒸发室及加热室组成。

工作时，原料由进料口加入，经循环泵输送至加热器加热，加热后的原料进入蒸发室，部分溶剂被蒸发，形成的二次蒸汽由蒸发室顶部排出，浓缩后的原料经中央管下行至结晶室底部，然后，向上流动并析出晶体。其中，结晶室呈锥形，自下而上截面积逐渐增大，因而固液混合物在结晶室内自下而上流动时，流速逐渐减小。粒度较大的晶体将富集于结晶室底部，可与过饱和溶液相接触，故粒度将愈来愈大。而粒度较小的晶体则处于结晶室的上层，只能与过饱和度较小的溶液相接触，故粒度只能缓慢增长。

因此，在结晶室中的晶体被自动分级，为此类结晶器的一个突出优点，缺点是结构复杂、投资成本较高。

3. 真空结晶器

真空结晶操作是将常压下未饱和的溶液，在绝热条件下减压闪蒸，由于部分溶剂的汽化而使溶液浓缩、降温并很快达到过饱和状态而析出晶体。

工作时把热浓溶液送入密闭而绝热的容器中，器内维持较高的真空度，使器内溶液的沸点较进料温度为低，于是此热溶液势必闪急蒸发而绝热冷却到与器内压力对应的平衡温度。

真空结晶器既有冷却作用又有少量的浓缩作用。由溶液冷却所释放的显热及溶质的结晶热来提供溶剂蒸发所消耗的汽化潜热，溶液受到冷却而无需与冷却面接触，溶剂被蒸发而又不需要使溶液与加热面接触，故而在器内根本不需设置换热面。

此外，还有盐析结晶器、反应结晶器等。

目前，工业中已应用了许多构造不同的溶液结晶器，典型的有内循环冷却结晶器、强迫外循环结晶器、流化床(OSLO)结晶器、DTB结晶器等。

间接换热釜式冷却结晶器是目前应用最广泛的一类冷却结晶器。冷却结晶器根据其冷却形式又分为内循环冷却结晶器和外循环冷却结晶器。内循环冷却结晶器(图4-18)其冷却剂与溶剂通过结晶器的夹套进行热交换。这种设备由于换热器的换热面积受结晶器的限制，其换热量不大。外循环冷却结晶器其冷却剂与溶液通过结晶器外部的冷却器进行热交换。这种设备的换热面积不受结晶器的限制，传热系数较大，易实现连续操作。

强迫外循环结晶器(图4-19)，简称FC结晶器，由结晶室、循环管、循环泵、换热器和蒸汽冷凝器等组成。结晶室有锥底，晶浆从锥底排出后，经循环管用轴流循环泵送过换热器，被加热或冷却后重新又进入结晶室，如此循环，属于晶浆循环型。晶浆排出口位于接近结晶室锥底处，而进料口则在排料口之下的较低的位置上。结晶器可通用于蒸发法、间壁冷却法或真空冷却法结晶。若用于后者则换热器无存在的必要，而结晶室与真空系统相连，以便在室内维持较高的真空。

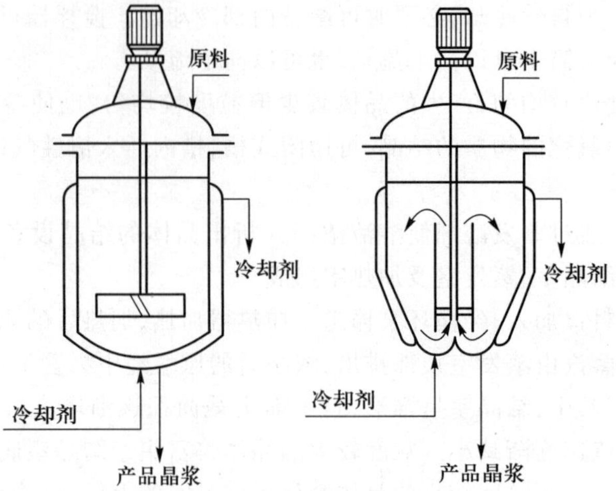

图 4-18 内循环冷却结晶器

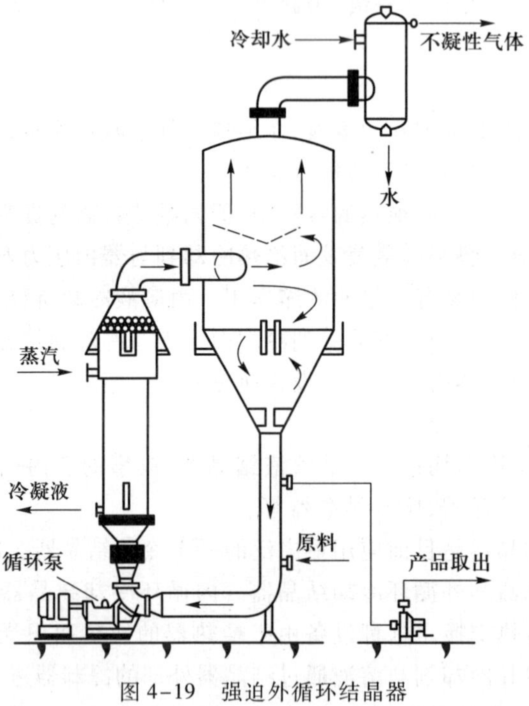

图 4-19 强迫外循环结晶器

这种形式的结晶器可以连续操作,也可以间歇操作。其生产能力很大,泵所需的压头较高,循环晶浆中晶体与叶轮之间的接触成核速率较高。但循环量较低,产品平均粒度较小,粒度分布较宽,产品粒度在 0.05 ~ 1 mm。

流化床(OSLO)结晶器(图 4-20)主要特点是,过饱和度产生的区域与晶体成长区分别设置在结晶器的两处,循环液中基本上不含晶粒,从而避免发生叶轮与晶体间的接触成核现象,结晶室的粒度分级作用,使这种结晶器所生产的晶体大而均匀。分为蒸发结晶器和冷却结晶器两大类。

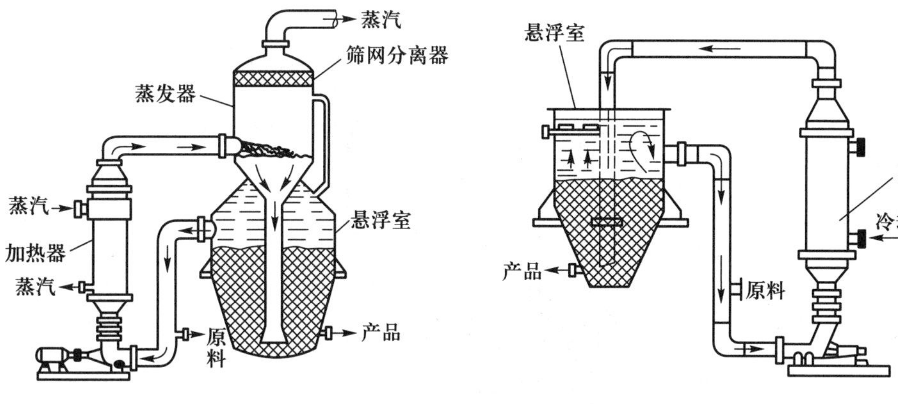

(a) 蒸发结晶器　　(b) 冷却结晶器

图 4-20　流化床(OSLO)结晶器

蒸发结晶器是由外部加热器对循环料液加热进入蒸发器蒸发达到过饱和,再通过垂直管道进入悬浮室使晶体得以成长,由于 OSLO 结晶器的特殊结构,体积较大的颗粒首先接触过饱和的溶液优先生长,其次是体积较小的颗粒。冷却结晶器是由外部冷却器对饱和料液冷却达到过饱和,再通过垂直管道进入悬浮室使晶体得以成长,由于 OSLO 结晶器的特殊结构,体积较大的颗粒首先接触过饱和的溶液优先生长。

因此,OSLO 结晶器生产出的晶体具有体积大、颗粒均匀,并具有生产能力大、连续操作、劳动强度低等优点。其不足在于生产能力受到限制,必须限制液体的循环速度及悬浮密度,把结晶室中悬浮液的澄清界面限制在循环泵的入口以下,以防止母液中挟带明显数量的晶体。

DTB(draft-tube baffle)结晶器是具有导流筒及挡板的结晶器的简称。用于真空冷却法、蒸发法、直接接触冷冻法及反应结晶法等多种结晶操作。其性能优良,该设备主体为根据流体计算后设计的圆筒形挡板(外筒体)和导流筒,下部接有淘洗腿,并配套专用螺旋桨实现了高效内循环,形成良好的混合条件。如图 4-21 所示。

操作时热饱和料液连续加到循环管下部,与循环管内夹带有小晶体的母液混合后泵送至加热器。加热后的溶液在导流筒底部附近流入结晶器,并由缓慢转动的螺旋桨沿导流筒送至液面。溶液在液面蒸发冷却,达过饱和状态,其中部分溶质在悬浮的颗粒表面沉积,使晶体长大。

为使结晶产品的粒度尽量均匀,在环形挡板外围还有一个沉降区。在沉降区内大颗粒沉降,而小颗粒则随母液入循环管并受热溶解,晶体于结晶器底部入淘洗腿。将沉降区来的部分母液加到淘洗腿底部,利用水力分级的作用,使小颗粒随液流返回结晶器,而结晶产品从淘洗腿下部卸出。

其导流筒内外壁抛光,器内不易结晶疤,减少物料在内壁结疤现象;生产时晶浆过饱和度均匀,粒度分布良好,几乎不出现二次晶核,能产生粒度达 600 ~ 1 200 μm 的大粒结晶产品,实现了高效率;导流筒本身有高的换热面,也可另设冷却器,相对能耗低;下部安装出料阀,可实现连续生产,生产强度高;转速低,变频调控,适用性强,运行可靠,故障少,已成为连续结晶器的最主要形式之一。

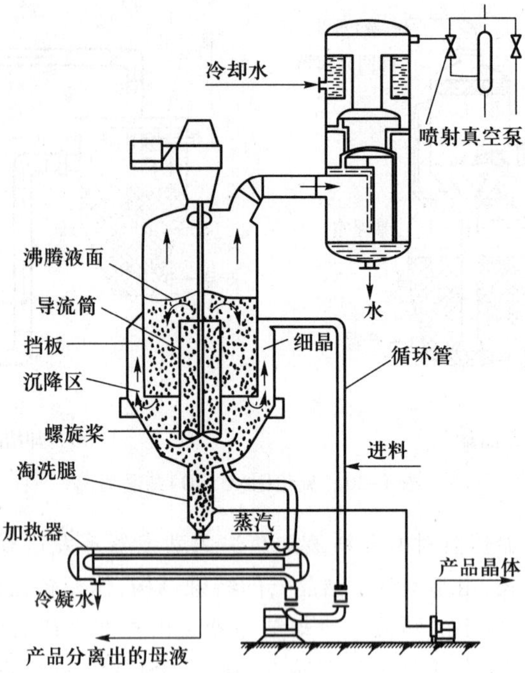

图 4-21 DTB 结晶器

第三节 药物分离过程机制

4.3.1 药物分离过程机制

4.3.1.1 浸取过程机制

萃取(extraction)是分离液体(或固体)混合物的一种单元操作方法。究其本质而言,萃取属于传质过程。当以液态溶剂为萃取剂,而被处理的原料为固体时,则称此操作为固液萃取,习惯称为提取或浸取(leaching)。

目前,天然药物及中药材有效成分的工业分离方法仍主要是溶剂浸出萃取及其基础上发展起来的新技术、新方法,包括超临界流体萃取、超声波萃取、微波萃取,以及组合工程技术(如萃取-膜分离)、生物酶法提取分离、反应萃取分离等。

中药材的成分比较复杂,单味药如此,中药复方就更是如此。在制药分离过程中所关注的是具有生物活性的药物成分,按照中药所含成分的生物活性可分为有效成分、辅助成分、无效成分和组织物。

浸取的目的在于选择适宜的溶剂和方法,充分浸出有效成分及辅助成分,无效成分和组织物应尽量分离除去。但应注意,所谓无效成分只是相对概念,如鞣质在没食子酸或五倍子中是收敛的有效成分;在大黄泻下是起止泻作用的辅助成分;而在注射剂中多为无效成分。药材中的蛋白类成分多作为无效成分在分离中除去,但在有些药物中却是主要有效成分,如天花粉蛋白。

1. 中药浸取过程

动物性药材的有效成分绝大部分是蛋白质或多肽类，相对分子质量较大，难以透过细胞膜，必须将细胞膜破坏。浸取常用的溶剂有稀酸、盐类溶液、乙醇、丙酮、醋酸、乙醚、甘油等。乙醇、丙酮及甘油可破坏细胞结构。浸取时应控制适当的温度和溶剂的用量，用浸渍、回流等不同方法浸取。经一定时间后，分离浸取液，残渣按具体要求再浸取数次，直至浸取完全；用丙酮处理绞碎的原料既可以破坏细胞，又可脱水，并能除去细胞中大部分脂肪。

植物性药材有效成分的相对分子质量一般都比无效成分的相对分子质量小得多，浸取时要求有效成分透过细胞膜渗出，无效成分仍留在细胞组织中以便除去。因此，它们的浸取过程是有所不同的：分别由浸润、渗透、溶解及扩散等几个相互联系的阶段组成。

（1）浸润与渗透阶段　新鲜药材的细胞中，含有多种可溶性物质和不溶性物质。药材经干燥后，内部水分大部分被蒸发，故细胞萎缩。当药材被粉碎时，一部分细胞可能发生破裂，其中所含的成分可直接浸取。而大部分细胞在粉碎后仍保持完整状态，当与萃取剂接触时被萃取剂所润湿，同时萃取剂通过毛细管和细胞间隙渗透至细胞组织内。

萃取剂能否润湿药材表面，并渗透进入细胞组织中，取决于萃取剂对物质的润湿性及该物质与萃取剂间的界面张力。一般情况下，非极性萃取剂不易从含有大量水分的药材中提取出有效成分，极性萃取剂不易从富含油脂的药材中提取出有效成分。对于含油脂的药材可先用石油醚或苯进行脱脂，然后再用适宜的萃取剂提取。

（2）溶解阶段　萃取剂进入细胞组织后，与药材中的各种成分相接触，并使其中的可溶性成分转入萃取剂中，该过程称为溶解。药物成分溶解于萃取剂的过程可能是物理溶解过程，也可能是使药物成分溶解的反应过程。药材的种类不同，其溶解机理有很大差异。一般情况下，水能溶解晶体和胶质，故其萃取液多含胶体物质而呈胶体液，乙醇萃取液含胶质较少，而亲脂性萃取液则不含胶质。

（3）扩散阶段　萃取剂溶解有效成分后，形成的浓溶液具有较高的渗透压，从而形成扩散点，其溶解的成分将不停地向周围扩散以平衡其渗透压，这正是浸取过程的推动力。

在固体外表面与溶液主体之间存在一层很薄的溶液膜，其中的溶质存在浓度梯度，该膜常称为扩散边界层。浸取过程中存在着萃取剂由溶液主体传递至固体表面，再由固体表面传递至固体内部的扩散过程，该过程的速率较快，一般不会成为浸取过程的速率控制步骤。另外还存在固体内形成的浓溶液中的溶质将向固体表面扩散，并通过扩散边界层扩散至溶液主体中的扩散过程。一般情况下，溶质由固体表面传递至溶液主体的传质阻力远小于溶质在固体内部的扩散阻力。因此，浸取过程是分子扩散与涡流扩散共同作用的结果。

对于存在于细胞中不同位置和细胞器中的目标产物，若将其从细胞内浸取到液相，目标分子将经历液泡和细胞器的膜透过、细胞浆中的扩散、细胞膜和细胞壁的透过等复杂的传质过程。若细胞壁没有破裂，浸取作用是靠细胞壁的渗透来完成的，浸取的速率很慢。细胞壁被破坏后，传质阻力减小，目标产物比较容易进入萃取液主体，并依据相似相溶原理而溶解，达到萃取的目的。

2. 超临界流体萃取

超临界流体兼有气体和液体的双重特性：如黏度较小，扩散能力和渗透能力都较大，这些性质接近于气体；其密度较大，溶解能力较大，又接近于液体。两者性质的结合使其具有良好的溶解特性和传质特性，且在临界点附近这种特性对压力和温度的变化非常敏感，表现为温度不变的条件下，溶解度随压力（或密度）的增加而增加，而在压力不变时，温度增加的情况下，溶解度有可能增加或下降。

这些特性决定了超临界流体是一种变化极大的溶剂：超临界状态下，溶解性能极佳；压缩气体状态下，溶解性能则非常差。表 4-9 给出了超临界流体及其他流体的物理化学特性。

表 4-9 超临界流体及其他流体的物理化学特性

物性	密度 ρ	黏度 μ	扩散系数 D
	g/cm^3	$Pa \cdot s$	cm^2/s
气体(15～30 ℃,常压)	$(0.6\sim2)\times10^{-3}$	$(1\sim3)\times10^{-5}$	$0.1\sim0.4$
临界流体 T_0、p_0	$0.2\sim0.5$	$(1\sim3)\times10^{-5}$	0.7×10^{-3}
超临界流体 T_0、p_0	$0.4\sim0.9$	$(3\sim9)\times10^{-5}$	0.2×10^{-3}
液体、有机溶剂、水(15～30 ℃,常压)	$0.6\sim1.6$	$(0.2\sim3)\times10^{-3}$	$(0.2\sim2)\times10^{-5}$

超临界流体萃取(supercritical fluid extraction,SFE)是根据在临界温度和压力下或临界温度和压力之上利用各种气体来完成。该技术广泛用于从动植物原料中萃取各种物质成分。超临界流体的溶剂化能力可根据温度和压力变化的流体密度来调节。一旦达到一种超临界的流体状态,可进一步地控制该压力和温度来改变该流体的行为,以模拟各种溶剂。因此,在适当的条件下,人们就能利用超临界流体萃取技术来替代在大多数化学萃取工艺中使用的危险溶剂。利用流体在其临界点附近,物性(如溶解能力)有较大变化。若使流体的压力稍高于它的临界压力,在温度稍低于临界温度下进行液液萃取,萃取后使系统压力稍低于临界压力,便可以把萃取物分离。

与普通有机溶剂萃取法相比,超临界二氧化碳萃取技术具有无毒、常温、不易燃、无污染等特点,可确保原有的色、香、味不因受热破坏;更为可贵的是在萃取过程中可同时对萃取物进行分离纯化。该技术适宜于萃取高价值的油脂(包括天然功能性油脂)、精油、内酯等极性较低的天然产物有效成分,在食品、香料、医药等行业中有广泛的用途。

图 4-22 是二氧化碳的 p-T 图。由图可以看出,CO_2 的临界温度为常温(31.4 ℃),操作温度接近于常温(对热敏性物质及风味物质不会影响);其临界压力为 7.29 MPa,较容易达到;其化学性质稳定,不燃烧,不爆炸,无腐蚀性;无色、无臭、无毒;具有防氧化,抑制微生物活动的作用(对食品分离有利);且 CO_2 容易得到较纯的产品,来源方便,价格便宜。因此,CO_2 是常用的超临界流体。从图 4-22 可以看出,在较高温度的超临界区内,压力较小的变化会引起密度 ρ 的较大变化,使超临界流体的密度接近于液体的密度。密度越大,溶解能力越高。见表 4-10。

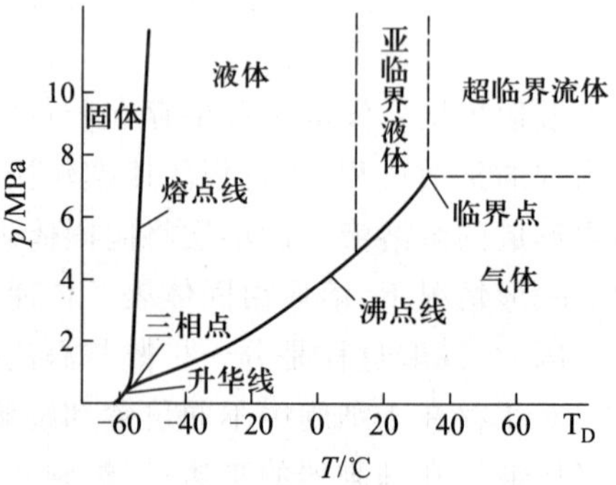

图 4-22 二氧化碳的 p-T 图

表 4-10 常用的超临界流体的临界值

物质	临界温度	临界压力	临界密度
	℃	MPa	g/cm^3
乙烯	9.2	5.03	0.218
二氧化碳	31.0	7.38	0.468
乙烷	32.2	4.88	0.203

续表

物质	临界温度	临界压力	临界密度
	℃	MPa	g/cm^3
丙烯	91.8	4.62	0.233
丙烷	96.6	4.24	0.217
氨	132.4	11.3	0.235
正戊烷	197	3.37	0.237
甲苯	319	4.11	0.292

超临界流体具有选择性地溶解其他物质的能力。被萃取溶质化学性质与超临界流体的化学性质越接近，溶解能力越强；反之，溶解能力越弱。超临界流体萃取技术正是利用这种选择性，将混合物中的某一组分溶解，然后通过降压或升温的方法，使超临界流体的密度降低，变成普通的气体状态，被溶解（萃取）的物质便会析出，从而从混合物中得以分离。

3. 其他萃取

（1）固相萃取（solid phase extraction，SPE） 这是基于液相色谱理论的一种分离、纯化技术。1962 年，Anton 等人首次对该技术进行了研究，用吸附剂氧化铝净化样品。其后 SPE 技术以其高效性、高选择性、高可靠性、高自动化程度及低耗性等特点被广泛地应用在制药、精细化工、生物医学、食品分析、环境分析等领域，得到了快速的发展。

SPE 就是利用固体吸附剂吸附液体样品中的目标物，使目标物与样品的基体和干扰化合物分离，然后再用洗脱液洗脱或加热解吸附，达到分离和富集目标物的目的。

固相萃取不需要大量互不相溶的溶剂，处理过程中不会产生乳化现象；因采用高效、高选择性的吸附剂（固定相），固相萃取能显著减少溶剂的用量；固相萃取的预处理过程简单，费用低。可分为正相固相萃取、反相固相萃取及离子交换固相萃取。

（2）固相微萃取 1990 年，加拿大 Waterloo 大学 Pawliszyn 在固相萃取基础上首创了固相微萃取（SPME）分离新技术。美国 Supelco 公司于 1993 年推出了商品化的 SPME 装置，在分析化学领域引起了极大的反响。SPME 装置形如一微量进样器，由手柄和萃取头或纤维头两部分组成，手柄用于安装或固定萃取头，可以永远使用；萃取头长 1 cm，是在涂有不同吸附剂，接在不锈钢丝上的熔融纤维，外套细不锈钢管（保护石英纤维不被折断），纤维头在钢管内可以伸缩，细不锈钢管可以穿透橡胶或塑料垫片进行取样或进样，平时萃取头收缩于萃取头鞘内。使用时萃取头浸于液体中萃取浓缩样品中的某些化合物，而后不经任何溶剂洗脱直接进入气相色谱仪汽化室，被萃取物在汽化室内解吸附后，靠流动相将其导入色谱柱，从而完成提取、分离、浓缩的全部过程。SPME 的关键在于选择石英纤维上的涂层（吸附剂），要使目标物能吸附在涂层上而干扰化合物和溶剂不吸附。一般说来，对非极性目标物应选择非极性涂层，对极性目标物应选择极性涂层。

（3）微波萃取 微波萃取（microwave extraction，ME）是产生在分析化学研究的基础上的，是微波技术与萃取技术相结合产生的新技术，在萃取过程中用微波来提高萃取效率。

微波萃取的机理可从两方面考虑：

一方面，微波辐射过程是高频电磁波穿透萃取介质，到达物料的内部微管束和腺胞系统。由于吸收微波能，细胞内部温度迅速上升，使其细胞内部压力超过细胞壁膨胀承受能力，细胞破裂。

细胞内有效成分自由流出，在较低的温度条件下被萃取介质捕获并溶解。通过进一步过滤和分离，便获得萃取物料。

另一方面，微波所产生的电磁场，加速被萃取部分成分向萃取溶剂界面扩散速率，用水作溶剂时，在微波场下，水分子高速转动成为激发态，这是一种高能量不稳定状态，或者水分子汽化，加强萃取组分的驱动力，或者水分子本身释放能量回到基态，所释放的能量传递给其他物质分子，加速其热运动，缩短萃取组分的分子由物料内部扩散到萃取溶剂界面的时间，从而使萃取速率提高数倍，同时还降低了萃取温度，最大限度保证萃取的质量。

由于微波的频率与分子转动的频率相关联，所以，微波能是一种由离子迁移和偶极子转动引起分子运动的非离子化辐射能。当它作用于分子上时，促进了分子的转动运动，分子若此时具有一定的极性，便在微波电磁场作用下产生瞬时极化，并以 24.5 亿次/s 的速度作极性变换运动，从而产生键的振动、撕裂和粒子之间的相互摩擦、碰撞，促进分子活性部分(极性部分)更好地接触和反应，同时迅速生成大量的热能，促使细胞破裂，使细胞液溢出来并扩散到溶剂中。

传统热萃取是以热传导、热辐射等方式由外向里进行的。而微波萃取则是通过偶极子旋转和离子传导两种方式里外同时加热，极性分子接受微波辐射的能量后，通过分子偶极的每秒数十亿次的高速旋转产生热效应，这种加热方式称为内加热(相对地，把普通热传导和热对流的加热过程称为外加热)。

4.3.1.2 膜分离过程机制

1748 年，Nollet 发现水能扩散穿过猪膀胱而进入酒精中；1854 年，Graham 发现了透析现象，并使用动物来源的半透膜除去多糖和蛋白质中的无机盐；1864 年，Traube 成功制成第一片人造膜——亚铁氰化铜膜。1960 年，Loeb 和 Sourirajan 共同发明了一种新的制膜技术，制造出具有高脱盐和高透水量的醋酸纤维素反渗透膜，从此推动了膜技术的发展。

膜分离是借助特殊制造的、具有选择透过性能的薄膜，在某种推动力的作用下，利用流体中各组分对膜的渗透速率的差别而实现组分分离的单元操作。膜分离过程一般不发生相变，与有相变的平衡分离方法相比能耗低，属于速率分离过程。

膜分离与其他分离过程相比，具有以下特点：① 膜分离通常是一个高效的分离过程；② 膜分离过程的能耗(功耗)通常比较低；③ 多数膜分离过程的工作温度在室温附近，特别适用于对热过敏物质的处理；④ 设备没有运动的部件，可靠性高，操作、维护方便。

根据被分离物粒子或分子的大小和所采用膜的结构可以将以压力差为推动力的膜分离过程分为微滤、超滤、纳滤与反渗透，四者组成了一个可分离固态微粒到离子的四级分离过程。当膜两侧施加一定的压力差时，可使一部分溶剂及小于膜孔径的组分透过膜，而微粒、大分子、盐等被膜截留下来，从而达到分离的目的。

根据物质物理性质的差异，如质量、体积大小和几何形状差异，用过筛的办法进行分离；图 4-23 是反渗透(RO)、超滤(UF)、微滤(MF)和纳滤去掉水中固体颗粒范围的示意图。

自然界有这样一种现象，将一张半透膜把稀溶液(如纯水)与浓溶液(如盐水)隔开，稀溶液会向浓溶液渗透并保持相应的渗透压(图 4-24)，此现象称为渗透现象；如在浓溶液处施压大于该渗透压的压力，则浓溶液会向稀溶液一侧渗透(图 4-25)，此现象称为反(逆)渗透现象，该技术是目前国际上公认的高新技术，它借助外加压力的作用使溶液的溶剂透过半透膜而阻留某些溶质，它是一种分离、浓缩和提纯的有效手段。

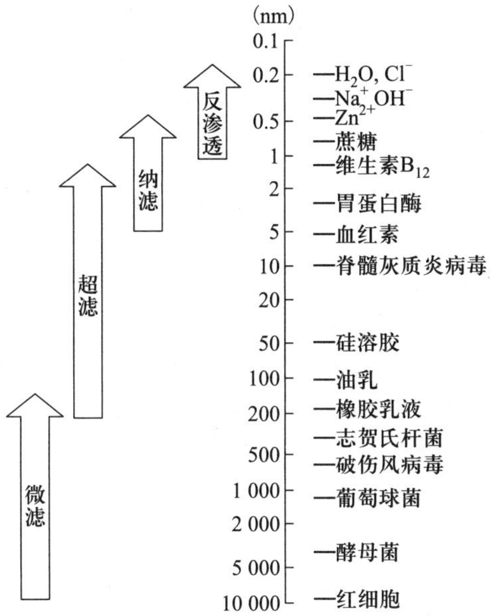

图 4-23 反渗透（RO）、超滤（UF）、微滤（MF）和纳滤去掉水中固体颗粒范围

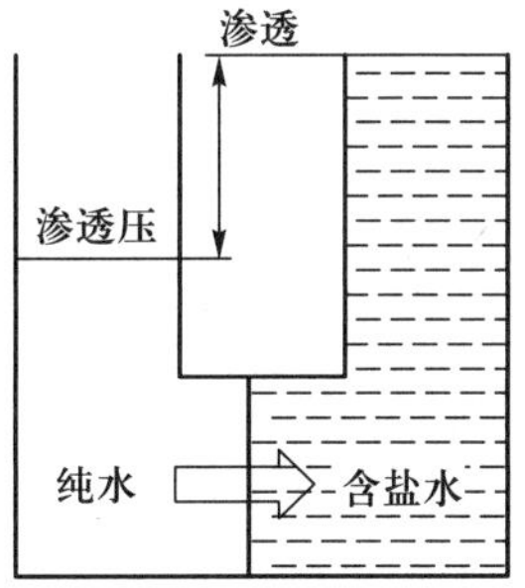

图 4-24 半透膜渗透原理

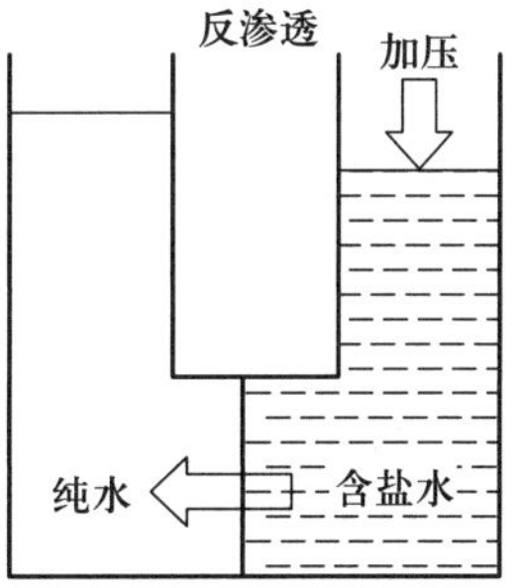

图 4-25 半透膜反渗透原理

在膜分离过程中涉及的机理主要为：

① 筛分机理。膜的表面具有无数微孔，膜的孔径分布比较均一，大于膜孔径的分子被截留，而小于膜孔径的分子可以穿过膜达到分离的目的。分离机理依据分子大小的差异，如超滤、微滤过程。

② 溶解-扩散机理。假设溶质和溶剂都能溶解于膜中，然后各自在浓度差或压力差造成的化学位差推动下扩散通过膜，再从膜下游解吸。溶质和溶剂在膜相中溶解度和扩散性的差异影响着它们的通量大小。

③ 优先吸附-毛细孔流理论。当液体中溶有不同种类物质时，其表面张力将发生不同的变化。如水中溶有醇、酸、醛、酯等有机物质，可使其表面张力减小，但溶入某些无机盐类，反而使其表面张力稍有增加，这是因为溶质的分散是不均匀的，即溶质在溶液表面层中的浓度和溶液内部浓度不同，这就是溶液的表面吸附现象。当水溶液与高分子多孔膜接触时，若膜的化学性质使膜对溶质负吸附，对水是优先的正吸附，则在膜与溶液界面上将形成一层被膜吸附的一定厚度的纯水层。它在外压作用下，将通过膜表面的毛细孔，从而可获取纯水。

④ 氢键理论。在醋酸纤维素中，由于氢键和范德华力的作用，膜中存在晶相区域和非晶相区域两部分。大分子之间存在牢固结合并平行排列的为晶相区域，而大分子之间完全无序的为非晶相区域，水和溶质不能进入晶相区域。在接近醋酸纤维素分子的地方，水与醋酸纤维素羰基上的氧原子会形成氢键并构成所谓的结合水。当醋酸纤维素吸附了第一层水分子后，会引起水分子熵值的极大下降，形成类似于冰的结构。在非晶相区域较大的孔空间里，结合水的占有率很低，在孔的中央存在普通结构的水，不能与醋酸纤维素膜形成氢键的离子或分子则进入结合水，并以有序扩散方式迁移，通过不断的改变和醋酸纤维素形成氢键的位置来通过膜。

在压力作用下，溶液中的水分子和醋酸纤维素的活化点——羰基上的氧原子形成氢键，而原来水分子形成的氢键被断开，水分子解离出来并随之移到下一个活化点并形成新的氢键，于是通过一连串的氢键形成与断开，使水分子离开膜表面的致密活性层而进入膜的多孔层。由于多孔层含有大量的毛细管水，水分子能够畅通流出膜外。

需要指出的是，伴随着新型膜种类的不断出现及对于膜分离过程的逐步深入认识，膜分离的机理也是始终处于不断的发展与完善之中。

微滤是基于筛分原理，以压力差为推动力的膜分离过程。它的孔径范围一般为 0.1 ~ 75 μm，介于常规过滤和超滤之间。从 20 世纪 50 年代至今，世界微滤技术得到了迅速的发展，应用范围从实验室的微生物检测急剧发展到制药、医疗、航空航天、生物工程、微电子、环境检测、饮料和饮用水深度处理等广阔的领域，全世界微滤膜的销量，一直居于领先地位。

微滤膜可分为通孔型、网络型及非对称型。滤膜主要特征有：孔径均一，微滤膜的孔径十分均匀；高孔隙率，微滤膜的表面有无数微孔，孔隙率一般高达 80% ~ 90%；滤材薄，微滤膜厚度在 90 ~ 150 μm，较一般过滤介质薄；驱动压力低，由于孔隙率高、滤材薄，因而流动阻力小，只需较低操作压力（0.01 ~ 0.2 MPa）。

使用微滤需要注意的是滤膜的支持和滤器的密封、滤膜的湿润和过滤系统的清洗和消毒的环节和问题。滤膜前后要密封，防止短路和泄漏；滤膜薄而强度差，应选用软衬密封和支持体。超滤是一种以静压差为推动力，根据相对分子质量的不同来进行分离的膜技术。超滤膜的孔径为 3 ~ 30 nm，其压力差为 0.1 ~ 1.0 MPa，透过物质的相对分子质量一般小于 1 000，被截留物质的相对分子质量为 1 000 ~ 300 000。

超滤膜分离应用规模较大，多采用错流操作。超滤膜分离的特点有：分离过程无相变，节能显著；分离在常温下进行，适宜热敏物质的分离和浓缩；推动力为压力，分离装置简单，操作方便易控；适应范围广。

4.3.1.3　结晶分离过程机制

结晶是固体物质以晶体形态从蒸气、溶液或熔融物中析出的过程。为数众多的医药产品及中间体都是以晶体形态出现的，很多制药及化工过程中都包含结晶这一基本单元操作。工业结晶技术作为高效的提纯、净化与控制固体特定物理形态的手段，近 40 年来，在医药、化工等领域得到了迅猛发展，特别是在医药工业应用方面，随着人们对于医药制品的要求越来越高，对于药品的质量，其中包括药效与纯度等的要求更加严格。据统计，医药产品 85% 以上属于固体产品，其最终生产工序都是结晶单元操作，需要使用各种形式的结晶装置。

（1）溶解度　将溶剂加入容器中，再加入大量的溶质，然后将此溶液置于恒温水浴中搅拌 3 h 以上，再在水浴中静置 1 d，容器底部的溶质晶体证明与之相接触的液体为此条件下的饱和溶液。为防止微晶核的干扰，将上清液过滤，然后吸取此饱和溶液测定浓度即可。在一定的条件下，任何一种物质溶解在某溶剂中，都有一个最大限度，这个限度就是溶解度，也称为饱和浓度。

（2）过饱和　超溶解度是指溶液能够自发产生晶核的浓度。将饱和溶液倒入结晶器中，在结晶器的夹套中通以恒温恒速冷却水，使结晶器内待测物系以恒速降温，并作低速搅拌，同时打开激光器照射待测溶液，注意观察结晶器中透明度的变化，当发现溶液中出现白色浑浊，且有大量微晶闪烁时，此温度即为超溶解点，此时的溶液称为过饱和溶液。饱和温度与此时测得的温度之差即为介稳区宽度。检测工具越精确，则越能及早发现首批晶核的出现，测得的介稳区宽度越窄，越接近真正的介稳区宽度值。

（3）结晶　在制药行业中，最常见的是溶液结晶过程。结晶是从蒸气、溶液或熔融物中以晶体状态析出固体物质的过程，是一个同时有热量和质量传递的过程。当溶质浓度小于或等于饱和浓度时，无晶体析出。溶质浓度大于饱和浓度并达到一定的过饱和度时，有晶体析出。结晶包括 3 个过程：① 形成过饱和溶液；② 晶核形成；③ 晶体生长。对于某一个结晶物系，需要知道它的溶解度和超溶解度数据，以便对结晶过程进行控制。图 4-26 是常用的物系介稳区宽度表达方法。在稳定区（不饱和）内，不发生结晶现象。在不稳定区内，结晶能自发进行。在介稳区内，结晶不能自动进行，但加入晶种后，晶种会生长。

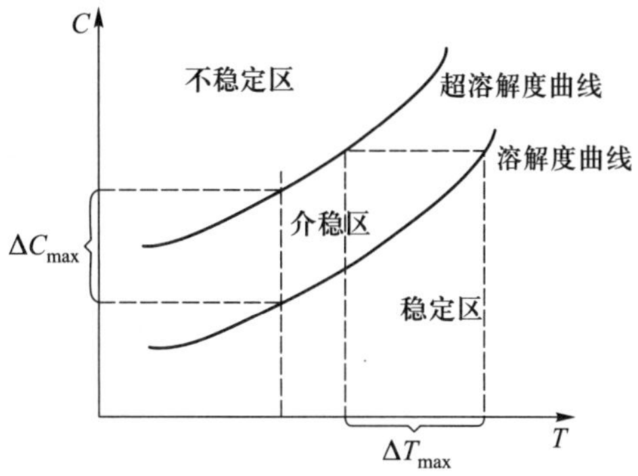

图 4-26　介稳区宽度的表达方法

C—浓度；T—温度；ΔC_{max}—介稳区宽度；ΔT_{max}—介稳区宽度

对于一定的系统，溶解度曲线的位置是固定的，而超溶解度曲线的位置是不固定的，它的位置受有无晶种、晶种表面积、产生过饱和的速度（冷却、蒸发速度）、搅拌速度等因素的影响。冷却或蒸发的速度越慢、晶种越小、机械搅拌越激烈，超溶解度曲线越向溶解度曲线靠近。介稳区宽度是选择合适结晶过饱和度的依据。为了控制好结晶过程，有必要对其进行测定。

（4）结晶控制　早年由 Griffith 提出“加晶种的控制结晶”，其含义是：在分批操作的结晶过程中，为了控制晶体的生长，获得粒度较均匀的晶体产品，必须尽一切可能防止多余的晶核生成，小心地将溶液的过饱和度控制在介稳区内，不使出现初级成核现象，并向溶液中加入适当数量及适当粒度的晶种，让被结晶的物质只在晶种表面上生长，用温和的搅拌，使晶种较均匀地悬浮在整个溶液中，并尽量避免二次成核现象。在整个结晶过程中，加入晶种并精确控制溶液的温度或浓度，这种方式的操作称之为“加晶种的控制结晶”。以冷却结晶过程为例，加晶种和不加晶种的溶液冷却时的结晶情况，其结果可用溶解度、超溶解度曲线表示。

图 4-27A 表示不加晶种而迅速冷却的情况。此时溶液的状态很快穿过介稳区而达到超溶解度曲线上的某一点，出现初级成核现象，溶液中有大量微小的晶核骤然产生出来，属于无控制结晶。

图 4-27B 表示不加晶种而缓慢冷却的情形。此时溶液的状态也会穿过介稳区而到达超溶解度曲线，产生较多的晶核（初级成核），过饱和度因成核而有所消耗后，溶液的状态当即离开超溶解度曲线，不再有晶核生成。由于晶体生长，过饱和度迅速降低。此法对结晶过程的控制作用有限。由于初级成核速率随过饱和度的加大而增长非常迅猛，其晶核的生成量不可能恰好适应

需要，故所得晶体的粒度分布范围往往很宽。

图 4-27C 表示加有晶种而迅速冷却的情形。溶液的状态一旦越过溶解度曲线，晶种便开始长大，而由于溶质结晶出来，在介稳区中溶液的浓度有所降低，但由于冷却迅速，溶液仍可很快地到达不稳区，因而终于不可避免地会有细小的晶体产生。

图 4-27D 表示加有晶种而缓慢冷却的情形。由于溶液中有晶种存在，且降温速率得到控制，在操作过程中溶液始终保持在介稳状态，而晶体的生长速率完全由冷却速率加以控制，因为溶液不致进入不稳区，所以不会发生初级成核现象。这种“控制结晶”操作方法能够产生预定粒度的、合乎质量要求的均匀晶体。目前许多工业规模的分批结晶操作即采用这种方式。上面的讨论是针对冷却结晶过程，但加晶种的控制结晶法同样适用于蒸发结晶、溶析结晶及反应结晶等过程。

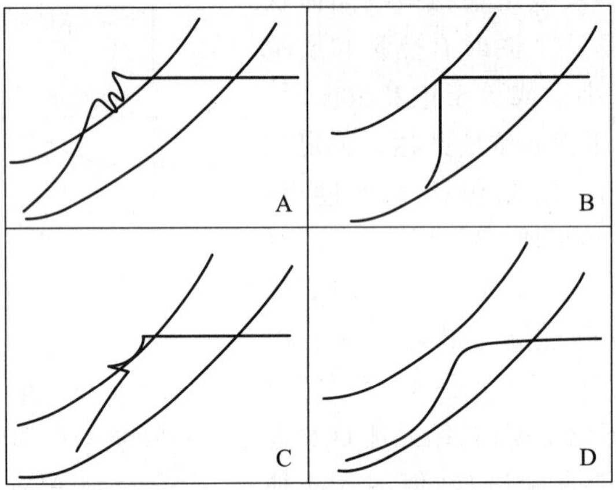

图 4-27 冷却速率及加晶种对结晶操作的影响

由于加入的晶种是晶体生长的核心，因此，晶种质量决定成品质量。传统的晶种制备方法(球磨法、粉碎法等)制得的晶种有以下缺点：

① 数目难以准确控制(总是伴随着二次成核现象)，磨(粉)碎的晶体表面携带的粒子在投种过程中会因碰撞、冲击脱落产生大量微细晶核，使数目难以控制；

② 晶种外观差，尺寸分布范围很大。

晶种上的缺陷很容易引入以其为核心长大的晶体，实验表明，晶体中的位错大都是从晶种上延伸出来的。因此，传统制种法制得的晶种培养长大的晶体当然也存在粒度分布范围大、外观差的缺点。

溶剂超声波协同成核法主要通过在溶液中加入成核溶剂降低溶质的溶解度、溶液的黏度和界面张力，间接提高过饱和度，并利用超声波的分散效应和空化效应加速溶质分子之间的碰撞，促进成核。这种方法先后在蔗糖、味精、葡萄糖的晶种制备中获得成功，接着又被成功应用于盐酸林可霉素的晶种制备，采用该法制备的晶种具有粒度均匀，晶面完整的优点。但该法对超声助晶设备和操作控制要求较高。

4.3.2 药物分离过程动力学

4.3.2.1 浸提过程动力学

由于中药材提取过程中，溶剂首先进入药材组织中，溶解有效成分。使药材组织的浓度增高，而药材外部溶液浓度低，形成传质推动力，使系统浓度趋向均匀，有效成分从高浓度向低浓度扩散；此过程可用费克定律描述。有效成分溶解后在组织内形成浓溶液而具有较高的渗透压，从而形成扩散点，不停地向周围扩散其溶解的成分以平衡其渗透压，这是浸取的推动力。

（1）费克扩散定律

$$J_{AT}=-(D+D_E)\frac{dc_A}{dZ} \tag{4-1}$$

式中 J_{AT} 为溶质流量，mol/(m^2·s)；c_A 为溶质 A 的浓度，mol/m^3；Z 为垂直于有效扩散面积的位移，m；D 为溶质分子扩散系数，m^2/s；D_E 为涡流扩散系数，m^2/s；负号表示扩散方向，即药物分子扩散向浓度降低的方向进行。扩散动力是扩散方向 Z 上的浓度梯度 dc_A/dZ。式(4-1)适用于稳态过程，即液体中溶质的浓度不随时间改变的过程体系。对于非稳态过程，则用费克第二定律进行描述。

（2）浸出的扩散通量　中药材等植物药材中有效成分被浸出时，自药材颗粒单位时间通过单位面积的物质的量称为扩散通量，由费克扩散定律得

$$J=\frac{dM}{Sd\tau}=-D\frac{dc}{dZ} \tag{4-2}$$

扩散通量 J 的量纲为 kmol/(m^2·s)，上式即浸出速率方程。

（3）扩散系数　溶质在液相中的扩散系数 D_A 通常在 $10^{-9}\sim10^{-10}$，它不仅与物质的种类性质有关，而且与体系的温度有关，并随溶质的浓度而变。在浓溶液中溶质的扩散系数与活度有关，只有在稀释溶液中溶质的扩散系数才可视为常数。对于溶质在溶液中扩散系数多采用半经验方程进行计算，即这些数据主要靠实验实测取得。

对稀溶液大分子溶质 A 扩散到小分子溶剂 B 中时，可从理论上导出

$$D_{AB}=kT\frac{u_A}{f_A} \tag{4-3}$$

式中 D_{AB} 为大分子溶质 A 扩散到小分子溶剂 B 中的扩散系数，m^2/s；$k=1.38\times10^{-23}$ J/K，玻耳兹曼常数；T 为热力学温度，K；u_A/f_A 为单位阻力下溶质分子的运动速度，m/s。

假定将溶质分子视为球形颗粒，在稳态过程中，有效成分在药材固体与浸出液相主体中的浓度保持不变，Δc 恒定值，当液体在固体表面流动为层流时，溶质分子所受阻力可由斯托克斯公式计算：

$$f_A=6\pi r_A\mu_B u_A \tag{4-4}$$

式中 f_A 为溶质分子在溶剂中受到的阻力，kg·m/s^2；u_A 为溶质分子的运动速度，m/s；r_A 为溶质分子 A 的半径，m；μ_B 为溶剂分子 B 的黏度，kg/(m·s)。此时式(4-3)变为

$$D_{AB}=kT/(6\pi r_A\mu_B) \tag{4-5}$$

n 个分子的体积 $V_A=n4\pi r_A^3/3$，于是 1 mol 即 $n=6.023\times10^{23}$，V_A 即正常沸点下溶质的分子体积(m^3/mol)。对于溶质为小分子的稀溶液，实际应用中多采用威尔盖方程进行计算：

$$D_{AB}=7.4\times10^{12}T(YM_B)^{0.5}/(\mu_B V_A^{0.6}) \tag{4-6}$$

式中 M_B 为溶剂相对分子质量；μ_B 为溶剂的黏度，cP；Y 为溶剂的缔合参数，对于水为 2.6，甲醇为 1.9，乙醇为 1.5，苯、乙醚、庚烷等均为 1.0。

（4）由费克定律推导出的浸取速率方程。

① 溶剂在药材内部的渗透。在植物组织中有大量的毛细管型小孔，溶剂进入药材内部后，因毛细管的作用，沿毛细管渗透到植物组织中去，并将植物细胞和其间隙充满。毛细管被水充满所需时间 τ：

$$\tau=1.37\times10^{-4}A\cdot h^2\cdot r \tag{4-7}$$

式中 $A=\alpha^2(14.46-12.5\alpha)$，$\alpha=p_0/(p_0-p)$；$r$ 为毛细管半径，m；h 为毛细管长度，m；p_0 为毛细管压力，N/m^2；p 为大气压力，N/m^2。实际 τ 高于计算值，因毛细管及细胞内的空气对液体的充填有阻碍作用，可采取药材减压浸取，溶剂加压浸取，以提高溶剂在药材内部的渗透速度。

② 在固体颗粒内的溶质向颗粒表面的传递。在扩散距离 L 内，有效成分浓度自 c_1 变化至 c_2，则传递在有多孔固体物质中进行。由式（4-2）得

$$J\int_0^L \mathrm{d}Z=-D\int_{c_1}^{c_2}\mathrm{d}c \tag{4-8}$$

则
$$J=\frac{\mathrm{d}M}{S\mathrm{d}\tau}=\frac{D}{L}(c_2-c_1) \tag{4-9}$$

在多孔性固体中，L 为物质 A 的扩散距离，相当于固体颗粒尺寸。

③ 停留在固体颗粒表面的溶质由界面向液相主体的传递。在扩散距离 Z 内，有效成分浓度自 c_2 变化至 c_3，于是，

$$J\int_0^Z \mathrm{d}Z=-D\int_{c_2}^{c_3}\mathrm{d}c \tag{4-10}$$

则
$$J=\frac{D}{Z}(c_3-c_2)=k(c_3-c_2) \tag{4-11}$$

$k=D/Z$ 表示组分 A 在液相中的传质分系数。

④ 总的传质通量 J 为

$$c_1-c_3=J\left(\frac{1}{k}+\frac{L}{D}\right)$$

$$J=K\Delta c \tag{4-12}$$

式（4-12）中 K 为浸出过程总的传质系数，且 $K=\left(\frac{1}{k}+\frac{L}{D}\right)^{-1}$。若固体药材与浸出液相主体中有效成分浓度差为不定值，则，

$$\Delta c=\frac{\Delta c_{始}-\Delta c_{终}}{\ln \Delta c_{始}/\Delta c_{终}} \tag{4-13}$$

由上述方程可见，只要知道有效成分在溶液中的传质系数 k 和有效成分在药材组织中的扩散系数 D（目前没有足够的数据供设计使用，多依靠实测或近似计算），以及药材颗粒度和有效成分含量，并定义有效成分在溶液中的饱和浓度为有效成分在药材组织中的初始浓度（得到 $\Delta c_{始}$），就可进行相应的浸出过程时间 τ 的计算与设计。

在粉碎的植物药材浸取时，通过在不同时间点取样测定浸出物质量，建立浸出物质量与时间关系曲线。浸出曲线有两种表示方式：第一种为浸出物质在药材中剩余 q_i/q_0 与时间 τ 的关系曲线；另一种为药材浸出率 $m=(q_0-q_i)/q_0$ 对时间 τ 的关系曲线，如图 4-28 所示。其中，q_0 代表药材中浸出物质的初始含量，以 q_i 代表经时间 τ 浸出后药材中浸出物质。浸出曲线分两个区域，区

域Ⅰ为快速浸出的阶段,包括有效成分在经粉碎破坏的细胞中的快速扩散与未被破坏细胞中的慢速扩散。快速阶段的浸出率 m 又称为洗脱量。区域Ⅱ为慢速阶段,它是浸出物质在药材中的扩散和浸出溶剂对药材的湿润和在细胞内的穿透。

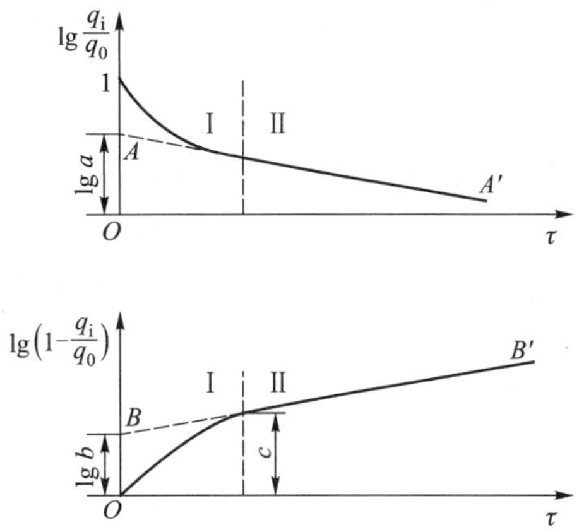

图 4-28　浸出曲线

4.3.2.2　膜分离过程动力学

膜的性能包括膜的分离透过特性和理化稳定性两方面。膜的理化稳定性指膜对压力、温度、pH 及对有机溶剂和各种化学药品的耐受性。膜的分离透过特性包括分离效率、渗透通量和通量衰减系数三个方面。

(1) 分离效率　对于不同的膜分离过程和分离对象可以用不同的表示方法。对于溶液中盐、微粒和某些高分子物质的脱除等可以用脱盐率或截留率 R 表示

$$R=\frac{c_1-c_2}{c_1}\times 100\% \tag{4-14}$$

式中 c_1、c_2 分别表示原液和透过液中被分离物质(盐、微粒或高分子物质)的浓度。对于某些混合物的分离,可以用分离因子 α 或分离系数 β 表示,

$$\alpha=\frac{y_A}{1-y_A}\bigg/\frac{x_A}{1-x_A} \tag{4-15}$$

$$\beta=\frac{y_A}{x_A} \tag{4-16}$$

式中 x_A、y_A 分别表示原液(气)与透过液(气)中组分 A 的摩尔分数。

(2) 渗透通量　通常用单位时间内通过单位膜面积的透过物量表示。

(3) 通量衰减系数　因为过程的浓差极化、膜的压密及膜孔堵塞等原因,膜的渗透通量将随时间而衰减,可以用下式表示:

$$J_\theta=J_0\theta^m \tag{4-17}$$

式中 J_0 为初始时间的渗透通量,kg/(m^2 · h);θ 为使用时间,h;J_θ 为时间 θ 的渗透通量,kg /(m^2 · h);m 为衰减系数。对于任何一种膜分离过程,总希望膜的分离效率高,渗透通量大,实际上这两者往往存在矛盾:分离效率高,渗透通量小;渗透通量大的膜,分离效率低。所以常需在两者之间做出权衡。描述超滤传质的动力学过程和机理主要有两种。

① 孔模型。Lacey 认为溶质被截留是因为溶质分子太大,不能进入膜孔,或者由于摩擦力,大分子溶质在孔中流动受到的阻碍大于溶剂和水分子溶质。该模型认为,由于膜孔径大小有一定的分布,因此大分子溶质不能被完全截留。由孔模型可以预料到,膜的透水量正比于操作压力,而溶质的截留率与压力无关。

② Hagen-Poiseuille 模型。超滤不仅仅是一种筛孔过滤的过程,它由两个因素决定膜的分离特性:

(a) 溶质-溶剂-膜材质的相互作用,相互作用力包括范德华力、静电力、氢键。溶质分子在膜表面或膜孔壁上受到吸引或排斥,影响膜对溶质的分离能力。

(b) 溶质分子尺寸与膜孔尺寸的相对比较,即膜的平均孔径和孔径分布影响膜的分离特性。

理想情况，即膜上均匀地分布着大小均匀的孔，没有膜污染，浓差极化可忽略时，一般认为在超滤过程中描述流体通膜流动的最好模型是 Hagen-Poiseuille 模型：

$$J=\varepsilon R^2 p/(8\eta\Delta x) \tag{4-18}$$

按此模型，膜渗透流率与压力呈直线关系，但一般只在低压的料液浓度、高流速下才存在。

4.3.2.3 结晶过程动力学

结晶是指溶质自动从过饱和溶液中析出，形成新相的过程。这一过程不仅包括溶质分子凝聚成固体，还包括这些分子有规律地排列在一定晶格中，这一过程与表面分子化学键力变化有关。因此，结晶过程是一个表面化学反应过程。结晶的步骤一般包括过饱和溶液的形成、晶核的形成及晶体生长三个阶段；其中，溶液达到过饱和状态是结晶的前提；过饱和度是结晶的推动力，晶核的形成是结晶的关键。

（1）结晶成核动力学 晶核是过饱和溶液中新生成的微小晶体粒子，是晶体生长过程的核心。在晶核形成之初，快速运动的溶质质点相互碰撞结合成的线体单元，线体单元增大到一定限度后可称为晶胚，晶胚极不稳定。有可能继续长大，也有可能重新分解为小线体或质点。晶胚生长到足够大，能与溶液建立热力学平衡时称之为晶核。晶核的大小粗估为数十纳米至几微米。成核方式可分为初级成核和二次成核两类。

① 初级成核。在没有晶体存在的条件下自发产生晶核的过程称为初级成核过程。初级成核可分为非均相和均相初级成核。

前文已述及，洁净的过饱和溶液进入介稳区时，还不能自发地产生晶核，只有进入不稳区后，溶液才能自发地产生晶核。这种在均相过饱和溶液中自发产生晶核的过程称为均相初级成核。均相初级成核速率（B_p）可用类似 Arrhenius 反应速率式来描述：

$$B_p=A\exp\left[\frac{-16\pi6^3V_m^2}{3k^3T^3(\ln S)^2}\right] \tag{4-19}$$

式中 A 为指前因子；V_m 为摩尔体积；k 为玻耳兹曼常数；T 为热力学温度；σ 为表面张力；S 为比饱和度。初级成核过程中晶核的临界粒径 r_c 与溶液过饱和度之间的关系为

$$r_c=\frac{2\sigma V_m}{k\ln S} \tag{4-20}$$

因此，溶液浓度达到饱和溶解度时，晶体尚不能析出，只有当溶质浓度超过饱和溶解度后，才可能有晶体析出。实质上，在饱和溶液中，晶核是处于一种形成-溶解-再形成的动态平衡之中，只有达到一定的过饱和度以后，晶核才能够稳定存在，并且在过饱和溶液中，只有大于临界粒径的晶核才能生存并继续生长，小于此值的粒子则会溶解消失。这一现象可借助 Kelvin 公式予以解释。

$$\ln\frac{c_2}{c_1}=\frac{2\sigma M}{RT\rho}\left(\frac{1}{r_2}-\frac{1}{r_1}\right) \tag{4-21}$$

式中 c_1 为普通晶体溶解度；c_2 为小晶体（晶核）溶解度；r_1 为普通晶体半径；r_2 为小晶体（晶核）半径；R 为摩尔气体常数；T 为热力学温度；σ 为表面张力；ρ 为晶体密度。

在工业结晶器中发生均相初级成核的机会比较少，实际上溶液中有外来固体物质颗粒，如大气中的灰尘或其他人为引入的固体颗粒，在非均相过饱和溶液中自发产生晶核的过程。这些外来杂质粒子对初级成核过程有诱导作用，在一定程度上降低了成核势垒，所以非均相成核可在比

均相成核更低的过饱和度下发生。

工业上一般用简单的经验关联式来表达初级成核速率与过饱和度的关系：

$$B_p = K_p \Delta c^{\alpha} \tag{4-22}$$

式中 K_p 为速率常数；Δc 为过饱和度；α 为成核指数。K_p 和 α 的大小与具体结晶物系和流体力学条件有关，一般 $\alpha>2$。初级成核速率较大，对过饱和度变化非常敏感，很难将其控制在一定的水平。因此，除了超细粒子制造外，一般结晶过程都要尽量避免初级成核的发生。

② 二次成核。在已有晶体的条件下产生晶核的过程为二次成核。目前，人们普遍认为二次成核的主要机理是流体剪应力成核和接触成核。剪应力成核是指当过饱和溶液以较大的流速流过正在生长中的晶体表面时，在流体边界层存在的剪应力能将一些附着于晶体之上的粒子扫落，而成为新的晶核。接触成核是指当晶体与其他固体物接触时所产生的晶体表面的碎粒。在过饱和溶液中，晶体只要与固体物进行能量很低的接触，就会产生大量的微粒。在工业结晶器中，晶体与搅拌桨、器壁间的碰撞，以及晶体与晶体之间的碰撞都有可能发生接触成核。一般认为接触成核的概率往往大于剪应力成核。

二次成核速率的影响因素主要为温度、过饱和度、晶体的粒度与硬度、搅拌桨的材质等。描述二次成核速率经验表达式为

$$B^0 = K_b n^h \rho^j G^i \tag{4-23}$$

式中 n 为搅拌强度，如转速或搅拌桨叶端线速度；ρ 为悬浮液密度；G 为晶体的生长速率；$0<h\leqslant 4$、$0.5<i\leqslant 3$、$0.4<j\leqslant 2$。

（2）结晶生长动力学。

① 晶体生长机理。在过饱和溶液中已有晶体形成（加入晶种）后，以过饱和度为推动力，溶质质点会继续一层层地在晶体表面有序排列，是晶体长大的过程。

晶体生长过程有三步：

（a）待结晶溶质借扩散作用穿过靠近晶体表面的静止液层，从溶液中转移至晶体表面。

（b）到达晶体表面的溶质嵌入晶面，使晶体长大，同时放出结晶热。

（c）放出来的结晶热传导至溶液中。

第一步扩散过程必须有浓度差作为推动力。第二步为表面反应过程，它是溶质质点在晶体晶格上排列成有序结构的过程。由于大多数物系的结晶热数值不大，对整个结晶过程的影响可以忽略不计，因此结晶过程的控制步骤一般是扩散过程或表面反应过程，主要取决于结晶过程的物理环境。环境条件的改变会导致最终结晶产品的外观形态和晶型的改变，原因是不同的环境条件对晶体各个晶面生长速率的影响不同。

关于晶体生长的机理，即溶质如何嵌入晶格的模式，人们已提出许多学说，著名的有二维成核学说、连续生长模型、生长传递模型和螺旋错位生长模型等。

② 结晶生长速率。大多数溶液结晶时，晶体生长过程为溶质扩散控制，晶体的生长速率G为

$$G = k_g \Delta c \tag{4-24}$$

式中 G 为晶体生长速率；k_g 为生长速率常数。对于表面反应控制的晶体生长过程，按照螺旋错位生长模型推导出表达式为

$$R = k_m \Delta c^P \tanh(B/\Delta c) \tag{4-25}$$

式中 R 为单位表面晶体质量生长速率；k_m 为晶体质量生长速率常数；P 和 B 为特征参数。

对溶质扩散与表面反应共同控制的结晶生长过程,其生长速率是两步速率的叠加。在工业结晶中,其生长速率常用经验公式估算。

$$G=k_g \Delta c^g \tag{4-26}$$

式中 k_g 为晶体总生长速率常数,与物系的性质、温度、搅拌等因素有关;g 为生长指数。

上述晶体质量生长速率 R 与晶体生长速率 G 之间的换算关系为

$$R=\frac{1}{A}\frac{\mathrm{d}m}{\mathrm{d}t}=\frac{3k_v\rho G}{k_a} \tag{4-27}$$

式中 A 为晶体表面积;m 为晶体质量;k_v 为晶体体积形状因子;k_a 为晶体表面形状因子。

McCabe 早年发现,对于大多数物系,悬浮于过饱和溶液中的几何相似的同种晶体都以相同的速率生长,即晶体的生长速率与原晶粒的初始粒度无关,人们一般称此为“ΔL 定律”。但某些物系,晶体生长速率不服从 ΔL 定律,而是与粒度的大小相关,如钾矾水溶液。

4.3.3 药物分离过程的影响因素

4.3.3.1 萃取过程的影响因素

在中药的提取液中,存在着复杂的混合物,以及各成分的相互影响。有时会产生增溶现象,增大了欲提取成分的溶解度,有时又可能相互生成难溶性化合物而难以提取。中药成分间存在的助溶、增溶作用与其中含有的某些类似表面活性剂的成分有关,皂苷、树胶、蛋白质等,这些表面活性物质的浓度较高时,就会在溶液中集合成“胶团”,而原来在水中不溶解或部分溶解的物质分子可进入胶团的内部,分布在胶团的中心或夹缝中,结果使溶解度显著地增高。中药煎煮液属于胶体溶液,由许多难溶物质的分子组成的微粒混悬于介质中成为溶胶或分散体,或分散悬浮于溶剂之中,也是使物质在溶液中含量增加的一个重要因素。

复方中药中不溶现象突出,含生物碱的中药与甘草配伍时,生物碱与甘草酸产生沉淀,生物碱提取率将大幅度下降。黄连等所含的小檗碱与黄芩苷产生沉淀,生物碱与银花中的绿原酸发生沉淀,大黄鞣质与栀子、茵陈之间也有沉淀产生。有的成分因其他成分的存在,溶解度有较大的改变,如油脂类杂质的存在使不溶于石油醚的香豆素溶解,含麻黄的方剂中如有葛根则麻黄碱的含量增加等。

虽然微波等对萃取过程中的传质传热具有促进作用,且具有简便快速、试剂用量少、制样精度好、回收率高、处理批量大等优点;一般地,对天然产物所含有效成分的提取和浓缩必会产生很好的效果。

微波等是协助促进作用,萃取效率同样依赖于被提取的基体及用于药物萃取的溶剂,即药材的形状、尺寸及自由水或结合水的含量对提取率有较大的影响。同时,因场效应导致各组分结构变化及相互反应的概率增强,这势必与传统中药的组成不完全一致,故其应用要做到扬长避短。

4.3.3.2 膜分离的影响因素

根据混合物的不同化学性质,物质通过分离膜的速度取决于以下两个步骤的速度:首先是从膜表面接触的混合物中进入膜内的速度(称溶解速度),其次是进入膜内后从膜的表面扩散到膜的另一表面的速度。

二者之和为总速度。总速度越大,透过膜所需的时间越短;总速度越小,透过时间越久。溶解速度完全取决于被分离物与膜材料之间化学性质的差异，扩散速度除化学性质外还与物质的相对分子质量有关。混合物质透过的总速度相差越大，则分离效率越高，反之，若总速度相等，则无分离效率可言。

（1）浓差极化 由于膜的选择透过性因素，在膜分离过程中，溶剂从高压侧透过膜到低压侧，大部分溶质被截留，溶质在膜表面附近积累，造成由膜表面到溶液主体之间的具有浓度梯度的边界层，它将引起溶质从膜表面通过边界层向溶液主体扩散，这种现象称为浓差极化。

根据膜分离基本方程式，可分析出浓差极化对膜分离过程可产生下列不良影响：

① 由于浓差极化，膜表面处溶质浓度升高，使溶液的渗透压升高，当操作压差一定时，膜分离过程的有效推动力下降，导致溶剂的渗透通量下降；

② 由于浓差极化，膜表面处溶质的浓度升高，使溶质通过膜孔的传质推动力增大，溶质的渗透通量升高，截留率降低，这说明浓差极化现象的存在对溶剂渗透通量的增加提出了限制；

③ 膜表面处溶质的浓度高于溶解度时，在膜表面上将形成沉淀，会堵塞膜孔并减少溶剂的渗透通量；

④ 会导致膜分离性能的改变；

⑤ 出现膜污染，膜污染严重时，几乎等于在膜表面又可形成一层二次薄膜，会导致反渗透膜透过性能的大幅度下降，甚至完全消失。

相应的改善浓差极化的方法可以有：

① 提高流速；

② 加填料法，如将 29 ~ 100 μm 的小球放入被处理的液体中，以减小膜边界层的厚度而增大透过速度。加填料的方法是不适宜板式和卷式组件；

③ 装设湍流促进器；

④ 增设脉冲装置，在流程中增设一脉冲发生装置。振幅越大或频率越高，透过速度也越大。虽动力增加了 25% ~ 50%，但透过速度提高了 70%，有相当的经济价值；

⑤ 搅拌法，在膜面附近增设搅拌器，也可以把装置放在磁力搅拌器上回转使用。传质系数与搅拌器的转数成直线关系。

（2）膜污染及处理 膜在长期运行中，膜污染问题必然产生。膜污染是指处理物料中的微粒、胶体粒子或溶质分子与膜发生物理化学相互作用或因浓差极化使某些溶质在膜表面浓度超过其溶解度及机械作用而引起的在膜表面或膜孔内吸附、沉积造成膜孔径变小或堵塞，使膜产生透过流量与分离特性的不可逆变化现象。

一般，膜污染可分三阶段来描述：第一阶段，超滤开始时，大分子溶质在溶剂不断透过膜的过程中被带至并吸附在膜表面，形成浓差极化，该层对膜的选择性和过滤能力影响不明显；第二阶段，溶质分子在膜表面积累，边界层浓度达到饱和形成凝胶层（又称动量膜），此时的透水通量为初始通量的 70% 左右；第三阶段，小于膜孔径的溶质分子在孔道内吸附形成搭桥式堵塞和略大于孔径的溶质分子在压力作用下进入膜孔内形成堵塞，造成膜的孔隙率逐渐下降。

膜的污染与膜材料的膜面电荷性、亲水性、疏水性，以及孔径大小与分布等特性、操作压力、物料浓度、溶液的 pH 和离子强度、溶液温度及料液的流速等因素有关。超滤膜的亲水性越好，孔径越小，膜污染程度减轻。当凝胶层形成后，压力增加，凝胶层厚度增加，传质阻力增加，膜污染程度增加。一般而言，物料大分子溶质的浓度越大，则黏度越大，扩散系数越大，膜面的浓差极化和凝胶层易于形成，膜污染程度越严重。pH 的改变会改变溶质的带电状态及膜的性质，从而影响吸附，是膜污染的一个控制因素。

由于溶液中离子强度增加会改变物料的分散性及吸附，膜过程中富集的无机盐对膜污染有重大的影响：

① 无机盐复合物会在膜表面沉积，或使膜对蛋白质的吸附增强而污染膜；

② 无机盐改变了溶液的离子强度，影响到蛋白质溶解性、构象和悬浮状态，使沉积层的疏密程度改变，而影响透水率。

因此，膜在使用过程中，须采取一定的清洗方式，使膜面或膜孔内污染物去除，达到透水量恢复、延长膜寿命的目的。膜的清洗方法根据膜的性质和处理料液的性质来确定，分为物理清洗、化学清洗和生物清洗。

物理清洗包括净水冲洗、反洗、混入空气反洗、超声波清洗和海绵球清洗等，其特点是简单易行，不引入新污染物。化学清洗包括酸洗、碱洗、表面活性剂、螯合剂、氧化还原法及酶洗涤剂等复配方法。同时，对于不同的膜组件，可以选用不同的清洗方法，如管式组件可以用海绵球进行机械清洗，中空纤维组件可以用反向冲洗等，将物理和化学方法结合使用可以使膜组件的通量得到很好的恢复。生物清洗即借助微生物、酶等生物活性剂去除膜表面及膜内部的污染物。后两种清洗都存在向系统引入新污染物的可能性，运行与清洗之间的转换步骤较多。

另外，为解决膜污染的问题，有些在膜的制作时采用一些特殊的处理方法：

① 使用复合膜。在膜上可涂上一层聚乙醇乙烯，改善亲水性和膜表面的光滑度，以免膜污染和提高产物渗透性。如将复合膜用于抗生素的分离，其分离效率可与商用纳滤膜媲美。分别用平板式和螺旋卷式纳滤膜浓缩 79 317 ~ 99 211 U 的大环内酯类抗生素，截留率可达 99%，浓缩倍数在实验室为 10 倍左右，中试阶段为 4 倍以上。

② 改变膜的表面极性和电荷。在制备膜时，改变膜的表面极性和电荷，常可减轻污染。也可将膜先用吸附力较强的溶质吸附，如聚砜膜可用大豆卵磷脂的乙醇溶液预处理，醋酸纤维膜用阳离子表面活性剂处理。辐射嫁接的方法是膜表面改性的途径之一。Shim 等采用 C_2 射线辐射，将亲水性的甲基丙烯酸和羟乙酯单体嫁接到聚丙烯超滤膜表面上，并用改性后聚丙烯膜对牛血清蛋白溶液进行超滤处理，发现溶液通量增加，膜的抗污性增强，同时膜表面的亲水性增强。

③ 无机材料膜。近几年开发的新型制膜材料主要有陶瓷、玻璃和金属。目前国内处于实验室研究阶段。该膜突出的优点是耐高温，耐溶剂性能好，不易老化，可再生性强，耐细菌和强度高等。有报道制备了 C_2 氧化铝复合膜，并在其表面形成硅烷层，改进了膜的截留性能。无机陶瓷膜经多年的发展，在众多领域获得了广泛应用，成为膜领域发展最迅速、最有前景的品种之一。

（3）操作条件的选择　很多抗生素发酵液成分比较复杂，对料液进行预处理，除去菌体、悬浮杂质、悬浮胶体，可减少膜表面污垢附着量；另外，亲水膜及膜材料的电荷与溶质电荷相同的膜具有好的抗污性能，由于发酵液组成复杂，造成污染因素各不相同，应在不同条件下进行选择。

① 膜孔径的选择。孔径选择应适宜。孔径过大，易造成孔堵塞，不仅不会得到高渗透率，还会造成膜清洗困难。

② pH 的控制。溶液中 pH 对蛋白质、多肽等水中的溶解性、荷电及构型有很大影响，一般把 pH 调至远离其等电点，可减少膜对蛋白质的吸附量。

③ 其他操作条件的选择。通常，溶液温度上升，料液黏度下降，扩散系数提高，降低浓差极

化的影响，膜污染程度减轻。因此，对操作温度的选择，以在不影响料液和膜的稳定性范围内，应尽量选择较高的温度，使系统膜通量增大。

膜表面料液的流速越高或湍流程度越大，则越易将吸附于膜面的溶质大分子带走，有利于降低浓差极化或凝胶层的形成，降低膜污染。因此，可通过提高膜表面上切线流速有助减缓污垢形成，通常过高切线流速增加能耗，使膜表面接触料液浓度增加。通常采用错流方法实现生物产品的澄清浓缩纯化精制。在超滤中增大料液流速会减少浓差极化层厚度，从而使通量增大。中空纤维超滤组件可采用频繁反洗操作减缓污垢物在膜表面的富集。中空纤维微滤组件可采用吹气入料液的方法，也可从渗透液处压入空气。近年来发展较快的脉冲操作方式，即在料液或渗透液频繁改变操作压力，频繁流体脉冲可减缓污垢层形成，得到恒定的高渗透率。

另外，在膜分离过程中采取两相流超滤、脉冲流操作、电超滤与电纳滤、振动膜组件、超声波照射等操作也可以改善膜表面的流动。

微孔滤膜的使用效果与其湿润性能有关，未完全湿润的滤膜会影响有效过滤面积。用水可除去膜中的甘油及表面活性剂，不易湿润的膜可用温水，也可将膜铺于水面，使膜中空气向上排出空气。对疏水性膜可先用水溶性有机溶剂浸润，再浸入水中。为了防止滤液的再污染，过滤系统必须认真清洗，凡是与滤液接触之处及设备接口处应拆除清洗；清洗后的过滤系统必须进行消毒。

4.3.3.3 药物结晶的影响因素

溶质从溶液中结晶出来要经历两个步骤：晶核生成和晶体生长。晶核生成是在过饱和溶液中生成一定数量的晶核；而在晶核的基础上成长为晶体，则为晶体生长。结晶过程所形成的组织结构主要由结晶过程固液界面的形态、晶体生长特征所决定。影响整个结晶过程的因素很多，如溶液的过饱和度、杂质的存在、搅拌速度及各种物理场等。

例如，声场可影响溶液成核、溶液稳定性及晶体的生长。在过饱和溶液中附加声场，会产生空化气泡，气泡的非线性振动及气泡破灭时产生的压力，使体系各点的能量发生变化。体系的能量起伏很大，使分子间作用力减弱，溶液黏度下降，增加了溶质分子间的碰撞机会而易于成核，且气泡破灭时除产生的压力外，会产生云雾状气泡，这有助于降低界面能，使具有新生表面的晶核质点变得较为稳定，得以继续长大为晶核。低黏度和提高质量传递速度的作用均有利于产生微细和均匀的晶体粉末。例如，超临界流体介导的结晶过程，所得结晶颗粒分布范围窄、流动性好、质量高。

第四节 药物分离设备的选型与放大

4.4.1 药物分离设备的选型

4.4.1.1 中药浸提设备的选型

由于中药材的品种多，且其物性差异很大，一般大批量生产的品种不多，多数为中、小批量的品种，形成了“多品种、小批量”的生产特点，因此，在选用中药浸提设备时，除了应考虑效率高、经济性好之外，还应考虑更换品种时清洗方便。

对于年处理中药材量在 10^3 吨级及以下的多选用多功能提取罐等间歇式浸提设备，对于 10^4 吨级以上的采用效率高的逆流连续式浸提设备。对于多组分中药材的浸提宜选用带有搅拌的浸提设备。

4.4.1.2 膜分离组件的选型

在制药工业中膜分离已用于药液中微粒及细菌的滤除、液体药制剂的澄清和药物的精制，膜滤能有效地去除比膜孔大的微粒和微生物，而且在分离时不受热、具有能耗低、无二次污染、分离效率高等特点。

在选择膜组件时，既要考虑截留分子量和膜材质，也要考虑处理量及操作方式。

① 截留分子量和膜材质。比如，选用中空纤维组件进行气体分离和反渗透处理水时，纤维内径可小于 100 μm；而用于蛋白质超滤浓缩时，其内径可大于 1 mm。膜材质的选择也非常重要，特别应注意膜材料的表面性质、膜表面的极性、溶液的 pH 等对膜的分离效率影响很大。在膜的孔径完全相同时，不同材质的膜的截留率也会不同。

② 处理量。对于生产规模较小，但料液黏度较大和固含量较高的发酵及生物技术药物的分离浓缩操作，宜采用管式或板框式组件；这类组件虽然价格高，但清洗和换膜操作方便。对于大规模水处理和稀溶液的过滤精制，则常常选用卷式膜及中空纤维膜组件；这类组件价格低，但清洗不方便。

③ 操作方式。

(a) 间歇操作：如图 4-29 所示，其特点是膜面积小，料液在体系中停留时间长，适用于小规模生产。

(b) 单级连续操作：如图 4-30 所示，其特点是浓缩比小，所需膜面积大，适用于水处理之类通量较大的体系。

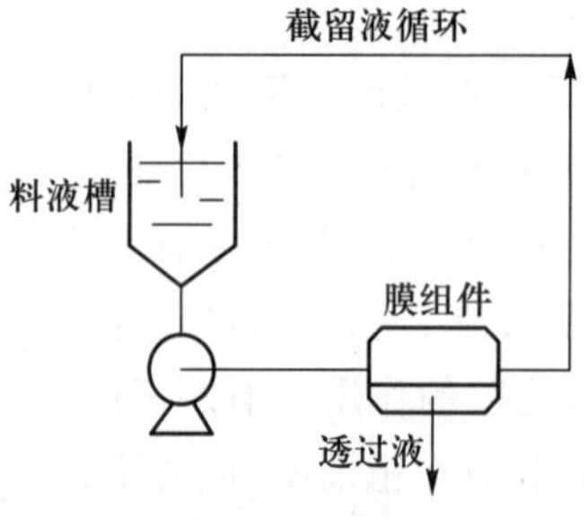

图 4-29 间歇操作

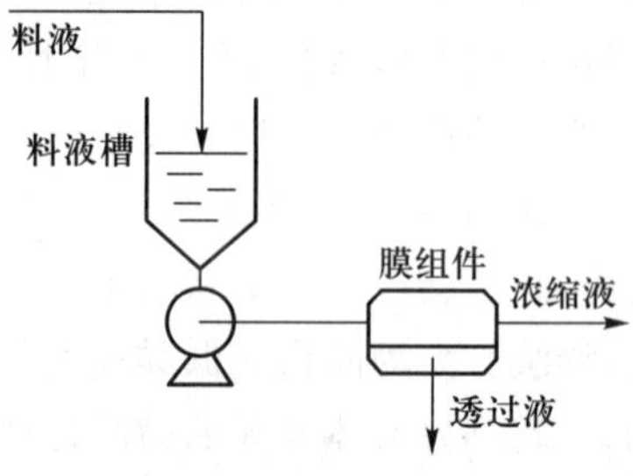

图 4-30 单极连续操作

(c) 部分截留液循环的单级连续操作：如图 4-31 所示，与(b)相比可提高浓缩比和膜面流速，减少膜面积；与(a)相比可减少料液在体系内的停留时间。

(d) 多级连续操作：如图 4-32 所示，适用于大规模生产(如膜面积大于 100 m^2)，与(c)相比，克服了超滤过程始终处于高浓度下、膜渗透通量低及所需膜面积大的缺点。

另外，蒸馏、萃取、反应、亲和膜分离等工艺过程装置与膜组件耦合的新装置具有膜分离和传统分离方法的共同优点，需要关注。

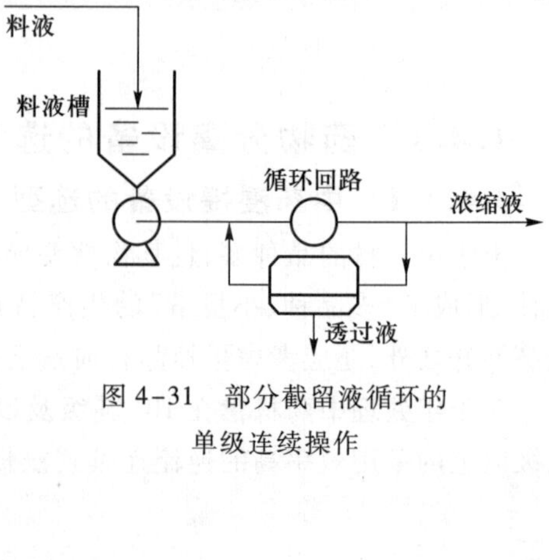

图 4-31 部分截留液循环的单级连续操作

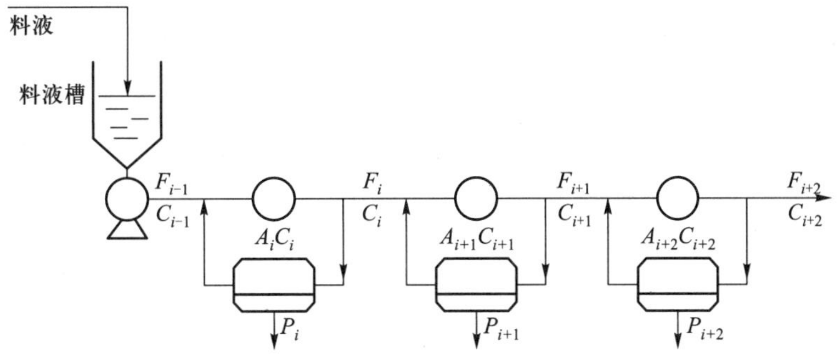

图 4-32　多级连续操作

4.4.1.3　结晶设备的选型

为了获得大颗粒结晶，宜选用间歇操作；为了得到粒度细小的结晶则多选择连续操作，而为了加快结晶速率提高生产效率则选择能提高溶液传热和传质速率的结晶器。Alvarez 等用结晶浆料过滤母液循环冷却搅拌结晶系统装置，将环孢菌素的收率由传统的 74% 提高到 85%。

对于吨位较大的原料药及其中间体的生产而言，可以采用连续操作的管式结晶器或搅拌式结晶器；对于批量小的原药结晶，多数采用间歇操作的搅拌式结晶器。

为了获得粒度均一的结晶，采用连续操作的管式结晶器或间歇操作的超临界结晶器。对于熔点低，或杂质多难结晶的药物中间体或原药（如特戊酸、L-薄荷醇等），可选用卧式静态结晶罐，或选用立式列管式结晶器。

对于有特殊需求的结晶，可选用冲击喷射结晶釜、物理场辅助结晶器、反应结晶分离耦合结晶器等。

4.4.2　药物分离设备的放大

4.4.2.1　中药浸提设备的放大

由于中药材形态、尺寸、组织结构差异较大且多为复方，在浸提动力学方程中扩散系数等诸多参数是无确定的数据或没有特定的检测方法可用，因而多用于理论形式说明，实际设计过程多采用平衡状态下的浸出作近似计算。

植物药材浸出时，将浸出溶剂加到药材中并浸渍一定时间后，浸出液中浸出物质的浓度在一定时间内是逐渐增加的。当有效成分从药材中扩散到浸出液的量与其从浸出液扩散回到药材的量相等时，浸出液的浓度恒定，即为平衡浓度，则称为平衡状态的浸出。此时药材内部的液体的浓度等于药材外部浸出液的浓度。当从药材中扩散到浸出液的量与其从浸出液扩散回到药材中的量相等时，浸出液的浓度恒定，即为平衡浓度。

（1）单级浸出　设药材中所含浸出物质量为 G，当浸出系统达到平衡状态时，浸出后所放出的溶剂量为 G'，剩余在药材中溶剂量为 g'，浸出后残留在药材中的浸出物质量为 g，则得出

$$\frac{G}{G'+g'}=\frac{g}{g'}$$

即

$$g=\frac{G}{\alpha+1} \tag{4-28}$$

式中 $\alpha=\frac{G'}{g'}$ 为浸出后所放出的与剩余在药材中的溶剂量之比。从式(4-28)可知,对一定量的浸出溶剂,α 值越大,浸出后剩余在药材中的浸出物质量越少,浸出率越高。

(2) 重复浸出 如果进行重复浸出(二次浸出),第一次浸出分离出浸出液后,再加入与所分离出浸出液同样数量的新溶剂,依前述方法,可写出

$$\frac{g}{G_2+g_2'}=\frac{g_2}{g_2'}$$

即

$$g_2=\frac{g}{\alpha+1}$$

将式(4-28)的 g 值代入

得

$$g_2=\frac{G}{(\alpha+1)^2} \tag{4-29}$$

式中 G_2 为第二次浸出后所放出的溶剂量;g_2' 为第二次浸出后剩余在药材中的溶剂量;g_2 为第二次浸出后剩余在药材中可浸出物质量。由此进行 n 级浸出时,第 n 次浸出后,剩余在药材中的浸出物质量为

$$g_n=\frac{G}{(\alpha+1)^n} \tag{4-30}$$

例 4-1 含有浸出物质 25% 的药材 100 kg,第一级溶剂加入量与药材量之比为 5∶1,其他各级溶剂新加入量与药材量之比为 4∶1,求浸取一次和浸取五次后药材中所剩余的可浸出物质的量为多少?设药材中所剩余的溶液量等于其本身的质量。

解:药材中所含浸出物总质量 $G=25\ \text{kg}$

药材中所剩余的溶剂量 $g'=100\ \text{kg}$

浸出一次后所放出的溶剂量 $G'=500-100=400(\text{kg})$

由于 $\alpha=\frac{G'}{g'}=\frac{400}{100}=4$

第一次浸出后药材中所剩余的可浸出物质量 g_1 为

$$g_1=\frac{25}{1+4}=5(\text{kg})$$

第二次浸出后药材中所剩余的可浸出物质量 g_2 为

$$g_2=\frac{25}{(1+4)^2}=1(\text{kg})$$

同理,浸出五次后药材中所剩余的可浸出物质量 g_5 为

$$g_5=\frac{25}{(1+4)^5}=0.008(\text{kg})$$

由此得浸出五次后可浸出物质的浸出分数为

$$\frac{25-0.008}{25}\times100\%=99.97\%$$

浸渍效果还可用药材中浸出物质的浸出率 $\overline{E}$ 表示，$\overline{E}$ 代表浸出后所放出的浸出液或滤液中所含浸出物质量与原药材中所含浸出物总质量的比值。

在理想状态下，如浸出后药材中所含的溶剂量为 1，此时所加的总溶剂量为 M，则所放出的溶剂量为 $M-1$，在平衡条件下，由于浸出液与总溶剂中的溶质浓度相同，因此，浸出一次的浸出率为

$$\overline{E}_1=\frac{M-1}{M} \tag{4-31}$$

由浸出率的定义可知，$1-\overline{E}$ 为浸出后药材中所剩浸出物质的分数，如重复浸出时，第二次浸出所放出的倾出液中浸出物质的浸出率 $\overline{E}_2$ 为

$$\overline{E}_2=\overline{E}_1(1-\overline{E}_1)=\frac{M-1}{M}(1-\overline{E}_1)=\frac{M-1}{M^2} \tag{4-32}$$

浸出 n 次后，第 n 次浸出所放出的倾出液浸出物质的浸出率 $\overline{E}_n$ 为

$$\overline{E}_n=\frac{M-1}{M^n} \tag{4-33}$$

浸出两次后，浸出物质的总浸出率 $\overline{E}$ 等于

$$\overline{E}=\overline{E}_1+\overline{E}_2=\frac{M-1}{M}+\frac{M-1}{M^2}=\frac{M^2-1}{M^2}$$

如经 n 次浸出，浸出物质的总浸出率为

$$\overline{E}=\frac{M^n-1}{M^n} \tag{4-34}$$

由式(4-33)可知 $\overline{E}_n$ 与 M^n 成反比。一般 $n=4\sim5$，n 再大 $\overline{E}_n$ 甚小，经济上不合算。如 $M=4$，则第五次浸出率 $\overline{E}_5=(4-1)/4^5=0.002\,9$，只能从有效物质总量中再提出 0.29%，可见五次重复浸出，经济上已不合理。

例 4-2 某药材含 20% 无效成分、含 30% 有效成分，浸出溶剂用量为药材的 20 倍，药材对溶剂的吸收量为 4，求 25 kg 药材单次浸出所得的有效成分与无效成分量。

解：设药材中所吸收溶剂量为 1，则溶剂量 $M=20:4=5$。

浸出率
$$\overline{E}=\frac{M-1}{M}=\frac{5-1}{5}=0.8$$

在 25 kg 药材中无效成分的浸出量

$$\begin{aligned}g_n&=0.2\times0.8\times25\\&=4(\text{kg})\end{aligned}$$

于是，有效成分的浸出量

$$\begin{aligned}g_i&=25\times0.3\times0.8\\&=6(\text{kg})\end{aligned}$$

若药渣经压榨处理后，药材中所含溶剂量由 4 降为 2，则浸出率 $M=20:2=10$ 时，其浸出率可提高为

$$\overline{E}=\frac{10-1}{10}=0.9$$

由此可见,减少药渣中溶剂的含量可提高浸出率。

例 4-3 某药材 200 kg 有效成分浸出率达 0.963 时,需浸出三次可达到,试求浸出溶剂消耗量为多少,已知药材对溶剂的吸收量为 1.5,并设药材中所剩的溶剂量等于其本身的质量。

解:浸出率 $\overline{E}=0.963$,需浸出三次,则有

$$\overline{E}=(M^3-1)/M^3$$
$$=0.963$$

于是,
$$M=3$$

已知药材吸收溶剂量为 1.5,则 200 kg 药材提取三次所消耗溶剂总量 W 为

$$W=200\times1.5\times3+200\times1.5\times2+200\times1.5\times2$$
$$=2\,100(\text{kg})$$

答:第一次浸出消耗 900 kg,第二次及第三次各消耗 600 kg。

(3) 多级逆流浸出 多级逆流浸出的流程如图 4-33 所示,新溶剂 C 和新药材 S_5 分别从首尾两级加入,加入溶剂的称为第一级,加入新药材的称为末级(图中第五级),溶剂与浸出液以相反方向流过各级是多级逆流浸出。

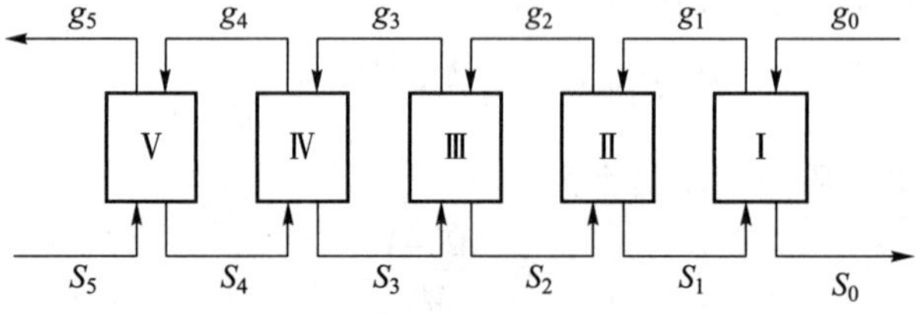

图 4-33 多级逆流浸出流程

现设 C 为加到第一级浸出器的溶剂所含溶质量 $C=0$;X 为从第一级浸出器放出的药渣内溶剂中所含的溶质量;α 为浸出器所放出溶剂量与药材中所含溶剂量之比;g_1、g_2、g_3、g_4、g_5 为各级浸出器浸渍后溶液中所含的溶质量;S_1、S_2、S_3、S_4、S_5 为进入各级浸出器的固体药材内溶剂中所含的溶质量。

由 α 的定义 $\alpha_1=g_1/X$,对第一级浸出器作物料衡算:

$$S_1=\alpha_1X+X=X(1+\alpha_1)$$

同理,对第二级浸出器有如下关系:

$$g_2=\alpha_2S_1=\alpha_2X(1+\alpha_1)=X(\alpha_2+\alpha_1\alpha_2)$$

对第一级、第二级浸出器作物料衡算:

$$S_2=g_2+X=X(\alpha_2+\alpha_1\alpha_2)+X=X(1+\alpha_2+\alpha_2\alpha_1)$$

以此类推,可得下列关系:

$$g_3=X(\alpha_3+\alpha_3\alpha_2+\alpha_3\alpha_2\alpha_1)$$
$$S_3=X(1+\alpha_3+\alpha_3\alpha_2+\alpha_3\alpha_2\alpha_1)$$
$$g_4=X(\alpha_4+\alpha_4\alpha_3+\alpha_4\alpha_3\alpha_2+\alpha_4\alpha_3\alpha_2\alpha_1)$$
$$S_4=X(1+\alpha_4+\alpha_4\alpha_3+\alpha_4\alpha_3\alpha_2+\alpha_4\alpha_3\alpha_2\alpha_1)$$
$$g_5=X(\alpha_5+\alpha_5\alpha_4+\alpha_5\alpha_4\alpha_3+\alpha_5\alpha_4\alpha_3\alpha_2+\alpha_5\alpha_4\alpha_3\alpha_2\alpha_1)$$
$$S_5=X(1+\alpha_5+\alpha_5\alpha_4+\alpha_5\alpha_4\alpha_3+\alpha_5\alpha_4\alpha_3\alpha_2+\alpha_5\alpha_4\alpha_3\alpha_2\alpha_1)$$

如为 n 级逆流浸出时，则

$$g_n = X(\alpha_n + \alpha_n\alpha_{n-1} + \alpha_n\alpha_{n-1}\alpha_{n-2} + \cdots + \alpha_n\alpha_{n-1}\cdots\alpha_3\alpha_2\alpha_1)$$

$$S_n = X(1 + \alpha_n + \alpha_n\alpha_{n-1} + \alpha_n\alpha_{n-1}\alpha_{n-2} + \cdots + \alpha_n\alpha_{n-1}\cdots\alpha_3\alpha_2\alpha_1)$$

式中 S_n 为随药材进入浸出系统的溶质量；X 为随药渣离开浸出系统的溶质量。药材中所不能浸出的溶质分数（即浸余率）为

$$F = \frac{X}{S_n} = \frac{1}{1 + \alpha_n + \alpha_n\alpha_{n-1} + \alpha_n\alpha_{n-1}\alpha_{n-2} + \cdots + \alpha_n\alpha_{n-1}\cdots\alpha_3\alpha_2\alpha_1} \tag{4-35a}$$

对大多数多级逆流浸出过程，各级浸出器的溶剂比 α 的数值是相同的，但最末一级（即新加入药材的浸出器）可能例外，此时 $\alpha_1 = \alpha_2 = \alpha_3 \cdots = \alpha \neq \alpha_n$，则式（4-35a）可化简为

$$F = \frac{1}{1 + \alpha_n + \alpha_n\alpha + \alpha_n\alpha^2 + \cdots + \alpha_n\alpha^{n-1}} \tag{4-35b}$$

如果系统中各级浸出器的溶剂比 α 完全相同，则式（4-35b）可化简为

$$F = \frac{1}{1 + \alpha + \alpha^2 + \alpha^3 + \cdots + \alpha^n} \tag{4-36}$$

式中 F 为浸出物质的浸余率；n 为浸出器的级数。将式（4-36）改写为浸出率 $\overline{E}$，则

$$\overline{E} = 1 - F = \frac{\alpha + \alpha^2 + \alpha^3 + \cdots + \alpha^n}{1 + \alpha + \alpha^2 + \cdots + \alpha^n} \tag{4-37}$$

式中 α 为倾出的溶剂量和剩余在药材中的溶剂量之比；$\overline{E}$ 为浸出率。

当 $n = 1$ 时，由式（4-37）可得

$$\overline{E} = \frac{\alpha}{1 + \alpha} \tag{4-38}$$

若以 $\alpha = M - 1$ 代入上式，则得 $\overline{E} = \dfrac{M-1}{M}$ 为单级浸出的浸出率公式。如将 n 由 1 ~ 5，M 由 1.2 ~ 10 代入逆流多级浸出率公式（4-37），所得浸出率见表 4-11。由表 4-11 中的数值可绘出多级逆流浸出率曲线，如图 4-34 所示。

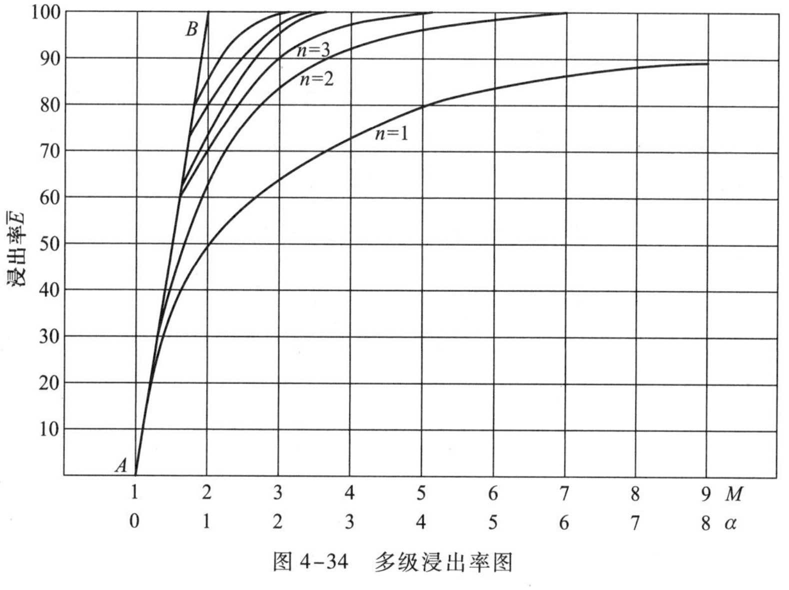

图 4-34　多级浸出率图

由图 4-34 可见，M 值由 1 ~ 3 是多级逆流浸出中浸出率变化较大的区间。再继续增大 M 值，在浸出级数 n 较多的情况下，浸出率的增加缓慢。由图可见，在 $M<2$ 的区域内增加浸出级数时，浸出率的增加有一极限，当 $n \to \infty$ 时，浸出率趋于 100%，由式(4-37)可知当 $M=2$ 时，由 $\alpha = M-1=2-1=1$，其极限为

$$\lim \overline{E} = \lim \frac{1+1^2+1^3+\cdots+1^{n-1}+1^n}{1+1+1^2+\cdots+1^n} = \lim \frac{n}{n+1} = 1$$

又由表 4-11 得出，当 $\alpha=0.2$ 时，$\lim \overline{E}=0.2$；当 $\alpha=0.5$ 时，$\lim \overline{E}=0.5$。在 $M<2$(即 $\alpha<1$)情况下，增加浸出级数时，浸出率的极限如图 4-34 之直线 AB。

从上面讨论中可知，在生产中若采用 $M<2$ 时，欲将药材中的有效成分完全浸出来是不可能的。例如，当 $\alpha=1$，浸出级数 $n=4$，浸出率 $\overline{E}=80\% \sim 85\%$；在浸出级数 $n=5$，$\overline{E}=83\% \sim 88\%$，而欲得 $\overline{E}=95\%$ 左右，则需要 $n=10 \sim 15$ 级浸出。可见采用较小的 α 值，欲提高浸出率是很困难的，所以一般宜采用 α 值大于 1.5。

表 4-11 多级逆流浸出率

α	M	浸出器级数 n				
		1	2	3	4	5
0.2	1.2	0.165 6	0.195 3	0.198 7	0.199 1	0.199 6
0.5	1.5	0.333 3	0.428 6	0.461 3	0.483 7	0.491 9
1	2	0.500 0	0.666 7	0.750 0	0.800 0	0.833 3
2	3	0.666 7	0.857 1	0.930 0	0.967 7	0.984 2
3	4	0.750 0	0.923 1	0.975 0	0.991 7	0.997 3
4	5	0.000 0	0.952 4	0.498 2	0.997 1	0.999 3
5	6	0.833 3	0.967 7	0.993 6	0.998 7	0.999 7
6	7	0.857 1	0.976 7	0.996 1	0.999 4	—
7	8	0.875 0	0.982 4	0.997 5	0.999 6	—
8	9	0.888 9	0.986 3	0.998 3	0.999 8	—
9	10	0.900 0	0.989 0	0.998 8	0.999 9	—

例 4-4 用多级逆流浸出某种药材时，已知所有溶剂量是每一浸出器中药材量的 4 倍，吸收溶剂量是药材量的 2 倍，浸出器共用 6 级，求该多级逆流浸出器的浸出率为多少？

解：由题意可知 $M=4/2=2$，$\alpha=M-1=2-1=1$，代入式(4-37)

$$\overline{E} = \frac{1+1^2+1^3+1^4+1^5+1^6}{1+1+1^2+1^3+1^4+1^5+1^6} = \frac{6}{7} = 0.86 = 86\%$$

若将浸出率提高到 98%，可采用增加溶剂量或增加浸出级数的方法。若增加浸出级数过多，则增加操作困难，现将 M 提高到 $M=2.5(\alpha=1.5)$，可得浸出率 $\overline{E}$ 为

$$\overline{E} = \frac{1.5^1+1.5^2+1.5^3+1.5^4+1.5^5+1.5^6}{1+1.5^1+1.5^2+1.5^3+1.5^4+1.5^5+1.5^6} = 97\%$$

4.4.2.2 分离膜的放大

在制药工业常用的膜分离设备有反渗透膜、超滤和纳滤膜组件(系统)，本节重点介绍超滤

膜组件的工程放大计算。

（1）反渗透膜组件特性参数的计算。

① 膜组件产水量。膜组件生产厂商在其产品样本中提供的膜性能，如产水量和脱盐率等称为标准膜性能。它是在各公司规定的标准测试条件下承诺的膜性能。由于实际现场条件千差万别，所以不同现场条件下的膜性能可由标准性能计算得到

$$Q_f = Q_s \times TCF \times NDP_f / NDP_s \tag{4-39}$$

式中 Q_f 为现场条件下的透过流量，$t/(m^2 \cdot h)$；Q_s 为标准测试条件下的透过水流量，$t/(m^2 \cdot h)$；TCF 为温度校正系数；NDP_f 为现场条件下的纯推动力压力，MPa；NDP_s 为标准测试条件下的纯推动压力，MPa。

$$TCF = \exp\{K_t \times [1/298 - 1/(273+t)]\} \tag{4-40}$$

式中 K_t 为常数，其值取决于膜材料，通常为 2 100～2 800；t 为进水温度，℃。

$$NDP = p_f - 0.5 \times \Delta p - p_p - p_{osmf} \times \ln\left(\frac{1}{1-R}\right) \bigg/ R \tag{4-41}$$

式中 p_f 为进水压力，MPa；Δp 为进出口压力降，MPa；p_p 为透过水侧压力，MPa，通常接近于零；p_{osmf} 为进水渗透压，MPa；R 为水回收率，%。

$$p_{osmf} = KO \times (273+t) \times C_f \tag{4-42}$$

式中 KO 为单位转换系数，$MPa \cdot L/(mg \cdot K)$，通常为 $1.4 \times 10^{-7} \sim 2.8 \times 10^{-7}$，与溶质组成有关；$t$ 为温度，℃；C_f 为进水中盐浓度，mg/L。式（4-42）中具体溶液的渗透压，可根据范托夫（van't Hoff）渗透压公式计算。

② 透过水中盐浓度。

$$C_p = C_f \times CF \times SP_s \times NDP_s / NDP_f \tag{4-43}$$

式中 C_p 为现场条件下透过水中盐浓度，mg/L；C_f 为进水中盐浓度，mg/L；SP_s 为在标准测试条件下的盐透过率，%；CF 为平均进水浓度系数。

$$CF = \ln\left(\frac{1}{1-R}\right) \bigg/ R \tag{4-44}$$

式中 R 为水回收率，%。反渗透工程设计还必须考虑浓差极化因子 β，β 为膜表面盐浓度与主体流盐浓度之比，对确定的膜组件而言，β 值取决于膜组件内水的回收率。为提高产水水质，必须控制浓差极化，因此水回收率不能设计过高。美国海德伦公司建议浓差极化因子的允许值为 1.2 以下，对应于 1 m 长的膜组件，允许最大回收率为 18%，并且在设计中规定相应膜组件的进水流量。

（2）超滤过程的膜组件放大　其设计程序一般如下：

① 根据分离体系的性质和处理量，选用合适的膜和组件形式。

② 选择合适的操作温度，一般为体系、膜和组件能承受的最高温度，以得到高的膜渗透通量。

③ 计算操作条件下边界层传质系数 k，传质系数的普遍化关联式为

$$Sh = ARe^{\alpha} Sc^{\beta} \tag{4-45}$$

式中 Sherwood 数 $Sh = kd_h / D$；Reynold 数 $Re = d_h u\rho / \eta$；Schmidt 数 $Sc = \eta / (\rho d)$。

于是，

(a) 湍流时(Re>4 000),有(Chilton-Colburn 解)

$$Sh=0.023Re^{0.8}Sc^{0.33} \tag{4-46}$$

(b) 层流时(Re<1 800):

当 $L_u<L, L_C>L$(速度场充分发展,浓度场在发展中),实际 UF 大多在此范围内操作有(Leveque 解)

$$Sh=1.86Re^{0.33}Sc^{0.33}(d_h/L)^{0.33} \tag{4-47}$$

当 $L_u>L, L_C>L$(速度场和浓度场都在发展中),有(Grober 解)

$$Sh=0.664Re^{0.5}Sc^{0.33}(d_h/L)^{0.50} \tag{4-48}$$

式中 L_u、L_C 为速度边界层和浓度边界层充分发展的长度,L 为流道长。对层流体系(Re<1 800),有理论计算的传质系数 k 往往比实验值低很多。表 4-12 列出了某些体系 A、α、β 的实测值与理论值的比较。

表 4-12 A、α、β 的实测值与理论值的比较

体系	膜组件	流动状态	A	α	β
大豆提取液(实验值)	中空纤维 HF15-43-XM50	层流	0.181	0.47	0.33
脱脂牛奶(实验值)	中空纤维 HF15-43-PM50	层流	0.087	0.64	0.33
理论值	Leveque 解	层流	1.86	0.33	0.33
	Grober 解	层流	0.664	0.50	0.33
聚乙烯醇(实验值)	管式	湍流	0.022	0.875	0.25
BSA(实验值)	搅拌池	湍流	0.15	0.47	0.33
BSA(实验值)	转盘	湍流	0.6	0.50	0.33
理论值	Chilton-Colburn 解	湍流	0.023	0.80	0.33

④ 计算不同浓缩比(或料液浓度)下膜的渗透通量。超滤过程的传质一般为凝胶层控制,在稳态操作条件下,膜渗透通量 J 可用下式计算:

$$J=k\ln(c_G/c_B) \tag{4-49}$$

式中 c_G、c_B 分别为膜面凝胶浓度及料液浓度。

⑤ 选用适当的超滤流程,计算膜面积:

在一般工艺条件范围内,各级浓缩比恒定,所需膜面积最小,但各级膜面积相等,安装备料比较方便。在多级装置内,某级的最佳浓度和最佳面积分配与浓度关系可由图 4-38 中第 i 级及第 i+1 级的物料衡算和 $\mathrm{d}A/\mathrm{d}c_i=0$ 推得

$$\left(\frac{c_{i最佳}}{c_{i-1}}-1\right)\left(1-\frac{c_{i最佳}}{k_i}\cdot\frac{\mathrm{d}k_i}{\mathrm{d}c_i}\right)=\left(\frac{k_i\ln|c_G/c_{i最佳}|}{k_{i+1}\ln|c_G/c_{i+1}|}-1\right)\cdot\ln\left|\frac{c_G}{c_{i最佳}}\right| \tag{4-50}$$

$$(A_{i+1}/A_i)_{最佳}=\frac{1/c_{i最佳}-1/c_{i+1}}{1/c_{i-1}-1/c_{i最佳}}\cdot\left(\frac{k_i}{k_{i+1}}\right)\cdot\frac{\ln\left|\frac{c_G}{c_{i最佳}}\right|}{\ln\left|\frac{c_G}{c_{i+1}}\right|} \tag{4-51}$$

上两式中 A_{i+1}、A_i 分别为第 $i+1$ 级、第 i 级膜面积，$A=A_{i+1}+A_i$，图 4-35、图 4-36 分别为式(4-50)和式(4-51)的图解表示（假设传质系数与浓度 c 无关，即 $\mathrm{d}k_i/\mathrm{d}c_i=0$，且传质系数不逐级变化，即 $k_i=k_{i+1}$）。

⑥ 能耗估算。以多级连续操作为例，其能耗主要有三部分构成：E_T 为热能，即将料液加热或冷却到操作温度所消耗的热量；E_P 为在操作压力下运行的系统中所需能耗；E_Q 为使循环回路中的物料具有所需要的流速和压力所消耗的能量。

E_P、E_Q 是泵送的能耗：$E_P=p_F \cdot F$，$E_Q=\Delta p^0-Q_C$，式中 p_F 为料液泵压力；F 为料液流量；Δp 为流经组件的压降；Q_C 为循环流量。

在单泵体系，E_P、E_Q 来自同一泵，因此 $E_P+E_Q=p_i(Q_C+F)$，式中 p_i 为组件进口压力。

在间歇操作中，$F=0$，因此 $E_P+E_Q=p_i \cdot Q_C$。

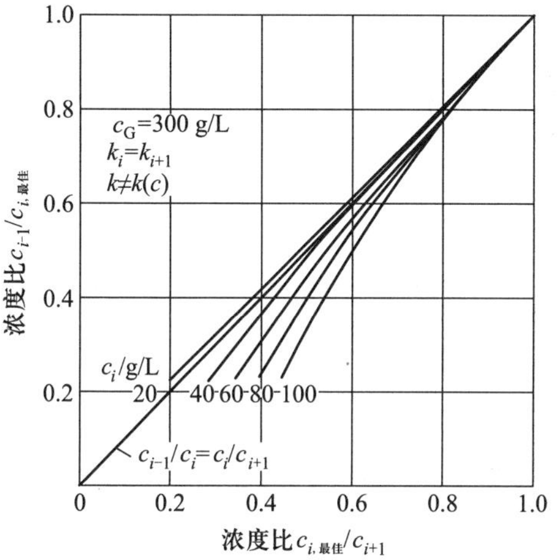

图 4-35　在多级装置内某一级的最佳浓度①

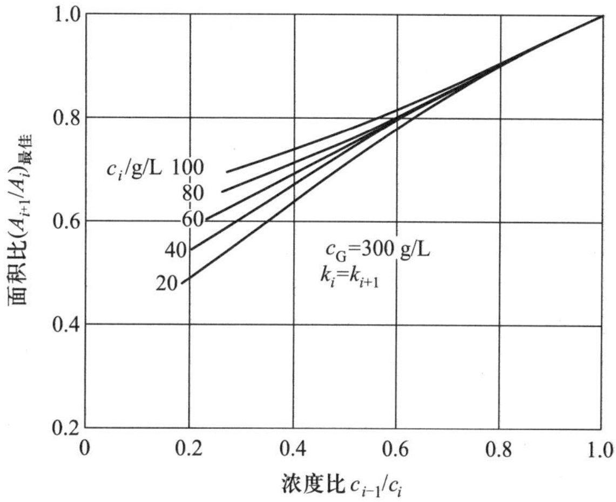

图 4-36　膜面积的最佳分配

在大多数超滤中 $F \ll Q_C$，因此 $E_P \ll E_Q$，在近似计算中常忽略 E_P。为了便于比较，常以单位体积透过液所需能耗表示，若 Δp 以 kg/cm^2 表示，Q 以 L/min 表示，J 以 $L/(m^2 \cdot h)$ 表示，膜面积 A 以 m^2 表示，则 $E_Q(kJ/m^3)$ 为

$$E_Q=5\,909.4(\Delta p \cdot Q)/(J \cdot A) \tag{4-52}$$

⑦ 操作费用估算。超滤的操作费与设备的材质、自动化程度、辅助设备（如泵、贮槽、管件等）有关。一般包括：折旧及保险费（折旧年限 5～10a）、膜更换费（决定于膜价格和使用寿命，以 12～18 个月计）、能耗（主要决定于循环体积流量与进料流量比）、清洗费（使用普通的清洗剂和灭菌剂）、工资和维修费等。

(3) 工程设计实例　用于脱脂牛奶浓缩的超滤装置膜面积和操作流程及能量的计算。

1）装置技术指标　处理脱脂牛奶 5 000 L/h，其中蛋白含量 3.5%（质量分数），用超滤将其浓缩 5 倍。

① 源自：王抚华. 化学工程实用专题设计手册：上册. 北京：学苑出版社，2002.

2）有关参数选取。

① 超滤膜及组件。选用 HF-15-43-PM 型中空纤维膜组件，该型组件纤维内径较大，以减少料液通过的阻力及堵塞可能。膜的截留分子量 2.5 万，以尽可能减少截留蛋白而透过乳糖、盐之类的低分子组分。膜材料为聚砜，耐酸、碱性清洗液清洗及灭菌、消毒。组件的其他性能见表 4-13。

表 4-13 Romicon 公司工业规模中空纤维组件的特性

组件型号①	HF-2.5-2-PM	HF-30-20-PM	HF-1.1-43-PM	HF-15-43-PM
膜的截留分子量②	PM-10 和 PM-50		PM-1，PM-2，PM-5，PM-10，PM-30，PM-50，PM-100	
膜面积/m^2	0.23	2.8	0.1	1.4
外壳直径/cm	2.5	7.6	2.5	7.6
纤维直径/mm	0.51	0.51	1.1	1.1
外壳长③/cm	63.5	63.5	63.5	63.5
纤维数	244	2928	50	682
持液量体积/mL	28	340	30	405
推荐的循环流速/($L \cdot min^{-1}$)	1 ~ 6	12 ~ 70	4 ~ 8	50 ~ 90

注：① 组件型号中各符号意义如下：HF 为中空纤维，后面数字（如 1.8）为以 ft^2 表示的组件膜面积，随后的数字为以 mil（10^{-3} in）表示的纤维内径，最后的 PM 为膜材料，1 ft = 12 in，1 in = 0.025 4 m；② PM 代表膜材料为聚砜，后面的数字为以 10^3 表示的截留分子量；③ 也有长度为 30 cm，膜面积为 0.6 m^2 的短组件。

② 操作温度 t 为 45 ~ 50 ℃。当 $t<20$ ℃时，膜渗透通量太小；20 ~ 45 ℃，微生物易生长；>50 ℃，需耐高温膜。

③ 膜面流速 u 为 1 m/s。为减少流道阻力损失，中空纤维内的流速不宜太高，对管式、板式组件膜面流速可高达 2 m/s。

④ 其他物性参数。脱脂牛奶密度 ρ 约为 1 030 kg/m^3，黏度约 0.8cP，即 80×10^{-5} kg/(m·s)，其中蛋白的扩散系数 D 为 7×10^{-11} m^2/s，脱脂牛奶的凝胶浓度（质量分数）取 22%，表 4-14 列出了某些组分的凝胶浓度。

表 4-14 某些组分的凝胶浓度

料液	c_C	料液	c_C
牛奶（脱脂）	20% ~25% 蛋白	红血球细胞	45% 蛋白
牛奶（全脂，脂肪含量 3.5%）	9% ~11% 蛋白	猪血浆	35% 蛋白
大豆水提取液	10% 蛋白	明胶	20% ~30% 蛋白
脱脂豆粉提取液	20% ~25% 蛋白	蛋白	40% 蛋白
乳清	20% ~30% 蛋白	人血浆	28.7% ~60% 蛋白
人血清白朊	24% ~44%	人血（HCT-21）	28.7% 蛋白
免疫血清球朊	19%	凝血酶原络合蛋白	7.32%

3）设计计算。

① 求膜面传质系数 k

$$Re = d_h u\rho/\eta = 0.11\times100\times1.03/0.008 = 1\,416(\text{层流})$$

$$Sc = \eta/(\rho D) = 0.008/(1.03\times7\times10^{-7}) = 1.11\times10^{4}$$

由式(4-47)得

$$Sh = 1.86\times1\,416^{0.33}\times(1.11\times10^{4})^{0.33}\times\left(\frac{0.11}{63.5}\right)^{0.33} = 54.08$$

由此得到传质系数：

$$k = Sh\times\frac{D}{d_h} = 54.08\times7\times\frac{10^{-7}}{0.11} = 3.44\times10^{-4}[\text{cm}^3/(\text{s}\cdot\text{cm}^2)]$$

即 $k = 12.39\ \text{L}/(\text{m}^2\cdot\text{h})$

若按表 4-13 中脱脂牛奶在 HE-15-43-PM50 中空纤维中的实验值计算，则

$$Sh = 0.087\times1416^{0.64}\times(1.11\times10^{4})^{0.33} = 195$$

$$k = 195\times7\times\frac{10^{-7}}{0.11} = 12.4\times10^{-4}$$

即 $k = 44.7\ \text{L}/(\text{m}^2\cdot\text{h})$

由实验值计算的传质系数显然比理论值大，从资料分析表明，胶体料液的误差最大。

当膜截留的是真溶液中的大分子时，理论值的预测结果要好得多，产生误差的原因尚不很清楚，推导模型时引入的一系列假设肯定是产生误差的原因，也有认为这是“管收缩”效应所致。

② 计算不同浓缩比下膜的渗透通量。浓缩比 VCR 与浓度 c 的关系为

$$c = c_0\text{VCR}^{-\sigma} \tag{4-53}$$

式中 c_0 为初始浓度；σ 为膜对蛋白的截留率。因选用膜的截留分子量为 2.5 万，可将牛奶中蛋白截留，因此对选用的膜可取 $\sigma=1$。将式(4-53)计算得到不同浓缩比下的浓度代入式(4-49)即可得到相应浓缩比下膜的渗透通量 J，计算中假定传质系数 k 为常数，不随超滤过程变化。表 4-15 中的计算值取：$k=44.7\ \text{L}/(\text{m}^2\cdot\text{h})$，$c_G = 22\%$（质量分数）代入式(4-49)的计算结果。表中实验值为文献报道用 HF-15-43-PM50 组件进行脱脂牛奶浓缩所得到不同蛋白浓度下膜通量的实测值。

③ 计算膜面积。膜面积 A 可由下式估算：

$$A = \frac{\text{透过液量 } P}{\text{平均透过通量 } J_a} \tag{4-54}$$

在以下的计算中均假定：膜渗透为凝胶层控制下的传质；传质系数 k 为常数；不考虑膜污染的影响。

对于间歇操作，其平均渗透通量可由下式估算：

$$J_a = J_F + 0.33(J_i - J_F) \tag{4-55}$$

式中 J_i 为开始时的膜通量，由表 4-15，$J_i = 82\ \text{L}/(\text{m}^2\cdot\text{h})$；$J_F$ 为最后 VCR=5 时的膜通量，由表 4-15，$J_F = 10.2\ \text{L}/(\text{m}^2\cdot\text{h})$。于是，得

$$J_a = 10.2 + 0.33\times(82 - 10.2) = 33.9(\text{L/h})$$

表 4-15 不同浓缩比时膜的渗透量

计算值			实验值		
浓缩比 VCR	蛋白质量分数 c/%	通量 J/[L·(m²·h)⁻¹]	浓缩比 VCR	蛋白质量分数 c/%	通量 J/[L·(m²·h)⁻¹]
1	3.5	82.0	1	9.5	40
1.5	5.25	64.0	1.5	14	29
2	7.0	51.2	2	15	26
3	10.5	33.1	3	17	22
4	14	20.2	4	19	20
5	17.5	10.2	5	21	17

由料液 $F=5\,000$ L/h，浓缩牛奶 $D=5\,000/5=1\,000$(L/h)，得到透过液量

$$P=F-D=5\,000-1\,000=4\,000(\text{L/h})$$

则间歇操作的面积为

$$A=4\,000/33.9=118(\text{m}^2)$$

而对于部分截流面积循环的单级连续操作(如图 4-31)，当达到稳态后体系基本在最终浓度条件下操作，膜面积为 $A=4\,000/10.2=392(\text{m}^2)$。

至于多级循环连续操作(图 4-32)，其级数及各级膜面积分配或浓缩比可通过试差法进行简单的优化，计算分各级膜面积相等和各级浓缩比相等两种情况。

(a) 各级膜面积相等

膜面积和每级浓缩比 VCR 都需通过试差计算得到，下面以 2 级循环操作的计算为例。假定每级膜面积 $A=60(\approx 118/2)(\text{m}^2)$。

a) 第 1 级 UF 的 VCR 通过以下试差确定：

第一次试差取

设平均浓缩比 $\overline{\text{VCR}_1}=2$

由表 4-15 得 $J=51.2\ \text{L/(m}^2\cdot\text{h)}$

则，该级的透过量 $P_1=A\times J_1=60\times 51.2=3\,072(\text{L/h})$

第 1 级浓缩液量 $R_1=F-P_1=5\,000-3\,072=1\,928(\text{L/h})$

于是，得

$$\text{浓缩比 VCR}=\frac{F}{R_1}=5\,000/1\,928=2.59$$

即计算结果与假定的 VCR 不符

第二次试差取 $\overline{\text{VCR}_1}=2.3$

$$J_1=46\ \text{L/(m}^2\cdot\text{h)}$$

则，$P_1 = A \cdot J_1$

$$= 60 \times 46 = 2\,760$$

相应地，有 $R_1 = F - P_1$

$$= 5\,000 - 2\,760 = 2\,240$$

于是，得 $VCR = 5\,000/2\,240 = 2.23$

即计算结果与假设值 2.3 相近似。

b）对于第 2 级 UF 的 VCR 通过以下试差确定：

第一次试差，设平均浓缩比 $\overline{VCR}_2 = 4.2$

则 $J_2 = 18.2$， $P_2 = 60 \times 18.2 = 1\,092$

$$R_2 = 2\,240 - 1\,092 = 1148$$

$$VCR_2 = 5\,000/1\,148 = 4.35$$

第二次试差，取 $\overline{VCR}_2 = 4.3$，则 $J_2 = 17.2$，

$$P_2 = 60 \times 17.2 = 1\,032$$

$$R_2 = R_1 - P_2 = 2\,240 - 1\,032 = 1\,208$$

$$VCR_2 = 5\,000/1\,208 = 4.1$$

由此可得该级 $VCR_2 = 4.25$，$P_2' = 17.7 \times 60 = 1\,062$。

总透过液量 $\sum P = P_1 + P_2 = 2\,760 + 1\,062 = 3\,822 < 4\,000$（浓缩 5 倍应透过液量），必须对假定的膜面积进行修正，假定每级膜面积为 70 m^2。

类似地，第 1 级，假定 $\overline{VCR}_1 = 2.1$，$J_1 = 44$，$P_1 = 70 \times 44 = 3\,080$，$R_1 = F - P_1 = 5\,000 - 3\,080 = 1\,920$，由 F 及 R_1 得到 $VCR = F/R_1 = 5\,000/1\,920 = 2.6 >$ 假设值。

假定 $\overline{VCR}_1 = 2.5$，$J_1 = 42.2$，$P_1 = 70 \times 42.2 = 2\,954$，$R_1 = 5\,000 - 2\,954 = 2\,046$，$VCR = 5\,000/2\,046 = 2.44$ 可认为与假设一致。

第 2 级，假设 $\overline{VCR}_2 = 4.6$，$J_1 = 14.2$，$P_2 = 70 \times 14.2 = 994$，$R_2 = R_1 - P_2 = 2\,046 - 994 = 1\,052$，$VCR = 5\,000/1\,052 = 4.75$，与假设相接近。

两级共透过液量 $\sum P = P_1 + P_2 = 3\,080 + 994 = 4\,074 \approx 4\,000$，因此可认为用 2 级膜面积相等的连续超滤将牛奶浓缩 5 倍共需膜面积 140 m^2，2 级透过液量分别为 3 080 L/h 及 994 L/h。

对 3 级和 4 级循环操作进行同样计算，结果列于表 4-16。结果表明，随着级数增大，需要的膜面积减少，但超过 5 级后膜面积的减少不明显，并且随着级数的增加，泵、管件、仪表等辅助设备增加的费用会大大超过膜面积减少的费用，因此，一般以 3 级循环操作为宜。

表 4-16 级数与膜面积的计算结果

	第 1 级		第 2 级		第 3 级		第 4 级		总膜面积	
过程	$\overline{VCR}$	$\overline{J}$	$\overline{VCR}$	$\overline{J}$	$\overline{VCR}$	$\overline{J}$	$\overline{VCR}$	$\overline{J}$	$\overline{VCR}$	$\overline{J}$
1 级	5	10.2								392
2 级	2.5	42.2	4.6	14.2						140
3 级	1.8	56.4	3.1	31.8	4.6	14.2				117
4 级	1.6	62.7	2.5	42.2	3.8	22.8	4.8	12.2		111

(b) 每级浓缩比相等

按设计要求浓缩 5 倍,现取 3 级操作,则每级浓缩 1.7 倍,若以 c_{i-1} 表示原料质量浓度,$c_{i-1}=3.5\%$,相当于 36 g/L,则各级出口浓度为:$c_i=1.7^2\times3.5\%=10\%$,即 104 g/L;$c_{i+2}=1.7^3\times3.5\%=17.2\%$,即 176.9 g/L;$c_G=22\%$,即 227 g/L。

在 $c_{i-1}/c_i>0.6$ 时,各级浓度的改变对面积比 A_{i+1}/A_i 影响不大,约为 0.8,若

$$A_i=A$$

则

$$A_{i+1}=0.8A$$

$$A_{i+2}=0.8^2A=0.64A$$

假定 3 级总面积为 111 m^2,则

$$A+0.8A+0.64A=111$$

得

$$A_i=A=46$$

$$A_{i+1}=0.8A$$

$$A_{i+2}=0.8^2A=0.64A=29.4$$

由 $c_i=5.94\%$,$c_{i+1}=10\%$,$c_{i+2}=17.1\%$。得到 $J_i=58.5\ L/(m^2\cdot h)$,$J_{i+1}=35.2\ L/(m^2\cdot h)$,$J_{i+2}=10.2\ L/(m^2\cdot h)$,以及 $P=A\cdot J$,得

$$P_i=2\,691$$

$$P_{i+1}=1\,295.4$$

$$P_{i+2}=300$$

$$P_i+P_{i+1}+P_{i+2}=4\,286.4>4\,000$$

第 2 次试差假定,$A_i=42.5$,$A_{i+1}=42.5\times0.8=34$,$A_{i+2}=42.5\times0.64=27.2$,则 $P_i=42.5\times58.5=2\,486.3$,$P_{i+1}=34\times35.2=1\,196.8$,$P_{i+2}=27.2\times10.2=277.4$,$P_i+P_{i+1}+P_{i+2}=3\,961$,接近 4 000,因此,总膜面积 $A=42.5+34+27.2=103.7$,比各级膜面积相等的 3 级连续操作($A=117\ m^2$)少。但各级膜面积相等,安装更方便些。

④ 能耗估算。循环流量 Q_c(L/s)计算:

$$Q_c=\left(\frac{\pi}{4}\right)d^2uN \tag{4-56}$$

式中 d 为纤维内径,mm;u 为膜面流速,m/s;N 为一个组件的纤维数。由表 4-13 可得 $d=1.1$mm,$N=682$;由操作条件 $u=1$ m/s,因此一个组件的循环流量为

$$Q_c=(\pi/4)\times0.001\,1^2\times682\times1=6.48\times10^{-4}(m^3/s),\ Q_c=38.9\ L/min$$

由式(4-52)计算能耗(kJ/m^3):

$$E_Q=5\,909.4\Delta p\cdot Q_c/(J\cdot A)$$

式中 A 为一个组件的膜面积,由表 4-13 查为 1.4 m^2,Δp 为流经一个膜组件的压力降,可由纤维直径、长度和流量推算,或从有关产品资料得到。对 HF-15-43-PM 中空纤维组件,在纤维内流速为 1 m/s 时,$\Delta p=0.9\ kg/m^2$。

在等面积 3 级 UF 操作中,共需膜组件数 N=总膜面积/一个组件面积=117/1.4=84 只,每级需 84/3=28 只膜组件并联。每级内料液循环流量为 28×38.9=1 089.2(L/min),即 65 352 L/h,远大于进料量 5 000 L/ h。以 3 级等膜面积连续超滤为例,各级能耗如下:

	第 1 级	第 2 级	第 3 级
渗透通量 $J/[L\cdot(m^2\cdot h)^{-1}]$	56.4	31.8	14.2
能耗 $E_Q/(kJ\cdot m^{-3})$	2 532	4 492	10 059

由于大多数原料药的需求量不大,结晶过程多采用搅拌釜式结晶器,其放大步骤和放大计算可参照第二章搅拌反应器的进行。需要注意的是,在搅拌轴功率的计算时,体系的黏度应选取最终固液悬浮体系的黏度;搅拌强度以满足保持结晶颗粒处于悬浮状态的最低要求为宜。

习 题

1. 结合浸取速率方程,说明提高浸取速率的措施。

2. 中药提取常用的方法有哪些?以渗漉法为例说明中药提取的过程。

3. 分别说明超临界萃取和微波萃取的基本原理和特点。举例说明它们在制药领域中的适用范围。

4. 结晶分离的基本原理和特点是什么?影响结晶分离的因素有哪些?

5. 常用的结晶分离方法有哪些?

6. 说明膜分离的基本原理和特点。影响膜分离的因素有哪些?

7. 医药行业上常用的膜从功能上可以分为哪几类?常用的膜材料有哪些?

8. 工业上常用的膜组件有哪几类?

9. 什么是超滤、微滤、反渗透和纳滤?分别举例说明其应用。

10. 如何依据溶解度曲线选择结晶工艺?

11. 结晶的过程动力学包含哪些内容?

12. 比较本章三个传质分离过程中的推动力。是否推动力越大,对于上述三个过程越有利?试结合过程机理分析原因。

参考文献

[1] 李淑芬,白鹏. 制药分离工程. 北京:化学工业出版社,2012.
[2] 任建新. 膜分离技术及其应用. 北京:化学工业出版社,2003.
[3] 梁世中. 生物分离技术. 广州:华南理工大学出版社,1995.
[4] Lydersen BK, D'elia NA, Nelson KL, Bioprocess Engineering: Systems, equipment and facilities. ed. John Wiley&Sons, INC. 1994. New York.
[5] 唐燕辉. 药物制剂生产设备及车间工艺设计. 北京:化学工业出版社,2002.
[6] 王静康. 化学工程手册:结晶. 北京:化学工业出版社,1996.
[7] Alvarez AJ, Singh A, Myerson AS. Crystallization of cyclosporine in a multistage continuous MSMPR crystallizer, Cryst Growth Des, 2011, 11(10):4392-4400.
[8] Zhang DJ, Xu SJ, Du SC, Wang JK, Gong JB, Progress of pharmaceutical continuous crystallization, Engineering, 2017, 3:354-364.
[9] 王抚华. 化学工程实用专题设计手册:上册. 北京:学苑出版社,2002.

第五章 粉体工程基础与混合器

现有的药物剂型按形态分为固体、半固体（软膏剂、糊剂等）、液体和气雾剂。药物制剂过程就是将原料药与各种辅料的混合物经过物理形态等转变为药剂。任何一类药物制剂过程都是从原料药（活性成分）到特定药品的生产过程。

原辅料→ 预处理 → 混合 → 后处理 →产品

其中，混合分散（混合溶解、混合制粒）步是制药过程的关键，起着主导作用，它的要求和结果决定着预处理的程度和后处理（成型/灌装）的难度。一般地，液体制剂过程主要涉及药物在溶剂中的混合、溶解及过滤等单元操作过程。而典型固体制剂的生产通常要经历混合、制粒和成型等过程，其中许多环节都运用到了粉体技术。因此，固体制剂的质量稳定可靠性除了与各组分的特性及其含量的精确性有关外，更与其活性成分在制剂中的分散（或分布）均匀性密切相关，而分散（或分布）均匀性取决于各组分粉体的混合分散状态。混合分散则是因粉体流体的流动形成的，并与粉体的结构和性能密切相关。因此，对固体制剂工程的研究不仅要聚焦药物的粉体，而且要重视单个颗粒。也就是说，对固体制剂工程的研究工作主要涉及粉体工程。

所谓粉体工程就是将粉体加工技术与相关自然科学的理论应用到具体的粉体加工生产部门中所形成的综合知识和手段。粉体加工技术是解决具体技术问题的思想和技巧，故粉体工程是以粉体加工技术为核心，并与相关技术组合，形成解决工程化生产问题的专业系统手段。

药物粉体工程则是基于原药及辅料的颗粒与粉体自身性质和过程现象，将系统化的知识和方法运用于制药工业生产中所采用的药物粉体加工技术的总称。以粉体特性为基础，掌握粉体现象，对药物粉体的加工过程实施不同的单元作业。

第一节 混合器的分类与特性

药物制剂处方中的活性成分、各辅料和加工助剂的形状、粒径、密度及表面和界面性质几乎是不相同的，可能因粒径或密度差大而离析、因相互黏合而难以均匀分散，或因吸湿或其他表面特性而黏附在设备的内壁。相应地，要求所选混合具有达到高效混合分散的结构、混合器表面光洁等。由于药品生产过程存在被外来污染源或生产环境所污染的可能，产品的污染不仅源于其他粉体，还会受到轴承和空气湿度的影响，因而要将混合器和过程原料做必要的隔离。另外，药品加工过程还要避免混药问题，必须保持混合器的清洁，因此，要求药物粉体混合器的材料是惰性的，内腔表面是光洁的。

对于药物粉体混合的间歇操作，必须考虑混合器是否具有灵活的生产能力，原料是一次性加入还是分批加入。而对于粉体混合的连续操作，它要求避免操作过程的中断，中间转运和处理的操作简单得甚至消失，所有的装置都是易于清洗的。同时，要根据产品的热敏性、团聚性、易碎性、爆炸性及漂浮性和是否易被金属表面污染等基本性质，选择所需的混合器。因此，选择粉体混合器要从产品加工工艺和产品要求、生产能力和过程的连贯性等方面进行综合考虑。

5.1.1 混合器的分类

一般地，可实现粉体流动的设备都可以用于药物制剂处方的粉体混合，因此，在固体药剂生产中，物料的混合可采用的混合设备种类很多。

按粉体受力作用原理可分为重力式和强制式粉体混合机械设备。

根据操作方式可分为间歇式和连续式混合机械设备。间歇式混合机械设备容易控制混合质量，适用于固体物料的配比及种类经常改变的情况，故在制药工业用得较多。连续式混合机械设备虽然可以显著地缩小固体混合机械的有效容积，但要求少量混合物料有较恒定的组成时，要考虑混合的均一性；而这需要有稳定的供料速率及设备具有良好的混合效率作保证，快速且可靠的分析方法是连续混合过程必需的监控措施。

根据混合器的运动部件分类，可分为容器旋转型和容器固定型。容器旋转型分为回转型混合器和多向（或称多维）混合器，这类混合器依靠容器本身的旋转带来固体粒子在容器内运动混合。其中，物料绕水平轴（个别也有倾斜的）旋转的称为回转型混合器。容器固定型是依靠叶片、螺旋推进器或气流等产生的搅拌作用迫使物料进行混合。

5.1.2 混合器的结构与功能

（1）回转型混合器　这类混合器主要用于粒径大小接近和密度相差不大的可自由流动的干粉混合，也用于黏性较小的黏性流体粉末的混合，但不能处理糊状物和面团状物料。这类混合器的混合作用力主要是重力，易使粒度差或密度差较大的物料趋向偏析，故混合效果并不理想。为了减少物料的结团倾向，可在回转型混合器内设高速旋转的桨叶。其内部结构简单，便于清洗和取样；其内部轴承等传动装置不与产品接触，易于实现无污染操作，因而在制药工业中广泛使用。回转型混合器的缺点是不易传热，不便添加液体添加剂，需分步或间歇加料，即通常采用间歇操作。这类混合机适用于轻度混合，尤其是密度相近的细粉粉末，且机内有效容积大，易于清洗。

简单的回转型混合器是沿轴在水平方向旋转的，因容器外形不同分为圆筒式、鼓式、立方体式、双锥式、V 式等，转速为 5 ~ 30 r/min，此类混合器的箱体或筒体一般是由不锈钢板卷焊或拼焊而成，再焊上封头接管等零部件而制成；其内壁抛光，对有耐腐蚀要求的内壁可搪玻璃或喷涂聚四氟乙烯材料。图 5-1 是 V 式混合器结构及其筒内物料运动轨迹示意图，其基本组件有 V 形筒、快开式加料阀、出料蝶阀、轴、承轴、支架、电动机、减速机、链轮。粉末在转筒内混合并沿着器壁流出。

虽然 V 式混合器是药物颗粒加工过程中一种常用的设备，但是，在相对平常的加工条件下颗粒却会产生不可思议的分离现象。

（2）输送式混合器　输送式混合器既可以用于“自由流体”粉末的混合，还可以用于糊状物乃至面团状的物料的混合，适用范围广。主要通过旋转叶轮产生的机械推挤作用使物料成片地混合，降低分离的可能，提高了混合体的分散均匀度。但其一些角落难以清理，且存在传动装置的污染。因为其容器（或容腔）是固定静止不动的，因此易于加料、传热和喷雾，可实现连续操作。

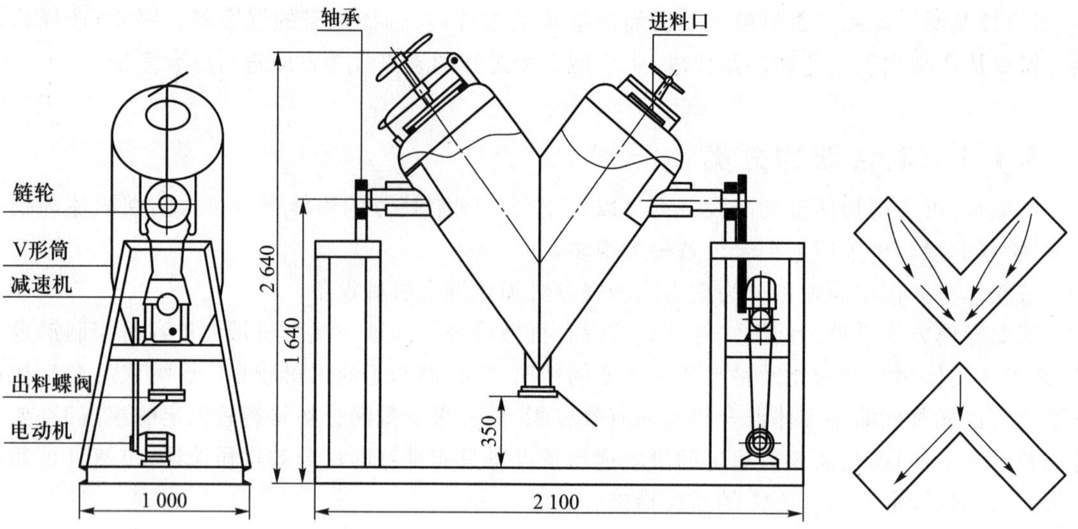

(a) V式混合器的基本结构 (b) V形筒内物料运动轨迹

图 5-1 V 式混合器结构及其筒内物料运动轨迹示意图

这类混合器的容器可以是方形、垂直锥形、圆柱形槽或筒等。叶轮可以是刀片状、带状、螺旋状、Z 形或桨状。在粉末工业中常用的有 Hosokawa Nautu 混合器、螺带混合器、Rietz 挤出机、Henschel 挤压式混合器,以炼金术士的研钵和杵,以及磨稻谷的磨石为原型发展起来的剪切式混合器等。

① 通轴搅拌槽式混合器。通轴上装有不同角度桨叶的搅拌,桨叶以不规则的方式旋转、提升和分布,实现对流和剪切混合,并通过一再出现的对流和剪切混合,形成快速粗尺度分散;当叶轮将大多数物料提升时,会发生少量的扩散混合。尽管在轴附近发生的是小的轴向混合,但可以通过延长混合生产高均匀性的混合物。混合槽可自动翻转倒料,无死角,便于清洗。其基本组件有卧式半圆形槽或圆筒槽,通轴式搅拌桨、电动机、支座等。

② 带式混合器(ribbon mixer)。由在主轴盘绕单层或多层不同方向的输送滚动的螺带构成搅拌,其螺旋可以是连续或间断的;双螺带的正反旋转螺条安装于同一水平轴上,螺带状叶片一般做成双层或三层,外层螺旋将物料从两侧向中央汇集,内层螺旋将物料从中央向两侧输送,可使物料在流动中形成更多的涡流。

③ 挤压式混合器。在翻转型混合器的轴上引入挤压装置,机械能量输出因此大幅增加,从而使其混合机制发生改变,兼具混合、捏合和造粒的作用;使得容器内的粉体在充分混合的同时颗粒化。其基本组件有:具有椭圆形或圆弧形底圆桶结构的容器、盖、顶置或底置带挤压装置的翻转型搅拌桨、电动机、内清洗喷淋装置、支架等。

挤压式混合器兼具混合和制粒的作用(保证在充分混合后再形成粒子),在翻转型混合器的轴上引入挤压装置,因为叶片的 2 000 ~ 3 000 r/min 高速运动可以在粒子形成和再形成过程中一次又一次地对其进行破坏,产生微小细粒子而分离。

④ 剪切式混合器。转动的螺轴迫使粉末(以及颗粒)在静止—运动或运动—运动的表面之间挤压,旋转的速度比较低,剪切力较大,可以将团聚体打碎。剪切式混合器常用于膏状黏性物

料混合造粒,尤其适合要求高度均一的中药浸膏制粒或粉末化。

⑤ 球磨混合器。筒体转动时,附在筒体衬板上的研磨体(通常为球形体)因惯性、离心力和摩擦力的作用被筒体带到一定的高度后下落而将筒内的物料击碎,同时,因冲量产生高速弹射运动而强化混合。一般地,球磨机是由水平的长圆筒体、进出料空心轴及磨头等部分组成;筒内装有一定比例不同直径(钢制)圆球作为研磨体。

(3) 碾压剪切式混合器　粉末在静止—运动或运动—运动的表面之间挤压。旋转的速度比较低,但粉末受到的剪切力较大,因此,可以将团聚体打碎。在进行剪切处理前,通常要先在传送型混合器或翻转型混合物中处理以保证其混合质量。剪切力太大时在挤压区粉末可能会变成了片状。剪切式混合器通常只用于要求高度均一的粉末制造,这类混合设备可用于中药浸膏制粒。如图 5-2 所示。

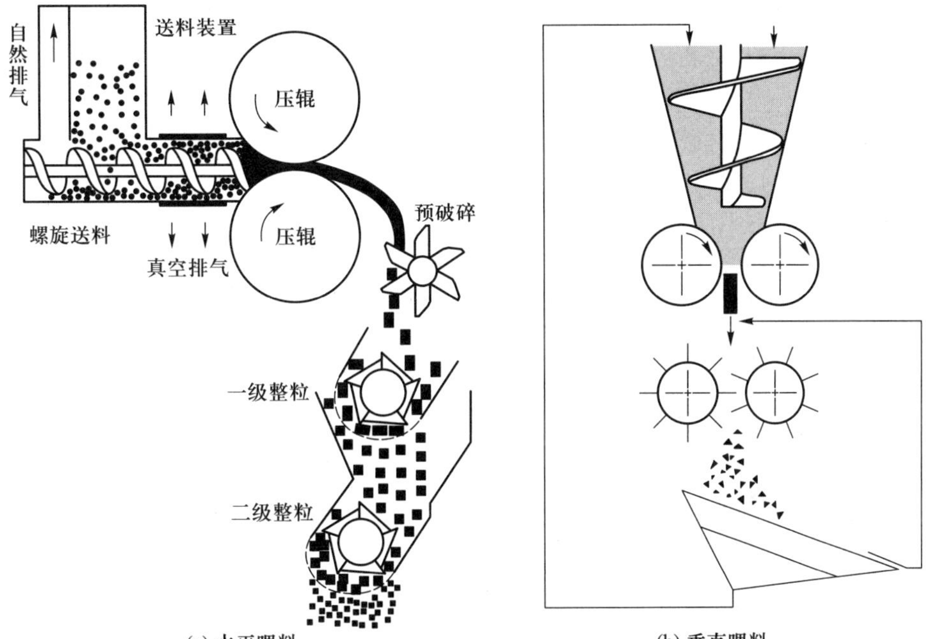

图 5-2　剪切式混合器结构与工作示意图①

除了上述混合器以外,还有文丘里管式混合器和气流混合器。文丘里管是一个横截面面积减小的液体填充管,具有增加液体流速的作用。液体流速的增加会造成注入器膛中的压力减小,从而使粉末可以从侧位的漏斗中吸进去。少量的液体物料(或凝胶、膏状物)从侧位的另外的进口加入其中混合。从而实现干湿物料的混合。气流混合器是一类依靠压缩空气吹射粉料,使粉料流态化,在强化充气的条件下产生涡流和剧烈的翻腾而起到混合作用的设备,即借助气流进行搅拌混合的设备,适合于流动性好、物性差异较小的粉体的混合。

制药工业用粉体混合器的选择范围可能不如其他工业广泛,要达到并保持产品的高质量不是一件容易的事,尤其是在需要将非常少的活性组分掺入大量的赋形剂并将其高效混合的情况

① 源于:Norman Harnby. Pharmaceutical Science & Technology Today,2000,3(9):303-309.

下,可以将活性物质研磨得足够细以提高其混合均匀性。

第二节 粉体流体流动

第二章第三节搅拌与反应器内流体流型与搅拌中的知识告诉我们,液体混合在很大程度上受流体主流及湍动的影响,而湍动中的微元向各个方向运动并存在速度的涨落。同样,粉体的混合也是要借助粉体流体的流动过程实现。

5.2.1 粉体及其流体的分类

(1) 粉体 粉体指的是由离散状态下的粒径不超过 1 mm 小颗粒物质及颗粒间的空隙所构成的集合体。习惯上,大颗粒的集合体称为粒体。一般地,粉体的构成应该满足以下 3 个条件:① 微观的基本单元——构成粉体的最小单元是固体小颗粒;② 宏观上是大量颗粒的集合体;③ 颗粒之间有相互作用。

粉体宏观特性受到颗粒微观尺度和结构的影响,常常会因量变而发生质变;粉体在一定程度上是液体和固体之间的过渡状态。制剂过程中的药物粉体通常是原料药与多种辅料构成的混合体,每个微粒在混合粉末中能够自由移动。

已学过的基础知识告诉我们,流体是具有流动性并且几乎可以毫无阻力地改变其形状或任意分裂的物体。即,能够流动且任何一个微小的剪切力都能使之发生连续变形的物体。通常指的是气体流体和液体流体,由一个紧挨着一个的连续的质点(分子)所组成的、没有任何空隙的连续体,即所谓的“连续介质”。事实上,这些分子与分子之间是有空隙的。例如,常温下每立方厘米水中约含有 3×10^{22} 个水分子,相邻分子间距离约为 3×10^{-8} cm。因而,从微观结构上说,流体是有空隙的、不连续的介质。

(2) 粉体流体 参照气体流体和液体流体的定义,并根据粉体特性和上述定义,可将粉体流体定义为:由具有一定间隙的固体小颗粒(微粉粒)集合体构成的流体,其运动质点是粉粒;粉粒之间存在间隙,故为“非连续介质”。大多数粉体就像液体一样没有特定的形状,可以流动;因微元之间间隙远大于液体分子或微元之间的距离,相互之间的作用力小,在外力的作用下可以“飞扬”等。

通常药物粉体加工的是多种辅料构成的混合体,由于每个微粒在混合粉末中能够自由移动是实现均匀混合的一个重要性质。按照粉体的流动行为,可将其分为自由粉体流体和黏性粉体流体。自由粉体流体因其中粉末具有平滑的运动平面而可以自由运动;黏性粉体流体则因其粉末表面的不规则而无法自由运动。

① 自由粉体流体。相邻的粒子均可以自由移动,在外力作用下粒子向着同一个特定方向运动。因此,其组分容易分离、分散,不稳定。在药物粉体加工过程中,往往会限制“自由流体”混合粉末中的粒子个体的自由运动。于是,借助水、乙醇等极性小分子作为粉体架桥剂将药物与辅料等粉末黏合在一起的湿法制粒压片技术仍有广泛的应用。一方面,湿法制粒可使难溶性药物颗粒的表面产生亲水性;另一方面,在压片前或使用前药物粉末混合物一直是处于“冷冻”状态的而具有良好的均匀性,从而使药物的溶出度和生物利用度都得到改善。也许用小分子作为粉体架桥剂可以保持自由流体混合粉末稳定的高分散度。

② 黏性粉体流体。黏性粉体流体固有聚集堆架结构必须被破坏,其中微粒个体才有机会发生迁移运动;同时,个别保持自身结构的微粒会因表面黏性而发生团聚。于是,使其分散高度均匀时则需要更强的剪切力。但如果各组分微粒的形状和表面性质可以被控制,那么就可以使相异的微粒有序结合。有序结合而成的混合粉末的性质要明显优于随机混合的粉末。例如,在包衣加工过程中,细小的粉末组分优先黏附到粗糙的载体颗粒上,此种混合物同时具备了自由流体的流变学性质及高稳定的混合物性质。

5.2.2 粉体流动的基本性质

流动性是粉体的重要性质之一,粉体的流动性在粉体工程设计中应用范围很广,粉体的流动性对其生产、输送、贮存、装填及制剂中不同组分的混合、制粒等工艺过程,以及粉体设备的设计都具有重要的意义。在药剂学中常用休止角、流速和平均剪切速率等描述粉体流动性质。

(1) 休止角 休止角是表示粉体流动性的最常用的方法之一。方法是使粉粒堆成尽可能陡的堆(圆锥状),堆的斜边与水平线的夹角即休止角。

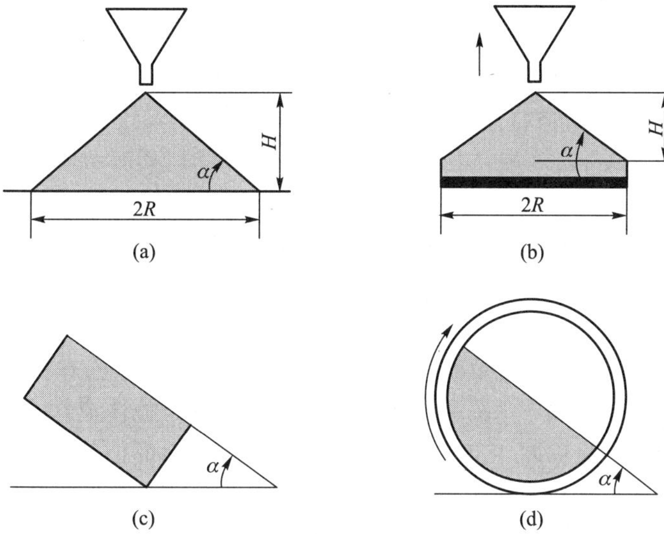

图 5-3 休止角测定法①

测定时,可将粉粒置漏斗中,使其流下并堆成堆,如果形成的堆高为 H,底部的半径为 R,则

$$\tan\alpha = H/R \tag{5-1}$$

α 即休止角。测定休止角的方法有多种,归纳如下:

① 固定漏斗法。将漏斗固定于水平放置的坐标纸上的适宜高度,使漏斗下口距坐标纸的距离为 H,小心将粉粒倒入漏斗中,直到漏斗下形成的圆锥体的尖端接触漏斗的出口为止,圆柱的半径可由坐标纸测出[图 5-3(a)]。

② 固定圆锥底法。将圆锥体底部的直径固定,如可由适宜大小的圆盘接受由漏斗流下的粉粒。漏斗中连续地注入粉粒,直到得到最高的圆锥体为止[图 5-3(b)]。

---

① 源于:奚念朱.药剂学.3 版.北京,人民卫生出版社,1996.

在使用以上两种方法测定时，为了使粉粒从漏斗中流出的速度稳定，使测定结果重现性好，可将三个漏斗串联起来，并应注意勿使上一个漏斗的出口对准下一个漏斗的出口。漏斗的出口管呈平面的较斜形的好。

③ 倾斜箱法。将粉粒小心地装入矩形的盘中并铺平，但不得加压，将盒的一端抬起使之倾斜，直到粉粒开始流动为止，盒的底与水平的夹角即为休止角[图 5-3(c)]。用此法测定的角又称为滑角或摩擦角。

有人用玻璃板测定滑角，即测定粉粒由玻璃板上滑下时的角度，但其测定结果与倾斜箱法可能不同。休止角主要反映粒子间的摩擦力，盒或板底应粗糙，否则粉粒与板间的摩擦力小，易在板上滑动，测定结果偏小。

用本法测定时还应注意粉粒的厚度，厚度大，测定值偏高。

④ 转动圆柱体法。在一圆柱体中装入粉粒使半满，将圆柱体在水平方向缓缓转动，粉粒表面与水平的夹角即为休止角[图 5-3(d)]。为便于观察，圆柱的两端采用透明材料制成。

上述方法如操作正确，则测定结果的重现性良好，但不同方法间有差异。同一方法也可能因制备漏斗及矩形箱的材料、漏斗出口的孔径等不同而使测定的结果有差异。采用文献的实验数据时，应注明其测定方法及测定条件。

根据 α 的大小，可以间接反映流动性的大小。一般认为粒径越小，或粒度分布越大的颗粒，其 α 越大；而粒径大且均匀的颗粒，颗粒间摩擦力小，休止角小，易于流动。所以 α 可以作为选择润滑剂或助流剂的参考指标。一般认为当粉粒的 α 小于 30°时，其流动性良好，α 大于 40°的流动性不好。

α 常被用来判定粉体储存、转移用料仓等设备的下料斗的仓壁倾角 θ'（垂直方向），对圆筒型料斗亦称为半锥角。一般地要求：

$$\theta' \leqslant 90° - \alpha \tag{5-2}$$

仓壁倾角指的是料仓的筒壁与地面垂直线的夹角。$\theta'=0°$的料仓，卸料时所有物料均向卸料口流动，流动不存在“死区”，属于“垂直降落流动”，此料仓成为整体流料仓，又称全流仓。常见的是 $\theta'>0°$的中心流料仓，又称漏斗型料仓；其卸料时，只有中心部位的物料向卸料口流动，在该“流动区”以外的部分有可能成为流动“死区”；于是，会有“鼠洞”和黏性拱的形成与崩塌，甚至会出现喷泻的情况。所设计的料仓是否处于整体流状态，不仅取决于料斗结构（半锥角 θ'），而且与粉体物料（内摩擦角）及料斗材料（壁摩擦角）有关。若设计或选用料仓的半锥角与粉体的休止角 α 满足式(5-2)，则“死区”几乎为零。

例 5-1 由微晶纤维素作为稀释剂的药物混合粉体，其休止角为 46°，生产过程用移动料仓转移，请问料仓的半锥角应该如何？

解：已知药物混合粉体休止角 $\alpha=46°$，即混合粉体的流动性差。要保证料仓内的粉体全部排出，则 θ'必须满足式(5-2)：

$$\begin{aligned}\theta' \leqslant 90° - \alpha &= 90° - 46° \\ &= 44°\end{aligned}$$

因此，料仓的半锥角以不超过 44°为宜。

（2）流速　流速是指单位时间内粉粒由一定孔径的孔或管中流出的速度。流速是反映粉粒流动性的重要方法之一，试验证明，粉粒流速波动大，则压的片剂的片重差异也大；一般粉粒的流速快，则其流动的均匀性也好，即流动性好。流速的测定方法是测定一定量的粉粒通过孔或管流出所需的时间。Gold 等人设计了测定粉粒流速的流速计，该仪器由一饲粉器构成，饲粉器由不锈钢制成圆锥状，顶部直径 20 cm，长 30 cm，出口孔径有多种规格。类似的仪器有多种，迄今没有统一的标准。

对分剂量的准确性来说，粉粒的通过孔或管的流出速度有实际意义。如压片机的分剂量时间很短，高速压片机更是这样；但是，对多数情况来说流动的均匀度更重要。在多数情况下，粉粒的流速快，其流动的均匀度好，即单位时间内的流出量波动不大。但有时某些粉粒的流速与流动的均匀度不成平行关系。例如，某些颗粒中加入硬脂酸镁等润滑剂后，其流速加快，但其流动的均匀度反而变差。所以，为了保证分剂量的准确性，有时既需要测定其流速，又需要测定其流动的均匀度。

休止角和流速之间有相关性，一般认为休止角小于 40°时，粉粒可通过孔或管而自由流出。人们提出了一些关系式，例如，

$$W=K\frac{(1+3\alpha)^{0.5}}{2\alpha}\rho_{\mathrm{b}}D_0^{2.5} \tag{5-3}$$

式(5-3)中 W 为流速；ρ_{b} 为粉粒的堆密度；D_0 为孔的直径；α 为休止角。对于有较强黏着性的粉粒，根本不能从孔或管中流出，无法测定其流速或休止角，可用黏性力大小进行描述。

(3) 平均剪切速率　颗粒在转鼓中的运动有一个显著特点，即可以大致分为流动表层和静止底层两个区域。通过调节转鼓的旋转速度，可控制颗粒物质的流动过程与流动状态。静止层（涡心以下区域）与流动层（涡心以上区域）单位宽度颗粒流率 $Q_{下}$ 和 $Q_{上}$ 分别为（坐标系如图 5-4 所示）：

$$Q_{下}=\int_0^h v\mathrm{d}y=\int_0^h y\,\dot{\gamma}\,\mathrm{d}y=\frac{\dot{\gamma}h^2}{2} \tag{5-4}$$

$$Q_{上}=\int_h^R Ny\mathrm{d}y=\frac{N(R^2-h^2)}{2} \tag{5-5}$$

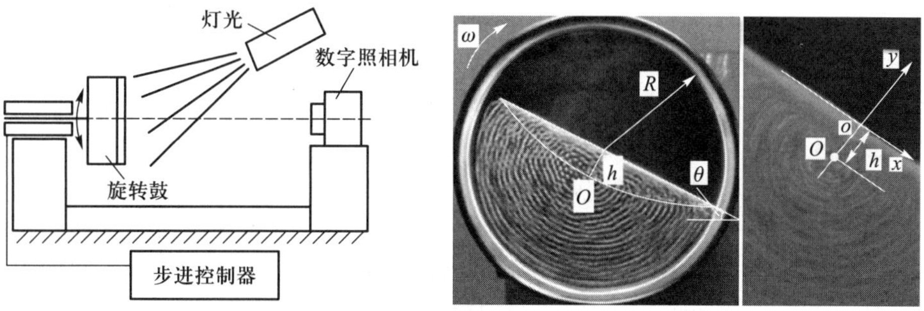

图 5-4　转鼓形混合器中粉体颗粒流动状态与成像装置示意图

由于静止层与流动层的运动方向相反，根据转鼓中质量流守恒，则有 $Q_{下}=Q_{上}$，可推出流动层中颗粒的平均剪切速率 $\dot{\gamma}$：

$$\dot{\gamma}=N[(R/h)^2-1] \tag{5-6}$$

不同转速和转鼓直径下从涡心到自由表面的致密流动区域内颗粒的剪切变形速率都具有线性变化特征，平均剪切速率 $\dot{\gamma}$ 体现了颗粒流动的平均剪切变形能力，综合体现了颗粒尺寸、形状、

摩擦因数及流动状态等因素的影响。

为此，中南大学的欧阳鸿武教授等提出用致密颗粒流动层内平均剪切速率 $\dot{\gamma}$ 的倒数，即颗粒物质的剪切变形时间 $\tau_{\dot{\gamma}}$ 来表征颗粒物质的流动性：

$$\tau_{\dot{\gamma}}=\frac{1}{\dot{\gamma}}=\frac{1}{N\left[\left(\frac{R}{h}\right)^{2}-1\right]} \tag{5-7}$$

式中 N 为转速，r/s；R 为转鼓半径，m；h 为流动层厚度，m。只要通过测量颗粒物质的平均剪切速率 $\dot{\gamma}$，就可以得到 $\tau_{\dot{\gamma}}$，以此表征颗粒物质的流动性。流动层厚度 h 的变化（伴随颗粒物质密度的改变和流速的变化）体现了颗粒物质在不同转速下运动状态的改变。对于同一颗粒材料，随着转速的改变 $\tau_{\dot{\gamma}}$ 会发生相应变化，所以流动层厚度 h 能很好地体现运动过程的变化情形。可见，颗粒物质的剪切变形时间 $\tau_{\dot{\gamma}}$ 能充分反映颗粒物质从静态到动态变化时的状态与过程，以及保持运动状态的能力。

《欧洲药典》提出用转鼓测量药物粉末流动性的新方法——颗粒发生坍塌的次数：将粉末颗粒装入转鼓中让其缓慢转动，测定固定转速下每旋转一圈颗粒发生坍塌的次数，装置示意图参见图 5-4 左。

5.2.3 粉体的流动

粉体的流动包括重力流动、致密流动（或称压缩流动）和流态化流动等多种形式，正因其流态化流动而导致粉尘飘散。

5.2.3.1 粉体流体的流动形式

图 5-5 给出的是密集粉体流体的几种流动形式，其中，① 由在粉体表面移动的面板产生被约束的平面剪切流动，多见于搅拌桨叶表面的粉体流动；② 在两个圆筒之间的粉体因内筒旋转产生被约束的环形剪切流动，例如，在立式槽形搅拌混合器中，沿径向运动、靠近器壁的及远离桨叶、靠近搅拌轴的粉体流动；③ 在垂直的粗糙壁之间的粉体因重力及其克服摩擦力作用产生被约束的垂直降落流动，如料仓下料接管中的或垂直管道中的粉体流动；④ 粗糙斜面上的粉体流动；⑤ 堆积体表面的粉体流动；⑥ 在旋转鼓内粉体流动都是自由表面流动，且主要是表面的粉粒流动，其内层粉粒的位移极小甚至不动，例如，旋转混合器内的粉体流动及向容器或模腔内加注粉料过程中形成的料堆表面的粉体流动，这类流动主要是由重力驱动的。

在药物粉粒料的存储、转移过程中，存在有平面剪切流动、垂直降落流动、斜面流动和堆积表面流动。例如，在料仓加料过程中既有垂直降落流动又有堆积表面流动流形。而在料仓排料过程中，粉体在料仓排料口正上方的部分首先以垂直降落流动形式流出，然后由上至下逐步扩大流动范围形成斜面流动，而流动范围之外的部分是静止不动的，如图 5-6 所示。其中，D 区为自由降落带，C 区为颗粒垂直流动带，B 区为擦过 E 区向料仓中心方向缓慢滑动区，A 区为擦过 B 区向料仓中心方向快速滑动区，E 区为固定不流动的静止区。

一般地，大于休止角的颗粒均可产生流向出口中心的运动的斜面流动。从图 5-6(a)可见 B 区、E 区的交界面像一个椭圆体，其长轴是垂直的，颗粒群成团运动；C 区的形状也像一个椭圆体，其内粉体流动是颗粒的各自运动。克瓦毕尔（Kvapil）据此提出椭圆体流动理论，料仓内流动的粉料由一次流动椭圆体 E_N 和二次流动椭圆体 E_G 组成，其中，E_N 的顶部为锥体；E_N 内的颗粒产生两种运动：第一位的（垂直）运动和第二位的（斜面）运动；E_G 以外粉体不产生运动，E_G 以内的物料产生的是整体流动。如图 5-6(b) 所示。

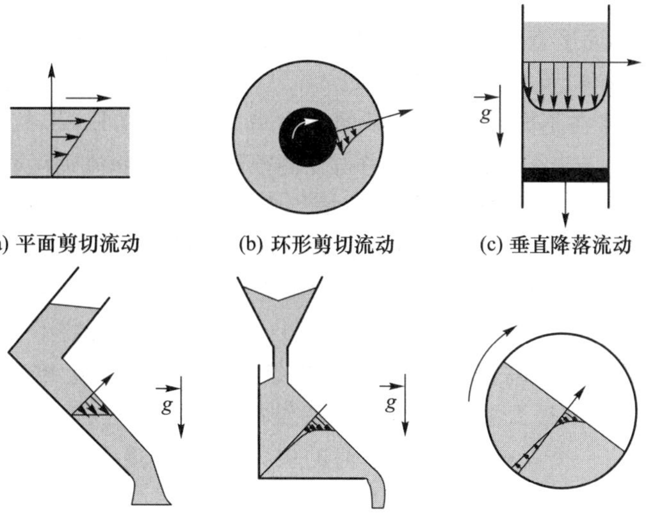

图 5-5　粉体流体流动的部分形式①

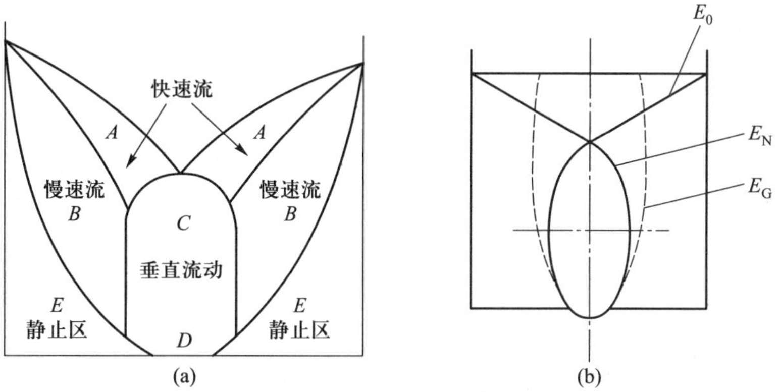

图 5-6　排料过程中料仓内粉体流动形式和流动区域示意图

詹尼克（Jenike）将岩土力学与塑性力学和连续介质力学相结合，为具有黏结性和摩擦性的松散体在重力场中的屈服和运动，建立了塑性体流动理论。该理论的要点有：① 松散物料按照其强度及变形性质是一个具有摩擦和黏性特性的刚塑性粉体，流动的本质是塑性粉体在临街应力状态下的连续屈服和变形；② 处于一定流动状态的粉体，在仓内确定了一个应力场，仓内的粉体因此受到自重引起的固结作用；③ 沟道中粉体产生重力流动的条件是粉体在固结应力作用下获得的屈服强度不足以支撑造成粉体阻塞的结构，料仓内阻碍粉体流动的结构是结管和结拱。

① 源自：GDR MiDi. On dense granular flows. Eur Phys J E，2004，14：341-365.

图 5-7 是用于测定屈服轨迹的詹尼克直剪仪结构示意图。对于某一密实状态下的若干试样，用不同的垂直荷重 N 和水平剪力 S 进行剪切测定，对求得的 N 和 S 除以剪切环体的内截面积 A 就得到正应力 σ 和切应力 τ，于是即可得到一条 $\tau-\sigma$ 坐标图上的屈服轨迹。屈服轨迹一般是一条曲线，但是常接近于直线，所以可用截距 c 和斜率角 δ 来表示。δ 称为有效的内摩擦角；$c=0$ 的粉体为非黏性粉体，反之为黏性粉体。

直剪试验测定粉体在不同正应力 σ 下的切应力 τ 值，通过 Excel 软件得到粉体屈服轨迹（YL）和莫尔应力圆，进一步得到最大主应力与无侧限屈服强度和流动函数 F。粉体作稳态流动时，任何一点的应力状态都必须处于屈服轨迹的终点，因此，过不同屈服轨迹终点的一簇屈服应力圆的包络（近似直线）为其实际的屈服轨迹，称为粉体的有效屈服轨迹（EYL），如图 5-8 所示。EYL 为主莫尔应力圆过原点的切线，其与正应力轴夹角为有效内摩擦角 δ，表示为稳态流动时摩擦系数的反正切值。大多数粉体的 δ 值在 30°～70°，细干粉体其值较小，流动性较好；粗湿物料呈现较大的 δ，流动性较差。经过每一条屈服轨迹终点且与屈服轨迹相切的莫尔应力圆表示了粉体固结时的应力状态，其最大主应力 σ_1 称为固结压力；经过原点且与屈服轨迹相切的莫尔应力圆表征了粉体在具有一个 $\sigma=\tau=0$ 自由面时的应力状态，其最大主应力 f_c 表征了黏性粉体在固结作用下所获得的强度性质。

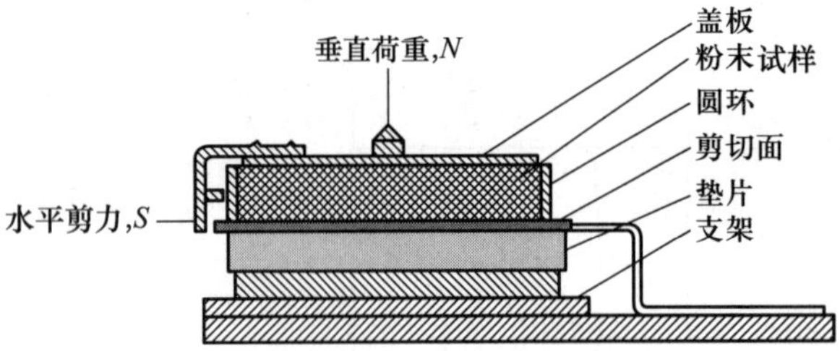

图 5-7　詹尼克直剪仪结构示意图

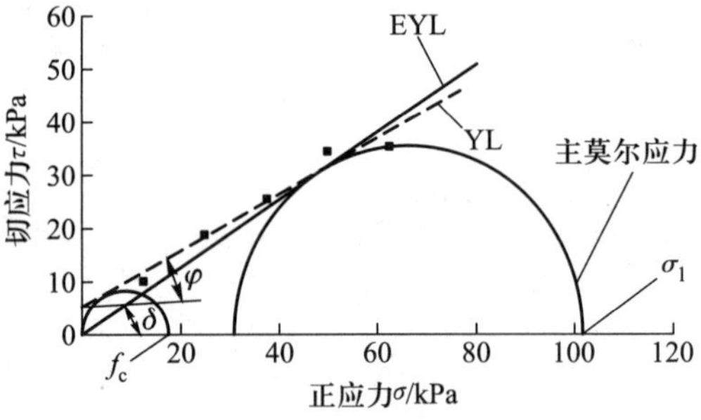

图 5-8　粉体莫尔应力圆及屈服轨迹

詹尼克理论中描述粉体流动的参数还有：内摩擦角 φ，即粉体开始滑动时摩擦系数的反正切值；壁面摩擦角 φ_w，即粉体和壁面材料动摩擦系数反正切值；无侧限屈服强度（又称开放屈服强度）f_c，即通过原点的莫尔应力圆与正应力轴交于两点，数值不为 0 的点的正应力强度；最大主应力 σ_1，即稳态流动时莫尔应力圆的最大主应力；容重 γ 表示单位体积内物体的质量。

固结压力 σ_1 是扬斯森（Janssen）方程式给出的，在料仓出口上方的粉末的头部或高度的函数：

$$\sigma_1=[\gamma R/(\mu k)](1-e^{-\mu kh/R}) \tag{5-8}$$

式中 R 是水力半径；μ 是摩擦系数（$\tan\phi'$）；k 是水平和垂直压力的比例（通常为 0.4）；h 是在料斗箱内粉末床的深度。

詹尼克流动函数（FF）表示最大主应力与无侧限屈服强度的函数关系，即 $F=\sigma_1/f_c$，F 是量纲为 1 的量。F 越大，粉体的流动性能越好：$F<1$，不流动；$1<F<2$，强黏附性；$2<F<4$，黏附性，不易流动；$4<F<10$，易流动；$F>10$，自由流动。

对料仓内粉体物料的力学分析表明：拱体的最大剪应力位于拱脚处，结管的最大剪应力位于管壁。这些部位粉体应力状态的特点是具有一个 $\sigma=\tau=0$ 的自由面，因此，在这些点的结构破坏条件可用该点垂直于自由面方向上的最大主应力 $\overline{\sigma}$ 和粉体在固结应力 σ_1 作用下所获得的开放屈服强度的相对大小来表示。$\overline{\sigma}<f_c$，结构稳定；$\overline{\sigma}=f_c$，结构处于临界破坏状态。$\sigma_1/\overline{\sigma}$ 称为料斗流动因子（记作 *ff*），*ff* 值越小，料仓的流动条件就越好。

对于在搅拌槽式混合器内的粉体流体，其主流体流动为径向流，包括“平面剪切流动和环形剪切流动”；内置挡板改变局部粉体流向并与主流体碰撞而产生多方向多维度运动。搅拌转速的加快，会在桨叶背面出现高度不大于桨叶立面高的断流“空域”（如图 5-9 所示），这样其顶部的粉体向下坠落充填，如此重复而实现混合。

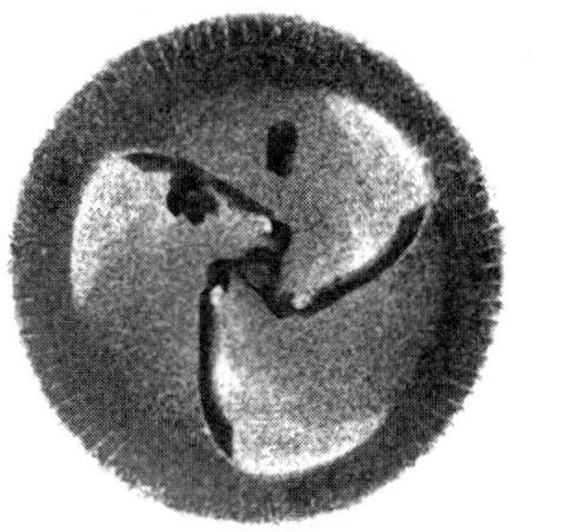

图 5-9 三叶桨搅拌对与筒壁及桨叶直接接触的粒子的瞬时剪切应力作用俯视图

在旋转混合器的转鼓中，粉体流动的驱动力主要来自于重力，暴露于表层的粉体在重力的作用下克服阻力沿主体粉体构成的斜面向下移动，属于“斜面流动”。粉体或颗粒刚开始随容器旋转时，粉体在表层从静止状态发展到流动，流动通过静止底层的堵塞转变为静止，内部流型比较规则、简单，并在一侧形成一个漩涡；随着转动圈数的增加，颗粒流型变得非常复杂，其共同特点是漩涡转移到内部颗粒的几何中心，颗粒整体上就以此为中心稳定旋转，其自由表面的粉体运动状态随转速的改变而变化，流动层厚度 h 在一定的转速范围内是随转速的提高而增加的。在粉体致密流动层内颗粒的剪切率虽呈线性关系，但颗粒流是非牛顿流体。

对于圆筒形旋转体，转动使得静止在容器内的颗粒随容器一起旋转，当顺时针旋转达一定角度时左上角的个别颗粒开始下滑，而底部颗粒仍随容器一起旋转，左、右两颗粒层间扭曲增大；随着旋转角度的增加，顶部下滑的颗粒急剧增加，并一直加速下落到容器的右侧，颗粒层界面出现明显的“S”形，如图 5-10(a) 所示。在旋转过程中左上角的颗粒部分下滑并堆积形成一个凸起的颗粒包，随着倾斜角度的增大，颗粒包表面的颗粒开始向右下滑，又有左边的颗粒补充到颗粒包中来，此颗粒包是颗粒流体形成的“冲击波浪”，其大小与转速和容器的直径有关。

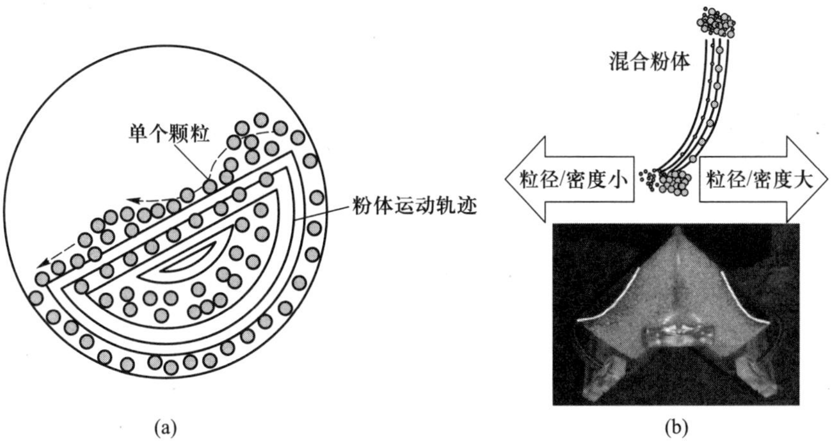

(a) (b)

图 5-10 常见旋转混合器中粉体运动轨迹

在旋转的 V 式混合器中，密度或粒径较小的颗粒更容易倾向流弧形曲线的凹侧，而密度或粒径较大的颗粒因具有更大的惯性而倾向于直线运动并向流弧形曲线凸侧移动，如图 5-10(b) 所示。

5.2.3.2 粉体流体的流动状态描述

固体药物在其溶液配制过程中，其固体颗粒最初经历的是在连续介质中的运动，可用"流体中的颗粒运动"进行描述，并用伯努利方程分析、研究并解释固体颗粒在连续介质中沿受力方向运动的特性（气体或液体中的流动–沉降、悬浮、流态化及气流输送），进行定量计算、设计。

固体药物在其粉料混配过程中，固体颗粒是离散的。通常，可按照流速将干燥的颗粒状材料的流动划分为三类：准静态、"气态"体系的类流化态和存在于两者之间的密集流动态。

准静态：颗粒惯性是微不足道的，常用岩土塑性模型来描述。

"气态"（类流化态）：强烈搅拌并致颗粒彼此相距遥远的颗粒流动体系，微粒的相互作用通过二进制碰撞和动力学理论类比气体的动力学理论进行描述。

密集流动态：在准静态和"气态"之间存在一个密集流动区域，颗粒运动的惯性变得很重要。但这种"流动"态下的本构方程及从准静态到"气态"系统的全过程描述方程都需要进一步研究建立。

颗粒物质在颗粒尺度基础上的剪切变形才能使颗粒从静态向动态转变。静态颗粒物质能承载一定剪切应力而保持固定的形态，当剪切应力一旦超过某一临界值时（屈服值）颗粒物质可以像液态流体一样流动，即颗粒物质同时具有固体和液体的特性。

图 5–11 所示为 4 个颗粒组成的四面体结构，当倾斜度较低时颗粒能保持稳定，当斜面倾斜度达到一个临界值，上面颗粒在重力的切向分力作用下发生剪切变形而越过下面的颗粒，产生一个颗粒尺寸的相对位移，颗粒物质打破原来的稳定状态发生运动，如图 5–12 所示。显然，在不同剪切程度下颗粒的运动状态不同。剪切用的时间因粉体颗粒密集度的增加而增大，重排时间增加幅度较小。

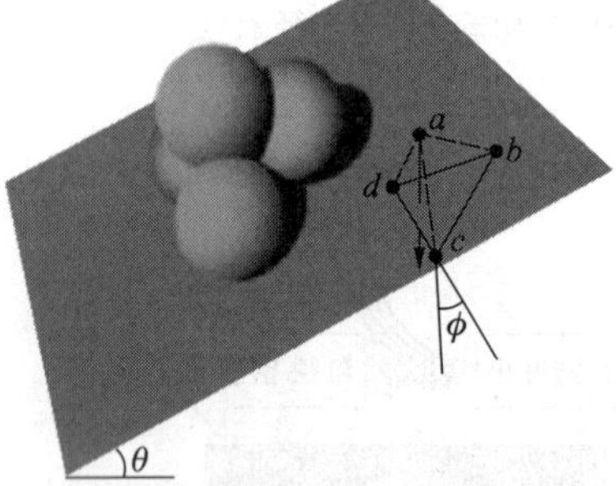

图 5–11 斜面上颗粒物质稳定模型

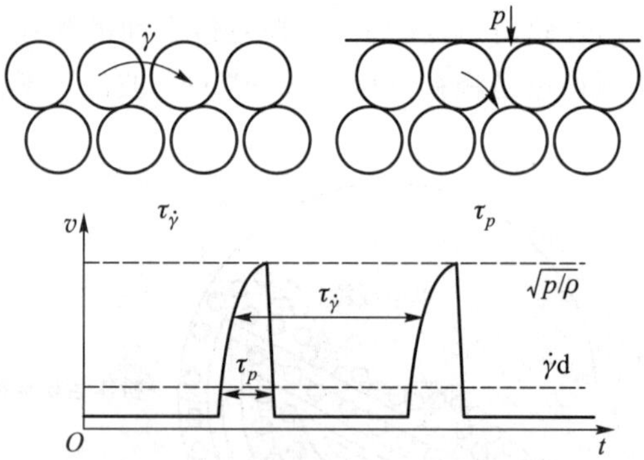

图 5–12 颗粒剪切变形和重排的时间物理含义示意图

对于液体等连续流体的流动状态的判定可用雷诺数，对于非连续的粉体流体的流动状态可用 Midi 定义的惯性指数 I 表示。

$$I=\frac{\tau_p}{\tau_{\dot{\gamma}}} \tag{5-9}$$

即压力 $p(p=\rho gL)$ 作用下颗粒微观重排时间 τ_p（表示上层颗粒落入下层某一空位所耗的时间），与宏观剪切变形时间 $\tau_{\dot{\gamma}}$（表示上、下两层颗粒发生相对位移为一个颗粒直径所消耗的时间）的比。颗粒运动分为三种状态：

$I<0.01$ 蠕动状态

$0.01\leqslant I\leqslant 0.2$ 致密流动

$I>0.2$ 稀疏流动

粉体流体在低速搅拌时，待分散的药物颗粒在其中运动近似于在连续介质中的特性，可用雷诺数 Re 和弗劳德数 Fr 描述。其中，Fr 是在流体力学中表征流体惯性力和重力相对大小的一个量纲为 1 的参数，它表示通过断面上单位质量粉体具有的平均动能与平均势能的比值，等于粉体运动时的惯性离心力除以重力。即

$$Fr=\omega^2 R/g=(2\pi N)^2 R/g \tag{5-10}$$

式中 N 为运动速度；g 为重力加速度；R 为物体的特征长度。$Fr<1$ 表示粉体流体平均动能较小，重力占主导，粉体流动缓慢；$Fr>1$ 表示粉体流体平均动能较大，惯性力占主导。

5.2.4 粉体流动的影响因素

粉体之所以流动，其本质是粉体中颗粒受力的不平衡。由微粒受力分析可知：有重力、颗粒间的黏附力、摩擦力、静电力等的作用。粉体间的摩擦及内聚性质对粉体的流动性都有很大的影响。粉体内聚力指的是颗粒间相互作用力，包括范德华力、静电力和毛细管引力等。换句话说，粉体流动性不仅与重力、空气阻力、颗粒间相互作用力和粒径及分布、微粒形态特征相关，还受到环境及干湿程度颗粒流动的边界条件、单元操作工艺参数及设备的结构与尺度等因素的影响。

通常，粉体颗粒在混合及输送等运动过程中，微粒间作相对运动时产生摩擦力，微粒间的摩擦会产生静电，致使颗粒相互吸引黏合，粉体的流动性变差。在固体制剂处方设计中常加入润滑剂等成分以改变颗粒之间的作用力，改善粉料的流动性。

5.2.4.1 粒度和形态对粉体流动的影响

粒度和形态不同的粉体，其内聚性和摩擦性对粉体流动性的影响程度是不同的，当粉体粒度较大时，粉体流动性主要取决于粉体的形貌，因体积力远大于颗粒间的内聚力，表面粗糙的粉体颗粒或是形态不均匀的粉体颗粒的流动性都较差。

当粉体颗粒很小，粉体的流动性主要取决于粉体颗粒间的内聚力，此时的体积力远小于颗粒间的内聚力。对于较大颗粒而言，其重力作用远大于颗粒间的其他作用力，因此，颗粒个体保持了其自身的自由运动。随着颗粒尺寸的减小，颗粒之间的分子引力、静电引力等作用力就有可能占据主导地位，而颗粒就很难保持原自由运动。粉体粒度越小，颗粒间越容易吸附、聚集成团，黏结性增大，导致休止角增大；同时，粉体粒度减小，颗粒间容易形成紧密堆积，使得透气率下降，压缩率增加，粉体的流动性下降。一般来说，当粒径大于 50 μm 时就具有“自由流体”的性质，而粒径小于 50 μm 时就具有“黏性流体”的性质。粒径大小相等、形状不同的粉末其流动性也不同。球形颗粒相互间的接触面积最小，其流动性最好。针片状的颗粒表面有大量的平面接触点，以及不规则颗粒间的剪切力，其流动性差。因此，药物粉体在混合之前通常要进行粉碎、过筛加工，颗粒化后需要进行整粒处理。

5.2.4.2 表面性质对粉体流动的影响

有些颗粒表面因其化学结构和毛细管孔结构而具有吸附水分子等极性分子的能力，颗粒的表面张力和毛细管引力由此加强或形成。当含有少量水分时，水分被吸附颗粒表面，以表面吸附

水的形式存在，对粉体的流动性影响不大；水分继续增加，颗粒内外均有吸附水，变得易黏着、团聚或变形、破碎，粉体的流动性通常变差。因此，针对含有引湿性盐基药物的粉体则需要限制车间环境湿度。

通常，颗粒在相互靠近时，需要能量克服静电斥力，但当距离接近到一定程度时，范德华引力开始起作用，并使得颗粒堆积紧密。因此，斥力与引力的相对大小会改变结合能，并直接影响体系的流变性能。载荷不同的微粒间存在吸引力，粉体的流动性因此变差。药物或辅料在加工过程中，如混合等可使之带有电荷。Staniforth 等人的试验表明，片剂辅料在混合过程中荷电后，其流速都降低。例如，喷雾干燥的结晶性葡萄糖在未荷电前的流速为 3.123 $g \cdot s^{-1}$，而荷电后其流速降低到 0.717 $g \cdot s^{-1}$；由 97% 蔗糖和 3% 糊精的混合结晶制品，在未荷电前的流速为 3.011 $g \cdot s^{-1}$，而在荷电后则降低到 0.971 $g \cdot s^{-1}$。

含有小颗粒（<1 μm）的体系，其黏度在低剪切速率下随 zeta 电位增大而增大。增大 zeta 电位，不论正值还是负值，都会增强颗粒间的排斥力，而有利于颗粒进行有序排列。这种较为有序的结构，将增加体系流动阻力，但它仍允许部分微粒运动。另外，高剪切速率下，其 zeta 电位对黏度的影响变得很弱，其有序堆积结构因此而破坏。若颗粒粒径较大（>1 μm），即便 zeta 电位再高，强大的重力作用也会克服静电斥力，使得颗粒相互靠近。在这种情况下，沉降出现，体系不稳定，导致类似饼状的沉积物出现。

5.2.4.3 热和机械力对粉体流动的影响

分子运动速度因温度提高而加快，不仅粉末颗粒的松密度因此而变化，而且粉体的黏附性明显增加，粉粒与粉体之间或者粉体与器壁之间发生黏附，使得粉体流动性降低。如果温度超过粉体熔点时，粉体会液化而彻底改变。因此，在进行粉体加热操作时，需要注意器壁温度不可高于粉体的熔点。

在搅拌或挤压输送与混合的致密流动过程中，随着机械力的增大，粉体颗粒之间的空隙被压缩，或粉体颗粒内的孔隙率下降，或微孔及微粒变形与破碎。一般地，在压缩变形初期，微小量的细化粉粒有助于流动作用；而随着数量进一步增加会发生颗粒之间的契合或微细粉粒自聚积而使得体系的黏性增大并带来流动性下降。

5.2.4.4 进料速度和装料量的影响

在药物制剂过程中，密集粉体多因重力、剪切力或机械搅拌举推力的作用而流动，同时，受到混合容器和流通通道结构的限制及充填量的影响。

就像液体一样，料仓、管道和混合器等的形状决定粉体流动的流型，影响并决定粉体主流体的流动方向。

随着进料速度的增加，物料因密度和粒度差产生的分离程度增大，密度低的向落料点的外围扩散聚集，粒径大的在底部并向外聚集。随着装料高度的增大，下层的粉体物料受到的压力随之增大而以致固结并形成结拱。在搅拌或旋转式混合器内粉体的流动，装填量增大势必导致粉体的流动阻力增大。

第三节 粉体的混合

工业上的粉体混合过程是一种“随机事件”，所以，工业混合也称为概率混合，它所能达到的最佳程度称为随机完全混合。具体而言，粉体混合是通过机械的或重力的方法使两种及以上组分的粉粒在宏观上均匀分布的过程。也就是说,是在外力的作用下,使粉体中各组分分布的不均一性不断降低的过程。

在片剂生产过程中,主药粉与赋形剂根据处方分别称取后必须经过几次混合,以保证片剂质量。片剂的含量差异、崩解时限及硬度变化等,多由于混合不当引起的。药物粉体的混合是药物制剂工程的重要单元操作,通过机械的或流体的方法使得不同物理性质(如粒度、密度等)和化学性质(如成分等)的颗粒在宏观上分布均匀。

5.3.1 粉体混合的一般方法

混合作用是给予物料以外力(包括重力与机械力等)使其各部分微粒发生运动,或者是加速,或是减速,当然还包括运动方向、运动状态的改变。显然这种使各部分物料都发生相互变换位置的运动越复杂,也就越有利于混合。而这些外力的作用效果取决于混合的方式、混合速度、物料量及混合器或混合装置的工作部件的结构等。

在混合过程中,微粒个体要在混合物中不停地迁移以达到混合,为了达到这个效果可以用不同形式和强度的力对混合粉末进行翻腾、揉捏、流态化、剪切等。其常见的混合方法有搅拌混合、旋转混合、研磨混合及过筛混合等。

(1) 搅拌混合　多是将物料置于容器中,用适当器具搅拌混合,此法较简单但不易混匀,多作初步混合之用。大量生产中常用混合机搅拌混合,经过一定时间的混合,能够达到均匀的目的。

(2) 旋转混合　系具有自由流动表面的混合方法,粉状物料被旋转筒壁带到一定高度时,使得此处物料的沿斜面的重力分力大于颗粒间摩擦力和离心力的合力而滑移,由此产生高位崩塌-流动涂覆的周期叠加式混合。

(3) 研磨混合　系指将被混物料的各组分置于乳钵或球磨机中研磨的混合方法。研磨有两种作用,即一方面将物料研细;另一方面将物料分散混合。此法适用于小量结晶性物料的混合。但不适于具有引湿性及爆炸性成分的混合。

(4) 过筛混合　系将各组分的粉末初步混合一起后,移置筛中使通过即得。中草药粉、非结晶性药物及其他轻质的药物都可用本法混合。尤其是含植物性及各组分颜色不同的药物,采用过筛混合能达到混合均匀和色泽一致的要求。过筛混合时由于较细而较重的药粉先通过,故过筛后仍须适当搅拌混合。为使充分混合起见,粉末最好通过两三次筛网。

通常的生产过程采用的是几种方法的组合使用,如研磨混合后再经过筛,或过筛混合后再经搅拌,以确保混合均匀。

5.3.2 粉体的混合过程机制与状态

5.3.2.1 粉体的混合过程机制

在旋转混合器的转鼓中,粉体层内流动为对流,故层内混合快;而层间流动本质上是扩散,故层间的混合是最慢的一步。其中,双锥形混合器中粉体的混合过程呈连续状态,而 V 式混合器的混合呈现出从“流动—静止”到“静止—流动”两个阶段,且混合均匀度的波动大。在搅拌槽式混合器内粉体主流体流动为径向流,其中包括“平面剪切流动和环形剪切流动”,同时,旋转桨叶背面会出现高度不大于桨叶立面高的断流"空域"其顶部的粉体向下坠落充填,并由此产生混合。

粉体的混合是一个复杂的随机过程,可借助计算机辅助建模描述。目前描述粉体混合过程的主要模型有连续模型、动能理论模型和离散模型。连续模型将粉体流体假设为服从质量守恒和动量守恒定律的连续体,采用流体运动方程(结合能量、力学和传热方程)描述颗粒的行为,但忽略了颗粒物的离散属性。动能理论模型是根据粉体流体中颗粒的接触与密闭气体中分子的碰撞相似而建立的,采用统计平均方法建立颗粒物的质量、动量和动能守恒方程。离散模型包括依据概率统计规律的蒙特卡罗法和由第一定律推导的颗粒动力学,其中颗粒动力学模型包括"硬颗粒"和"软颗粒"模型。

在粉体混合过程中主要存在有对流混合、扩散混合和剪切混合三种机制,如图 5-13 所示。

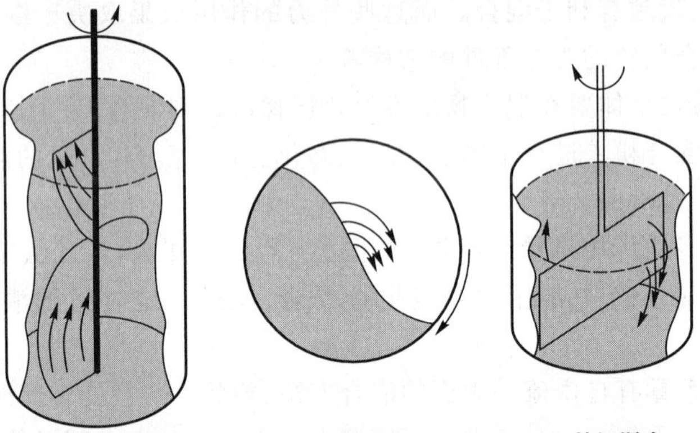

(a) 对流混合　(b) 扩散混合　(c) 剪切混合

图 5-13 粉体混合过程的三种机制①

(1) 对流混合　指相邻的粉团从物料中的一处移到另一处,由于容器自身或桨叶的旋转,粉体颗粒随着器壁上升,处在超过休止角高度的颗粒便纷纷落至容器壁的下部;或是旋转桨叶搅动其面前的粉体主要沿旋转方向运动,面上的粉体向上运动,然后塌落;干粉颗粒借助此类滑动或搅动而达到混合。

(2) 扩散混合　指单个颗粒进入粉团的过程,或者说,由两种粉粒互相扩散交换位置而达到混合的一种形式。因颗粒间的微粒形状、充填状态或流动速度的不同,会导致相邻颗粒间相互交换位置,产生局部混合的作用。常见于连续旋转物面的粉体,微粒在边缘处不断分散、展开,从而实现互相掺和、渗透而混合。

(3) 剪切混合　指粉团不断被分割或粉末在滑移面上流动,它是借助固体粉粒各层之间速度差形成颗粒间相对运动,换句话说,滑移面是由于微粒群内的速度分布不均匀而产生的。于是,滑移面之间的剪切应力便导致若干滑移面的相互掺和、混合,从而实现微粒间的混合。

通常混合过程不只上述某单一机制,而是多种机制共存,一般可分为前期过程和后期过程。具体来说,可分为图 5-14 所示的三个阶段:Ⅰ对流混合阶段,混合进度很快;Ⅱ对流与剪切共同

① 源自:欧阳鸿武,等.粉体混合技术的研究进展[J].粉末冶金技术,2004,22(2):104-108.

作用阶段，与对流混合阶段相比，这一阶段混合速度有所减慢；Ⅲ扩散混合阶段处于混合与分离的平衡状况，混合均匀度(成分标准偏差 σ)在某一均值附近波动。

在Ⅰ和Ⅱ阶段总称为混合前期，颗粒之间迅速地混合并能接近或达到最佳混合状态。然后，进入粉体混合的均匀化速度变慢并向反方向变化的第Ⅲ阶段，又称后期过程；其混合与分离作用是交替进行的，此过程出现分离而使混合均匀状态变劣的现象，这一现象称为偏析，它是反混合的。比如，在粒度不同的固体微粒运动过程中，大小微粒会在其几何位置上相互错动，大粒向下、小粒向上，微小的微粒甚至会扬起而离开本体；过度搅拌将使得密度差或粒度差较大的粉体偏析程度加大。也就是说，延长混料时间不一定会提高物料的混合均匀度，可能反而会降低混合效果，并再也不能达到最佳混合状态。

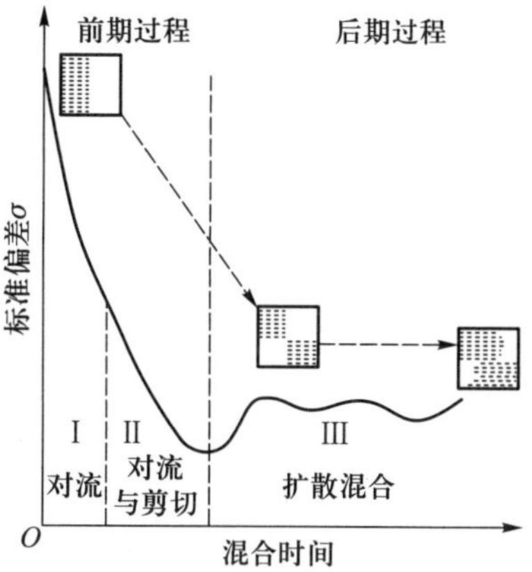

图 5-14 典型的粉体混合动力学曲线[①]

5.3.2.2 粉体的偏析机理

典型的粉体偏析机理可分为三种：筛分/渗滤、空气夹带(流化)和颗粒夹带(粉尘)。

(1) 筛分/渗滤 在适当的条件下，细颗粒倾向于通过粗颗粒进行筛分或渗滤。激活这种偏析机理需要满足四种条件：微粒尺寸跨度大，通常比例为 2 : 1；微粒尺寸大，超过 100 μm；粉体要能自由地流动；微粒之间可以产生相对运动。最后一点也是最重要的一点，如果这一点没有满足，那么前面三种都满足也不能发生偏析现象。其中，相对运动可以通过诱导产生。例如，将粉末积成堆或者从卸料槽中排出粉末的操作。筛选/渗滤的结果通常是微粒之间面与面的变化。在料仓中，细小的微粒通常在填充点的中间，而大的微粒通常在外侧。

(2) 空气夹带(流化) 处理颗粒尺寸或颗粒密度不同的较细小的流化粉末常常导致垂直条纹图案，较细/较轻的颗粒集中在较大/较密的颗粒之上。其可能发生在料仓的填充期间。无论粉末是由空气输送到容器还是通过空气下落到料仓，它都可以在填充后保持长时间的流化。在这种流化状态下，较大和(或)更致密的颗粒倾向于沉降到底部。物料流入封闭容器时发生的空气逆流也可能导致这些问题。

(3) 颗粒夹带(粉尘) 与空气夹带机制类似，颗粒夹带或粉尘偏析主要发生在粒径或密度不同的细粉末。由于粒径和密度的不同，更细、更轻的颗粒比较大、较密的颗粒更能长时间在空气中保持悬浮。例如，当粉末落入容器中时，较大、较密的颗粒将倾向于在进入流附近的区域中保持集中，而较小、较轻的颗粒将被运送到慢速移动甚至停滞的空气中。这个问题在锥体料仓中尤其严重，因为细粉沿壁沉降最终滑动到仓的谷部(角部)。由于通常形成的漏斗流动模式，料仓角落中的粉末最后排出。通常的趋势是在一个料仓的最后，细粉的比例逐渐升高。

无论在哪种单元操作中，某种偏析机制只是起主导作用，而其他偏析作用存在但是起次要作用。在解决偏析问题要避免激活某一种偏析机制时，也要注意不要因避免一种机制而激活某种新的机制。

---

① 源自：Massol-Chaudeur S, Berthiaux H, Dodds J A. Chemical Engineering Science, 2002, 57: 4053-4065.

5.3.2.3 混合状态及其描述

生产中常要遇到很多数据，这些数据都有两个特性：一是波动；二是有一定的规律。为了要从这些波动的数据中寻找出规律性，就要理解以下的名词术语：

（1）总体和个体 数理统计所研究的对象的整体称为总体。总体内的一个单位称为个体。总体代表整个对象，含有很多个体，甚至无穷多，不可能一一考察。

（2）样本 总体的一部分叫做样本或叫样品。统计方法就是解决如何从样本来研究总体的问题。

描述混合均匀度的成分标准偏差 σ，能够反映粉体混合的质量，它是以样品的统计学检验为基础的。σ 值变化越小，混合体质量越好，它可以预知并指导加工过程以得到质量好的粉末。标准偏差又称标准离差或标准差，是数理统计学的一个数学概念。

① 样品均值。抽出一个样本（一组样品，样品个数 N_s），得到一批数据，每组数据的算术平均值称为"样品均值"，用 x 表示：

$$x=\frac{1}{N_s}\sum_{i=1}^{N_s}x_i \tag{5-11}$$

② 标准偏差。标准偏差是用以表示数据波动幅度的一种方法，也称为均方差根，其计算方法为

$$S^2=\frac{1}{N_s-1}\sum_{i=1}^{N_s}(x_i-x)^2 \tag{5-12}$$

式(5-11)中，S 为样本的标准偏差；N_s 为数据数量（样品个数 N_s）；x_i 为每个数据的数值；x 为样品均值。对于样本，标准偏差用 S 表示，样品均值用 x 表示。根据数理统计原理，在计算总体的标准偏差时，用 σ_n 或 σ 表示。总体包括无限多个观察数值，它同样本所包含的有限多个观察数值所求得的标准偏差 S 是不相等的。

$$\sigma_n^2=\frac{1}{N_s-1}\sum_{i=1}^{N_s}(x_i-\mu)^2 \tag{5-13}$$

式中 μ 为总体的数据均值。

对式(5-11)，当 N_s 值很大，即样本的观察数值很多时，就比较接近或代表了总体，S 值同 σ_n 值就几乎相等了。

例 5-2 例如有两组样本中某一成分的含量在 90%~94%，合格率都是在 60%。每组 10 个样品的试验结果如下：

样品：	1	2	3	4	5	6	7	8	9	10
第一组	99.5	93.8	94.0	90.2	93.5	86.2	94.0	90.3	98.9	85.4
第二组	94.1	93.9	92.5	93.5	90.2	94.8	90.5	89.5	91.5	89.9

试计算样品的均值和标准偏差。

解：（1）样品均值

第一组

$$\begin{aligned}x_1&=(99.5+93.8+94+90.2+93.5+86.2+94+90.3+98.9+85.4)/10\\&=92.58\end{aligned}$$

第二组

$$x_{Ⅱ}=(94.1+93.9+92.5+93.5+90.2+94.8+90.5+89.5+91.5+89.9)/10$$
$$=92.04$$

总体样品均值

$$x=(92.58+92.04)/2$$
$$=92.3$$

（2）标准偏差

样品：		1	2	3	4	5	6	7	8	9	10
第一组	x_i	99.5	93.8	94.0	90.2	93.5	86.2	94.0	90.3	98.9	85.4
	$x_i-x_Ⅰ$	6.92	1.22	1.42	-2.38	0.92	-6.38	1.42	-2.28	6.32	-7.18

由式(5-12)得

$$S_Ⅰ=4.68$$

另，x_i-x　7.2　1.5　1.7　-2.1　1.2　-6.1　1.7　-2.0　6.6　-6.9

第二组	x_i	94.1	93.9	92.5	93.5	90.2	94.8	90.5	89.5	91.5	89.9
	$x_i-x_Ⅱ$	2.06	1.86	0.46	1.46	-1.84	2.76	-1.54	-2.54	-0.54	-2.14

由式(5-12)得

$$S_Ⅱ=1.96$$

另，x_i-x　1.8　1.6　0.2　1.3　-2.1　2.5　-1.8　-2.8　-0.8　-2.4

故，对于总样本有 $n=20$，由式(5-13)得

$$\sigma_n^2=\frac{1}{N_s-1}\sum_{i=1}^{N_s}(x_i-\mu)^2$$
$$=12.19$$
$$S=3.49$$

由以上计算结果可见，两组数据平均值相似，合格率相同，但第一组的标准偏差比第二组大得多。因此，组分变化幅度本身并不能对产品质量进行评价，它必须与完全分离情况下的和随机情况下的组分变化幅度极限值相联系。随机情况下的组分变化幅度是一个有意义的参考数据，因为它通常代表的是混合物中组分的自由位置（既没有分离过程，也没有有序位置），反映的是生产过程中容易得到的产品质量。

对于相似微粒 A、B 二元混合体系有

$$\sigma_R^2=\frac{v_B(1-v_B)}{N_s} \tag{5-14}$$

式中 σ_R 是随机混合的理想标准偏差；v_B 是混合体系中 B 微粒的体积分数；N_s 是 A 和 B 微粒总数。

颗粒剂和片剂等固体制剂中，活性成分含量较低，绝大多数是辅料。通常，先用少量的辅料与之混合，然后再与余下的辅料混合，可得到均匀分散的混料。

例 5-3　用有效成分占 1% 混合物粉体加工片剂，假设 1 片有 10 000 个粉粒，其中活性有效成分的微粒数为 100 个。试比较一次混合与等梯度稀释 2 次混合的混合偏差。

解 (1) 一次混合有

$$\sigma_{R}^{2}=0.01\times0.99/10\ 000=9.9\times10^{-7}$$

(2) 先用辅料 900 微粒与之混合，再用余下辅料的 9 000 个粉粒与之混合，则有

$$\sigma_{R1}^{2}=0.1\times0.9/1\ 000=9\times10^{-5}$$

$$\sigma_{R1}=9.49\times10^{-3}$$

又

$$\sigma_{R2}^{2}=0.1\times0.9/10\ 000=9\times10^{-6}$$

$$\sigma_{R2}=3\times10^{-3}$$

于是

$$\sigma_{R}^{2}=\sigma_{R1}\times\sigma_{R2}=2.847\times10^{-7}$$

(3) 若 1 片只有 1 000 个粉粒，其中活性有效成分的微粒数仍为 100 个，则有

$$\sigma_{R}^{2}=0.01\times0.99/1\ 000=9.9\times10^{-6}$$

由上近似计算可见，分两次梯度稀释混合的均匀性明显优于一次混合的效果，增加颗粒数对保证产品有效成分的均一是有效手段。

实验统计结果表明粉体或颗粒的混合均匀度是随混合器旋转次数变化而变化的，其混合均匀度可用 Muzzio 等的经验公式表示：

$$\sigma^{2}=\sigma_{R}^{2}+w_{0}^{2}e^{-km} \tag{5-15}$$

式(5-15)中，σ^2 是实验混合物浓度方差；σ_R^2 是完全混合时的方差；w_0 是某组分的质量分数；m 是旋转次数；k 是混合速率常数。

例 5-4 今有一药物结晶粉末与充填剂淀粉在一圆筒型混合器中混合，已知药物的加入量占粉体总量的 5%（质量分数），假设两者的密度、平均粒径相等，其混合速率常数 $k=0.01$。试问：混合器需要旋转多少次才能达到($\sigma^2-\sigma_R^2$)值不超过 10^{-6}的混合效果？

解：由于两者的密度、平均粒径相等，所以药物的质量分数 $w_0=0.05$。

根据式(5-15)有

$$\sigma^{2}-\sigma_{R}^{2}=w_{0}^{2}e^{-km}$$

于是

$$10^{-6}=0.05^{2}\ e^{-0.01m}$$

则

$$m=(2\ln 0.05-\ln 10^{-6})/0.01$$

$$=783(次)$$

即混合器需要旋转 783 次以上才能达到($\sigma^2-\sigma_R^2$)值不超过 10^{-6}的混合效果。

图 5-18 表明，粉体混合过程中组分变化的方差随混合时间呈指数下降。几种常用的混合器的混合结果都较好地符合公式(5-15)，只是初始条件和 k 值不同。对设有挡板的旋转容器，靠近其边壁处颗粒混合程度明显好于内部颗粒。通常药物制剂过程所用辅料的颗粒粒度及密度与药物的是不相等的，因此，用式(5-14)和式(5-15)描述药制剂粉体的混合是理想化的；而式(5-13)中的标准方差 σ^2 受取样次数及该成分加入分数的影响，用来表示最终混合状态也是不完善的。如果以 σ_0^2 代表混合前两种成分的分离状态的方差，以 σ_∞^2 代表完全均匀混合的方差，则对装入分数（以最终混合状态的分数均值表示）$\bar{x}$ 的某一成分，混合粉体粒总数为 N_s，有

$$\sigma_{0}^{2}=\bar{x}(1-\bar{x})$$

$$\sigma_{\infty}^{2}=\bar{x}(1-\bar{x})/N_{s}$$

于是，粉体混合均匀程度可定义为

$$M_t=\frac{\sigma_0^2-\sigma_t^2}{\sigma_0^2-\sigma_\infty^2} \tag{5-16}$$

式中，M_t 为混合到时间 t 时的混合均匀程度；σ_t^2 为混合到时间 t 时的方差。当 $t\to 0$ 时，$M_0=0$，两种粉体物料完全处于分离状态；当 $t\to\infty$ 时，$M_0=1$，两种粉体物料完全均匀混合。用 dM_t/dt 表示混合速率，则有

$$dM_t/dt=A(1-M_t)$$

所以

$$M_t=1-e^{-At} \tag{5-17}$$

式中，A 为混合速率系数（min^{-1}），其大小与混合设备形式、操作条件及粉体颗粒的性质有关。同理有混合程度与混合设备转数的关系式：

$$M_n=1-e^{-Atm} \tag{5-18}$$

式中，m 为混合设备旋转数。

在实际操作过程中，无论式（5-17）还是式（5-18）所描述的混合程度 M 都是一个波动的数值，即是一个动态的平均值。

5.3.3 粉体的混合速度与功率消耗

（1）混合时间　只要确定了混合所需的旋转数 m 和混合器的转速 N，就可以确定粉体达到规定混合状态所需要的混合时间 τ_m，且有

$$\tau_m=m/N \tag{5-19}$$

（2）旋转速度　若两种液体流体混合运动相似，除了具有相同的 Re，还具有相同的 Fr；或要求圆击点线速度（$V_T=2\pi RN$）相等。对于粉体流体的流动混合过程，也可近似地要求工程实际混合过程运用与小规模混合相同的 Fr。在一定的转速范围内，式（5-18）的物理意义是粉体的混合程度取决于粉体的混合次数，即与混合设备的旋转数有关。

结合式（5-18），由式（5-10）的 $Fr=\omega^2R/g=(2\pi N)^2R/g$ 推导可知，粉体的混合程度与 Fr 有一定的关系。对回转式混合器，式（5-10）中的 ω 为容器旋转角速度；N 为容器旋转速度（rad /s）；R 为容器最大旋转半径（m）；g 为重力加速度（m/s^2）。用旋转半径不同的混合器，在几何尺寸比例和装填系数相同的前提下，达到相同的混合状态则意味着其 Fr 相等。于是有

$$N_1^2R_1=N_2^2R_2 \tag{5-20}$$

式中 N 是旋转混合器的旋转半径的转速；R 是旋转混合器的旋转半径。

对于回转式混合器，其转速较低时，颗粒因圆筒内壁的阻力顺作圆周运动，到达一定点时就脱离圆周运动，而沿料堆的表面呈混乱状态流下来，最后再随机壁上升作圆周运动，如此反复变化；宏观表现为物料在圆筒内滑动，本质上是因筒壁与混合料之间的摩擦力小，不能克服混合料本身的内聚力所致。当转速增加时，开始有颗粒脱离圆周运动并作独立的抛物线运动；宏观表现为物料在圆筒内形成流畅的滚动，本质上是筒壁与混合料之间的摩擦力与混合料的内聚力达到平衡。若再增加转速，则有更多的颗粒参与抛物线运动；当速度过大，离心力接近并超过重力，从而使颗粒附于转鼓上，降低了混合效果，如图 5-15 所示。

因此，利用回转式混合器进行粉体的混合时，要求 $Fr\leqslant 1$，也就是要求混合器产生的离心力不大于重力的转速下旋转，即在低于临界转速 $N_c=42.3/D^{0.5}$（其中，D 为混合器的旋转直径）旋转。

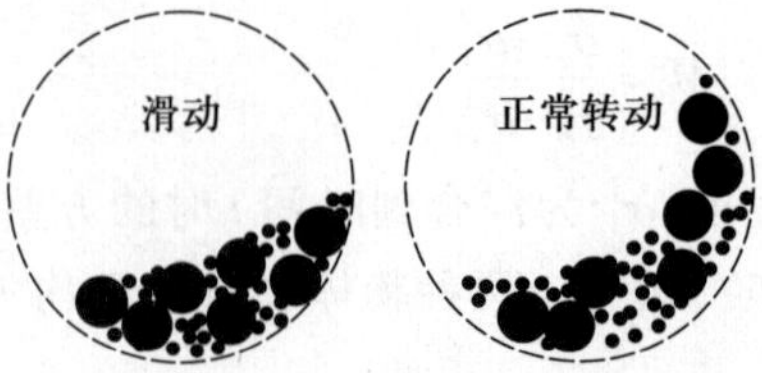

图 5-15 回转式混合器内颗粒运动示意图

大量的研究结果表明，在低于 75% N_c 的条件下，Fr 越大，混合运动越激烈。如图 5-16 所示，容器旋转型混合机械的转速有一最佳值 N_{ROP}，则其 Fr 相应也有一最佳值；其中，V 形 $Fr=0.3\sim0.4$；双锥形 $Fr=0.55\sim0.65$；圆筒形 $Fr=0.7\sim0.9$。因此，确定工作转速可根据混合的目的、药物的种类、筒体的形式与大小而决定的，转速应小于临界转速。

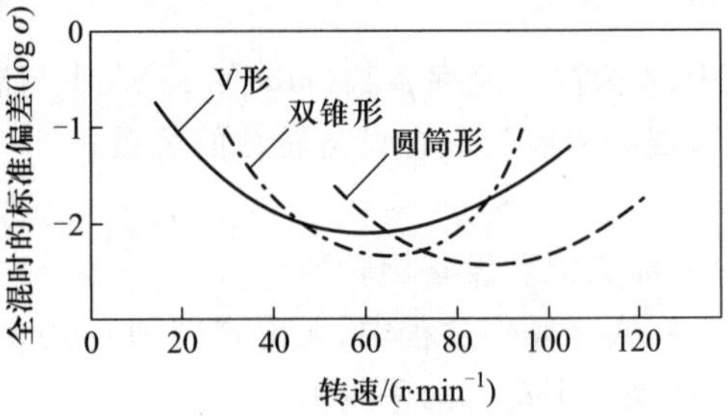

图 5-16 容器旋转型混合机械的性能①

例 5-5 一小型圆筒形旋转混合器用于粉末混合，其内径 350 mm，内腔长 550 mm，粉末装填系数 30%，研究结果表明其在 60 r/min 下，混合 10 min 的混合效果较好。拟采用内径 900 mm、内腔长 1 525 mm 的圆筒形旋转混合器，粉末装填系数仍取 30%，要达到同等的混合效果，混合器的转速需要多大？混合时间多长？

解：根据式（5-10），对小型圆筒形旋转混合器有

$$
\begin{aligned}
Fr_1 &= (2\pi N_1)^2 R_1/g \\
&= (2\pi 60/60)^2 \times 0.175/g \\
&= 0.705
\end{aligned}
$$

要达到相同的混合效果，要求 Fr 相等。

所以，有

$$
\begin{aligned}
Fr_2 &= (2\pi N_2)^2 R_2/g \\
&= (2\pi N_2/60)^2 \times 0.45/g \\
&= 0.705 \\
N_2 &= 37.42(\mathrm{r/min})
\end{aligned}
$$

由式（5-19）得

$$m_1=\tau_{m1} N_1=10\times60=600(\mathrm{r})$$

达到相同混合程度要求转数相等，即

$$m_1=m_2$$

混合器放大后的旋转时间为

$$\tau_{m2}=m_2/N_2=600/38=15.8(\mathrm{min})$$

（3）流体表面的微粒运动速度 对于牛顿流体，通过流体的黏度将驱动力（压力梯度、重力

---

① 张少明，等．粉体工程．北京：中国建材工业出版社，1994．

和剪切力）与流体响应（速度梯度）关联，而颗粒混合料却还没有类似的参数。由于分散距离与粒径成反比，粒径在确定混合（或分离）速度中起的作用大。例如，容器旋转型混合设备的最佳转速与物料平均粒度的一般关系为 $N_{OP} \propto d^{0.5}$。为此，定义粒径和粒速作为“性能变量”。

尽管在小的旋转混合器中的旋转速度不影响混合程度，但是，粒子速度是单个颗粒驱动整体混合的重要变量。因此，对大尺度混合器来说，这些变量可能变得非常重要。在大尺度旋转混合器内，处于粉体流体表面的微粒运动速度与粒径的关联度小，却与微粒流动轨迹长度及混合器转速高度关联，如 Muzzio 方程所示：

$$v = k \cdot R \cdot N^{\frac{2}{3}} \cdot \left(\frac{g}{d}\right)^{\frac{1}{6}} \tag{5-21}$$

式中 v 为粉体流体表面的微粒运动速度，m/s；k 为常数；R 为旋转混合器的旋转半径，m；N 为混合器转速；d 为粉体的平均粒径，m；g 为重力加速度，m/s^2。当粒度达到 200 目以下时，微粒运动的通道变狭窄或堵塞，微粒运动被迫成为不连续，粉体混合均匀度趋于恶化。

图 5-17 的统计结果表明微粒在旋转混合器表面的量纲为 1 运动长度相等点的表面相对速度相等。由式(5-21)可得

$$N_1^{\frac{2}{3}} R_1 = N_2^{\frac{2}{3}} R_2 \tag{5-22}$$

或

$$N_1^2 R_1^3 = N_2^2 R_2^3 \tag{5-23}$$

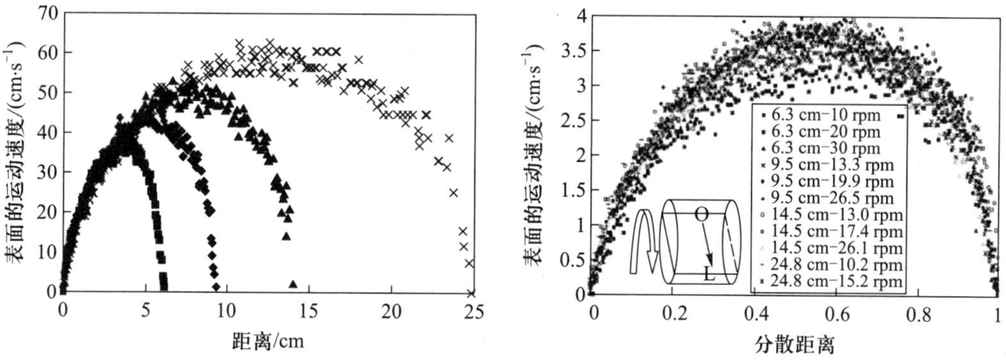

图 5-17　以相同切向速度(26.4 cm/s)运转内径不同的圆筒内颗粒表面运动速度沿表面流动长度的变化

(4) 功率消耗　在第二章介绍了反应器内搅拌轴功率，它是指搅拌器单位时间对被搅拌介质所做的功，这种机械功通过桨叶的作用转化为液体流体等的流动，且流体流动需要消耗功率与搅拌轴功率相等。其中，轴功率 P 与反应器的直径 D_0、搅拌器的直径 d_j、液柱的高度 H_L、搅拌器的转速 N、液体的黏度 μ、密度 ρ、重力加速度 g 及搅拌器的型式和结构等相关。因为 D_0、H_L 均与 D 之间有一定的比例关系 $P=f(N, d_j, \rho, \mu, g)$。对于以黏性力为主的过程，其轴功率 $P=K\mu N^2 d_j^3$；而对以惯性力为主的过程，其轴功率为 $P=K\rho N^3 d_j^5$。

具有自由流动面的旋转型混合设备，容器旋转过程中的粉体流动呈自由流动状态，黏性力作用较小，总体作用表现为惯性力为主。理论上，混合粉体的容器旋转的功率消耗的计算也可以用下式表示：

$$P = K\rho N^3 d_j^5$$

但其中 d_j 为容器的旋转直径，对旋转筒式混合器的 d_j 与旋转筒的直径 D_0 相等。由于缺乏粉体混合的搅拌功率特征数和流动状态的相互关系统计数据，无法在工程设计与应用中直接利用上式，而多用经验式进行估算。容器旋转型混合机械功率消耗 P 和混合机有效容积 V_e 与 Fr 的关系为线性关系：

$$P=(0.015\sim0.02)V_eFr \tag{5-24}$$

式中 V_e 为装填体积，dm^3。为了强化混合效果，可在容器内设挡板以提高混合器的轴功率。对于容器回转型的螺旋叶片式混合机的性能，因物料的堆积密度不同而稍有差异，当物料的容积密度为

$$0.8\sim1.2\ 时,P=0.033V_eFr \tag{5-25a}$$

$$0.45\sim0.8\ 时,P=0.026V_eFr \tag{5-25b}$$

$$0\sim0.45\ 时,P=0.018V_eFr \tag{5-25c}$$

虽然在药物加工过程中的各粉末组分的质量是固定的，但是，可以通过改变组分的形态从而改变其流变学性质，并将影响药物的一些性能。

5.3.4 药物粉体混合的影响因素

粉体的混合受促使粉体流动的方式和强度及设备的结构等的影响。无论何时对粉体施加何种外力，都会产生粉体分离。例如，施加重力、振动或空气扰动对粉体的影响因粉体的特性（如粒径、形态、密度）不同而不同。最常见的离析是由于粒径不同产生的。其结果就是不同特性的粉体处于设备（如料仓）的不同区域。

（1）粉体物性的影响　自由流体粉末在转筒表面分离较明显，而混合后物料的流出操作又加剧了这种分离。结构不稳定的粉末在混合器中易于被破坏，而小的团聚体则相对较稳定。

偏析等问题绝不仅限于混合操作中，几乎所有的粉体加工操作过程都会受到诸如分离、堵塞、结团，以及其他影响制剂形态问题的困扰。粉体在倾泻堆积的过程中，粒度大和密度大的颗粒趋向于外围，反之则趋向于堆料的中心部位；而当混合的粉体受到振动时，将使得在内（下）部的大粒度或小密度的颗粒渐渐上升到达表面。因此，在制药过程中，要控制混合时间；储运混合后的粉体，应该尽量减少振动和落差（堆积高度），或阻断粉体的偏析现象的发生。药物的湿法制粒就是阻断粉体的偏析发生的常用手段之一。

粉粒之间黏合力超过至少一个数量级颗粒质量的黏性粉末，其中颗粒不再独立流动，而以“大块”的形式移动，具有较高的黏合强度，称“凝聚力”。这种“凝聚力”可以用 Π 表示

$$\Pi=6/(\rho gR)=s/R \tag{5-26}$$

式中 6 是有效内聚应力；ρ 是流动条件下的粉末密度；g 是重力加速度；R 是容器尺寸；$s=6/(\rho g)$ 就是上面提到的“块”的大小。由此可见，R 增加，Π 减小。

（2）设备及其运行的影响　设备的几何形状尺寸不仅影响粉体颗粒的流型和运动速度，而且会影响粉体的混合速度。例如，用双锥形混合器进行粉体混合时，其粉体均匀度仅在最初的范围内（0～1）是随转数的增加而提高的，随之几乎不变；若在双锥形混合器内设置折流板，则能增大对流速度，并显著提高混合速率；在达到临界转速（$Fr=1$ 对应的转速）之前，混合仅与转数有关。而在 V 形混合器中，混合均匀度随时间的延长而提高，但达到最佳混合均匀度后，混合均匀度略有下降，并呈非周期性波动。

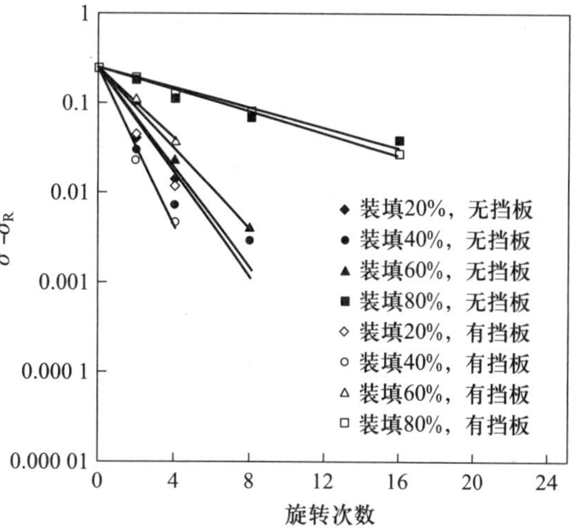

图 5-18 上下装料的 B 微粒均匀度变化与转数的关系（空心符为有挡板状态，实心符为无挡板状态）①

混合均匀度的关键因素是剪切速率，由式（5-26）可知，黏性粉体的混合还受设备大小的影响。只要容器足够大，搅拌时间足够长，达到剪切极限，所有混合物的混合速率是相同的。而小尺寸的搅拌器可能受到黏性粉体的内聚效应的强烈影响。

旋转式混合机的混合效果主要取决于旋转速度和旋转次数。V 形混合器旋转速度仅 3% 的微小变化就能导致不同模式之间的切换。当以较低的旋转速度运行时，离析状态是与混合器的几何形状相应的对称形式，即呈镜像"图案"。而较高转速时，体系的对称性被破坏并在各自的容腔内由混合物的某一成分控制。这种行为会因试验设备的轻微缺陷而加重，但也会自发出现。只要通过微微倾斜设备实施不对称就可诱发小颗粒积累在混合器"下坡"边的可再生离析。利用此特征，V 形混合器实际上可能比搅拌器更适合用于不同粒径颗粒混合物的分离。图 5-18 是粒径在微米数量级的 A、B 两种微粒在旋转不同次数后的混合方差与理想混合方差的差异。随着旋转次数的增加，$(\sigma^2-\sigma_R^2)$ 值减小。

（3）装料方式及装填量的影响　研究结果表明，粉末的装载状况对第一阶段的对流混合影响很大。常见的装料方式有左右装粉和上下装粉，如图 5-19 所示。

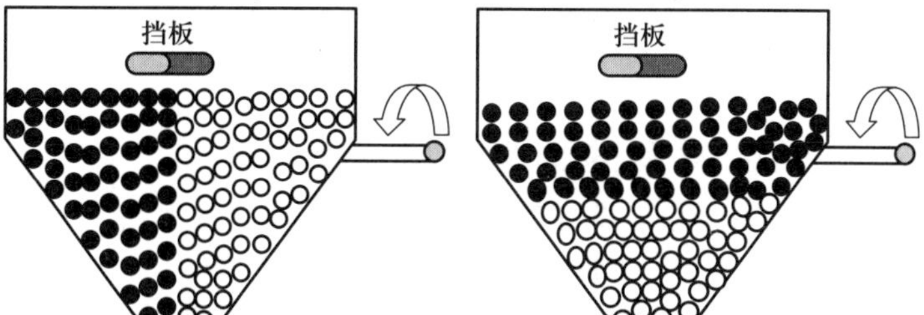

(a) 左右(或称侧位)装粉　(b) 上下装粉

图 5-19 混合器中粉体的初始装料方式示意图

对于 V 形、双锥形这些对称面混合强度较弱的混合器应避免左右装粉，而要采用上下装粉，这样能显著提高混合效率。目前，还没有一种通用的混合器能用于混合各种粉末。事实上，不同粉体间物性的巨大差异将导致混合效果的不同，往往要根据粉末的特性选取合适的混合器和相应的工艺参数。因此，混合机加料的落点位置影响着颗粒在混合器内的运动，在加料和卸料期间，粉体流动也会产生一些混合的作用。

① 源自：Sudah O S，Coffin-Beach D，Muzzio F J. Powder Technology，2002（126）：191-200.

由图 5-18 可见，在高装填率时，($\sigma^2-\sigma_R^2$)值的下降幅度比低装填率的要小得多，且挡板的作用几乎不存在；但在低装填量的混合器中，挡板能够提高混合均匀度。加入物料的量的多少是可以影响混合质量的，因此，每批加料的量相对固定，不能变化。在一定转速下，随着装料程度的增加，径向混合将会减少。一般地，装料比 φ(即装入料容积占机筒容积 V 的百分数)为 30% 时，混合得最快。另外，从几何学上，也可以理论推断出装料比为 50% 的混合区为最大，即混合区的面积与料层层数都为最大，所以，旋转容器型混合器的装料比，其最佳值可以考虑为 30%～50%。

目前，混合效果评价方法主要包括化学分析法、示踪法和仪器分析法，其中仪器分析法越来越多地被使用，仪器分析法主要包括数字图像分析法、近红外光谱法、X 射线光谱法等，这些方法各有利弊。近红外光谱是指介于中红外与可见光之间的电磁波，其波长为 780～2 500 nm。近红外光谱区与有机分子中含氢基团(OH、NH、CH)振动的合频和各级倍频的吸收区一致，通过扫描样品的近红外光谱，可以得到样品中有机分子含氢基团的特征信息。通过样品的近红外光谱与准(参考)样品光谱集的对比，可以分析出样品中某一组分的含量，从而计算出混合均匀度。

第四节 料仓和混合设备的选型与放大

由于药物粉体混合是一个受因素影响的流动、剪切和扩散共存的粉体分散过程，其混合过程的快慢及分散均匀度不仅取决于粉体自身流动性质，而且受混合器的性能、混合环境和运转工艺参数的影响。因此，粉体或颗粒在混合器的流动比液体流体的流动要复杂得多，迄今，发展适合粉体各组分混合行为预测用的数学方法仍在进行中。

要将实验室阶段的固体制剂技术扩大到大规模工业化生产中还是比较困难的，从小到大逐步试验的研究依然需要。但是，可借助某些特征数或关键参数的关联对粉体混合过程进行一定程度的预测，依据这些预测就可以进行混合设备的放大计算与设计。

5.4.1 料仓和混合设备的选型

通常，粉体储存、转移及混合加工设备类型的选用依据主要是被混合物料的黏性或含湿量、密度、颗粒尺寸等物理性质。混合加工设备在粉体投加及混合后停止转动出料的过程中，其容器部分相当于料仓。一般地，平面对称型流动性能优于轴对称型，因此，在制药过程仅靠重力作用的料仓以平面对称型为主。由于粉体储存转移用料仓的内结构简单，除了结构的对称性外，取决于下料斗的半锥角或筒壁与垂线的夹角的设计。故本节主要介绍混合设备的选型。

(1) 非黏性粉体混合用设备　非黏性粉体属于可自由流动的粉体。对于粒度差或密度差不大的非黏性粉体的混合，多选用容器绕水平轴(个别也有倾斜的)转动的回转式混合器；对于粒度差或密度差较大的非黏性粉体的混合，可选用搅拌桨式混合器或槽式混合器。

在回转式混合器内，粉体主要在重力的作用下，可在所有自由平面运动，通过扩散机制实现混合进行均化，转速一般为 5～30 r/min。因混合作用力温和，还可用于外形复杂的粉料的混合、易碎的小颗粒物料的混合；因其大容量、低剪切应力和容易清洗而被制药业普遍采用。但粉体沿混合器轴向运动很慢，混合效率低，为了提高混合速度可在内部增设挡板。

在搅拌桨式混合器内，桨叶带动粉体沿机槽内壁作周向旋转，粉体受桨叶翻动、剪切或抛洒，物料在机槽内形成全方位连续对流、剪切和扩散，达到快速、柔和地混合均匀的效果。需要注意的是，对于有易碎粉粒的粉体混合，粒数因粉碎而增加，有利于混合均匀度的提高；但其粒径减小，将使得粒径分布变宽，离析概率随之增加。

（2）黏性粉体混合用设备 黏性粉体是一类聚集性强的粉状或膏状物料，难以自由流动。为了实现黏性粉体的均匀混合，可选带式混合器、槽式混合器或挤压剪切式混合器等输送式混合器。由于凝聚效应的强度也可能取决于容器的尺寸、速度和粉末的密度，且随着颗粒变小，内聚效应越来越大。对于黏性粉体，混合搅拌机的缩放是一个复杂的过程，需要谨慎操作。

（3）其他 对密度悬殊、粒度不同、形状不同的，以及半固体物料或黏性粉体混合，多采用球磨混合器、双辊碾压混合器或螺杆挤出混合器等。对于半固体，以及粗粒、细粒和超细粉等各种颗粒、纤维或片状物料均有较好的适应性，不会发生分层离析现象。值得注意的是球磨不会产生过热，适合热敏性物料。

现代固体制剂过程所用高速压片技术要求黏性混合物连贯稳速地输送到压片设备，这仅靠混合是不能解决的，需要用高速挤压型混合与制粒设备组合装置。在此混合制粒一体的装置中，黏性流体粉末被混合并且制成颗粒，这样就能保证进入压片装置中的是干燥的具有自由流体性质的颗粒。在制粒前最好对粉末进行混合前处理，这样所得到的粉末是化学性质均一的，从而保证在压片过程中颗粒的分离都是物理分离而非化学分离。前处理通常在旋转式混合器中进行，为了加强处理效果，可以增加挤压或强化装置。对于黏性粉末而言，旋转式混合器不会使混合物分离，但可以使具有疏松结构的物质分离。在旋转轴上增加挤压装置甚至会破坏结合较强的分离体的结构，但是，化妆品和陶瓷工业的经验表明挤压装置破坏混合物微结构的能力低于剪切装置。事实上，可以通过翻转和挤压的有效结合完成高产量的生产过程。如果的确需要破坏某组分团聚体的强作用力而得到微结构高度均一的混合物，就必须要借助于剪切型混合器。

5.4.2 料仓和混合设备的放大设计

少量生产时，从混合到压片的时间不长。混合后的粉末被分到一个或多个料斗中，然后再人工将料斗内的粉末舀到加料斗中，加在颗粒整体转运及处理上的外力要远远小于大规模制造时的情况；此外，颗粒可能发生分离的距离很短。大规模制造时，需要有储料仓，粉体高的堆积，不仅使得颗粒可能发生分离的距离增大且分布变宽，而且会因粉体本身和料斗的斜面等作用而结拱。这些要进行预测和避免。

5.4.2.1 整体料仓设计

对于无外力作用下的料仓放大设计，通常采用几何相似放大，或者说将小试设备按照放大原理进行放大。因此，首先要依据生产任务计算混合体积，结合装填系数确定设备容积；然后，根据小试设备的立体几何结构及尺寸计算料斗的几何尺寸；最后，结合生产车间高度和物流通道尺寸及混合粉体装填高度，进一步优化并确定包括下料斗的仓壁倾角（半锥角）θ'在内的几何尺寸。

若没有小试或中试设备作为放大设计的依据，则可借助试验测定待储存、转移粉体的休止角 α 或借助詹尼克直剪仪测定获得粉体物料的屈服轨迹及相关参数，通过计算与工程分析，最后确定料仓的结构和尺寸。

克服不流动状态所需的出口尺度，在很大程度上取决于发展的流动模式。如果是整体流，克服拱形的最小出口直径 B_c 为

$$B_c = H(\theta')f_{crit}/\gamma \tag{5-27}$$

式中 $H(\theta')$ 是从第一原理导出的量纲为 1 的函数，由图 5-20 给出，计算得出 B_c 的尺寸值与规模无关。

(1) 利用粉体休止角 α 的放大计算 下料斗的仓壁倾角 θ' 的最大值取决于粉体的休止角 α，两者的关系可用式(5-2)表述：

$$\theta' \leqslant 90° - \alpha \tag{5-2}$$

这对装料高度有限的药制剂车间所用的转移料仓来说，高度和装料速度等对料仓内粉体的流动性质影响较小甚至可以忽略。因此，式(5-2)的计算结果可用于放大设计。

(2) 利用粉体物料的屈服轨迹参数和函数的放大计算 首先，粉体物料的屈服轨迹(YL)可用詹尼克直剪仪测得，其每一条屈服轨迹都提供了一对 f_c 和 σ_1 值，同时，还测得物料的时间屈服轨迹(TYL)及物料与仓壁的屈服轨迹(WYL)。

由此得到下述重要参数和函数：① 物料内摩擦角 φ；② 有效屈服轨迹(EYL)和有效内摩擦角 δ；③ 物料与仓壁的动态摩擦角(又称壁摩擦角) φ_w；④ 开放屈服强度 f_c。

于是，可根据 δ 和 φ_w 值，在平面对称或轴对称斗料仓的 ff 等值线图上的整体范围内选择料斗仓壁倾角(圆锥形下料斗的半锥角) θ'。在实际使用中，为降低建造费用，θ' 应选择得尽可能大；并且为补偿由于剪切操作和图解求值时造成的误差，应选择在边界线内某一位置，这样就保证了整体流；其次，保证不起拱。然后，在相应的料仓流动因子 $ff(ff=\sigma_1/\sqrt{\sigma})$ 等值线图上读出 ff 值，即该系统的流动因素值。

在 f_c-σ_1 坐标图上绘制粉体的流动函数 $FF(FF=\sigma_1/f_c)$、ff 曲线，可能得到下面三种情况，如图 5-21 所示。

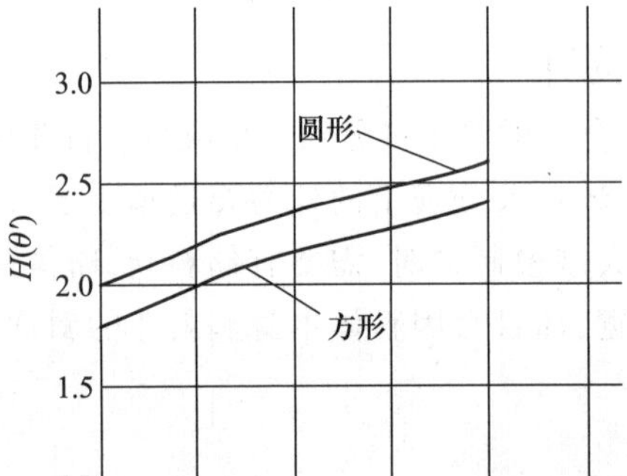

图 5-20 料斗仓壁倾角函数

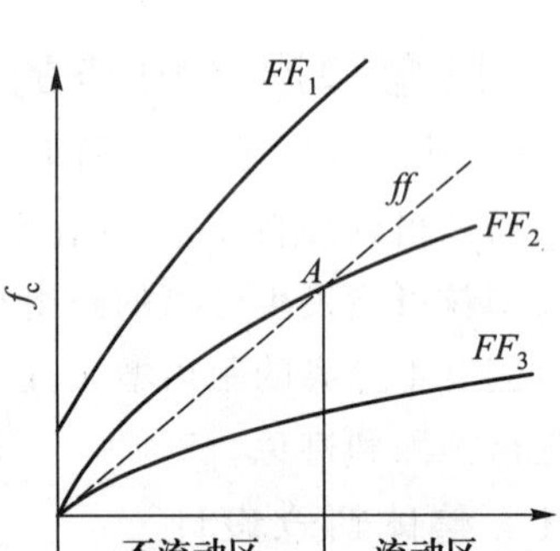

图 5-21 料斗起拱临界条件

① FF_1 与 ff 无交点，且 FF_1 在 ff 之上，粉状物料在此仓内不会流动，因为 $f_c > \overline{\sigma_1}$，需采取措施：如改变形状、$\theta'$ 或 φ_w，以降低 ff 值，即提高 $\overline{\sigma_1}$ 值，使 $\overline{\sigma_1} > f_c$ 才能流动。

② FF_2 与 ff 有交点 A，即此点 $\overline{\sigma_1} = f_c$ 为临界值，由下式计算确定不结拱的最小开口尺寸 B。

$$B = \overline{\sigma_{1crit}} \cdot H(\theta')/\gamma$$

式中 $\overline{\sigma_{1crit}}$ 为临界拱脚处最大主应力；γ 为卸料口状态下粉料的容重(密度与重力的乘积)；$H(\theta')$ 为仓角锥与形状对拱脚处最大主应力的修正系数，可查图 5-20 得到。

③ FF_3 与 ff 无交点，且 FF_3 在 ff 之下，表明开口尺寸不影响流动，因为处处$\overline{\sigma_1}>f_c$，应从流量和粒度上考虑选择出口尺寸 B。

最后，校核开口处的壁摩擦角 φ_w 值，如图 5-22 所示，其顺序如下：

① 在 $\tau-\sigma$ 图上画出壁屈服轨迹 WYL；

② 按选定的 σ_1 值时的 δ 值，作有效屈服轨迹 EYL；

③ 过$(\sigma_1,0)$点画一与 EYL 相切的莫尔圆，其与 WYL 交于点(σ',τ')；

④ 连接点(0,0)和点(σ',τ')。此线与 σ 轴之夹角为 φ_w；

⑤ 根据此处的 δ 和 φ_w 值，重新查 θ'和 ff 等值线图。如 ff 值与原选值相等或略小一点，则不需要修改；如 ff 值与原选值差别很大，则选用新的 ff 值，直到 ff 值相差不大为止。若 WYL 是一根直线，则不需要以上的校核。

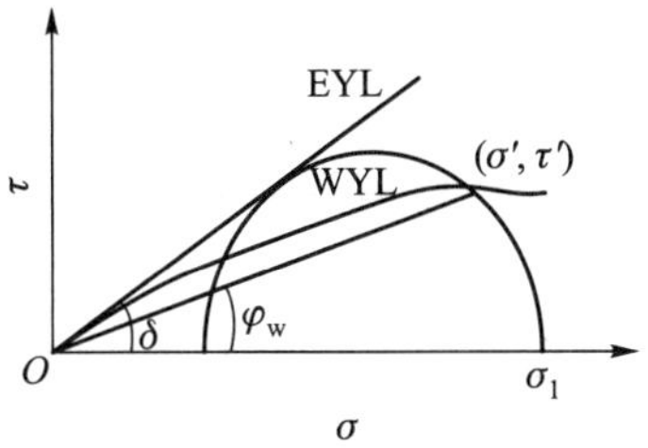

图 5-22 卸料口壁摩擦角的校核

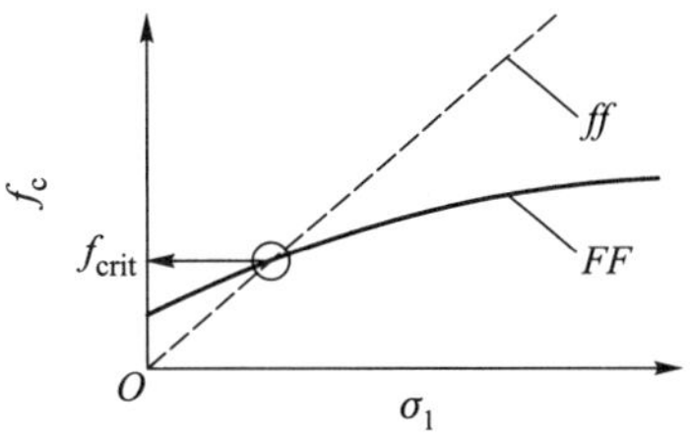

图 5-23 粉体物料的流动函数(FF)和流动因子(ff)

f_{crit}为以力/面积为单位，料斗流动因子(ff)与粉末流动函数(FF)在交点处的开放屈服强度。

例 5-6 某粉体平均密度 $\rho=1\ 675\ kg/m^3$，今要为其储存设计大型圆形整体流料仓。由实验数据分析得，物料有效内摩擦角为 $\delta=21.3°$，壁面材料为某不锈钢，壁面摩擦角 $\varphi_w=14.7°$，$f_c=10.3$ kPa。试计算仓壁倾角与最小的卸料口尺寸。

解：(1) 仓壁倾角 θ'

若要将料仓设计成整体流，则料斗仓壁倾角 θ'为

$$\theta'=\left(90+\delta-\varphi_w-\arcsin\frac{\sin\varphi_w}{\sin\delta}\right)/2$$

$$=\left(90+21.3-14.7-\arcsin\frac{\sin 14.7}{\sin 21.3}\right)/2$$

$$=24.67(°)$$

(2) 出料口尺寸 B

在整体流料仓中，针对对于平均直径较小的粉体物料，不产生拱桥的最小卸料口尺寸可以由下式确定：

$$B=f_c\cdot H(\theta')/\gamma$$

式中，f_c 为粉体临界无约束屈服强度，Pa；γ 为粉体容重，N/m³。

由仓壁倾角 $\theta'=24.67°$，查图 5-20 可知 $H(\theta')=2.4$，于是

$$B=\frac{2.4\times10.3}{1.675\times9.8}=1.5(\mathrm{m})$$

另外，也可按下式近似计算。轴对称料仓，$m=1$；平面对称料仓，$m=0$。

$$H(\theta')=(1+m)+0.01\times(0.5+m)\theta'$$
$$=(1+1)+0.01\times(0.5+1)\times 24.67$$
$$=2.37$$

则不形成黏性料拱的最小卸料口直径为

$$B=\frac{H(\theta')f_c}{\gamma}=2.37\times 10.3/(1.675\times 9.8)$$
$$=1.487(\mathrm{m})$$

5.4.2.2 混合设备的放大设计

对粉体混合设备放大设计的目的是为了大规模生产过程与小规模实验研究结果具有可比性，并能综合考虑旋转速度、混合容器尺寸和充填率对混合效果的影响，来评价不同条件下的混合效果。实验研究及工程实践表明，对不同结构类型、充填水平改变和保持混合时间不变而改变混合器转速的放大都会直接导致大的偏差，放大的非系统性手段常常导致操作时间过分延长、设备效能下降。

在任一容器内的流体的混合主要是主流体的流动驱动的，在旋转混合器内的自由粉体的混合则主要是借助重力作用下的对流实现的；在离心力、重力和摩擦力的共同作用下，各流动层间的颗粒发生的相对运动。即，对粉体装填量一定的结构特定的旋转混合器来说，粉体的混合与混合器的转数和转速密切相关；并受旋转上升角度或容器壁半锥角的影响。容量不同但几何相似的旋转式混合器，要达到相同的混合分散状态，则要求混合次数相同、弗劳德数 Fr 相等或粉体流体表面的量纲为 1 的运动长度相等点的微粒运动速度 V 相等。因此，对自由粉体流动混合设备的放大设计优选 V 相等。而对非自由流动的粉体混合中微粒的运动速度非主导作用，多以剪切作用为主的，此挤压捏合混合过程需要克服黏性力做功。因此，其设备放大设计优选单位时间扫过的体积和（或）单位体积功率相等。

首先，根据工艺要求进行设备选型或者说选择的设备结构类型及其所具备的功能应能满足生产工艺要求；然后，根据反应体系的介质特性确定材质，再结合生产任务和过程速率确定设备结构的尺寸（试差、校正）；最后，进行功率计算并确定电动机功率。

对于自由流动粉体的混合，在确定特定尺度和形状的混合器的转数和转速之后，就可以利用惯性力为主情况下的搅拌轴功率与搅拌桨直径 D 或混合器旋转半径 R、桨或混合器的转速 N 之间的关系式 $P\propto R^5N^3$ 进行混合器输出功率的放大计算。即

$$\frac{P_1}{P_2}=\left(\frac{R_1}{R_2}\right)^5\left(\frac{N_1}{N_2}\right)^3 \tag{5-28}$$

利用式（5-28）可将小型试验机的数据与放大后设备的数据进行关联计算放大后的混合器功率输出大小。对于光学成像式几何放大的混合器来说，其机长 R 的比等于混合容器容积 V_R 的比的 1/3 次方，式（5-28）演变为

$$\frac{P_1}{P_2}=\left(\frac{V_{R1}^{\frac{1}{3}}}{V_{R2}^{\frac{1}{3}}}\right)^5\left(\frac{N_1}{N_2}\right)^3 \tag{5-29}$$

将式（5-20）代入式（5-28）有

$$\frac{P_1}{P_2}=\left(\frac{R_1}{R_2}\right)^5\left(\frac{N_1}{N_2}\right)^3=\left(\frac{R_1}{R_2}\right)^5\left(\frac{R_2}{R_1}\right)^{\frac{3}{2}}=\left(\frac{R_1}{R_2}\right)^{\frac{7}{2}} \tag{5-30}$$

将式(5-22)代入式(5-28)有

$$\frac{P_1}{P_2}=\left(\frac{R_1}{R_2}\right)^5\left(\frac{N_1}{N_2}\right)^3=\left(\frac{R_1}{R_2}\right)^5\left(\frac{R_2}{R_1}\right)^2=\left(\frac{R_1}{R_2}\right)^3 \tag{5-31}$$

即功率消耗 P 与长度 L 的 3 ~3.5 次方成正比。

例 5-7 一台容积为 150 L 的滚筒式混合器,充填量为 50%、15 r/min 旋转 15 min 达到期望的混合均匀度,且其机械功率约为 0.75 kW。今因产量需要放大至 750 L,若要其重现 150 L 的滚筒式混合器操作的结果,其所用操作条件如何？所需机械功率多大？

解:依几何相似,750 L 的必须像是 150 L 的混合器的光学复印放大。

在这种情况下,长度增加$(750/150)^{1/3}$或 R 增加 71%,同时,充填水平相同。

(1) 对于保持同样的 $Fr=(2\pi N)^2R/g$,即 $Fr_1=Fr_2$

① 因 R 增加了 71%,由式(5-20)有

$$\begin{aligned}N_2&=(R_2/R_1)^{-0.5}N_1\\&=1.71^{-0.5}N_1\\&=0.76\,N_1\end{aligned}$$

即转速 N 减少为原来的 76%,约为 11.5 r/min。

② 大多数混合对混合速度不敏感,且混合器常常是固定转速。因原混合是 15 r/min、15 min,即

$$\begin{aligned}m_1&=15\times15\\&=225(\mathrm{r})\end{aligned}$$

在 750 L 的混合器实现相同的混合状态要求 $m_2=m_1$,则

$$m_2=m_1=225(\mathrm{r})$$

由 $\tau_m=m/N$ 得

$$\begin{aligned}\tau_{m2}&=m_2/N_2\\&=225/11.5\\&=19.6(\mathrm{min})\end{aligned}$$

③ 假设非混合功率消耗系数相等,放大后所需机械功率可用式(5-30)作近似计算。

由$\frac{P_1}{P_2}=\left(\frac{R_1}{R_2}\right)^5\left(\frac{N_1}{N_2}\right)^3=\left(\frac{R_1}{R_2}\right)^5\left(\frac{R_2}{R_1}\right)^{\frac{3}{2}}=\left(\frac{R_1}{R_2}\right)^{\frac{7}{2}}$有

$$\begin{aligned}P_2&=P_1(R_2/R_1)^{7/2}\\&=0.75\times1.71^{3.5}\\&=4.9(\mathrm{kW})\end{aligned}$$

(2) 对于保持粉体流体表面的量纲为 1 运动长度相等点的微粒运动速度相等,由式(5-25)有

① 因 R 增加了 71%,由式(5-23)有

$$N_1^2R_1^3=N_2^2R_2^3$$

$$\begin{aligned}N_2&=1.71^{-1.5}N_1\\&=0.447N_1\\&=0.447\times15\end{aligned}$$

即转速 N 减少为原来的 44.7%,约为 6.7 r/min。

② 大多数混合对混合速度不敏感，且混合器常常是固定转速。因原混合是 15 r/min、15 min，即

$$m_1 = 15\times 15 = 225(\text{r})$$

在 750 L 的混合器实现相同的混合状态要求 $m_2 = m_1$，则

$$m_2 = m_1 = 225(\text{r})$$

由 $\tau_m = m/N$ 得

$$\tau_{m2} = m_2/N_2 = 225/6.7 = 33.5(\text{min})$$

③ 假设非混合功率消耗系数相等，放大后所需机械功率可用式(5-30)作近似计算。

由 $\dfrac{P_1}{P_2}=\left(\dfrac{R_1}{R_2}\right)^5\left(\dfrac{N_1}{N_2}\right)^3=\left(\dfrac{R_1}{R_2}\right)^5\left(\dfrac{R_2}{R_1}\right)^2=\left(\dfrac{R_1}{R_2}\right)^3$ 有

$$P_2 = P_1(R_2/R_1)^3 = 0.75\times 1.71^3 = 3.75(\text{kW})$$

由上述设计计算可见，在采购混合器的时候，不能只管买"容积"，而其他均由供应商标配，还要在用户需求说明中给出电动机的功率、混合器的转速范围及下料斗的夹角等。

习 题

1. 如何确定粉体或颗粒物料混合容器及(移动)料仓下料斗的半锥角？

2. 对特定物料如何选择混合器？

3. 放料过程出现"架桥"，如何解决？为什么会出现"架桥"现象？

4. 玉米淀粉的休止角为 41°～51°，为了满足玉米淀粉的流动混合要求，β 最大为多少？否则，会出现哪些情况？

5. 由微晶纤维素作为稀释剂的药物混合粉体，其堆积密度为 0.35 g/cm^3、休止角为 48°，今车间有容积 500 L、半锥角 45°的双锥形移动料仓用于此混合粉料转移，请问料斗的半锥角合适吗？运行结果如何？

6. 粉体或颗粒的混合设备与液体混合设备有何不同？

7. 在一台混合器中，用同样的装填及混合操作方法，加工甲、乙两种混合粉体。混合结束后，在混合器各部位分别取样并检测，所得数据见下表。试通过统计分析比较甲、乙两者的混合效果。

混合粉体	十次取样检测的某成分的含量/%									
甲	17.3	16.2	18.7	17.5	18.2	16.7	16.9	17.3	17.8	17.9
乙	42.8	43.6	43.7	42.9	43.1	43.4	43.3	43.6	43.5	43.3

8. 粉体及固体颗粒的流动受哪些因素影响？

9. 分子运动速度因温度提高而加快，粉体颗粒会如何？

10. 粉体或颗粒的混合与溶液的混合有差异吗？它们混合后存储过程会有哪些变化？

11. 今有片重 100 mg 的片剂，其中含有 1 mg 药物成分，药物的真实密度为 1 g/cm^3。假设 1 mg 药物由 $N_s=49$ 个颗粒组成，每个颗粒形状是理想的立方体，颗粒的粒度大小和片剂活性成分的偏差各是多少？若将 $N_s=10\ 000$，则颗粒的粒度大小和片剂活性成分的偏差又各是多少？

12. 今有一药物结晶粉末与充填剂淀粉在一 V 形混合器中混合，已知药物的加入量占粉体总量的 1%（质量分数），假设两者的密度、平均粒径相等，其混合速率常数 $k=0.08$，试问，混合器需要旋转多少次才能达到($\sigma^2-\sigma_R^2$)值不超过 10^{-5} 的混合效果？

13. 一球磨机直径 0.5 m，其临界转速 $N_{Rc}=59.9$ r/min。今放大到直径为 1.5 m。试求放大的球磨机的临界转速，若要达到相同的混合效果所需转速为多少？

14. V 形旋转混合器用于粉末混合，其内径 350 mm，内腔长 550 mm，V 形容腔筒体夹角 $\theta=80°$；粉末装填系数 30%，转速多大合适？

15. 一小型圆筒形旋转混合器用于粉末混合，其内径 350 mm，内腔长 550 mm，粉末装填系数 30%，转速多大合适？若粉体需要经过 420 次才能达到均匀分散混合状态，需要混合时间多长？

16. 双锥形旋转混合器用于粉末混合，其内径 600 mm，内腔长 950 mm；粉末装填系数 50%，转速多大合适？

17. 一台容积为 500 L 的 V 形混合器充填粉体量为 50%，其回转半径为 1 350 mm，试确定其较优的转速。试验表明旋转 310 次可达到理想混合状态，请问需要混合时间是多长？

课外设计作业

要求：① 4～5 人一组，一周内完成；

② 提交设计说明书 1 份、手工绘制设备总装图（1 号图纸）1 张和器件 CAD 图若干。

1. 一台容积为 30 L 的 V 形混合器、筒体夹角 $\theta=80°$，充填量为 40%、20 r/min 旋转 15 min 将休止角为 24.5°的药物结晶粉粒与休止角 48°的辅料粉粒混合达到期望的混合均匀度，因生产需要采用 1 000 L 的 V 形混合器，进行混合操作。请给出设计的 V 形混合器（结构形状和尺寸）及其操作工艺参数。

2. 生产单片 100 mg、含有效活性成分 5 mg 的片剂，采用边长 1 mm 的方形结晶原药颗粒与辅料混合，原药的真实密度为 1 g/cm^3，95 mg 辅料的颗粒数为 4 750 个。质量标准规定片剂有效成分含量偏差不超过 3%，请给出确定的加工工艺过程；每批要中转 150 kg 混合物料，所用辅料的休止角约为 44.5°，请给出设计的移动料仓（结构形状和尺寸）。

参考文献

[1] 张少明，翟旭东，刘亚云. 粉体工程. 北京：建筑工业出版社，1994.

[2] Robert H Perry，Don W Green. Perry Chemical Engineers' Handbook. 7th ed. 影印版. 北京：科学出版社，2001.

[3] 欧阳鸿武，刘勇，陈海林，等. 粉体混合过程的实验和数值模拟研究. 材料导报，2003，17(8)：5-7.

[4] 欧阳鸿武，何世文，陈海林，等. 粉体混合技术的研究进展. 粉末冶金技术，2004，22(2)：104-108.

[5] 李诚. 粉体料仓下料不畅的原因及解决方法. 化工设备与管道. 2002,30(3):24-26.

[6] 惠顺利,钱静,李东阳. 基于 Jenike 理论的粉粒料流动性测试及料仓设计. 包装工程,2014,35(23):37-42.

[7] 姚日生. 制药工程原理与设备. 北京,高等教育出版社,2007.

[8] Muzzio F J, Shinbrot T, Glasser B J. Powder technology in the pharmaceutical industry: the need to catch up fast. Powder Technology,2002,124:1-7.

[9] Johansen A, Schæfer T. European Journal of Pharmaceutical Sciences,2001,12:297-309.

[10] Johansen A, Schæfer T. European Journal of Pharmaceutical Sciences,2001,14:135-147.

[11] Sudah O S, Coffin-Beach D, F J Muzzio. Quantitative characterization of mixing of free-flowing granular material in tote(bin)-blenders, Powder Technology,2002(126):191-200.

[12] Hibare S, Acharya K. Scale-up of detergent granules in a high shear mixer, Powder Technol,2014, 254:265-273.

[13] Börner M, Michaelis M, Siegmann E. etc. Impact of impeller design on high-shear wet granulation, Powder Technology,2016,295:261-271.

第六章 药物颗粒化过程原理与设备

虽然现代直接压片技术不需要制粒,但要求进入压片装置的混合粉体必须介于自由流体和黏性流体之间,这样既能抑制其团聚,又能保证其流动,但大多数混合粉体是不具备的。另外,混合粉体在加工转运过程中,因物性和形态差异而产生离析,使得制品组成的均一性难以保证。因此,需要通过混合粉体的制粒操作,将药物活性成分及辅料的混合粉体颗粒化。一方面,可以显著改善粉体的流动性和可压性,以减少片剂的松裂;另一方面,能够使各组分粉体均匀分布并确保其在混合体中的空间相对位置不变;或将各组分通过溶剂溶解、溶剂化作用溶胀或悬浮形成均匀分散溶液或悬浮体,经喷雾干燥颗粒化;另外,还可避免粉末分层和细粉飞扬,并由此可以控制粉尘的污染及原料的损耗。而多肽、蛋白质类药物及源于生物的“鲜药”等,因无法进行高温加工,或因溶液中存储稳定性差,而需要采用低温冻结、升华、干燥、固化。在确保生物活性的同时,因多孔结构而有良好的溶解或均匀分散性质。

第一节 药物颗粒化设备的分类与特性

6.1.1 药物颗粒化设备的分类

将能够实现药物粉体颗粒化加工过程的设备统称为药物制粒设备。就像药物混合设备分类一样,可按制粒方法、制粒过程、操作方式、设备结构类型等进行分类。

按照药物制粒方法可将制粒设备分为包括喷雾(冷冻)干燥在内的湿法制粒设备、干法制粒设备、流态化制粒设备等,以及3D打印制粒设备;按照粉体受力方式分为机械力制粒设备和流体动力制粒设备。

按照工艺过程操作方式有间歇制粒设备和连续制粒设备。由于受粉体本身特性的限制及对药品生产“批”理解的局限性,连续制药技术刚刚被关注,故间歇式制粒设备仍是目前制药工业普遍采用的。就像对药物粉体连续混合设备的要求一样,要确保混合粉体以稳定的供料速率进入连续制粒设备,且其中任一与最终所制颗粒的体积相当的空间内的粉体组成都是相等的。

按照设备结构分为以机械挤压力为主要作用方式的搅拌混合制粒设备、摇摆制粒机和螺杆挤出机,以及以流体动力为主要作用方式的沸腾床、流化床和(喷雾)冻干制粒等制粒设备。

6.1.2 药物颗粒化设备的结构与特性

(1) 机械挤压式制粒设备　在第五章5.1.2小节中所述的“输送式混合器”是利用机械挤压产生的输送和剪切作用进行粉体的混合,黏性粉体被混合的同时因强大的挤压作用而团聚结合,它们因此而常用于同步混合制粒操作。事实上,机械挤压式制粒设备可用于各类混合粉体的颗粒化加工。例如,用于一步制粒的快速混合制粒机,同时具有混合与制粒的功能,它通过搅拌器混合及高速旋转制粒刀切制，将物料制成湿颗粒的机器。现有的快速混合制粒机有卧式和立式两种。

图 6-1 是卧式快速混合制粒机的结构示意图，由盛料器、搅拌桨、搅拌电动机、制粒刀、制粒电动机、控制器和机座等组成。机器在工作时需要 0.5 MPa 以上的压缩空气，用于转轴部位的气密封和出料门的开闭，转轴部位不存在因粉末而“咬死”的现象；盖板上有视孔可以观察物料翻动情况，也有加入黏合剂等的加料口，还有一个出气口；出气口的上面扎紧一个圆柱形尼龙布套，当物料激烈翻动时容器里的空气通过布套孔被排出，粉尘飞扬极少，工作时室内环境比较清洁；且设备的清洗比较方便。

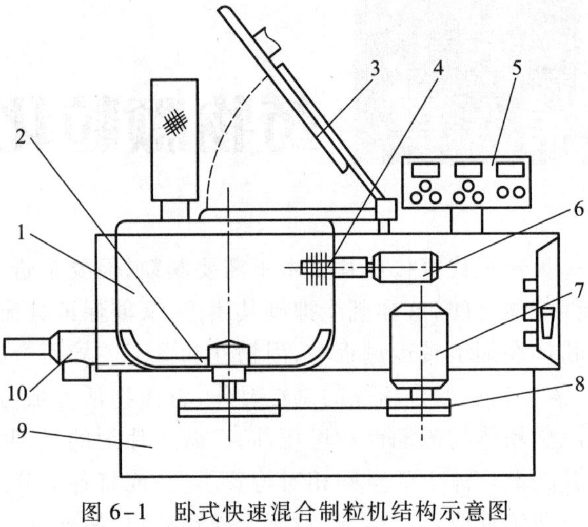

图 6-1 卧式快速混合制粒机结构示意图

1—盛料器；2—搅拌桨；3—盖；4—制粒刀；5—控制器；6—制粒电动机；7—搅拌电动机；8—传动皮带；9—机座；10—控制出料门

操作时先将主辅料按处方比例加入容器内，开动搅拌桨先干粉混合 1 ~ 2 min，待均匀后加入黏合剂。物料在变湿的情况下再搅拌 4 ~ 5 min。此时物料已基本成软材状态，再打开快速制粒刀，将软材切割成颗粒状。由于容器内的物料快速地翻动和转动，使得每一部分的物料在短时间内都能经过制粒刀部位，也就都能被切成大小均匀、质地结实的颗粒，且细粉少、流动性好，压成片后硬度较高，崩解、溶出性能也较好。另外，制粒时所消耗的黏合剂，比传统的槽型混合机要少，且槽型混合机所做的品种移到该机器上操作，其处方不需作很大改动就可进行操作。

图 6-2 是典型的摇摆式制粒机结构示意图，图 6-2(a)和图 6-2(b)分别所示是摇摆式制粒机的整体机械结构和制粒部位结构。其制粒部位包括，在一个加料斗的底部用一个由 6 个七角滚轮组成的滚筒，滚筒一端连接于一半月形齿轮带动的转轴上，另一端则用一圆形帽盖将其支住；在滚筒下安装有筛网，筛网通常采用的是金属丝网，也可用尼龙丝网，松紧可调。物料接触处均采用不锈钢材料制作。其中，筛网的目数要根据片量、片重或片剂的大小进行选择，片重在 0.4 g 或片剂直径在 10 mm 以上时所需要的颗粒应粗一些，一般选用 12 ~ 14 目筛；片重在 0.4 g 以下或片剂直径仍接近 10 mm 时可选用 14 ~ 20 目筛；片重在 0.1 ~ 0.3 g 的片剂则需制成较细的颗粒，一般用 18 ~ 22 目筛。

摇摆制粒的一般过程为：在旋转滚筒的正、反旋转作用下，挤压加料斗内的潮湿粉料、块状干料或软材，并使之经过滚筒下的筛网而形成颗粒，滚轴摆动的速度约为 45 次/min。软材加料斗中的量与筛网装置的松紧对所制成湿粒的松紧、粗细均有关。软材的存量多而筛网装得比较松，滚筒往复转动搅拌运动时可增加软材的黏性，制得的湿粒粗而紧；反之，制得的颗粒细而松。若用调节筛网松紧或增减加料斗内软材的存量仍不能制得适宜的湿粒时，可调节黏合剂浓度或用量，或增加通过筛网的次数来解决；一般地，过筛次数越多则所制得湿粒越紧而坚硬。

虽然摇摆式制粒机机械装拆和清理方便，在制粒时黏合剂或润滑剂稍多并不严重影响操作及颗粒质量，但最后颗粒的性质受操作因素影响较大，偶然性较大，批间颗粒性质较难控制一致。

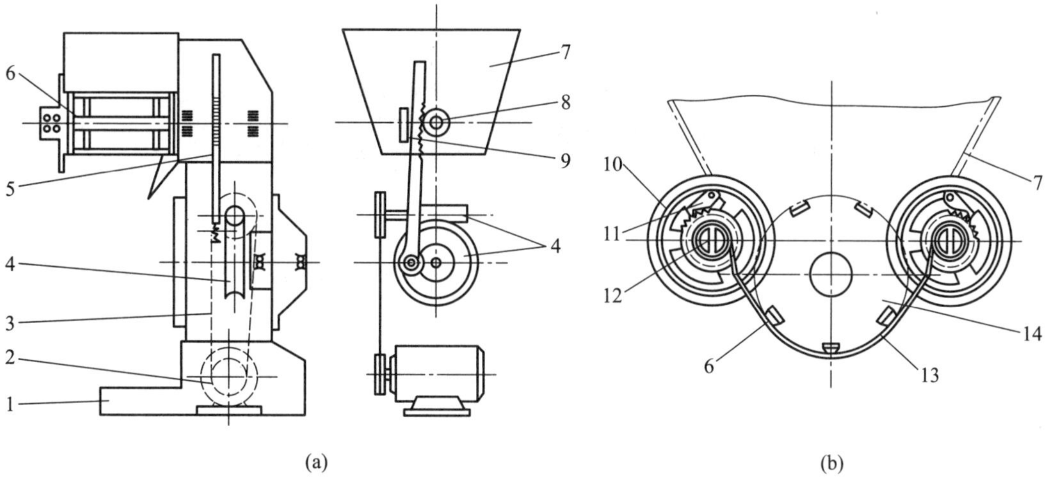

图 6-2　摇摆式制粒机结构示意图

1—底座；2—电动机；3—传动皮带；4—蜗轮蜗杆；5—齿条；6—七角滚轮；7—料斗；8—转轴齿轮；9—挡块；10—手柄；11—棘爪；12—夹管；13—筛网；14—软材

近年来，连续制药技术已在美国开始使用，螺杆挤出是固体制剂连续制造的关键设备。图 6-3 所示是可以进行连续制粒的 Rietz 式挤出机，此类挤出机用于药物制剂的湿法制粒及纤维素和淀粉等物质的混合着色与丸心加工。这种挤出机的料筒内均布有多孔板和折流板。其转动轴直径大（可达 600 mm）、装有多个向前倾斜的桨叶，经多孔板挤压形成前端并在折流板之间使原料颗粒粉碎混匀冲击，但清洗困难。

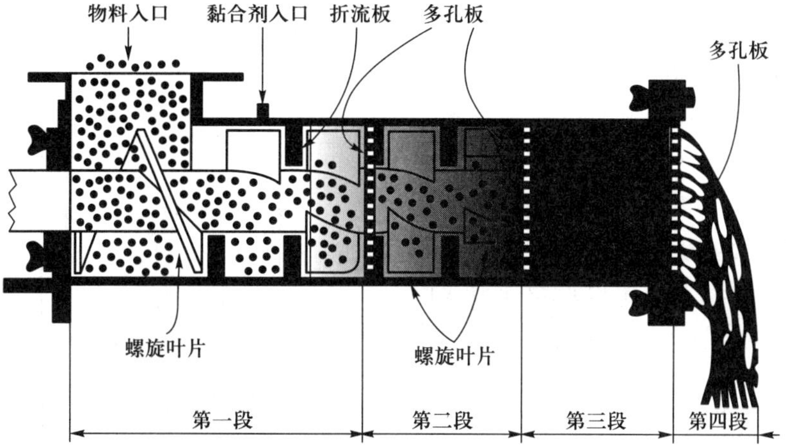

图 6-3　Rietz 挤出机结构与工作原理示意图

事实上，用于高聚物（塑料）熔体挤出加工的螺杆挤出机于 1928—1932 年间在意大利研制成功，直到 20 世纪 90 年代中期自清洁结构的出现，这项技术才开始受到制药行业的关注与应用。双螺杆挤出机（图 6-4）将有望成为连续制药的关键设备，既可以用于湿法挤出造粒，也可以用于熔融（干法）挤出造粒。熔融挤出造粒不涉及使用溶剂等无关的材料，熔融挤出是加工固体分散体的高质低成本的有效系统。

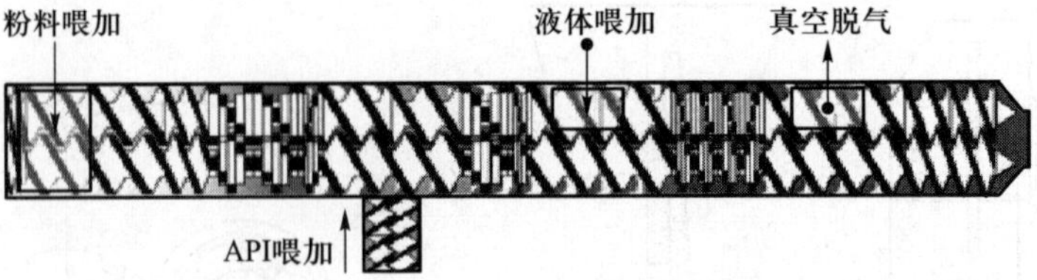

喂料段	熔融段	输送段	混合段	喂液口	均化段	排气段	排出段
1		2		3		4	5

图 6-4 自清洁双螺杆挤出机结构与功能区段示意图

研究表明挤压制粒需要优化湿物质的含湿率并仔细筛选挤出物配方成分和挤出机类型。螺杆(螺轴)及辊压式等挤出机产生的剪切和温升低,适用于很致密和潮湿的物料,其中轴向或径向螺杆挤出机,适用于结合性差的湿物料,能增加颗粒密度和硬度。大长径(L/D)比值的低剪切挤出机能为低黏结强度的湿物料提供外加压力。仅有喂料段的熔融挤出机(类似湿挤出机),在 20 r/min 获得的是密实挤出料,而在 50 r/min 和 100 r/min 变软和粉末化。在较低的速度,料筒内物料停留较长,将促进材料中的黏结流体(水)更加均匀;另外,较低的挤出速率产生更均一致密的挤出料。

螺杆挤出造粒是一个连续操作过程,其中,熔融挤出过程在高于聚合物/API /助剂体系的玻璃化转变温度下进行,可实现 API 与聚合物在分子水平上混合。螺杆挤出造粒过程技术和挤出设备很容易从实验室经中试到商业生产规模的放大。

(2) 流体介导式制粒设备　常见的有利用上升的热气流使粉体微粒悬浮或作环流流动碰撞黏合颗粒的流化床和沸腾床,颗粒可以通过喷洒的微液滴、雾化液或是热熔融的微粉料降落在粉粒表面实现黏合团聚增长。药物的水溶液喷雾至液氮流体中极速冷冻造粒的制粒装置,还有药物的浓浆料或浓溶液离心干燥制粒设备。

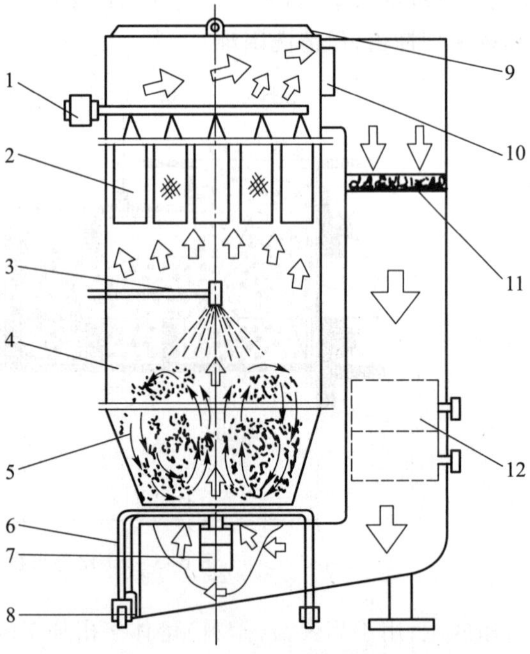

图 6-5 沸腾制粒机结构示意图

1—反冲装置;2—过滤袋;3—喷嘴;4—喷雾室;5—盛料器;6—台车;7—顶升气缸;8—排水口;9—安全盖;10—撑气口;11—空气过滤器;12—加热器

图 6-5 是常见的沸腾制粒机结构示意图,主要包括空气过滤加热部分(图中右半部),以及物料沸腾喷雾和加热部分。空气过滤加热部分的上端有两个口,即空气进入口和空气排出口。

一般操作过程:空气进入后经过空气过滤器 11,滤去尘埃杂质,通过加热器 12,进行热交换。气流吸热后从盛料器 5 的底部往上冲出,使物料成运动状态。物料沸腾喷雾和加热部分在左半中间位置，下端是盛料器 5 安放在台车 6 上。可以向外移出，向里推入到位，并受机身底座顶升气缸 7 的上顶进行密封，成工作状态。盛料器的底是一个布满 ϕ1 ~2 mm 小孔的不锈钢板，其开孔率为 4% ~12%。上面覆盖一层用 120 目不锈钢丝制成的网布，称为分布板。使网孔分布均匀，气流上升时通过均匀的流量，避免造成"紊流或沟流"。上端是喷雾室 4。在该室中，物料受气流及容器形态的影响，产生黏合剂由上部喷枪 3 喷出。粉末物料由中心向四周的上、下环流运动，经过黏合剂液滴的黏合，聚集成颗粒，受热气流的作用，水分被带走而逐渐干燥。

对于空气过滤加热部分有几个问题应引起注意：

① 进气口有风门调节装置，可调节气流大小，以控制物料运动状态、温度等参数。

② 过滤器应根据使用情况按时清理或调换，以保证进入容器内空气净洁度。

③ 在加热器的后部有温度传感元件，它是控制温度的最前沿部件，从元件感温的情况，及操作者的设定温度，通过控制仪器，去执行蒸汽阀门的启闭，以达到控制加热温度的目的。由于蒸汽加热时，温度的升高和降低有一个时间过程，因此操作者在设定和控制时间应注意温度变化有一个"滞后"的过程。

④ 由于管道内外的温度，以及散热冷却等过程中，管道中空气的水分有可能凝聚下来，造成最低部位的积水，因此需按时从排水口中排出积水，以保持管道内的干燥。

1959 年美国 Dale Wurster 博士发明底喷包衣机是流态化技术的重大突破，并由此命名为 Wurster 系统。该系统优点：可任意调节颗粒在器内的停留时间；气流速度小，物料与设备的磨损较轻，压降小；传热面积大，物料的最终含湿量低；结构简单、紧凑。缺点：因颗粒在床层中高度混合，则可引起物料的短路和返混。

喷雾干燥工艺和设备很容易从实验室到中试规模扩展到商业生产。

（3）冷冻干燥设备　1935 年第一台商业用冻干机问世。Elser W. J. 等在冻干机上最先采用了低温冷阱，从而改变了真空泵直接抽水蒸气的办法，首先在冻干机上采用主动加热的方法，使升华过程得到强化，干燥时间得到缩短，因而具有商业化价值。这时冻干技术逐渐扩展到药品，主要有培养基、荷尔蒙和维生素等，1940 年冻干人血浆开始进入市场。1942 年第二次世界大战期间，由于输血的需要，开始发展冻干血浆、血液制品等技术，同时，抗生素药品青霉素等需求量的增加，促使冻干技术在医药工业中得到了快速的发展，但冻干技术高难度、高投入、高能耗及过小的生产规模限制了该技术向更广泛的领域推广和延伸。

近几年来，随着科学技术的迅速发展，真空冷冻干燥技术的发展也较为迅速。目前，研究冻干工艺的人员比研究冻干设备的人员要多，涉及冻干工艺研究的品种也越来越多。一些企业和研究机构开发的冻干工艺没有依据工程原理进行优化与对比研究，工艺没有达到最佳。从实验室走入生产车间还应该进一步优化，使其适合于产业化、快速、节能的要求。冻干制剂在生产过程中处方和冻干工艺是两个难度最大同时也是最重要的研发工作，是保证产品生产成功和确保产品质量的关键，需要结合工程研究进行优化。

通常采用的制冷技术装备有电压缩制冷系统和液氮汽化制冷系统，电压缩制冷系统提供的制冷能力可以使冻干机的搁板工作温度达 -55 ℃，冷凝器盘管的温度达 -75 ℃；而液氮汽化制冷方式，可以使冻干机的搁板工作温度达 -90 ℃，冷凝器盘管的温度达 -120 ℃，甚至更低。但是，电压缩制冷的温度控制精确度和温度分布一般优于液氮汽化制冷。冻干机系统装置示意图如

图 6-6 所示。

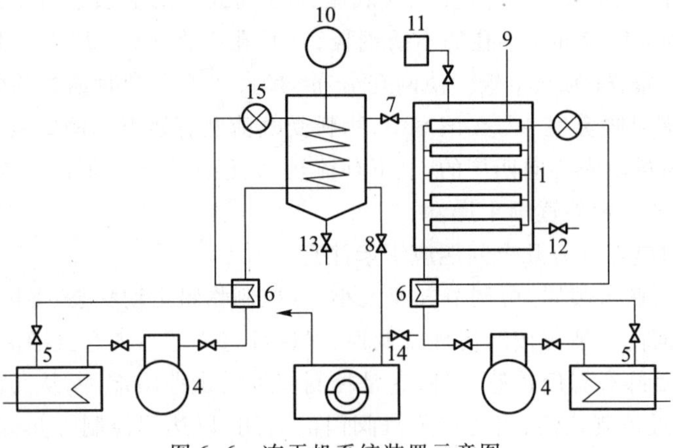

图 6-6 冻干机系统装置示意图

1—冻干箱；2—冷凝器；3—真空泵；4—制冷压缩机；5—水冷却器；6—热交换器；7—冻干箱冷凝器阀门；8—冷凝器真空泵阀门；9—板温指示；10—冷凝温度指示；11—真空计；12—冻干箱放气阀门；13—冷凝器放出口；14—真空泵放气口；15—膨胀阀

第二节 药物颗粒化过程机制

6.2.1 药物颗粒化过程的分类

在现有常见的颗粒剂、片剂和胶囊等固体制剂中，都是经过制粒后，再加工成型的。药物粉体颗粒化过程是粉体经过团聚或涂覆使各组分不再出现离析并逐渐成长为更大的半永久颗粒的过程。

按照药物粉体颗粒化的方法可将药物的颗粒化过程分为湿法制粒过程、干法制粒过程、喷雾干燥制粒过程和冷冻固化干燥过程。

(1) 湿法制粒过程 湿法制粒是将粉体与液体黏合制粒，主要借助液体与颗粒以不同形式相互作用，填充于颗粒缝隙间形成整体。对于利用液体（包括黏结剂）作架桥结合剂的湿颗粒法制粒过程，其颗粒化过程经历成核、合并、压实、破裂与磨损等阶段。

湿法包括挤压制粒和流化床制粒，可实现低剂量的药物分散均匀、含量精确，可防止在压片时多组分处方组成的分离，从而获得适宜的流动性和黏着性。即通过在粉末中加入黏合剂将粉末各组分润湿、分散、黏合在一起成颗粒，或成大片经设备挤压破碎成颗粒，成为具备制剂要求的成品或为下一步应用做准备的半成品。

湿法挤出制粒是在固体粉料与液体共存并以固相为主的分散体中，利用分散体的自黏性（或外加黏结剂），通过螺杆捏合挤出使固体粉料相互混合分散、黏合出料（旋切）造粒，形成含湿柱状颗粒（当量直径在 0.7 ~ 2.0 mm），成粒率可达 95% 以上。

具体地，湿法流化床制粒利用喷洒黏合剂溶液架桥实现药物粉体的团聚颗粒化。其要求将溶液黏合剂经雾化喷洒在悬浮在空气流中的粉粒上，然后，黏附于粉粒表面的液桥状或浸渍态，再与相邻粉末结合团聚而逐步长大成所需要的颗粒。如图 6-7 所示，该法是将惰性物质或活性物质粉粒，用上升的空气流悬浮成一个垂直柱状；当粉粒呈悬浮状态时，将常用的黏合剂溶液喷洒入柱内。在控制条件下，粉粒逐渐聚积成颗粒，然后加入润滑剂，使成为适于压缩的片剂颗粒。在流化床中，药物粉体的混合、颗粒化、干燥可同时进行，从而能减少或避免在单个功能设备中间歇操作带来的污染风险。但采用水溶液架桥面临微生物污染及药物水解的危害和残留水分脱除的困难。该法制成的颗粒成品的质量与效能受黏合剂的加入速度、流化床温度、悬浮空气的温度、流量和速度的影响。

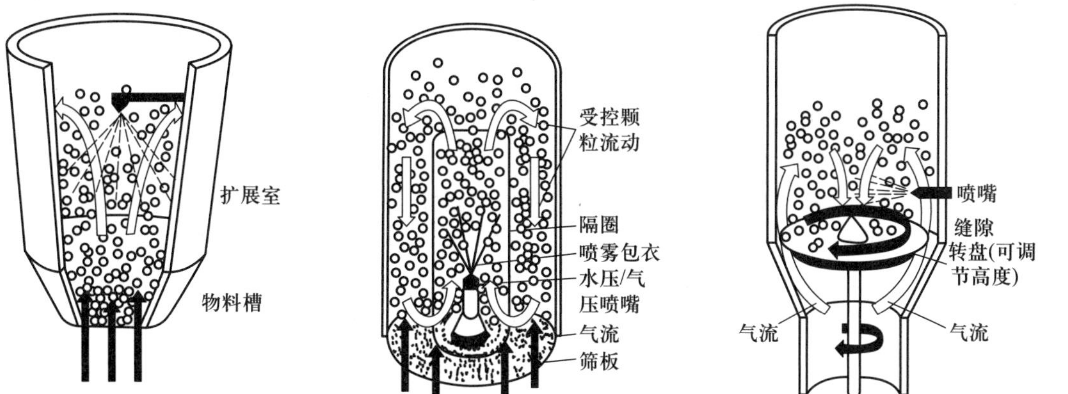

(a) 顶喷法用于普通流化床制粒包衣机　(b) 底喷法用于Wurster流化床制粒包衣　(c) 切线喷法用于旋转流化床包衣机/制粒机

图 6-7　流化床制粒和干燥的三种方法

湿法制粒的优点：① 粉末中加入了黏合剂而增加了粉末的可压性和黏着性，压片时仅需较低的压力，从而增进设备的寿命和减少压片机的损耗；② 流动性差的高剂量的药物或压片时必须有可压性者，则可通过湿颗粒获得适宜的流动性和黏着性；③ 低剂量的药物含量均匀；④ 可防止在压片时多组分处方组成的分离。

（2）干法制粒过程　干法制粒过程按加工方法分为流化床热熔结合法和挤压－破碎法。其中，挤压－破碎法包括压片制粒、滚筒压缩法制粒和螺杆挤出颗粒化等。

流化床热熔结合法制粒过程是基于固体架桥结合机制的干法制粒，突出的优点是不用有机溶剂也不用水，无溶剂残留；通常利用混合粉体中在一定温度下能熔融的 PEG、蜂蜡等组分架桥，淘汰了溶剂的使用。比如，茶碱与 Compritol® 888 Ato（山嵛酸甘油酯）颗粒、氯苯那敏和蜂蜡微粒、对乙酰氨基酚与聚乙二醇颗粒等。蜂蜡等的微粒先由喷雾干燥制成微球状载体，PEG 等和难溶性药物的混合体通过底部喷嘴喷射分散，熔化的 PEG 在载体微球表面着落－润湿/铺展并因此与相邻微球黏结而成大颗粒。使微球流化的气流温度一般要低于 PEG 等的熔点或软化点 20 ~ 40 ℃。

当片剂组成分中具有足够内在黏合性质时，可采用先压成粉块，然后再制成适宜颗粒（亦称大片法）；这种压片制粒方法适用于含有对水分敏感的，或在干燥时不能经受升温干燥成分的片剂加工。而滚筒压缩法制粒则是预先将药物与赋形剂的混合物通过压缩磨的高压滚筒将粉末压紧，排出空气，然后将压紧物粉碎成均匀大小的颗粒，加润滑剂后即可压片；该法需要较大的压力才能使某些物质黏结，这样有可能会导致延缓药物的溶出速率；该法对小剂量片主药含量不易均匀。

(3) 喷雾干燥制粒过程 料雾与旋流的热空气接触,水分和/或有机溶剂迅速蒸发而将粉体结合团聚成颗粒,在极短的时间内物料得到干燥,可得无定形(非晶)固体颗粒。喷雾干燥制粒适用于溶液、乳状液、悬浮液、糊状液等流动性好的液状料,其颗粒的生长方式取决于黏合剂的水分蒸发速度,主要用于固体分散体微粒及药用赋形剂等的生产。

在喷雾干燥过程中,API 和包括高聚物等在内的辅料能够在分子水平上混合并通过溶剂快速清除而凝固于原位,可实现液体溶液一步直接转换成干粉,能够处理温度敏感的 API,粒径可控、品质均一;可以使用各种各样的溶剂、聚合物和辅料给配方的筛选提供了巨大的灵活性;但需要增加有机溶剂使用和消费的成本,存在溶剂与 API 进行化学反应(产生杂质)的风险,为去除残留溶剂需要第二个干燥单元。

(4) 冷冻固化干燥过程 包括喷雾冻干在内的冻结固化升华干燥过程不仅用于常见的冻干制剂,也用于固体分散体和微丸的生产。

冷冻干燥是将需要干燥的药物溶液预先冻结成固体,然后将物料冷冻至水的冰点以下,并置于高真空(10 ~40 Pa)的容器中,通过供热使物料中的水分直接从固态冰升华为水汽,由此使物料低温脱水而达到干燥并成模块或颗粒的干燥方法,又称升华干燥。因此,冻干制剂过程是通过升华从冻结的制品中去掉水,或其他溶剂的过程;在一定程度上说,它是一种借助溶液进行混合“制粒”的过程。

冷冻干燥技术常用来干燥对热不稳定、易氧化、易变质的热敏性物料,以及在水溶液中不稳定和需要保持生物活性的物质。一般地,先将这些生物活性物质与一定的助剂(保护剂、支架剂或分散剂)混合分散悬浮液或溶解成溶液,再经冷冻固化固定,后于真空下干燥成模块或颗粒,样品不变形。目前,冻干制剂技术已广泛用于各种抗菌素、疫苗、酶制剂、血浆及粉针剂等需呈固体而临用前溶解的药物的加工。这种技术也应用于天麻、人参、冬虫夏草、灵芝、地黄和带血鹿茸等名贵中草药材的干燥。

常见冻干制剂的一般加工过程:由效活性成分、保护剂和支架剂等助剂混合溶解成均匀的溶液,再经过滤除菌(糖蛋白等热源)、灌注(经半加塞后)预冻、真空干燥模块化;或用过滤除菌的水溶液分散或原位制备的微纳米缓控释药物、灌注(经半加塞后)预冻、真空干燥模块化;由包装容器内腔结构和灌注体积量决定制剂干模块的外形和尺寸。

带血鹿茸等名贵中草药材的冷冻干燥,一般不需要外加支架剂,甚至不需要添加保护剂,其自身的组织结构是天然的支架和保护剂。经过低温快速冻结干燥,保持其原有的生物物理结构而具有高的生物活性。

为了保持多肽及蛋白质类药物的生物活性,近年来发展了喷雾液氮极速冷冻固化干燥制粒过程技术,喷雾冷冻干燥由喷雾滴定尺度和药液成分决定干燥颗粒的外形和尺寸。

6.2.2 药物粉体颗粒化过程机制

6.2.2.1 混合粉体的颗粒化过程

混合粉体颗粒化的力学特征可概括为“散”和“动”。前者指颗粒物性、粒度和形状的分散性;后者指运动的瞬态、波动、碰撞、颗粒凝聚及聚团的破裂、破碎。

粉体的颗粒化涉及固、液两相流或气、固、液多相流,以及密相粉粒和填隙液体组成的湿粉粒群。

湿粉粒群：密相粉粒与填隙流体的混合结构。流体呈液桥状或浸渍态黏附于粉粒之间，如湿粉料、淀粉浆和冰淇淋等。它既不同于干粉粒群，又不同于显性流动的二相流。

1）粉体结合模式　就粉体的颗粒之间的结合来说，主要有以下五种可能的模式。

① 固体架桥。升温时，在接触点上，由于固体架桥分子从一个颗粒向另一个颗粒扩散而得到发展。热可从外界引入，而次生热由聚结时的摩擦及能量转换产生。

② 液体架桥。在液体架桥中，界面力和毛细管压强可产生强结合作用，液体架桥剂包括自由移动表面处的界面力和毛细管压强，但如果液体蒸发而又无其他结合方式参与，则此种结合会消失。

③ 结合剂架桥。其靠的是不可自由移动的结合剂中的黏附力和内聚力，高黏度结合介质如高分子溶液或液体能形成和固体架桥非常相似的结合能力，其吸附层是固定的并在某些环境下能促进细粉体的结合。

④ 固体颗粒间吸引力。如果固体颗粒相距足够近，则静电力或磁力如范德华力等典型的短程力，可以使颗粒黏附在一起，颗粒尺寸变小，会明显地促进这个过程。

⑤ 封闭型结合。纤维、小片状细粒或松散料，可相互交叉或重叠而形成封闭型结合。

在粉体的制粒过程中，图 6-8 中原始颗粒之间存在的架桥物架桥团聚颗粒化及颗粒间吸引力导致的颗粒化机制不是单一发挥作用的。固体架桥剂常见于加热挤出加工的颗粒及一些可以形成低共熔现象的药物颗粒中，药物粉体与纤维素或聚 *N*-乙烯吡咯烷酮的封闭型结合机制。淀粉及其衍生物、纤维素的衍生物、聚维酮和聚丙烯酸等天然、半合成及合成高聚物的水溶液、乙醇溶液或乙醇-水混合溶剂形成的溶液等，其中高聚物起黏合作用，但是水或乙醇改变了粉体间的表面张力而具有临时的液体架桥剂的作用。并且，乙醇等液体还因对某些药物有溶解作用，实现药物颗粒表面分子的扩散渗透，在乙醇等挥发后沉积包裹、晶粒增大或生成共晶而使粉体结合并颗粒化。在制粒过程中药物混料还可能因水分子的存在而使得其中无水物变成水合物，甚至改变药物的晶形，这些变化也会加强颗粒之间的扩散与渗透，从而提高颗粒之间的黏合。生物制品等的冻干粉针的支架剂甘露醇具有固体架桥剂，但其形成过程必须借助水等使其能够溶解的液体小分子作为临时液体架桥剂。

2）粉体团聚机制　Schæfer 和 Mathiesen（1996）就以液体架桥结合的粉体团聚颗粒化提出两种不同的形成机理，一是分布机理，黏合剂是分布在粉体颗粒表面的，核的形成是通过黏合剂润湿的颗粒间的合并而实现的，如图 6-8（a.3）的液体架桥模型；另一是包埋机理，当粉体颗粒被黏合剂捕获或浸没的时候，形成粉体团聚的核，如图 6-8（a.2）的吸附层模型。事实上，这两种机理通常是同时存在于同一制粒过程中的。

粉粒间的液体交连架桥多见于湿法制粒和沸腾制粒及流化床喷雾制粒过程，其中粉体被液体包裹或因吸附液体架桥结合而成核并长大。当黏合剂微滴的尺度大于粉体颗粒尺寸时，团聚机理主要倾向包埋机制。小的起始黏合颗粒、低的黏合剂黏度和/或较高的搅拌速率下的团聚机理将是分布机理，反之，符合包埋机制。

但是，如果团聚性太弱而无力抗混合器的冲击与剪切的话，随着合并颗粒的生长会同时出现团聚体的显著破裂。粉体团聚形成和增长的机制主要是靠粉体颗粒大小和黏合剂之间的作用。

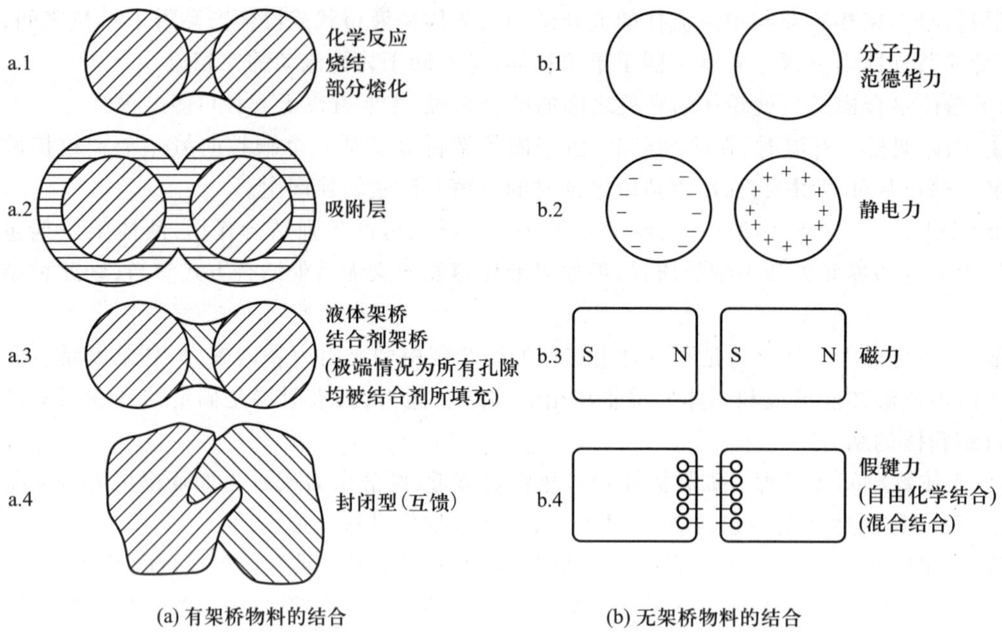

图 6-8 粉体结合模式示意图

3）颗粒生长过程机制 黏合剂喷淋过程中颗粒粒度并非呈现单调增加趋势，根据小、中、大三个梯度颗粒所占的比例可以将黏合剂喷淋过程中颗粒的生长分为四个不同的阶段：润湿期、诱导期、快速增长期和慢速增长期，并通过 SEM 图像验证了这样划分的合理性。

在湿混阶段，停止喷淋时颗粒表面仍然存在黏合剂，颗粒首先会继续生长。待颗粒表面黏合剂分布均匀后，在机械的破裂作用下，颗粒粒度减小。破裂是制粒过程中同样不可忽略的介尺度现象。

一般地，制粒过程可分为润湿成核、生长碰撞和破碎磨损三个不同的阶段。润湿成核阶段是在液滴分布到粉料后，粉料结合成核的初始阶段；生长碰撞阶段是这些初步成核的小颗粒在搅拌作用下逐步聚集的过程；破碎磨损阶段是颗粒生长到过大或干裂时破碎的阶段。

① 搅拌制粒过程。在润湿成核阶段，粉粒因液滴润湿后，不停地与其他粉粒和器壁进行碰撞，其自身体积和孔隙率由于挤压的碰撞而减小，内部的空气被压出；同时，液态黏结剂也被挤到粉粒的表面，细微粒因此聚集在一起并开始生长。在颗粒生长的同时具有压缩和膨胀两种现象，这两种现象是颗粒内部摩擦力、黏结力和毛细力共同作用的结果。摩擦力和黏结力都具有使颗粒保持固有形态的特性，它们在颗粒聚集和膨胀过程中都起着抵制作用。毛细力是对于颗粒有收缩的压力，它在颗粒聚集过程中将颗粒拉近，由此来增强聚集而抵制膨胀。当包括活性成分在内的多组分粉体聚集时，由于颗粒间相互接触增多而距离变小造成颗粒内部摩擦力和黏结力增长。在颗粒的水含量没有达到饱和之前，毛细力也是增加的。由此可知，颗粒的强度没有达到足够强时，它会一直增长下去。当达到最小孔隙率时，在相互撞击下就出现了膨胀趋势和聚集趋势的热力学平衡，从而形成颗粒的最终形态。

粉粒接触碰撞后的聚集是弹性、弹性-可塑性、黏结力、液桥捕捉能、断裂能、黏度耗散等共同作用的结果，主要有稳定增长聚集、诱导聚集和碎屑聚集三种典型的聚集方式。稳定增长聚集发生在比较软、容易变形的颗粒聚集过程中，颗粒的大小随着时间的增长而增长。诱导聚集则发生在颗粒比较硬、变形度比较小的颗粒聚集过程中。碎屑聚集是当物料由于水分过多而形成过饱和料浆时的聚集情况。

② 喷雾制粒过程。当黏合剂被雾化成微小的液滴喷到粉末上时，如果颗粒表面及热气流中的热量可以使黏合剂中的水分快速蒸发，形成的固体物质则依靠范德华力、分子引力等存留在颗粒表面，经过多次喷涂，使得颗粒不断长大，此种方式称为涂层式生长，多见于喷雾干燥制粒。

如果热量不足以使粉体表面的黏合剂水分蒸发，湿润的微粒之间则形成液体桥和内聚力桥，在其作用下形成的微粒核的大小取决于喷雾的雾滴大小，当微粒核不断增多，液体桥的毛细血管力将松散的微粒核聚集并结合成颗粒，经过流化干燥，水分蒸发，液体桥变成固体桥，得到疏松而多孔的颗粒，称为团聚式生长。团聚颗粒生长方式不仅受喷雾液滴大小的影响，而且受黏合液黏度（表面张力）等结合力的影响，产品粒径随黏合液浓度的增大而变大，随进气温度增加而减小。

对于小颗粒和黏性低的黏性剂来说，粉体团聚的主导机理是通过微粒之间的合并而实现核的形成。当黏性剂黏性变得很强时，粉体颗粒将会包埋在黏性剂液滴中，此时包埋机制将占主导地位，粉体团聚的生长将会在粉体的表面继续进行。团聚体的强度因较小的粉体粒径、较高的黏合剂黏度及团聚体的增浓作用而提高。如果团聚性太弱而无力抗混合器的冲击与剪切的话，随着合并颗粒的生长会同时出现团聚体的显著破裂。

如果所用粉体是大颗粒，必须加入高黏性剂以达到一定的团聚力来阻止团聚体的破裂。太小的粉体颗粒会导致过大的团聚同时由于不可控的团聚生长导致团聚粒径分布较宽。太大的粉体颗粒将会导致粒径范围较宽同时由于外力的破坏使得团聚外形不均匀。为了成核，当粉体颗粒小和有黏性时可选择低黏性剂，只有当大的粉体颗粒时才选择高黏性剂。这要求制剂工艺调整黏性剂的用量，或调整混合强度等。

因此，颗粒生长的关键取决于其成核的粉体颗粒大小及成核机制。例如，在喷雾液滴的作用下粉体被团聚化的流化床喷雾制粒过程，流化床中被润湿的相邻粉体相互碰撞，在粉体间形成液体交连架桥，由于表面张力和负压吸力的作用使润湿的相邻粉体结合在一起，随着干燥过程的进行，溶剂从黏合液中逐步被蒸发，粉粒间的液体交连架桥逐渐凝聚为固态骨架，从而将许多粉粒结合在一起形成更大的颗粒，参见图 6-9。

其以团聚方式长大的颗粒，根据不同的雾化液滴工艺条件，有几种不同的颗粒成长方式：

（a）喷雾液滴较小时，制粒过程符合液体架桥模型，由“粉粒+粉粒→微粒”和“微粒+粉粒→细粒”两个阶段组成。由于生成的微粒消耗很多的粉粒和液滴，且因雾滴小、液体蒸发快，故难以形成较大的颗粒。

（b）喷雾液滴中等大小时，制粒过程除了以上介绍的生成微粒和细粒两个阶段外，还可以发展到第 3 阶段，即“微粒+微粒→颗粒，细粒+粉粒→颗粒”。此时，颗粒生长速度较快，可得到粒径较大的颗粒产品。

（c）喷雾液滴大时，制粒过程分为 4 个阶段，在以上 3 个制粒阶段的基础上，还存在“细粒+细粒，细粒+颗粒→粗颗粒”的第 4 阶段。此时，颗粒生长速度更快，颗粒直径变得更大。但是，由于制粒过程中存在粉粒、微粒、细粒、颗粒和粗颗粒，所得的颗粒粒径分布相当宽。

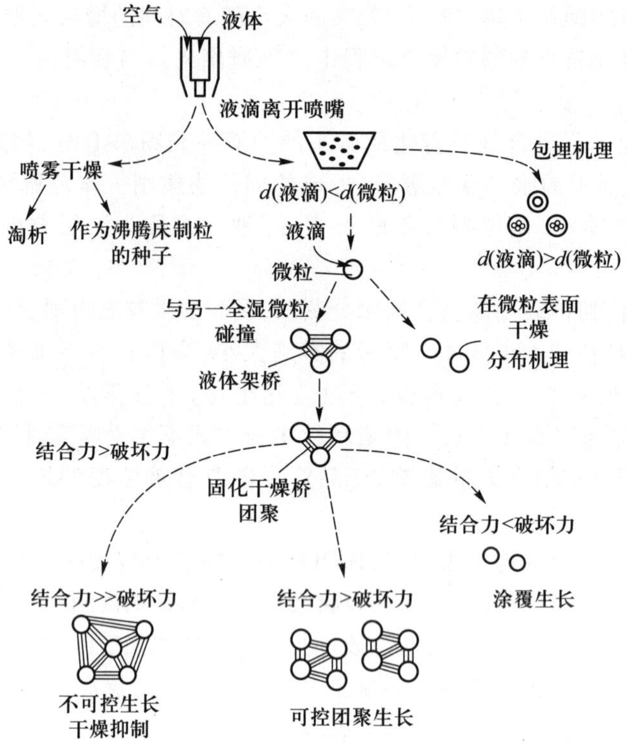

图 6-9 流化床颗粒化机制

6.2.2.2 药物粉体颗粒化过程理论

通常,粉粒在颗粒化前期会迅速增长达到一定的尺寸,然后生长就会逐渐停止。转鼓间歇制粒结果表明:在制粒过程中,颗粒的平均粒径在黏结剂喷洒后的很短时间内就已经确定,其后的作用只是通过颗粒的相互撞击等行为来提高颗粒的强度。

由于粉料或半固体浆料等因制粒方式和过程不尽相同,因此,它们的颗粒化速度、功率消耗及其描述方程是不同的。颗粒生长速度除与混合粉料的性质有关外,更多地受到外界作用力及作用方式的影响,相应地映射到颗粒的尺寸、孔隙率和颗粒强度(或变形度)及其分布。并将之用于制粒过程的模拟描述。

虽然聚集过程是整个制粒过程的核心部分,对产品的质量和生长机理有很大的影响。但是,由于对于这个过程的影响因素很多,很难从单一的数学模型来描述。一般认为,最小孔隙率、聚集度和变形度决定着产品的最终形态和质量,是比较重要的参数。

(1) 最小孔隙率和聚集度 颗粒的聚集是由于黏结剂毛细力而引起的,毛细力使颗粒在聚集过程中碰撞并产生摩擦力,并且任何颗粒的分离、破碎都是由于聚集体的膨胀造成的。

由不同黏度的黏结剂对玻璃微球制粒实验得出一个简单的最小孔隙率指数衰减模型如下:

$$\frac{\varepsilon-\varepsilon_{\min}}{\varepsilon_0-\varepsilon_{\min}}=\exp(-kN) \tag{6-1}$$

式中 ε 表示在鼓的转速 N 下所得颗粒的平均孔隙率;ε_0 表示原料的初始孔隙率;$\varepsilon_{\min}$ 表示最小孔隙率;k 表示接触碰撞率。

式(6-2)是最小孔隙率和聚集度(无序颗粒碰撞率)相关的数学方程：

$$\frac{d\varepsilon}{d\tau}=\left[1-\frac{(1-\varepsilon)^3}{\varepsilon\cdot K_\varepsilon}\right]^n \tag{6-2}$$

$$\tau=\frac{13}{256}\cdot q\cdot t \tag{6-3}$$

$$K_\varepsilon=\frac{16}{3}\frac{\rho_s g H_{max}}{f(\mu)}\frac{d}{\varphi(s)\cdot\gamma\cos\theta} \tag{6-4}$$

式中 ε 表示在 t 时刻的孔隙率；q 表示颗粒的碰撞频率；n 表示颗粒碰撞能量分布的参数；ρ_s 表示在制粒过程中颗粒的密度；g 表示重力加速度；H_{max} 表示颗粒在制粒过程中的最高落差；$f(\mu)$ 表示摩擦力系数的函数；$\varphi(s)$ 表示聚集颗粒和颗粒饱和度的函数；$\dot{\gamma}$ 表示表面张力；θ 表示液体-固体接触角。

因此，无序颗粒碰撞率 K_ε 与颗粒的尺寸 d 成正比而与液体的表面张力 $\dot{\gamma}$ 成反比。同时，颗粒无序碰撞率与颗粒碰撞能 $\rho_s g H_{max}$ 成正比。当设定 $d\varepsilon/d\tau=0$，这样在无限长的时间后就得到最小孔隙率 ε_{min}，见式(6-5)。

$$\frac{\varepsilon_{min}}{(1-\varepsilon_{min})^3}=\frac{1}{K_\varepsilon} \tag{6-5}$$

由上式可见，增加无序颗粒碰撞率就可以降低颗粒的最小孔隙率。而用喷雾干燥及喷雾流动床制出的颗粒比传统方法制出的颗粒稍微疏松，这一点将可能影响颗粒的可压性。

(2) 斯托克斯(Stokes)变形数　斯托克斯变形数(St_{def})是颗粒的变形和破碎的控制因素，其数学表达如下：

$$St_{def}=\frac{\rho_p d^2\dot{\gamma}^2}{2\tau_y} \tag{6-6}$$

式中 ρ_p 表示颗粒的密度；d 表示颗粒的直径；$\dot{\gamma}$ 是剪切速率；τ_y 表示颗粒与黏结剂的直接特征流动压。

标准的斯托克斯变形数是一个通过实验得出的数值，根据不同的制粒方式和不同的物料来确定。在制粒过程中，当颗粒的变形数没有达到标准斯托克斯变形数之前，颗粒可以继续生长；而当颗粒的变形数超过标准斯托克斯变形数时，颗粒就会破碎。因此，在一定程度上说，斯托克斯变形数是控制颗粒最大尺径的关键参数。

(3) 气流速度与颗粒粒径　物理学知识告诉我们，对表面光滑的球形颗粒在没有外加离心力和静电作用的真空中，受到重力的作用而自由降落的速度：

$$u=g\tau$$

在黏性流体中降落，颗粒受到重力、浮力和阻力的作用。颗粒受到的作用力：

$$\begin{aligned}F&=F_g-F_b\\&=\pi d_p^3(\rho_p-\rho_g)g/6\end{aligned}$$

颗粒在流体中产生的阻力：

$$\begin{aligned}F_d&=\zeta\rho_g u^2A/2\\&=\zeta\pi d_p^2(\rho_p-\rho_g)u^2/8\end{aligned}$$

化工原理课程中，“重力沉降”章节介绍了颗粒与流体相对运动的阻力系数 ζ 与颗粒流动 $Re_t=d_p u_t\rho g/\mu$ 的关系，$d_p=6v/A$。对球形颗粒有

$$Re_t<1,\quad 滞流区:\quad \zeta=24/Re_t$$

颗粒沉降符合斯托克斯定律。

$$1<Re_t<1\ 000,\quad 过渡区:\quad \zeta=18.5/Re_t^{0.6}$$

$$1\ 000<Re_t<2\times10^5,\quad 湍流区:\quad \zeta=0.44$$

因此,实际计算时,需要用试差法求沉降速度,另外,实际颗粒通常不是球形的,$u_{ts}<u_t$。流体自下而上地通过一个固定颗粒床层时,气速低时颗粒静止不动(固定床),流速增大颗粒开始松动,床层膨胀升高并保持有稳定的上界面(流化床),再增大气速,颗粒被带走(气体输送)。

利用流化床压降关系式 $\Delta p_B/L=(\rho_p-\rho_g)(1-E)g$,可以确定最小流化速度,即使颗粒床层最初悬浮的空塔气速:

$$u_{mf}=C_{mf}d_p^2(\rho_p-\rho_g)g/\mu \tag{6-7}$$

式中 $C_{mf}=0.000\ 7Re_p^{-0.063}$;在雷诺数较低的情况下,光滑球体 $C_{mf}=0.4$,颗粒的临界流化速度 u_{mf}(m/s)由式(6-8)计算,终端速度 u_t(m/s)由式(6-9)计算:

$$u_{mf}=\frac{d_p^2g(\rho_p-\rho_g)}{1\ 650\mu} \tag{6-8}$$

$$u_t=\frac{d_p^2g(\rho_p-\rho_g)}{18\mu} \tag{6-9}$$

式中 d_p 为颗粒平均直径,m;g 为重力加速度,m/s^2;ρ_p 为颗粒密度,kg/m^3;ρ_g 为气体密度,kg/m^3;μ 为气体运动黏度,m^2/s。就喷雾流化床中的颗粒化过程来说,粉体在流化床内颗粒化与保持颗粒处于悬浮状态的气流速度、实现颗粒增长的喷液量及干燥温度等有关。对气速 u 的一般要求是 u_{mf}的 5 ~6 倍,但要低于夹带速度。

如图 6-10 所示,低气速时,颗粒床实际上是固定床,且压降与空塔气速成正比。随着气速的增大,出现床层颗粒从固定到悬浮的变化点。使颗粒床层最初悬浮的空塔气速称为临界流化速度 u_{mf},此速度是流化床颗粒化操作的底限,此时的床压降 Δp_{mf}会非常接近粒子的质量 m 除以床的横截面积 A。因此,流化床的压降可近似作为泵送能的需求。

$$\Delta p_{mf}=m/A \tag{6-10}$$

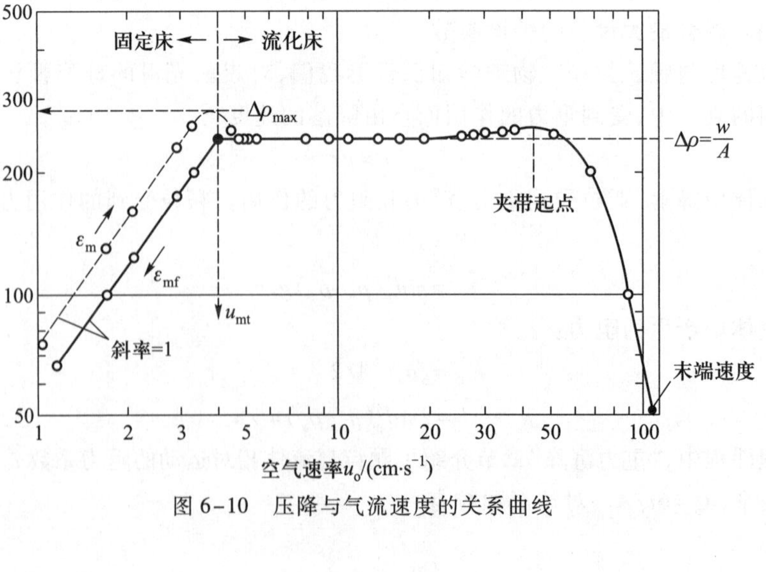

图 6-10 压降与气流速度的关系曲线

对于正常的气体流化床，气体的密度比固体的密度小得多，因此，平衡力可表示为

$$W=\frac{1-\varepsilon_{mf}}{\rho_p \cdot g/g_c} \tag{6-11}$$

式中 ε_{mf}为最小流化床的孔隙率；ρ_p 为粒子的密度；g/g_c 为重力加速度与重力换算因子的比。喷雾制粒体系的流动状态属于散式流态化，其 $F_r=u^2/(gd_p)<1$。在较低操作气速和较小循环量下，数值模拟采用欧拉两相流模型。

喷雾沸腾和流化床制粒过程，流动的气体一方面驱动颗粒运动碰撞聚集；另一方面发挥载热介质的作用，会影响颗粒的生长与速度。待干燥颗粒周围液膜蒸发速率与热交换速率的关系式为

$$\frac{\mathrm{d}m}{\mathrm{d}t}=\frac{hA}{H}\partial T \tag{6-12}$$

式中 $\mathrm{d}m/\mathrm{d}t$ 是传质速率（干燥速率）；h 是传质系数；A 是表面积；H 是蒸发潜热；∂T 是空气和材料表面的温度差；表面积取决于颗粒的直径。

表 6-1　常用溶剂的蒸发潜热

溶剂	沸点/℃	密度/(g·mL^{-1})	蒸发热/(kJ·g^{-1})
二氯甲烷	40	1.327	322.3
丙酮	56.2	0.79	517.0
甲醇	65	0.791	1 100
乙醇	78.5	0.789	855.2
异丙醇	82.4	0.786	732.6
水	100	1.00	2 260

根据质量守恒有粒径与晶种和涂层量的关系：

$$d_c=\left\{\left[\frac{\rho_p}{\rho_c}\left(\frac{m_p+m_c}{m_p}-1\right)+1\right]^{1/3}-1\right\}\frac{D_{core}}{2} \tag{6-13}$$

式中 ρ_p 为晶种颗粒密度，kg/m^3；ρ_c 为涂层密度，kg/m^3；m_p 为晶种颗粒质量，g；m_c 为涂层质量，g。其中，涂层密度和涂层质量也是可以通过实验测定的。

（4）制粒过程中聚集现象和相图　湿颗粒是通过固体颗粒之间空隙中的液体桥作用产生的内聚力而结合的，此内聚力 σ_c 的强度取决于液体（黏合剂）的表面张力 γ、润湿角 δ、颗粒之间的距离 a 和颗粒直径 d。根据作用力等于反作用力原理，内聚力 σ_c 等于湿颗粒的张力 σ_t。因此，高剪切混合机制粒过程的关键因素是选择合适的黏合剂和黏合剂的用量。对于剂型设计来说，通常需要比较两种不同配方的颗粒性质，因制剂的组成不同，所需的黏合剂的量也变化。

在理想状态下颗粒间距 $a=0$、润湿角 $\delta=0$，由直径为 d 的等距球形颗粒构成粉体床，其部分空隙间被黏合剂充填（饱和度 S 约小于 0.3），它的内聚力为

$$\sigma_c=\frac{1-\varepsilon}{\varepsilon}\frac{A\pi\gamma}{x[1+\mathrm{tg}(\theta/2)]} \tag{6-14}$$

式中 ε 为粉体孔隙率；A 为比例常数，取决于颗粒的填充后的几何形状。

Iveson 和 Wauters 根据斯托克斯变形数和最大孔隙饱和度的变化绘制了颗粒聚集的相图，如图 6-11 所示。

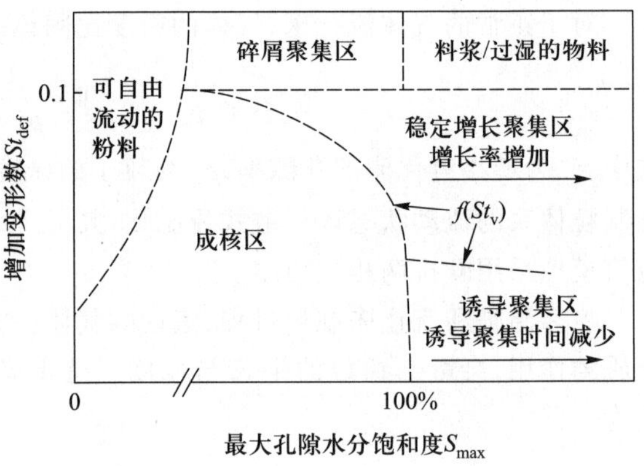

图 6-11 颗粒聚集相图

从图中可以看出，根据变形数的不同，碎屑聚集方式和稳定增长聚集方式界限比较明显。但是，对于稳定增长聚集和诱导聚集，当孔隙最大饱和度达到一定程度时，其界限变得很难区分。同时，随着物料中黏结剂含量的增加，颗粒的聚集方式不断改变。由于原粉粒料是一些很难变形的细小颗粒，在颗粒的成核阶段，加入黏结剂的生长方式可视为诱导增长阶段；随着黏结剂加入量的加大，那些很难变形的细小颗粒逐渐地黏在一起，成为容易变形的较大的颗粒，这样就进入稳定增长阶段。

（5）挤压流动黏度和功率消耗　对于迫使粉体致密流动的制粒过程，可近似为连续流动加工过程。因此，具牛顿流体流动特性的物料，其在料筒内移动的黏度与螺杆进出口两点之间的压差的关系可用 Hagen-Poisuille 方程表达：

$$\Delta p = 4\tau_w (L/D) \tag{6-15}$$

式中 τ_w 为螺杆-料筒壁剪切应力（黏性阻力），N/m^2；D 是螺杆直径，m；L 是螺杆长度，m。

而对具有一定黏性的粉体混合料，螺杆转速对挤出剪切应力的影响可由下式关联：

$$\tau_w = k\left(\frac{V_b}{H}\right)^n \tag{6-16}$$

式中 k 是稠度系数；n 是幂律指数；$V_b = \pi DN$ 是螺杆转速；H 是螺杆的通道深度。

挤出能将黏合性较差的物料捏合并实现均匀分布，且物料的密实度和分散均匀性与剪切应力和剪切速率密切相关，用非牛顿流体流变学特性的数学模型表达如下：

$$\mu = \tau_w / \dot{\gamma} = k\left(\frac{V_b}{H}\right)^{n-1} = k\left(\frac{\pi DN}{H}\right)^{n-1} \tag{6-17}$$

尽管挤出体积速率受螺杆类型、L/D 比及加工温度、物料的粒度和黏性等多因素影响，螺杆转速是经停留时间影响挤出质量的另一个可变的参数，而难以用数学模型表达，且常常需要用试验得出相应的数据。但挤出机功率与单位时间内运送的物料体积量有关。

$$P = K(ND^2) \tag{6-18}$$

由于输送量不仅与螺杆的结构有关，还与在满足密实度和分散均匀性要求的前提下的螺杆转速有关，螺杆挤出多为黏性流动过程，其功率消耗可借用第二章机械搅拌克服黏性力做功的公式进行近似计算：

$$P \propto \mu N^2 D^3$$

于是，式（6-18）中 $K = N_p \mu ND$，即 K 与物料的流变学特性及运动长度有关。将式（6-17）代入式（6-18）得

$$P = N_p k\left(\frac{\pi DN}{H}\right)^{n-1} N^2 D^3 \tag{6-19}$$

现代多数制粒设备带有功耗监测。高速剪切式混合湿法制粒的试验表明，将黏合剂以恒定的速度加入粉体中，混合器中单位体积湿粉末产生的比功耗(dP/dV)近似符合一级过程：

$$dP/dV=\mu\sigma_c K \tag{6-20}$$

式中 μ 为表观摩擦系数；σ_c 为湿粉末床的内聚力；K 为剪切速率。

在湿法制粒过程中，搅拌机/制粒机的功耗是可测量的。例如，在高剪切混合器内，由乳糖(86%)、聚乙烯吡咯烷酮(4%)和玉米淀粉(10%)组成的 200 目固体粉体，以恒定的速度泵入离子水剪切混合制粒，其功耗曲线如图 6-12 所示。

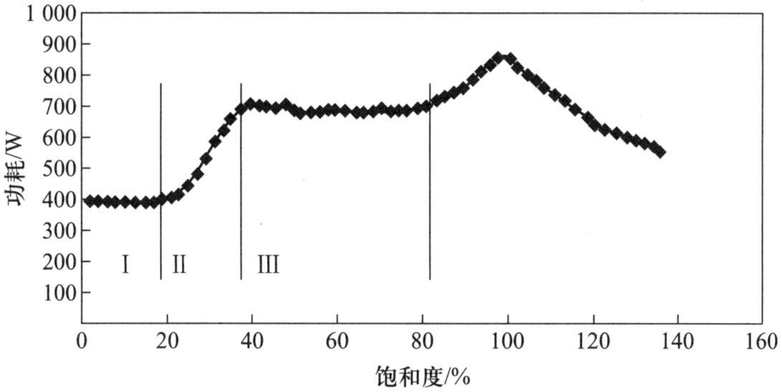

图 6-12 高剪切混合器功耗曲线

(Ⅰ阶段：玉米淀粉吸水量；Ⅱ阶段：开始形成液桥；Ⅲ阶段：通过黏合剂填充相互间空隙)

6.2.3 药物冷冻干燥固化过程

冷冻干燥固化过程简称冻干。在制药工业，冻干是指含有药物的溶液冷冻成冰块后，在真空状态下不经液态直接从固态升化至气态，由此除去水等溶剂成分的加工过程。

冷冻干燥的应用是美国宾州大学的 Flosdorf 和 Mudd 于 1933 年开创的，他们用玻璃器皿系统(干冰作冷源)实现了血清(serum)的冷冻干燥。后来的 1938 年牛津大学的 Chain 将之用于青霉素的冷冻干燥，雀巢公司将之用于咖啡的冷冻干燥，加上 1935 年第一台以氟里昂为制冷剂的商业用冻干机问世，并由此极大地推动了冻干技术在药品制造领域的发展。但直到 20 世纪 90 年代生物药品的出现和发展之前，冻干机技术处于较为简单的“粗放”阶段，如今正向“精致”的深入的方向发展。相关学科的研究成果为冷冻干燥技术的发展提供了一些理论基础。

一般地冷冻固化干燥过程包括三个彼此独立又相互依赖的操作过程，包括预冻、升华干燥和解析干燥。其中预冻可分为三个阶段。在第一阶段里全部冷冻品都恰好冷却到平衡的冻结温度之上，也就是说，恰好在冰刚开始形成的温度，这个阶段的关键在于能承受过冷的溶液的数量达到最大。在第二阶段里，把产品冻结到比浆液熔融温度低的温度。在确信产品已完全冻结之后，冻结项目的第三阶段还可能包括产品的热循环以去掉亚稳态的水或诱发间隙物料的晶体化。但是，大部分的冻结操作也许仅包含了第二阶段。

预冻方法有速冻法和慢冻法，制品每小时降温 10～15 ℃的称为速冻，每小时降温不超过 1 ℃的称为慢冻。速冻方法采用的是在产品进箱之前，先把冻干箱温度降到-45 ℃以下，再将制品装入箱内，这样急速冷冻。一般要求每小时降温速度在 5～6 ℃，降至低于产品共熔点 10～20 ℃下保持 2 ~ 3 h，以保证冷冻完全。

制品预冻后，启动真空泵，促成冰的升华。冰在升华时需要热量，必须对物料进行适当加热，并使加热板与物料升华表面形成一定温度梯度，以利于传热的顺利进行。干燥分为第一阶段干燥和第二阶段干燥。第一阶段为升华干燥过程，药液完全冻结后，用抽真空的方法降低干燥腔室中的压力，使之低于该温度下水蒸气的饱和蒸气压时，冰发生升华，水分不断被抽走，产品不断干燥。当制品中的冰全部升华完时，应有 90% 以上的水分被除去，第一干燥阶段结束。为了达到良好干燥状态，需要在制品共熔点/崩解温度以下进行解吸干燥，即第二干燥阶段。此阶段主要是为了除去结晶水及固体吸附的水，升温速度可加快，以 5 ~ 10 ℃/h 为宜。

图 6-13 为隔板温度与制品温度控制变化过程曲线，干燥箱板层温度与时间之间的关系曲线称为冻干曲线。与此对应的工艺过程如下：

① 热量从隔板通过玻璃瓶或托盘传送到冻结冰晶体内，并传导至制品的表面；

② 冰晶体升华过程产生的水蒸气通过制品枝状孔隙（干燥通道）扩散到制品表面；

③ 从制品表面出来的水蒸气进入真空冷凝器（水分捕集器，即冷阱），水蒸气在真空冷凝器中凝结成冰。

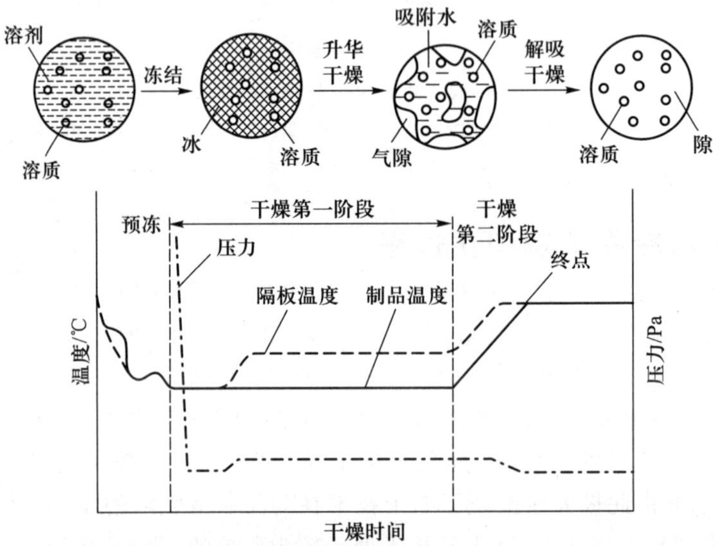

图 6-13　真空冷冻干燥制品结构变化过程与冻干曲线

冻干曲线以板层为依据是因为产品温度是受板层温度支配的，控制了板层温度也就控制了产品温度。它反映了在冻干过程中不同时间板层温度的变化情况。冻干曲线就是进行冷冻干燥过程控制的基本依据，也是控制冻干机操作的依据。

6.2.3.1　冷冻固化干燥过程机制

（1）物料结晶与玻璃化转变　物料的冷冻固化过程，也为冻结过程，它是将物料充分冷却而使之完全固化的过程。冷却固化后的物料既具有晶态，又具有玻璃态的坚硬的网状结构。在此过程中，不仅要使物料中的自由水完全结成冰，还要使物料中的其他部分也完全固化形成固态的非晶态（玻璃态）。玻璃态药品是在非平衡条件下，通过快速冻结形成的，与晶态药品相比是不稳定的，在温度变化的情况下，有转变为晶态的倾向。玻璃化药品与晶态药品相比，具有较高的溶出速率。

冷却固化过程的最终温度应当是完全固化温度(complete solidification temperature,T_{cs}),它应低于物料的共晶温度(eutectic temperature,T_e),或者玻璃化转化温度(glass transition temperature,T_g)。T_g 指的是当溶液浓度达到最大冻结浓缩状态发生玻璃化转化时的温度。玻璃化(vitrification)对药品在冷冻干燥过程中避免变性和质量下降,以及长期储存的稳定性有重要的影响。在冷冻干燥过程中,如果温度高于药品的 T_g,药品黏度迅速降低,表面萎缩,微观结构破坏,发生塌陷现象。

如玻璃态的吲哚美辛比晶态的溶出速率快且溶解度高,如图 6-14 所示。因此,利用玻璃态进行药物冻干的方法可保证药物尤其是蛋白质或多肽类药物的生物活性和药效。临床实践中的应用效果还表明采用玻璃化的方法低温保存的皮肤、气管、血管等生物材料也是比较理想的。

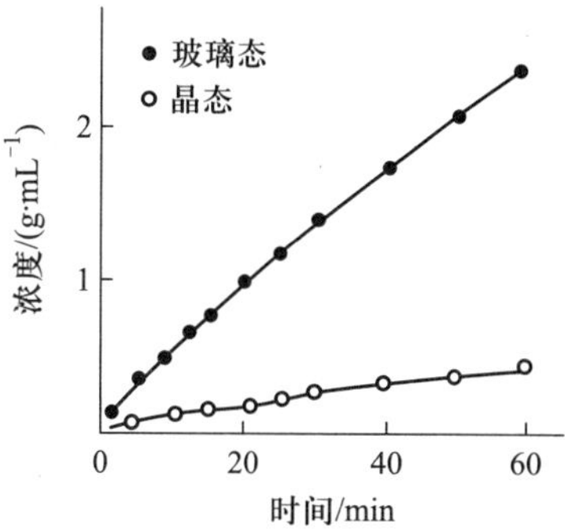

图 6-14　玻璃态和结晶的吲哚美辛在水中的溶出速率

对于多肽和蛋白质的低温保护机理之一是优先作用原理。优先作用是指蛋白质优先与水或水溶液中的保护剂作用。在有起稳定作用的保护剂存在的条件下,蛋白质优先与水作用(优先水合),而保护剂优先被排斥在蛋白质区域外(优先排斥)。在这种情况下,蛋白质表面就比其内部有较多的水分子和较少的保护剂分子。优先作用原理同样适用于冷冻-融解过程。蛋白质保护剂在溶液中从蛋白质表面被排斥,在冻结过程中能够稳定蛋白质。但是优先作用机理不能完全解释用聚合物或蛋白质自身在高浓度时保护蛋白质的现象。

在冻干过程中,由于蛋白质的水合层被除去,优先作用机理不再适用。对于冻干保护机理,仍在研究探讨之中,目前主要有两种:

① 水替代假说。许多研究者认为由于蛋白质分子中存在大量氢键,结合水通过氢键与蛋白质分子联结。当蛋白质在冷冻干燥过程中失去水分后,保护剂的羟基能替代蛋白质表面的水的羟基,使蛋白质表面形成一层假定的水化膜,这样可保护氢键的联结位置不直接暴露在周围环境中,稳定蛋白质的高级结构,防止蛋白质因冻干而变性,使其即使在低温冷冻和干燥失水的情况下,仍保持蛋白质结构与功能的完整性。

② 玻璃态假说。研究者认为在含保护剂溶液的干燥过程中,当浓度足够大且保护剂的结晶不会发生时,保护剂-水混合物就会玻璃化。研究发现在玻璃态下,物质兼有固体和流体的行为,黏度极高,不容易形成结晶,且分子扩散系数很低,因而具有黏性的保护剂包围在蛋白质分子的周围,形成一种在结构上与玻璃状的冰相似的碳水化合物玻璃体,使大分子物质的链段运动受阻,阻止蛋白质的伸展和沉淀,维持蛋白质分子三维结构的稳定,从而起到保护作用。

目前大部分学者赞同“水替代假说”,因为可以通过实验检测到蛋白质和保护剂之间的氢键,为理论提供证据。事实上,无论是“水替代假说”还是“玻璃态假说”,它们的基础都是基于药液实现了部分或全部玻璃化冻结。

(2) 冷冻干燥基本原理　冷冻干燥是基于冰升华原理来实现的。升华首先从冻结品的表面开始,在干燥进行了一段时间之后,在冻结品上面形成了一层已干燥的产品,产生了干燥产品与冻结品之间的交界面——升华界面。此交界面将物料分为多孔干燥层和冻结层两个区域,并随着干燥的进行不断下移，直到升华完毕而消失。过程中，可升华的水等溶剂分子以气态穿越此交界面，进入已经干燥产品的某一间隔内，然后再从这些间隔的缝隙扩散至空间。随着交界面的下移，升华的分子需要穿越的间隔数增多，流经缝隙路径延长；同时，该升华分子也可以经过吸附凝聚、渗透扩散而折回到冻结品之中。

升华的分子还会与玻璃瓶壁碰撞，或与冻干机的金属板壁碰撞，也经常发生分子之间的碰撞，部分升华的分子由此产生因能量的交换而减速，直至其没有再离开冷凝器制冷表面的能量而被"捕捉"。大量水分子捕捉后在冷凝器表面形成一层冰霜，这样就降低了系统内的水蒸气压力，使冻干箱的水蒸气不断地流向冷凝器。随着时间的延长，冻干箱内不断对物料进行加热及冷凝器的持续工作，物料逐渐得到了干燥。

在不提供外部热量时，冻结品的升华会吸收自身的热量使温度下降，升华速率也逐渐下降，直到产品温度相等于冷凝器的表面温度，干燥便停止进行。这时从冻结品到冷凝器表面的水蒸气分子数与从冷凝器表面返回到冻结品的水蒸气分子数相等，冻干箱与冷凝器之间的水蒸气压力差为零，达到平衡状态。当外界热量加到冻结品时，这个平衡状态被破坏，冻结品的温度就高于冷凝器表面的温度，冻干箱和冷凝器之间便产生了水蒸气压力差，形成了从冻干箱流向冷凝器的水蒸气流。由于冷凝器制冷的表面凝华水蒸气为冰霜，使冷凝器内的水蒸气不断地被吸附掉，冷凝器内便保持较低的水蒸气压力；而冻干箱内流走的水蒸气又不断被产品中发生的水蒸气得到补充，维持冻干箱内较高的水蒸气压力。

因此，在干燥的第一阶段、第二阶段及化霜阶段均进行着热量的传递；质量的传递仅在干燥阶段进行。冻干箱体内来自冻结品的水蒸气到冷凝器内凝成冰霜的过程，也是质量传递的过程，正因发生了质量的传递产品才能获得干燥。在干燥阶段，热的传递是为了促进质量的传递，改善热的传递也能改善质量的传递。这种利用真空冷冻获得干燥的方法，是水的物态变化和移动的过程。即整个冻干过程中贯穿着热量和质量的传递。

根据这个原理，就可以先将药品的湿原料冻结至冰点之下，使原料中的水分变为固态冰，然后在适当的真空环境下，将冰直接转化为水蒸气而除去，再用真空系统中的水汽凝结器将水蒸气冷凝，从而使药品得到干燥。

6.2.3.2 冷冻干燥过程理论

(1) 低共熔点与水的三相平衡图　低共熔点指的是在水溶液冷却过程中，冰和溶质同时析出结晶混合物时的温度，是药物溶液的三相点。在冻干制剂过程中，预冻的最终温度必须低于低共熔点，即对于正常的产品冻干时，应将其冻干温度控制在低共熔点以下。表 6-2 是一些常见物质水溶液的低共熔点。

表 6-2　常见物质水溶液的低共熔点

名称	低共熔点/℃
0.85% 氯化钠溶液	-22
10% 蔗糖溶液	-26
40% 蔗糖溶液	-33
10% 葡萄糖溶液	-27
2% 明胶+10% 葡萄糖溶液	-32

续表

名称	低共熔点/℃
2%明胶+10%蔗糖溶液	-19
10%蔗糖溶液+10%葡萄糖溶液+0.85%氯化钠溶液	-36
牛奶	-5
脱脂牛奶	-26
血浆	-25～-18
马血清	-35
牛痘苗	-40～-30
流感疫苗	-45
人体组织	-50
植物组织	-60

由于溶液的离子或带电粒子具有导电性,在冻结过程中,离子或带电粒子运动能力将逐步失去,电阻随之增大;完全冻结时,电阻将急剧增大,依此可以确定产品的共熔点。因此,可通过对电阻率的监测了解冻结进展。

共熔点测量方法是将一对白金电极浸进液体产品之中,并在溶液中插一温度计,把它们冷却到-40 ℃以下的低温,然后,将冻结品慢慢升温,并用惠斯顿电桥(图6-15)来测量其电阻。其中,电桥要用交流电供电,以免发生电解作用。当发生电阻忽然降低时,这时的温度即产品的共熔点。

图6-16是水的三相图,图中*OA*线是冰和水的平衡曲线,在此线上冰、水共存;*OB*线是水和水蒸气的平衡曲线,在此线上水、汽共存;*OC*线是冰和水蒸气的平衡曲线,在此线上冰、汽共存;*O*点是冰、水、汽的平衡点,在此温度和压力下,冰、水、汽共存,这个温度为0.01 ℃,压力为613.3 Pa;此时对于冰来说,降压或升温都会打破气固平衡,从图中可以看出,当压力低于613.3 Pa时,不管

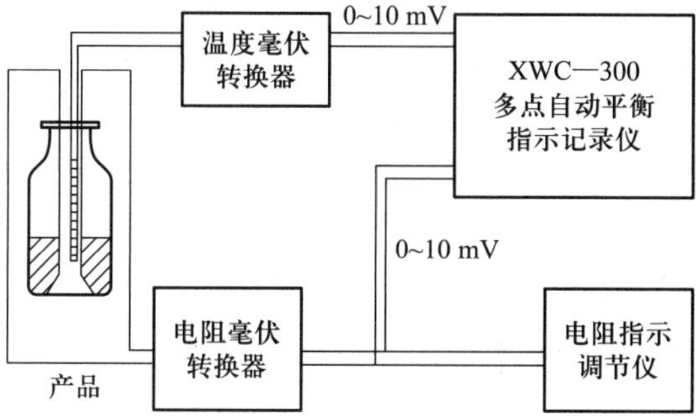

图6-15 常见共熔点测量系统示意图

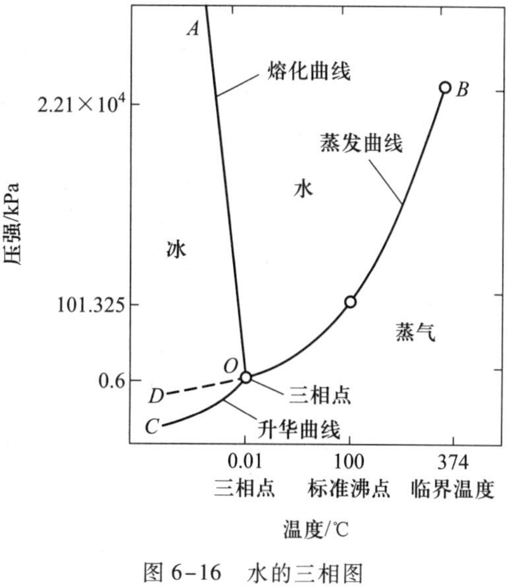

图6-16 水的三相图

温度如何变化，只有水的固态和气态存在，液态不存在。固相（冰）受热时不经过液相直接变为气相；而气相遇冷时放热直接变为冰。换句话说，在预冻结束后的升华干燥，不可以在常压下进行，控制的压力要低于 613.3 Pa。同时，对供热速度限制相应地要求在冰升华形成的蒸汽分压不高于 613.3 Pa。即要求水汽排出速度≥水汽扩散速度，水汽扩散速度≥升华速度，供热要与所需升华热基本平衡。

由于干燥的速率与冻干箱和冷凝器之间的水蒸气压力差成正比，与水蒸气迁移的阻力成反比。水蒸气压力差越大，迁移的阻力越小，则干燥的速率越快。水蒸气的迁移阻力来自以下几个方面：

① 冻结品内部的阻力。水分子通过已经干燥的产品层的阻力。这个阻力的大小与干燥层的结构与产品的种类、成分、浓度、保护剂等有关。通常，减小产品的分装厚度是有益的。

② 容器的阻力。容器的阻力主要来自瓶口之处，由于瓶口的截面较小，瓶口处可能还有某些物品。例如，带槽的橡胶塞、纱布等，都会使水蒸气迁移阻力增大。

③ 设备系统的阻力。主要是冻干箱与冷凝器之间管道的阻力与冻干箱的结构和几何外形有关。

由于水蒸气的压力差取决于冷凝器的有效温度和产品温度的温度差，因此，要尽可能地降低冷凝器的有效温度和最大限度地提升产品的温度。在大多数应用中，干燥箱内压力控制在 13 ~ 130 Pa，水汽凝结器真空度则应抽到 3.5 Pa 或更低。为了提高干燥效率，应尽可能增大制品升华的表面积。

（2）冷冻干燥速率　由上节内容可知，冷冻升华干燥过程需要保证：升华界面和干燥箱之间有足够的水蒸气分压梯度，以及时移走升华的水蒸气；调节物料表面温度使穿过干燥层到达升华界面的热量等于升华所需的热量。冷冻升华干燥过程是传热传质耦合的逆过程，其中，作为分散介质的冰发生相变，升华的界面具有移动性。

在干燥升华阶段，物料需要吸收热量（每克冰完全升华成水蒸气约吸收 2.8 kJ 的热量）。如果不对药品进行加热或热量不足，则在水分升华时会吸收药品本身的热量而使药品的温度降低，致使药品的蒸气压降低，于是引起升华速度的降低，整个干燥的时间就会延长，生产率下降；如果对药品加热过多，药品的升华速率固然会提高，但在抵消了药品升华所吸收的热量之后，多余的热量会使冻结药品本身的温度上升，水汽会进入干燥层并引起局部熔化或表面溶解，致使通道塌陷或封闭，产生干缩起泡现象。

目前，已有一些数学模型，如 King 提出的冰前沿均匀退却（URIF）模型、升华模型、Litchfield 提出的吸附-升华模型等，被用于预测冻干过程中温度及蒸气压强的分布状况，以及冻干时间。

URIF 模型是建立在升华界面温度和物料表面温度恒定，以及干燥层内水汽分压不变的准稳态过程的假设基础上的。对于描述较低干燥速率的加热模式下物料中自由水的去除过程，King 的 URIF 模型是比较准确的。但是，其只考虑自由水去除过程，未涉及物料中结合水的去除。尽管结合水的数量较少，但所需干燥时间却很长。

吸附-升华模型同时考虑自由水和结合水的去除，其基本思想是在干燥过程中，物料中冰的升华与水汽的解吸可同时进行。但是，结合水的吸附平衡数据测定困难且准确度不能保证，应用受限。

谢国山和王立业对升华干燥阶段和解吸干燥阶段分别作简化处理。并定义：G_W 为水蒸气扩散通量，S_t 为升华面位置，1 为干燥层，2 为冻结层，T_b 为下表面温度，q_1、$q_{1'}$ 为传入、传出干燥层的微元体的热量，q_2、$q_{2'}$ 为传入、传出冻结层微元体的热量，L 为物料厚度，T_s 为升华面温度，Δx 为模型所研究微元体的长度单位，T_0 为冻结初始温度，T_F 为冻结终了温度。传热过程是一维的，且垂直于干燥层表面及升华面。在升华干燥阶段，其假设升华界面温度与升华界面位置呈线性关系，并考虑水蒸气逸出对干燥层的影响，同时，物料表面温度从冻结终了温度 T_F 立即上升为恒定的上表面温度 T_u、下表面温度 T_b。在解吸干燥阶段，假设结合水的脱除随物料温升的变化率为常数。分别对多孔干燥层和冻结层微元体建立能量平衡方程，得出各自的微元方程。

① 升华干燥过程数学模型。

对于干燥层有

$$\rho_1 c_{p1}\frac{\partial T_1}{\partial t}=k_1\frac{\partial^2 T_1}{\partial x^2}-c_{pg}\frac{\partial}{\partial x}(G_W T_1) \tag{6-21}$$

式中 c_p 为比定压热容，J/(kg·K)；ρ 为密度，kg/m^3；k 为导热系数，W/(m^2·K)。

$$G_W=-(W_0-W_H)\frac{dS_t}{dx} \tag{6-22}$$

式中 W_0 为初始水质量浓度，kg/m^3；W_H 为结合水质量浓度，kg/m^3。

对于冻结层有

$$\rho_2 c_{p2}\frac{\partial T_2}{\partial t}=k_2\frac{\partial^2 T_2}{\partial x^2} \tag{6-23}$$

升华界面能量与质量耦合方程为

$$k_2\frac{\partial T_2}{\partial x}-k_1\frac{\partial T_1}{\partial x}+\frac{dS_t}{dt}(\rho_2 c_{p2}T_2-\rho_1 c_{p1}T_1)=-(G_W\Delta H+G_W c_{pg}T_s) \tag{6-24}$$

式中 ΔH 为潜热，J/kg。将式(6-24)积分得冻干时间与冻干温度、水含量、料层厚度及传热系数之间的关系：

$$t=\frac{1}{B}\left[\frac{1}{2}(((C-E)S_t)^2+DS_t-\frac{A(C-E)S_t}{B}\right]+\left[\frac{(C-E)A^2}{B^3}-\frac{DA}{B^2}\right]\cdot\ln\left(1+\frac{B}{A}S_t\right) \tag{6-25}$$

式中 $A=k_1(T_F-T_u)$，$B=\dfrac{T_b-T_F}{L}(k_1-k_2)$，$C=\dfrac{T_b-T_F}{L}(\rho_2 c_{p2}-\rho_1 c_{p1})$，$D=T_F(\rho_2 c_{p2}-\rho_1 c_{p1})-(\Delta H+T_F c_{pg})(W_0-W_H)$，$E=c_{pg}(W_0-W_H)\dfrac{T_b-T_F}{L}$。

② 解吸干燥过程数学模型。

物料某一微元的热量微分方程为

$$-k_1\frac{\partial^2 T}{\partial x^2}-\Delta H\frac{\partial W_d}{\partial T}\frac{\partial T}{\partial t_d}=0 \tag{6-26}$$

式中 W_d 为解吸过程的水含量，且 $-\dfrac{\partial W_d}{\partial T}=\dfrac{W_H}{T_u-T_i}=e$（常数）。运用隐含条件：$t_d=0$，有 $W_d=W_j$（升华结束时的水含量），则得到解吸阶段干燥时间的隐式表达式：

$$e^{-\alpha\frac{\pi^2}{4L^2}t_d}=1-\frac{\Delta H\pi\alpha}{2k_d(T_u-T_i)}W_H \tag{6-27}$$

当 $W_d\to 0$ 时，$t_d\to\infty$，则可以得到升华过程结束、纯解吸过程开始时的水含量：

$$W_j=\frac{2(T_u-T_b)}{\pi(T_u-T_l)}W_H \tag{6-28}$$

将式(6-28)代入式(6-27),可得到解吸干燥过程所需的时间为

$$t_d=\frac{4L^2}{\alpha\pi^2}\ln\frac{W_j}{W_d} \tag{6-29}$$

③ 经验式。

目前,这两类模型离工程设计和工艺开发的定量计算应用要求仍有一定的距离,需要进一步研究、完善。对于晶体结构简单,冻结品晶形良好时,如物料厚度小于 10 mm,其标准干燥时间一般在 10～30 h,并可按以下经验公式估算:

$$t=\delta^{1.5} \tag{6-30}$$

式中 t 为冻干时间,h;δ 为物料厚度,mm。

例 6-1 浓度为 13.3 mg/mL 的促肝细胞生长素,用 10 mL 西林瓶(20 mm×50 mm)灌装,装液量 3 mL,装液高度约 11 mm。请估算冻干时间。

解:装液高度 11 mm,接近 10 mm,故可以用经验式进行估算。

由式(6-30)得

$$\begin{aligned} t &= \delta^{1.5} \\ &= 11^{1.5} \\ &= 36.5(\text{h}) \end{aligned}$$

工业生产包括预冻时间在内的冻干过程共用 36 h,与上述估算结果相近。

6.2.4 药物颗粒化过程的影响因素

6.2.4.1 药物粉体混合颗粒化过程的影响因素

制粒是固体制剂生产过程中非常重要的单元操作,可以提高粉体混合均匀度、颗粒流动性等,直接关系到最终制剂的 API 含量均一度、崩解时间和溶解速率等理化性质。对于团聚的颗粒其关键性质包括大小、孔隙率、强度及它们的分布。

搅拌制粒过程中的粒子增长行为只取决于液体的加入量,而几乎不受叶轮的旋转速度的影响。三叶轮推进桨高剪切搅拌制粒往往需要高转速启动粉体混合流动后才形成适合制粒的操作,高的旋转速度将有更多的能量输出而有利于颗粒合并,但热应力和颗粒破碎率会增加;为了提高混合和制粒特性,采用较低旋转速度的带有延长边翼的双叶桨,更大的驱动转矩、热应力减少而温升明显下降。

通常颗粒化或制粒过程会遇到以下情况:① 黏合剂是非牛顿流体;② 黏合剂溶解了大量固体粉末;③ 水合作用;④ 由于温度较高,发生凝胶化过程。

一般来说,随着搅拌强度的增加,可以降低最小孔隙率;原料目数的降低也可以降低最小孔隙率。对于低黏度的黏结剂,增加黏结剂的浓度会降低最小孔隙率;而对于高黏度的黏结剂,随着浓度的增加,最小孔隙率却是增大的。对于聚集度,增加原料的目数会降低颗粒的聚集度;增强搅拌强度可以提高聚集度。黏结剂的黏度和浓度对于聚集度有着双重影响,必须结合在一起考虑,对于这方面的问题,目前理论上还没有很好的解释。

除了喷雾干燥制粒及流化床制粒过程中的液滴大小对粒径有影响外,团聚制粒的颗粒成长方式还受到黏合液黏度(表面张力)等结合力的影响。当黏合液黏度较高时,所形成的液体桥的

结合力相对较强，有能力在微粒、细粒、颗粒之间形成二次和三次凝聚制粒过程，从而制得的颗粒也较大。

在喷雾沸腾和流化床制粒过程，喷雾液体的数量和黏结强度、操作参量、流化床结构型式、流化时间等均影响这两种因素的平衡，从而影响产品颗粒粒径及其分布。产品粒径随黏合液浓度的增大而变大，颗粒的生长速率随流化气速的增大而先增大后减小，存在一个最佳值。流化床喷雾制粒产品颗粒的大小，还取决于团聚的黏合和磨损两种因素的平衡。一方面，由于喷雾溶液的作用，粉粒逐步结合在一起形成更大的颗粒；另一方面，流化过程中颗粒间的相互碰撞磨损，将破坏或者阻碍颗粒的形成。过小的气速不宜形成稳定的喷动区，气速过大又会导致雾化液滴被吹走并加剧颗粒之间的碰撞及喷泉区的不稳定。较高的流化空气温度，有利于加速黏合液中溶剂的蒸发，减小黏合液液滴尺寸和减少液体交连架桥数量，使得产品颗粒粒径有减小的趋势；随进气温度增加，产品颗粒直径有所下降。

对任何一类制粒过程来说，由于很难将黏结剂均匀地喷洒到物料的表面，这样就使得在制粒机的内部形成含有黏结剂比较多的大颗粒、黏结剂较少的小颗粒和干粉共存情况。因此，在制粒过程中颗粒的大小总不是很均匀。

迄今，大规模制粒及对制剂加工过程的控制仍然存在很多问题有待于去探究并解决，对颗粒结团和分散的许多方面的认识还远远不够。因此，在研究并应用药物粉体混合技术的同时，不仅要注意制粒过程，还要关注制粒过程的结晶、干燥和纳米化技术，控制晶体尺寸分布及结晶特性等会对药物粒子行为产生较大影响。

6.2.4.2 药物冻干过程的影响因素

冷冻干燥不同于普通的加热干燥，物料中的水分基本上在 0 ℃以下的冰冻的固体表面升华而进行干燥，物质本身则剩留在冻结时的冰架子中，因此，干燥后的产品体积不变，呈现疏松多孔。

冷冻干燥是一个非常复杂的过程，冻干制剂产品质量不仅受到各组分的结构和物理性能的影响，而且受到制冷速度、排出水汽及冰升华的速度等因素的制约。在冻干过程的每个阶段都需要一定的时间来保证，预冻时间短，难以形成适宜的冰晶；干燥时间短，则制品水分难以达标，且含量不稳定；冻干时间过长，则增加成本。每个阶段在决定最后成品的生物、化学和物理性质方面都起着重大的作用。

（1）物料的性质。

① 药物的引湿性。引湿性强的药物，在干燥过程构成干燥层多孔通道的支架或通道壁极易吸收升华水汽而溶胀变形甚至潮解，使得升华水汽的扩散通道塌缩或封闭，最终呈现外形收缩、不饱满或成团粒状。因此，其装填高度应尽可能低。

或者采用反复预冷升华干燥法，把已冷冻的产品加热到玻璃化转化温度以上，熔化温度以下，并在此温度保持数小时，由于晶体在此温度下不断生长，玻璃态会逐步转变为结晶态。然后，使产品再次降温并完全冻结，通过这个回温热处理的工艺能使玻璃态转变为结晶态。或适量甘露醇、氯化钠等填充剂，改善结晶状态和制品的通气性，使水蒸气顺利逸出。在一期升华阶段中，升温速度过快，则大量水分尚未除去，制品温度就已超过共晶点，这会使部分制品熔化，影响制品外观。

② 细胞类生物制品。由于冷冻干燥是一个伴随有热质转换发生的非常复杂的物理化学变

化,因此,在冻干过程中冷冻浓集引起的高盐浓度、pH 变化和干燥失水引起的表面作用都会对制品的结构和稳定性产生影响。

对于复杂的细胞类生物制品的冷冻,首先是从纯水结冰开始,冰晶的生长逐步造成电解质的浓缩。随后是低共熔混合物凝固,最后全部变为固体。机械效应是细胞内外冰晶生长而产生的机械力引起的,特别是对于有细胞膜的生命体影响较大。一般冰晶越大,细胞膜越易破裂,从而造成细胞死亡;冰晶小,对细胞膜的机械损伤也较小。缓慢冷冻产生的冰晶较大,快速冷冻产生的冰晶较小;就此而言,快速冷冻对细胞的影响较小,缓慢冷冻轻易引起细胞的死亡。

溶质效应是由于水的冻结使间隙液体逐渐浓缩,从而使电解质的浓度增加,蛋白质对电解质是较敏感的。电解质浓度的增加引起蛋白质的变性,而使细胞死亡;另外,电解质浓度的增加会使细胞脱水而死亡。间隙液体浓度越高,上述原因引起的破坏也越厉害。溶质效应在某一温度范围最为明显。这个温度范围在水的冰点和该液体的全部固化温度之间,若能以较高的速度越过这一温度范围,溶质效应所产生的效果就能大大减弱。

③ 处方组成。为了能保证干燥后有一定的外形,需要冻干的产品需配制成一定浓度的物料,物质含量在 10% ~15% 最佳。

选择合适的浓度和保护剂,造成有利于升华的冰晶结构,使干燥产品的结构疏松多乱,减少干燥层的阻力,以促进传质,提高干燥速率。在冻干过程中加入添加剂和保护剂,对实现药品的玻璃化冻结有重大的影响,很多糖类或多元醇经常被用于溶液冻融和冻干过程中多肽或蛋白质的稳定剂,它们既是有效的低温保护剂又是很好的冻干保护剂,它们对冻结的影响取决于种类和浓度。

(2) 预冻过程的冷却速率 在预冻过程中,应将产品冷冻到某一低温,一般是 5 ℃,并在此温度维持一段时间,确保全部产品达到同一温度后再一起降温,这样可获得冰晶大、结晶均匀的冻结体。预冻时间短难以形成适宜的冰晶。对于酶等大分子和高分子药物,其结晶速度比小分子药物的要小得多,在预冻过程中难以结晶而呈玻璃态,同时,可与水结合形成凝胶。在后续的升华干燥过程中,因干燥层较致密,升华水汽扩散阻力大。预冻时,冷却速度、制品的成分、含水量、液体黏度和不可结晶成分的存在等是影响晶体大小、形状的主要因素。

急速冷冻的冰晶为细微状,制品粒子均匀细腻,具有较大的比表面积和多孔结构,产品疏松易溶。升华速度将因晶粒细小而变慢,使得在干燥后的制品结构紧密,成品引湿性也较大,易吸湿萎缩,适用于抗生素类产品,且对酶类或活菌活病毒的保存是有利的。冰晶越小,干燥后越能反映产品的原来结构。慢冻所得晶体较大,易升华,有利于提高冻干效率,升华后制品中空隙相对较大。冻结速度太慢,冰晶析出后成长时间较长,易发生浓缩现象,导致溶质与溶剂分离,冻干后的制品结构不均匀。一般,冻干过程中每小时降温速度应控制在 5 ~6 ℃。预冻不实,预冻温度不够低或保持时间不够长,药液未完全冻结,真空升华干燥时,液体沸腾,造成喷瓶。

因此,冷却固化过程中的物料冷却速率是很重要的因素。一般地,快速冷却能使物料在冻结过程中不致过多地脱水,并能实现部分玻璃化,但过快的冷却也会造成细胞损伤和物料断裂等不良现象;还有降温过程的温度随时间变化的情况(习惯地称为热历史,thermal history)也是重要的。因为它会对物料的物理性质产生影响,与热处理会对金属的机械性质产生影响类似。研究发现,在冷却固化过程中,如有一段“退火”(annealing)阶段,会引起物料的玻璃化转化温度等性质的变化。

在药品预冻阶段，要严格控制预冻温度（通常比药品的共熔点低几摄氏度）。预冻温度应低于产品共熔点 10～20 ℃。在此温度下保持 2～3 h，以保证冷冻完全。如果预冻温度不够低（不在低共熔点以下），则药品可能没有完全冻结，抽真空时，则有少量液体“沸腾”而使制品表面凹凸不平，即膨胀起泡；若预冻温度太低，不仅会增加不必要的能量消耗，而且对于某些生物药品，会降低其冻干后的生物活性。

因此，预冻时，冷却速度、制品的成分、含水量、液体黏度和不可结晶成分的存在等是影响晶体大小、形状的主要因素。

（3）冻干过程的蒸汽扩散与加热速度　干燥过程依赖于水汽的传递排出速率及所必需的升华热。升华的水汽不能及时扩散排出，含水量偏高，质地不均匀，为防止制品破坏，要求升华形成的蒸汽扩散速率与冰的升华速率基本一致。相应地，要求通过隔板传递给冰的热量与水分升华所需热量应保持平衡，使得干层不得超过允许温度。

① 蒸汽扩散。若装入容器液层过厚，扩散通道会大幅度延长，使得升华的水汽不能及时扩散排出。于是，冻干制品因此常存在含水量偏高、喷瓶、成品萎缩，以及蛋白质或多肽类药物的二、三级结构在冻干过程中易受破坏而失去活性等问题。产品分装到容器有一定的表面积与厚度之比。表面积要大一些，厚度要小些；表面积大有利于升华，产品厚度大不利于升华；为了减少水蒸气扩散时的阻力，物料一般分装厚度不大于 12 mm。有些产品需用大瓶，并冻干较大量的产品时，可以采用旋冻的方法冻成壳状，或倾斜容器冻成斜面，以增大表面积，减小厚度，从而有利于减小扩散阻力，提高蒸汽扩散速率。

② 加热速度。升华所需热量主要依靠隔板对制品的热传导，此时隔板温度可升高一定温度，由于干层导热能力很低，制品内外层温度梯度逐渐增大，为防止制品破坏，干层不得超过允许温度，通常此阶段板温控制在±10 ℃之间。另一方面，必须避免升华面的过热，应使传递给冰核心表面的热量与水分升华所需热量平衡。若升温速度过快，则大量水分尚未除去，制品温度就已超过共晶点，这会使部分制品熔化，影响制品外观。因此，在一期升华阶段中一定要控制升温速度，特别是在共晶点附近。

如果升华干燥的制品置于室温下，制品中残留的水分（吸附水）足以将制品分解。解析干燥所需的时间由制品中水分的残留量决定，冻干设备需要配置精确的温度监控装置，并确定解析干燥的终点。干燥时间过长将导致能源浪费、成本升高的不良后果；从另一个方面看，如果解析干燥的温度偏低，腔室压力偏高，干燥速度会很慢；当解析干燥时间过短时，又会使产品水分含量超标。在制品共熔点/崩解温度以下进行的解析干燥，应尽量提高产品的温度以克服水的吸附力，降低干燥体的压力以提供较大的压力梯度，从而缩短解析干燥的时间。但必须避免制品过热，并要求最终制品温度不能超过制品的安全温度，故不宜过分提高隔板温度。否则，会使制品活性下降、结块、溶解性差。

（4）冻干曲线。冻干曲线的确定取决于冻干过程，受到各组分的结构和物理性能的影响，并受到制冷速度、排出水气及冰升华的速度的制约。不同的制品，其浓度、装量、共晶点都不一样，对其含水量的要求也不一样，因此每一种制品都应有自己的冻干曲线。对于一个新产品，在不确定其具体冻干参数时，可延长冻干周期，采用慢速升温的方法比较保险，经过小试、中试、试生产几个阶段后筛选出合适的冻干曲线。最重要的是要按 GMP 的要求在产品正式投产之前对环境、设备、工艺曲线作充分的验证,以保证各部分的技术参数符合要求,这样才能将各种异常现象的出现概率降至最低。

在实际研究过程中,同一种药品合理的处方或冻干工艺(冻干曲线)往往不止一种,而在实际生产过程中必须确定一种最合理的处方和冻干曲线,这样才具有可操作性。

为了获得良好的冻干药品,一般在冻干时应根据每种冻干机的性能和药品的特点,在经过试验的基础上制定出一条冻干曲线,然后控制机器,使冻干过程各阶段的温度变化符合预先制定的冻干曲线。真空冷冻干燥的生产过程控制可借助计算机来控制生产系统按照预先设定的冻干曲线工作。如计算机对链霉素硫酸盐的冻干过程控制可分为两个阶段:第一阶段,在低于熔点的温度下,将水分从冷冻的物料内升华,有98% ~99%的水分均在此时被除去。第二阶段,将物料温度逐渐升到或略高于室温,经此阶段水分可以减少到低于0.5%。此过程预冻温度为-40 ℃左右,时间约2 h。冻干药品的干燥升华阶段,物料温度为-35 ~ -30 ℃,绝对压强为4 ~7 Pa。链霉素的最终干燥温度可升至40 ℃,总干燥时间约18 h。采用计算机自动化控制系统有助于保证药品符合质量要求。

尽管是同一产品,当用不同型号的冻干机进行冻干时,曲线也是不一样的,照搬其他型号机器的冻干曲线不一定能冻出好的产品来。

第三节 药物颗粒化设备选型与放大设计

在药物制粒过程,无论是机械力挤压捏合团聚成块粉碎制粒,还是气流介导的粉粒结合成核增长颗粒化,其药物粉体都是通过架桥或吸附使彼此间距缩小而团聚的并且可能伴随相转变。因此,药物由粉体到颗粒受到机械力、重力和粉粒表面(界面)相互作用力等的影响,是消耗能量的过程。

粉体颗粒化过程受粉粒对心相对运动时的液桥表面张力和流体黏性产生的挤压力及粉粒切向相对运动时的阻力共同影响。由于法向、切向作用很难分清,且接触力和变形关系都是非线性的,建模与求解难度大。因此,目前将实验室阶段的制粒技术应用到工业化生产中主要是依靠半经验模型和/或逐级放大试验研究解决。

6.3.1 药物粉体颗粒化设备选型

(1) 基于活性成分特性的设备选型　难溶性及极其微量有效成分(API)事先采用(活性成分与载体混合)球磨增加颗粒数,以提高其分布均匀性;或采用活性成分溶解配制的溶液喷雾流化颗粒负载分散。对一些API达不到喷雾干燥混合制粒的水平时,用双螺杆挤出机挤出加工。

对于湿敏感的API宜采用可实现热熔挤出制粒的螺杆挤出机及其配套装置,例如,为基于微丸的固体分散体的生产挤出/滚圆制粒熔融挤出制粒装置;或有机溶液溶剂喷雾沸腾及流化床制粒设备。而对于热敏感的API可喷雾冷冻干燥制粒装置,多采用湿法制粒设备。若选用摇摆制粒机,对遇铁变质、变色的药物如维生素C、水杨酸钠、氨茶碱等,不宜采用铁筛而选用化学性质稳定的尼龙筛等。

对于不能进行高温加工,或因溶液中存储稳定性差的药物,尤其是生物工程和基因工程药物,故首先选择与冷冻干燥工艺相对应的设备。其中,多选用箱式冷冻干燥机。若组成中含有易沉淀组分,或是易出现相分离的不稳定体系,则首选喷雾冷冻干燥机。

(2) 基于粉体黏性的设备选型　对于非黏性粉体的颗粒化通常选用搅拌桨式混合制粒机、摇摆制粒机、流化床喷雾或热熔制粒机、沸腾床干燥制粒机。

对于黏性物料通常选用挤压和挤出制粒设备。其中,双螺杆挤出具有更多的优点:在运行温度下停留时间短(即对热敏感 API 最小热应力)、高重现性、充分混合(分散或分布混合)、高生产效率和源于紧密地互相啮合的螺杆自清扫效应。这类设备及其组合而成的混合制粒系统装置可利用压力作用将粉末状物料含有的空气排出,进行预压缩或二次压缩制备大片,再破碎或剪切制粒,可节省很多制粒步骤。对湿热敏感的药物如阿司匹林用大片法制粒压出的片剂即是一个很好的例证。其他如阿司匹林混合物、非那西丁、盐酸硫胺、维生素 C、氢氧化镁或其他抗酸药也可用类似方法处理。

(3) 中药制粒的设备选型　为了改善传统的中药制粒方法,降低中药颗粒剂辅料用量,通常先将其浸出液喷雾干燥制成浸膏粉,再与不同比例的不同辅料混合后用高速搅拌制粒机制粒。浸膏粉与糖在黏合液中所含水的作用下部分溶解使物料的塑性变形性增大,易聚结成粒。如果直接滴加含有一定水分(20%)黏合液制粒时,与黏合剂液滴接触的局部浸膏粉迅速溶解易黏成大团块而难以完成制粒过程。为此,在制粒过程中,浸膏粉与辅料经高速搅拌混合均匀后,最好先加适量的无水乙醇润湿物料以降低浸膏粉的水溶性;然后,在高速搅拌下,滴加的黏合液于物料粉末的表面与颗粒之间,从而获得均匀的颗粒。因此,此类设备需要有防爆结构与环境设施。

对利用动植物组织加工的"鲜药",宜选用箱式冷冻干燥机。

(4) 基于工艺操作的设备选型　对常用的间歇制粒工艺来说,几乎所有的制粒设备都可以选用。而对连续制粒工艺来说,目前只有螺杆挤出机和流化床可以选用。

冻干制剂工艺,决定选用冷冻干燥设备;对于快速预冻工艺或超低温冷冻工艺,采用直喷液氮冷冻干燥机,或选用旋冻机与隔板导热的箱式冷冻干燥机。

6.3.2 颗粒化设备的放大

(1) 高剪切混合制粒机　对于高剪切混合制粒过程的放大典型原则有:扫过体积相等,循环速度相等,或弗劳德数相等。较优的原则是桨叶的循环速度或圆击点速度相等。

$$v_c = 0.5\omega d_m = 常数 \tag{6-31}$$

式中 ω 是角速度,且 $\omega = 2\pi N$。循环速度为常数,意味着搅拌桨叶直径 d_m 增大,转速 N 势必减小。扫过体积对批量或体积比,Q_s/Q_b 定义为

$$\frac{Q_s}{Q_b} = \frac{\pi r^2 hnN}{Q_b} = 常数 \tag{6-32}$$

式中 h 为桨叶高度,m;n 为叶片数;N 为混合器旋转速度;Q_b 为批体积,m^3;Q_s 为扫过体积,m^3/min。

(2) 螺杆挤出制粒机。螺杆挤出制粒通常要接破碎或滚圆等后加工过程设备。例如,一般挤出-滚圆制粒要经过:湿料混合—螺杆挤出制粒—滚圆—沸腾(或流态化)干燥过程,如图 6-17 所示。

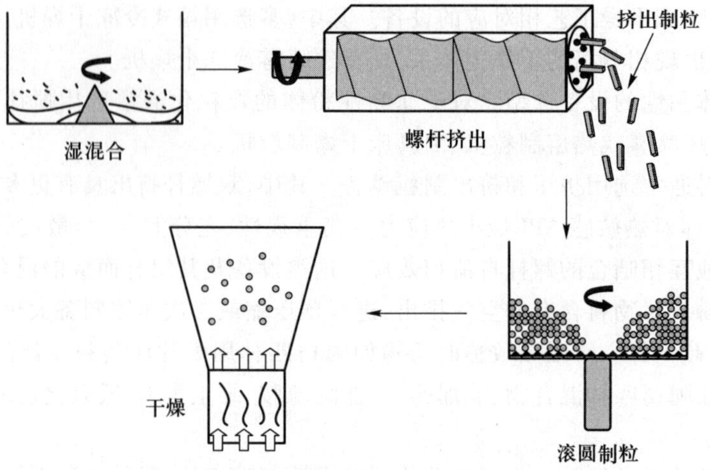

图 6-17　挤出-滚圆制粒的关键操作示意图

挤出机功率与单位时间内运送的物料体积量有关，$P=K(ND^2)$。

由于螺杆挤出粉体颗粒化过程是颗粒间距离被压缩和流变特性变化的过程，且多为非牛顿流体流变和颗粒化过程

$$P=N_{\mathrm{p}}k\left(\frac{\pi DN}{H}\right)^{n-1}N^2D^3 \tag{6-19}$$

对于给定的转盘速度（N）、转盘直径（D）、滚圆时间（τ），可基于保持转数不变、运动路程长度不变或末端速度不变。

① 转数 n

$$n=N\tau \tag{6-33}$$

② 末端速度 V

$$V=\pi DN \tag{6-34}$$

③ 运动路程长度 X

$$X=\pi DN\tau \tag{6-35}$$

对于滚圆颗粒而言，利用 Fr 相等，放大影响因素是离心力：

$$F_{\mathrm{c}}=MN^2/D \tag{6-36}$$

式中 M 是盘中装填物料量。

（3）喷雾流化床沸腾床制粒　操作过程主要是通过料斗横截面的流化速度 u_{f} 相等，放大的必然结果是空气的体积用量必须有较大的增加。为避免喷液的喷雾干燥，对干燥能力的调节是必须的。通常是通过调节入口气流温度进行，温度的调整值可采用试差法进行估算。相关传热计算方程式如下：

$$Q_{\mathrm{in}}=KA\Delta t=KA(T-T_{\mathrm{W}}) \tag{6-37}$$

式中 Q_{in} 为干燥介质单位时间内传递给物料的热量，W；K 为对流传热系数，J/(m^2·h·℃)；A 为物料与热空气的接触面积，m^2；Δt 为热空气与物料之间的温度差，℃；T 为干燥介质的干球温度，℃；T_{W} 为干燥介质的湿球温度，℃；在对流干燥过程中，只要物料表面足够润湿，湿物料表面温度即为湿球温度。

$$Q_{out}=G\cdot\rho(I-I_0) \tag{6-38}$$

式中 Q_{out} 为单位时间内空气移走的热量，W；G 为空气的体积流量，m^3/h；ρ 为空气的密度，kg/m^3；I 为湿空气的热焓，J/kg 干空气；I_0 为干空气的热焓，J/kg 干空气。其中，I 值由 $I-H$ 图读取。

为了保持同样的粒径，需要保证单位粉体所需要的喷液量和液滴的直径。这可以通过增加喷嘴压力以确保总的喷液量并得到所需的近似液滴的大小，或延长喷液时间。

例 6-2　一喷雾流化颗粒化过程，用粉末质量 5% 的黏合剂溶液喷到流化的 15 kg 粉体，喷液速度 100 g/min；床温 30 ℃，入口空气温度 55 ℃，流量为 300 m^3/h 流经料斗横截面积 0.06 m^2。今要将单批处理量提高到 150 kg，选一料斗横截面积 0.77 m^2 流化床。试计算气流量、喷雾速度、入口空气温度。

解：① 气流计算

要保持流化速度 u_f 相等，即气体的线速度 u 相等。即

$$u_1=u_2$$

有
$$u_1=G_1/A_{s1}=300/0.06=5\,000(m/h)$$

有
$$G_2=u_1A_{s2}=5\,000\times0.77=3\,850(m^3/h)$$

圆整为 4 000 m^3/h。

于是，要保持通过料斗横截面的流化速度相同，放大的必然结果是气体体积量必须有较大的增加。

② 喷雾速度计算

为了保持同样的粒径，需要保证单位粉体所需的喷液量和液滴的直径。于是，可以通过增加喷嘴数或喷嘴压力以保证总的喷液量并得到所需的近似液滴大小，或延长喷液时间。

中试黏合剂溶液量：$L_1=15\times10^3\times5\%=750(g)$，$V_{L1}=100$ g/min，$D_1=0.06\times4/\pi\approx0.267(m)$

喷雾时间：$\tau=L_1/V_{L1}=750/100=7.5(min)$

量产黏合剂溶液量：$L_2=150\times10^3\times5\%=7\,500(g)$，$V_{L2}=1\,000$ g/min，$D_2=0.77\times4/\pi\approx1(m)$

若采用相同规格的喷嘴，在相同时间完成，则 7 500/7.5×100＝10(个)！

由于 $V_{L2}/V_{L1}=(\Delta p_2/\Delta p_1)^{0.5}$，故可以通过增加喷嘴压力提高喷液速度以减少喷嘴数。

假设将喷嘴提高 1 倍至 500 kPa，则，

$$V_{L2}=(\Delta p_2/\Delta p_1)^{0.5}V_{L1}=(4/1.5)^{0.5}\times100=163(g/min)$$

于是，需要的喷嘴数为

$$1\,000/163=6.13(个)$$

圆整为 6 个。

根据三角形相似原理，每个喷嘴的喷液直径为

$$D_2=D_1(V_{L2}/V_{L1})\approx0.435(m)$$

故可用 5 个喷嘴正方形四个角和对角线交叉点均匀布置。相应地，总流量为

$$163\times5\approx800(g/min)$$

即每个喷嘴喷液速度为160g/min。

③ 温度估算

最终,要求的入口温度要基于空气体积与喷雾速率比进行重新估算,空气体积流量是原中试的13倍多,而喷雾速率仅为原中试的8倍。故入口温度需要进行调整,经过估算入口温度由55 ℃降低至50 ℃。

(4) 冷冻干燥机　对于冷冻干燥放大,通常只要确保冷冻干燥隔板的面积,维持箱体内的温度和真空度与小试的相同等。在放大设计计算时,通常控制第二阶段干燥升温速度以5~10 ℃/h为宜,干燥结束的药品水分含量以低于或接近于2%(质量分数)较为理想,一般制品的水分都不应超过3%,否则,会使产品萎缩、分解。但是,不同的制品,其浓度、装量、共晶点都不一样,对其含水量的要求也不一样,因此每一种制品都应有自己的冻干曲线。

对于一个新产品,在不确定其具体冻干参数时,可延长冻干周期,采用慢速升温的方法比较保险,经过小试、中试、试生产几个阶段后筛选出合适的冻干曲线。最重要的是要按GMP的要求在产品正式投产之前对环境、设备、工艺曲线作充分的验证,以保证各部分的技术参数符合要求,这样才能将各种异常现象的出现概率降至最低。

习　题

1. 结合粉体的混合特性,分析固体制剂过程的粉体颗粒的形成机制。

2. 为什么说粉体直接压片技术不能完全替代药物制粒技术?

3. 分子运动速度因温度提高而加快,粉体颗粒会如何?

4. 药物制剂生产的关键在哪儿? 药物制剂的GMP关键点在哪儿?

5. 简述流化床制粒过程中产生较多的细粉或粗颗粒的原因,并给出解决方法。

6. 在玻璃化温度下进行的药物冷冻干燥技术有哪些优点和缺点?

7. 简述冷冻固化干燥过程的传热和传质。

8. 装有三叶轮推进搅拌桨的10 L高速搅拌制粒设备,搅拌桨直径0.3 m,桨叶高5 cm,转速330 r/min,用于加工乳糖和微晶纤维素复合物微球,微球直径1 mm;放大到600 L,搅拌桨直径1.05 m,桨叶高12.5 cm,需要转速多少才能达到同样的制粒效果?

9. 一小型流化床制粒设备的料斗为22 L,底部筛网的横截面积为0.045 m^2,其制粒操作的气流速度1.0 m/s;若在底部筛网的横截面积1 m^2流化床中进行放大生产,请问气体流速和流量各是多少?

10. 用10 mL西林瓶(20 mm×50 mm)灌装多肽类药物水溶液,装液量2 mL,装液高度约8 mm,请估算冻干时间。

课外设计作业

要求:① 4~5人一组,一周内完成;

② 物性数据自行查阅文献并进行合理取舍,提交工艺计算说明书。

1. 玉米淀粉和微晶纤维素或其他混合物料,分别经粉碎过筛得平均粒径为0.05 mm的粉粒，经 1% 的 HPMC 浆料喷雾流化颗粒化成粒径为 1.15 mm、孔隙率为 30% 的复合微粒，采用间歇加工，请估算初始到结束时流化床的气速，并给出流化床料斗半锥角。

2. 在常压流化床干燥器中将颗粒状物料的含水量从 0.18 降到 0.025(干基)。湿物料处理量为 2 000 kg/h。已测得在流化状态下该物料的临界含水量为 0.02，平衡含水量接近 0。$T_0 = 30$ ℃、$\varphi = 40\%$ 的空气经预热器升温至 100 ℃(对应湿球温度为 $T_W = 33$ ℃)后进入干燥器，废气湿度为 0.027 kg/kg 绝干气。假定空气在干燥器内为等焓过程，30 ℃ 下水的饱和蒸气压为 4.242 kPa。试求：

(1) 绝干空气消耗量；

(2) 预热器的传热量；

(3) 离开干燥器的废气温度及物料温度。

参考文献

[1] 奚念慈. 药剂学. 3 版. 北京：人民卫生出版社，1997.

[2] 郑建荣. 流化床喷雾制粒机若干机理的研究. 华东理工大学学报，2003，29(1)：104-108.

[3] 崔福德，刘光艳，刘丽俐，等. 喷雾干燥与高速搅拌方法制备中药颗粒剂的初步研究. 中成药，2000，22(8)：531-533.

[4] Börner M，Michaelis M，Siegmann E，etc. Impact of impeller design on high-shear wet granulation. Powder Technology 2016(295)：261-271.

[5] Robert H Perry，Don W Green. Perry Chemical Engineers' Handbook. 7 th ed. 影印版. 北京：科学出版社，2001.

[6] 潘五九，肖小河，袁海龙，等. 生产关键共性新技术研究进展. 中草药，2004，35(4)：361-367.

[7] 姚日生. 制药工程原理与设备. 北京：高等教育出版社，2007.

[8] Hibare S，Acharya K. Scale-up of detergent granules in a high shear mixer. Powder Technol，2014(254)：265-273.

[9] 金涌，祝京旭，汪展文，等. 流态化工程原理. 北京：清华大学出版社，2001.

[10] 卜伟，程榕，郑燕萍. 喷动流化床喷雾造粒过程实验研究. 中国粉体技术，2008，14(5)：9-12.

[11] 郑宗和，张赫，张靖钦. 冷冻升华干燥过程数学模型传热传质机理. 天津大学学报，1997，30(4)：481-484.

[12] 涂伟萍，杨卓如，梅慈云，等. 冷冻干燥过程的数学模型. 高校化学工程学报，1995，1(9)：38-45.

[13] 谢国山，王立业. 真空冷冻干燥时间的计算. 冷饮与速冻食品工业，2002，8(4)：1-3.

第七章 净化及灭菌过程原理与设备

在生产药品的设备及转运料仓、管道系统和环境内，通常期望是没有微生物和灰尘等污染物存在的。这些污染物或来自大气，或来自设备表面及被加工的物料体系等。

药物加工过程中粉尘的扬起、有机小分子的挥发及有害气体、活性气体等逸出，最终都会导致污染，或对操作人员的身体造成危害；因此，需要及时将过程中的污染物"移出"。在生物发酵和无菌药品加工过程及设备中，无论是发酵液还是进入发酵系统的气体中是不允许有其他杂菌存在的；由于空气中含有各种各样的微生物，城市空气中微生物浓度为 $10^3 \sim 10^4$ 个/m^3，因此，空气等气体要经过过滤（除尘、除菌）和/或灭菌等净化处理，发酵液、发酵罐及其辅助系统需要经过灭菌处理，才能满足工艺操作要求。比如，绝大多数生物制药发酵过程都要利用好氧或兼性厌氧微生物进行纯种培养，培养液中适度的溶解氧是微生物生长和代谢产物生成必不可少的条件。若空气除菌，或培养基及设备内的灭菌不彻底，微生物在适宜条件下就会迅速繁殖，干扰甚至破坏预定发酵的正常进行，严重时可致发酵失败而倒罐。对于大多数的抗菌素发酵，或是毕赤氏基因工程酵母生产生化药物需要 3 ~7 天的发酵时间，这样对空气及设备和系统的无菌要求就十分严格。

本章重点介绍净化和灭菌过程所用的设备和工程原理，对净化和灭菌过程工程的研究涉及分离工程和生物工程。净化过程的关键是过滤除尘除菌，净化过程常用技术方法包括物理或化学的方法等；对于固体颗粒主要采用滤布、滤纸或滤膜等介质过滤和静电沉积等技术清除。对于不能借助流体流动进行过程除菌分离的和无菌产品及其过程设备系统的，则采用物理或化学灭菌技术进行处理。因此，净化和灭菌过程工程与流体流动、颗粒沉降和微生物的生长（与衰亡）动力学等密切相关，其中所涉及的工程原理同样适用于制药过程。

第一节 净化及灭菌设备的分类与特性

7.1.1 净化及灭菌设备的分类

（1）净化设备　净化设备是指能够过滤、吸附、分解或转化各种空气污染源、空气污染物，以有效提高空气清洁度的装置和组合件。

按照作用方式和用途，可将净化设备分为重力或离心沉降、惯性分离、介质过滤、静电吸附和洗涤除尘设备等。其中，气体过滤净化设备可以过滤空气悬浮微粒（包括花粉、石棉、灰尘、细菌、病毒、真菌孢子等污染物），在过滤除尘的同时能除菌。

按操作方式分为间歇净化和连续净化设备。

按空气污染物的不同或按空气包含物的相态可分为流固（气固、气液固）非均相、单一气相的均相净化设备。

对于单一气相因空气中溶有或分散有有害气体，多采用装有多孔吸附材料填料塔、或能够形成液膜的降膜吸收器等作为净化设备。对于非均相，空气含有较多固体微粒时，宜采用重力或惯性除尘设备，一般放在多级除尘系统的第一级用来分离颗粒较粗的粉尘。它特别适用于捕集粒径大于 10 μm 的干燥干性颗粒，不适宜于清除黏结性粉尘和纤维性粉尘；还可以用来分离雾滴，此时要求气体在设备内的流速以 1 ~ 2 m/s 为宜。当空气中的固体微粒较低时，多采用介质过滤除尘设备；而当空气中仅有微量的固体微粒时，宜采用静电吸附除尘设备。其中，降膜吸收器（塔）、重力或离心沉降和惯性除尘器等，详见《化工原理》教材及相关文献。

（2）灭菌设备　灭菌设备是指能够迫使混在气体、液体和固体物料内的，以及附着在设备和系统管道表面的微生物失活，以防止并阻止微生物污染的装置和组合件。

按照作用方式可将灭菌设备分为高温干热灭菌设备、（高压）蒸汽灭菌设备、水浴灭菌设备、辐照及等离子体灭菌设备等。

按照操作方式分为间歇灭菌设备和连续灭菌设备。其中，间歇灭菌设备既可以是离线操作的，也可以是在线操作的；连续灭菌设备多为在线操作的。对于大容量注射剂来说，在线灭菌（SIP，sterilize-in-place）一般不需要天天做，但它是微生物污染出现超标时企业控制微生物污染，保证产品安全的重要手段。

按照相态可分为流固（气固、气液固）非均相灭菌设备、单一气相或液相的均相灭菌设备。

习惯上按照结构形式分类，例如，干热灭菌的主要设备形式有烘箱、干热灭菌柜、隧道灭菌系统等。干热灭菌柜、隧道灭菌系统是制药行业用于玻璃容器的灭菌，适用于药厂经清洗后的大输液玻璃瓶和用盘装的安瓿瓶、西林瓶或其他玻璃容器进行干燥灭菌。

7.1.2　净化及灭菌设备的结构与特性

7.1.2.1　介质过滤器

介质过滤器指的是借助特殊的滤材将空气中的尘埃和微生物等固体颗粒物全部阻留而滤除的装置。常用的过滤介质按孔隙的大小可分成两大类，一类是介质间孔隙大于微生物，故必须要有一定厚度的介质滤层才能达到过滤除菌目的，称之为深层介质过滤；而另一类介质的孔隙小于细菌，含细菌等微生物的空气通过介质，微生物就被截留于介质上而实现过滤除菌，称之为绝对过滤。深层介质过滤用棉花、活性炭、玻璃纤维、有机合成纤维、烧结材料（烧结金属、烧结陶瓷、烧结塑料）和微孔超滤膜等作为过滤介质。设备简单、操作费用低廉，但过滤层的介质孔隙大于被滤除的尘埃或微生物，主要适用于大量空气的处理。

按介质过滤效率可分为初效、中效、高中效、亚高效和高效过滤器，其性能见表 7-1，国内外的空气过滤器效率分类及等级对照见表 7-2。

初效过滤器主要靠尘粒的惯性沉积，用于过滤 10 μm 以上大尘粒和异物，过滤效率一般在 20% ~30%，一般采用易于更换或清洗的粗中孔泡沫塑料、涤纶无纺布、化纤组合滤料等作为滤材。中效过滤器或亚高效过滤器主要用在 D 级净化空气系统的末级过滤，用以滤除 1 ~ 10 μm 的悬浮尘粒，过滤效率一般在 30% ~50%，一般采用易于更换的中细孔泡沫塑料、无纺布、玻璃纤维作为滤材。亚高效过滤器主要用以滤除 1 ~ 5 μm 的悬浮尘粒，效率在 90% ~99.9%，一般用玻璃纤维滤纸、棉短绒纤维滤纸等作为滤材。高效过滤器主要用在 C 级及以上级别净化空气系统的终端过滤，高效过滤器（HEPA）用以滤除 1 μm 以下的悬浮微粒，主要采用超细玻璃纤维滤纸、石棉纤维滤纸作为滤材，用隔板（或无隔板）分层折叠装置在多层胶合板外框或金属外框内，两端结合处用合成树脂密封而成，如图 7-1 所示。另，在终端过滤之前常用亚高效过滤器进行预过滤。

表 7-1 几种空气过滤器的性能

过滤器类型	过滤效率 η/%	适用滤速/(m·s^{-1})	初阻力/Pa	备注
初效	粒径不小于 5 μm $80>\eta\geqslant 20$	0.4～1.2	≤50	按计数法检测效率
中效	粒径不小于 1 μm $70>\eta\geqslant 20$	0.2～0.4	≤80	
高中效	粒径不小于 1 μm $99>\eta\geqslant 70$		≤100	
亚高效	粒径不小于 0.5 μm $99.9>\eta\geqslant 95$	0.01～0.03	≤120	
高效 A	≥99.9	0.01～0.03	≤190	按钠焰法检测效率
高效 B	≥99.99	0.01～0.03	≤220	

表 7-2 空气过滤器效率分类及等级对照表

中国 GB/T 14295	初效					中效				高中效		
美国 ASHRAE	C1	C2,3,4	L5	L6	L7	L8	M9	M10	M11	M12	H13	H14
欧洲 CEN	G1	G2	G3		G4		F5		F6		F7	F8
欧洲 EUROVENT	EU1	EU2	EU3		EU4		EU5		EU6		EU7	EU8

中国 GB/T 14295	亚高效					高效				
美国 ASHRAE	H15		H16				UH17	UH18	UH19	UH120
欧洲 CEN	F9	H10		H11	H12		H13		H14	U15～17
欧洲 EUROVENT	EU9		EU10		EU11		EU12	EU13	EU14	

(a) 一次性　(b) 折叠式　(c) F7、F8高中效袋式　(d) V形组合褶式　(e) 有隔板高效过滤器

图 7-1 介质过滤器的常见结构示意图

绝对过滤以孔径≤0.5 μm 微孔滤膜为介质，滤膜可以是平面、卷筒或筒形结构。过滤阻力大，膜的耐受压力有限，故过滤容量有限，但易于控制过滤后的空气质量。除上述纤维基滤材过

滤器外，还有微孔过滤器和膜组件过滤器。其中，烧结钛金属等的微孔过滤器能够滤除 0.3 μm 以上的微粒，常用于药液的过滤除菌及其他微粒；PVDF（聚偏氟乙烯）膜等高分子基纳滤膜组件高效过滤器能除去≤0.01 μm 微粒，可实现绝对无菌空气的生产，具有过滤效率高、空气流量大、疏水性好、耐蒸汽加热灭菌、安装与更换方便等特点。多滤芯膜过滤器结构简图如图 7-2 所示。

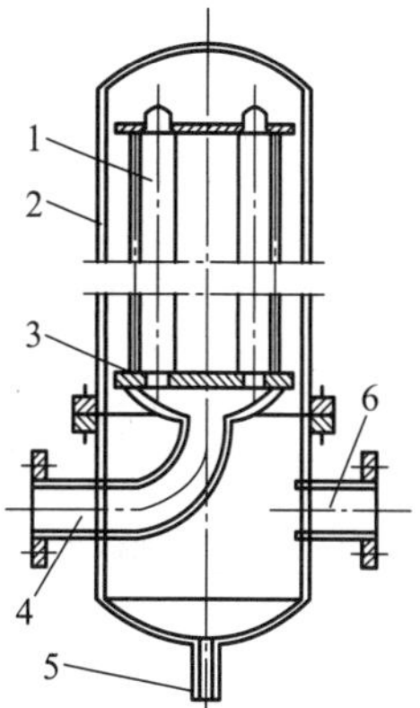

图 7-2 多滤芯膜过滤器结构简图

1—滤芯；2—过滤器体；3—滤芯固定孔板；4—进气口；5—排污口；6—出气口

7.1.2.2 静电除尘除菌设备

利用高压电场电极放电使空气等气体发生电离而拥有大量的自由电子，气流中的粉尘或微生物吸收自由电子而带负电，荷电的微粒在流动空气和电场力作用下奔向带正电的沉积板并吸附其表面，由此完成气固分离，从而实现除尘除菌的一类气体净化设备称为静电除尘除菌设备。

高电压运行采用负电晕制，阳极与壳体等电位（接地）。电离区由密集的细金属丝按一定间隔排列而成，金属丝上通有高压电，在其周围会产生电晕；空气通过时，空气中的微粒将被剥去电子而带上正电荷（夜晚时或空气中含尘较多时可以看到工作状态的放电极针周围有蓝色的微弱弧光）。即，由不同断面形状的金属导线构成高压电场的负极并作为放电电极，由不同几何形状的金属板或导电性强的碳纤维等复合板构成高压电场的正极并作为集尘电极。电极放电的同时产生多种自由基、活性较强的氧化剂，对空气中的细菌细胞的蛋白质、核酸起到破坏的作用，达到消毒灭菌的目的。

常见的静电吸附除尘设备结构，按气流方向分为立式和卧式；按沉积板清洁方式分为（振动击打）干式和（间歇喷淋洗涤）湿式；按沉淀极形分为管式和板式，如图 7-3 所示。

其中，单管式放电极系统结构简单，常在顶部设振打清灰机构，或在上端设置溢水槽以布流动水膜实现及时清灰，还可采用非对称悬吊放电极结构等，以提高除尘效率；这类静电除尘器可用于小型制药车间以及其他产尘量小的中小型企业的空气净化。双区（窄间距）平板电场由电离区与集尘区两部分构成，此类结构多用于大型静电除尘机，其通风面积基本无损失，风阻更低，同时有效集尘面积大大增加，避免了频繁清洗。

图 7-4 是常见的卧式静电除尘除菌设备示意图，一般由内件、外壳件和附属部件构成。其中，内件包括阳极系统和阴极系统及阳极振打和阴极振打，或喷淋清洗结构；外壳件包括内置气流分布板的进口封头和出口封头、电极支撑悬挂用顶梁、顶盖和外壳及底部支撑（梁）和灰斗，或集液槽；附属部件包括保温层、接地保护，以及大型设备配置的走梯平台等。另外，为了防止气流经灰斗而降低除尘效率，一般要在灰斗内部装有挡风装置；为防止灰尘温度降至露点以下使灰斗结灰，在灰斗下部设置加热装置。静电除尘器的电源由控制箱、升压变压器和整流器组成。电源输出的电压需保持 40 ~ 75 kV 乃至 100 kV 以上。由于电离区和集尘区是组合在一起的，因而具有风阻小、空气压力损失小，一般仅为 30 ~ 150 Pa；每处理 1 000 m^3空气每小时只耗电 0.2 ~ 0.8 kW，能量消耗低。但对电源的稳定程度、电场的制作工艺，以及对设备维护和安全技术措施要求高，且设备造价比过滤式净化器高。

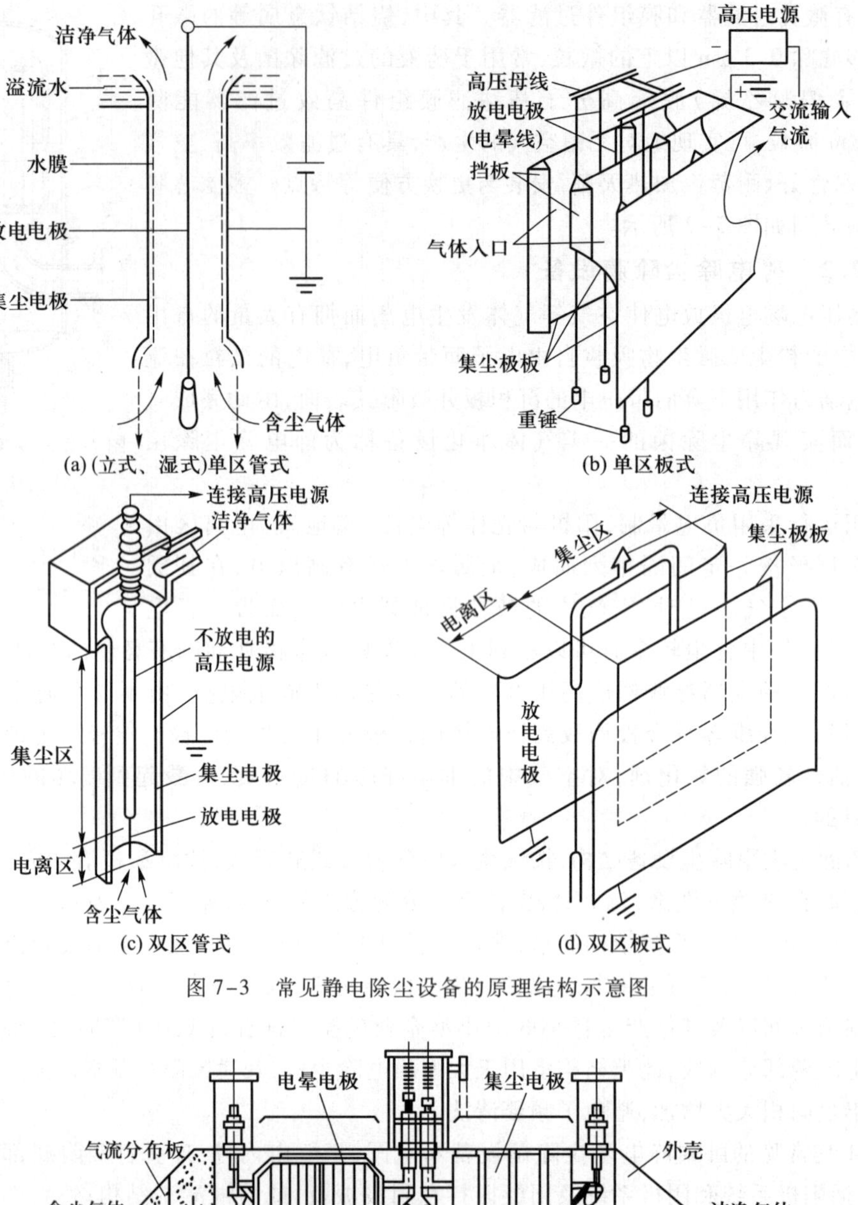

图 7-3 常见静电除尘设备的原理结构示意图

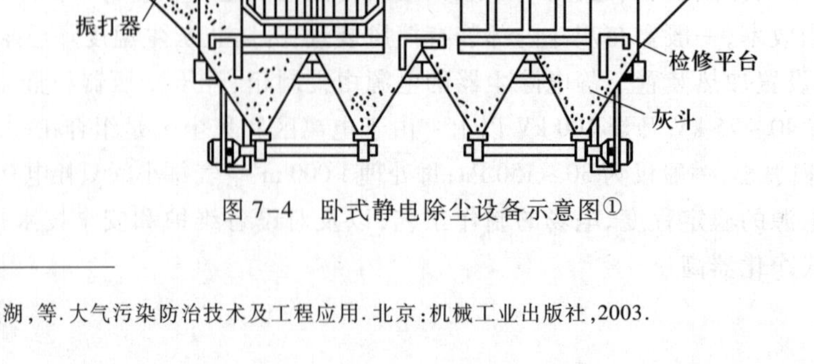

图 7-4 卧式静电除尘设备示意图①

① 源自:熊振湖,等.大气污染防治技术及工程应用.北京:机械工业出版社,2003.

用静电除尘除菌设备除去空气中的水雾、油雾、尘埃和微生物等微粒时，具有效率高和运行成本低等特点。在制药工业，静电除尘法可用于洁净工作台和洁净工作室所需无菌空气的预处理，再配合高效过滤器使用。

7.1.2.3 热灭菌设备

在制药行业，热力灭菌设备包括干热灭菌和湿热灭菌设备。常用的干热灭菌设备有烘箱、干热灭菌柜、隧道灭菌系统等，它是利用高温气体作传热载体进行产品、器械工具和装置部件消毒的一类设备；湿热灭菌设备是产生或利用水蒸气或混合蒸气作高温热载体进行消毒的一类设备，如高压灭菌柜、脉动真空式蒸汽灭菌器等。

（1）干热灭菌设备。

① 柜式烘箱。常见的柜式烘箱有电热烘箱和蒸汽（排管和/或夹套式）烘箱。电热烘箱规格较多，其主体结构基本相同，主要由不锈钢板制成的保温箱体、加热器、托架（隔板）、风机、高效过滤器、冷却器、温度传感器等组成。参见图 7-5。蒸汽烘箱基本结构与电热烘箱相同，其箱体壁为通蒸汽的夹套结构，箱内安装有加热排管构成的加热装置，属于压力容器类设备。常见程序 180 ℃×2 h，细菌内毒素下降 3 对数单位。

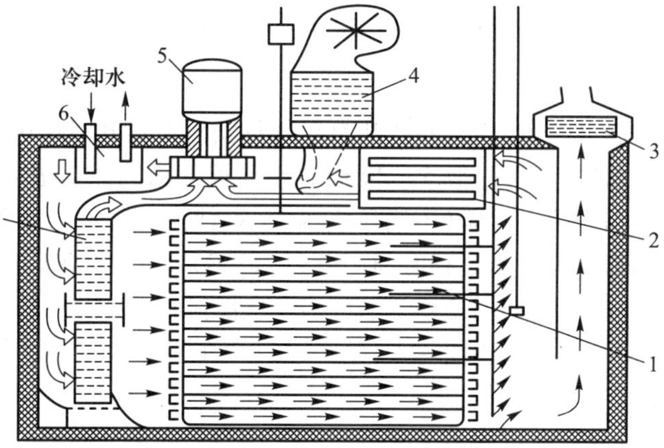

图 7-5 柜式电热烘箱

1—温度传感器；2—加热器；3—过滤器；4，7—高效过滤器；5—风机；6—冷却器

② 隧道式洗瓶灭菌柜。隧道式热风循环灭菌干燥机采用流动热空气对玻璃瓶进行干燥、灭菌和冷却，机内设置有高效空气过滤器可实现高洁净度，加热均匀，无低温死角，符合 GMP 要求，整个过程均在密封状态下进行，机内压力高于外界空气压力 5 Pa，使外界空气不能侵入。主要用在针剂联动生产线上，与超声波洗瓶机和灌装机配套使用，对清洗后玻璃瓶进行干燥灭菌及除热原。

隧道式洗瓶灭菌柜为整体隧道结构又称热层流式干燥灭菌机，其中干燥区分为预热段、高温灭菌除热原段和冷却段三部分，且每段均有独立的净化系统。一般由前后层流箱、高温灭菌箱、机架、输送网带、热风循环风机、排风机、耐高温高效空气过滤器、电加热器、电控箱等部件组成，如图 7-6 所示。

以安瓿隧道烘箱为例说明其工作过程，该机是将高温热空气流经空气过滤器过滤，获得清洁度为 A 级的清洁空气，在 A 级单向流洁净空气的保护下，洗瓶机将清洗干净的安瓿送入输送带，

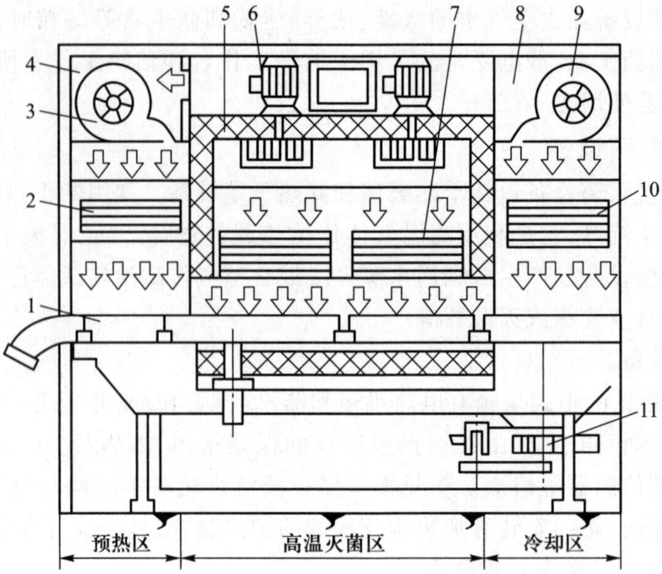

图 7-6　隧道式热风循环灭菌干燥机示意图

1—传送带；2—空气高效过滤器；3—前层流风机；4—前层流箱；5—高温灭菌箱；6—热风机；7—热空气高效过滤器；8—后层流箱；9—后层流风机；10—空气高效过滤器；11—排风机

经预热后的安瓿送入高温灭菌段，流动的清洁热空气将安瓿加热升温（300 ℃以上），安瓿经过高温区的总时间根据灭菌温度而定，一般 5～20 min，干燥灭菌除热原后进入冷却段。冷却段的单向流洁净空气将安瓿冷却至接近室温（不高于室温 15 ℃）时，再送入拉丝灌封机进行药液的灌装与封口。安瓿从进入隧道至出口全过程时间一般为 25～35 min。因前后层流箱及高温灭菌区均采用独立的空气净化系统，能保证隧道烘箱内的瓶子始终处于 A 级层流风保护下，且机内压力高于外界大气压 5 Pa，使外界空气不能侵入，整个过程均在密闭状态下进行，整个过程符合 GMP 要求。

这类设备的优点有：温度和风压易于控制，温度分布均匀，箱体长度比远红外辐射型设备短；其缺点是：需采用耐 350 ℃高温高效过滤器，成本高，因预热段升温较快，为减少爆瓶，玻璃瓶管壁要均匀。

（2）湿热灭菌设备。

① 热压灭菌设备。生产车间的热压灭菌设备为卧式结构，如图 7-7 所示。热压灭菌箱箱体由内外两层构成，其外层为保温层，箱内配置有带轨道并分为若干的网架车，网架车上有活动的金属丝网格架。箱内装有淋水排管和蒸汽排管，箱体外接有蒸汽管、进出水管、真空管；可增加有色水管变为用于安瓿的热压灭菌检漏箱。

广泛用于输液、口服液的灭菌，操作简单方便，升温、保温和降温靠阀门控制，柜内空气要排尽，否则，灭菌不完全；自然降温时间长，药液易变黄，开门时温差大，易引起爆炸。

② 水浴灭菌器。设备主体为卧式矩形结构，内壁多为不锈钢材质，结构与热压灭菌设备基本相同。操作时，作为灭菌介质的过热水以循环喷淋的方式对灌装制剂加热升温和灭菌，可消除灭菌时因冷空气存在而造成的温度死角，能实现较低温度下的均匀灭菌。灭菌温度范围 60～127 ℃。

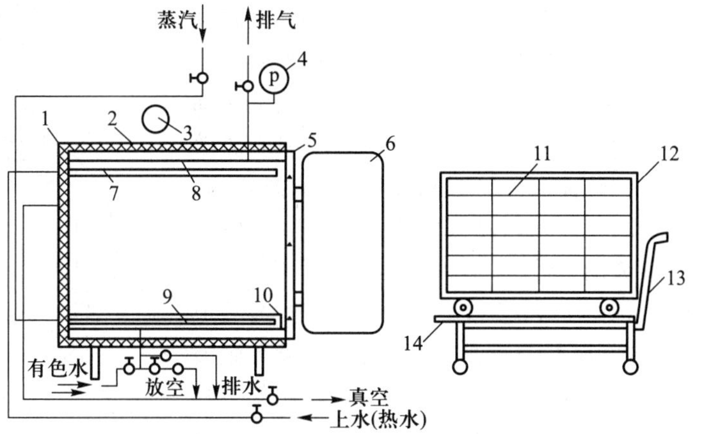

图 7-7 卧式热压灭菌箱①

1—保温层;2—外壳;3—安全阀;4—压力表:5—高温密封圈;6—箱门;7—淋水管;8—内壁;9—蒸汽管;10—灭菌箱轨道;11—安瓿(盘);12—网架车;13—搬运车;14—网架车轨道

③ 脉动真空式蒸汽灭菌器。脉动真空式蒸汽灭菌器是在热压灭菌设备基础上衍生的,一般由灭菌腔室、密封门、控制系统、管路系统等组成,并连接压缩空气、蒸汽/纯蒸汽、真空泵等。在灭菌阶段开始前抽真空,然后注入饱和蒸汽,往复 3 ~ 4 次,将空气置换彻底后进行灭菌,具有灭菌周期短、效率高等特点,如图 7-8 所示。

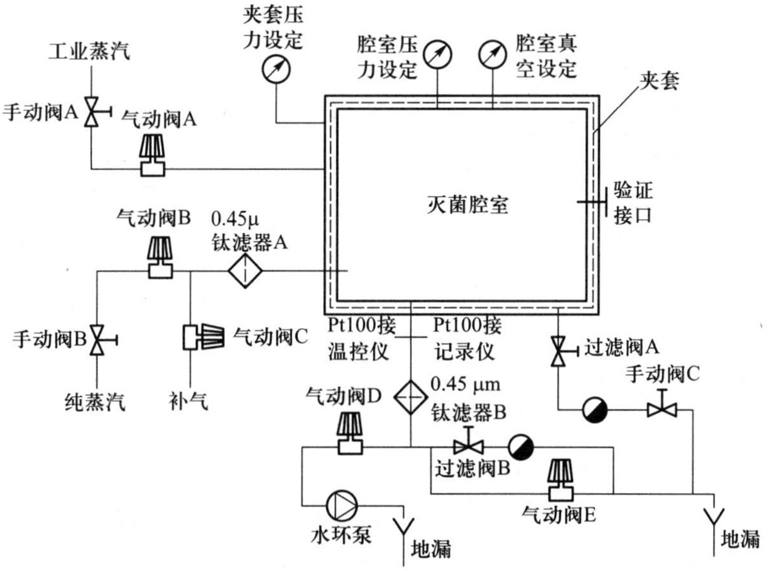

图 7-8 脉动真空式蒸汽灭菌器结构示意图

7.1.2.4 其他灭菌设备

(1) 蒸汽灭菌柜 分为蒸汽空气混合灭菌柜、混合蒸汽灭菌柜;通常在柜顶上配备有风扇以

---

① 源自:唐燕辉. 药物制剂工程与技术. 2 版. 北京:清华大学出版社,2013.

确保灭菌均匀。除了用高温水蒸气外,还常用于环氧乙烷、高氯酸等蒸气熏蒸的化学灭菌。结构示意图如图 7-9 所示。

(2) 微波灭菌设备 微波灭菌设备是利用微波发生器和微波导管产生的 2 450±50 MHz 高频微波的热效应和非热效应进行灭菌的装置系统。其优点:时间短,速度快;低温杀菌,保持有效成分;节约能源;表面和内部同时进行,便于控制;设备简单,工艺先进;改善劳动条件,节约占地面积。

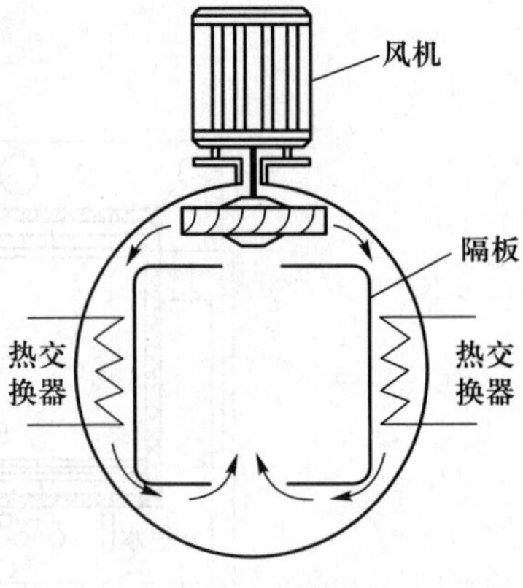

图 7-9 蒸汽灭菌柜结构示意图

目前,主要有间歇操作的箱式结构和可连续操作的隧道式结构等,用可反射微波的材料制成炉体炉腔,炉内设有微波搅动或分散装置确保均匀,密封门防止微波泄漏,并配备包括安全连锁装置的操作控制部分;药液由安全无毒、耐高温不吸收微波的 PTFE(聚四氟乙烯)或 PP(聚丙烯)管道输送并在出口用电磁阀控制调节,以保证循环药液出口保持在设定的温度范围。其中,隧道式灭菌设备的处理能力可达 1 000 kg/h 以上,完全能够满足制药过程的要求。

(3) 红外干热灭菌机 红外干热灭菌机是利用波长大于 5.6 μm 的红外线,以电磁波的形式直接辐射到被加热物体上,不需要其他介质的传递。常见的有烘箱柜式和隧道式红外干热灭菌机。

图 7-10 是可连续操作的红外线辐射式干热灭菌机结构示意图,设备为整体隧道结构。由预热区、高温灭菌区及冷却区三部分组成。灭菌箱体较长,安装有数根电加热管,石英管上镀反射层并装有电热丝,可将热量反射后聚集到安瓿上,以加热安瓿灭菌。

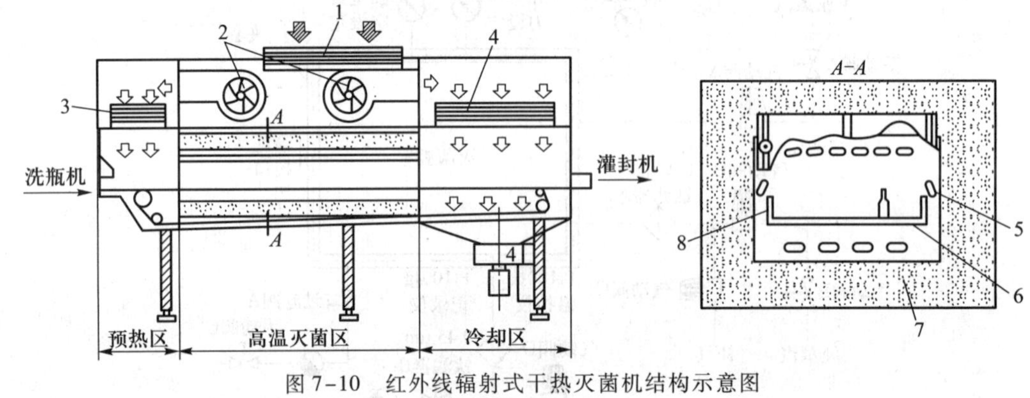

图 7-10 红外线辐射式干热灭菌机结构示意图

1—过滤器;2—送风机;3—高效过滤器;4—排风机;5—电加热管;6—水平网带;7—隔热材料;8—竖直网带

以安瓿的干燥灭菌为例说明,安瓿由水平网带和垂直网带以同步速度缓缓送进加热灭菌段,完成对安瓿的预热、高温灭菌和冷却等过程。在箱体加热段的两端设置了静压箱,配置 A 级垂直单向流净化空气屏,垂直单向流的净化空气屏能使由洗瓶机输送网袋传送来的安瓿在 A 级单向流空气保护下,不受污染。灭菌结束后,冷却区 A 级单向流空气对安瓿还起到逐步冷却作用;出瓶温度接近室温。设备的预热区安装排风机,以排除该区产生的大量水蒸气。

该机适用范围和热层流式干热灭菌机基本相同,结构相对简单,备品备件费用较低。其在玻璃瓶干燥灭菌时,受到辐射和热风层流的双重作用,热穿透性强。但是,其灭菌效果受电热管启闭影响,且箱体长度较热风循环烘箱要长,箱内气流干扰较大,热分布均匀性要比热层流式干热灭菌机差,对烘箱前后二段风压控制要求较高;为保证热穿透效果,需将玻璃瓶整排推入。

(4) 放射及其他灭菌设备　可用于制药过程的放射灭菌设备有紫外线灭菌设备、辐射灭菌设备。波长 200～290 nm 的紫外线能穿透细菌、病毒的细胞膜,给核酸(DNA)以损伤,使细胞失去繁殖能力,达到快速灭菌的效果。辐射灭菌包括使用 γ 射线、β 射线灭菌的设备,其中 γ 射线因需要有放射源而致其使用受限制;由阴极射线产生的 β 射线穿透力较弱,灭菌应用范围有限。

另外,除了可以利用超声波设备进行灭菌外,还可以利用脉冲放电、等离子体、激光等产生的生物效应的新型设备进行灭菌。

第二节　净化过程原理

就空气净化的目的来说主要是为特定工作空间场所提供人为洁净、舒适的防护性和保护性环境,空气净化过程是为了达到必要的空气(气体)洁净度,而进行的去除污染物的过程。

药品生产过程对生产车间、工序、岗位的环境有净化和无菌级别要求,其关键在于空气洁净度。药品生产洁净室(区)的空气洁净度划分为 A、B、C 和 D 四个级别,见表 7-3。

表 7-3　洁净室(区)的空气洁净度级别表

洁净度级别	尘粒最大允许数/m³		微生物监测的动态标准①			
	≥0.5 μm	≥5 μm	浮游菌 cfu/m³	沉降菌 cfu/4h②	表面微生物	
					接触(cfu/碟)	5 指手套(cfu/手套)
A 级	3 500	0	<1	< 1	< 1	< 1
B 级	350 000	2 000	10	5	5	5
C 级	3 500 000	20 000	100	50	25	—
D 级	10 500 000	60 000	200	100	50	—

注:① 表中各数值均为平均值。

② 单个沉降碟的暴露时间可以少于 4 h,同一位置可使用多个沉降碟连续进行监测并累积计数。cfu(Colony-Forming Units)指单位体积中的活菌个数。

严格地说,洁净度的指标除了表中尘埃和微生物数量限定外,还包括有毒有害气体和有机挥发性污染物等非自然空气成分含量的限定,以及温湿度的设定。洁净度除受到大气含尘量、人员密度及活动状态影响外,还受洁净服、围护结构和设备的材质及其发尘性能,以及围护结构的密封性、过滤器下风侧部件的密封性、室内压力状态及管理水平等的影响。

常用的空气净化技术有两种:一是用过滤分离除去房间或设备内腔的原有气体中颗粒和有害物质,另一是用洁净气体稀释房间或设备内腔的原有气体,以形成或保持一定洁净级别的气体环境。常见洁净室的空气净化过程流程如图 7-11 所示。

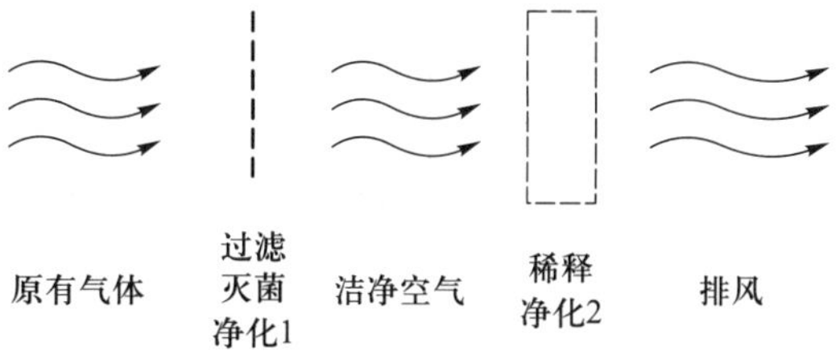

图 7-11　洁净室空气净化过程流程示意图

其中,过滤除菌可采用特殊的滤材把微生

物全部阻留而滤除；除了原已染有的微量可溶性代谢产物外，由于没有菌体的存在，也就不会有更多的热原产生。在生物发酵工业生产中使用的“无菌空气”，通常是指通过过滤除菌使空气含菌量为零或极低。生物发酵制药工业生产设计中采用染菌概率为10^{-3}，即每1 000批次发酵过程所用的全部无菌空气最多只允许有一个微生物，以此来进行空气过滤器的设计计算。对不同的发酵生产和同一工厂内不同的生产区域（环节），有不同的无菌度的要求。

过滤除菌是目前生物技术工业生产中使用最常用的空气除菌方法，但它通常要采用定期灭菌的干燥介质来阻截流过的空气所含的微生物，从而获得无菌空气。除了过滤除尘除菌外，还有基于等离子放电的电场吸附和无外电场的驻极体吸附，且多用前者。

7.2.1 介质过滤过程原理

过滤器的材质、孔径和装置结构及气流速度等都会对空气的净化过程产生影响。空气的过滤除尘、除菌原理与通常的过滤原理不一样，一方面是由于空气中气体引力较少，且微粒很小，常见悬浮于空气中的微生物微粒大小在0.5～2 μm，而深层过滤常用的过滤介质如棉花的纤维直径一般为16～20 μm，当填充系数为8%时，棉花纤维所形成网络的孔隙为20～50 μm。微粒随空气流通过过滤层时滤层纤维所形成的网格阻碍气流前进，使气流无数次改变运动速度和运动方向而绕过纤维前进，这些改变引起微粒对滤层纤维产生惯性冲击、重力沉降、拦截、布朗扩散、静电吸引等作用而把微粒截留在纤维表面，由此实现过滤目的。

7.2.1.1 纤维介质过滤原理

图7-12为一带颗粒的气流流过单纤维截面的假想模型。当气流为层流时，气体中的颗粒随气流作平行运动，靠近纤维时气流方向发生改变，而所夹带的微粒的运动轨迹如虚线所示。接近纤维表面的颗粒（处于气流宽度为h中的颗粒）被纤维捕获，而位于h以外的气流中的颗粒绕过纤维继续前进。由于过滤层是由无数层单纤维组成的，于是运动颗粒被捕获的概率增加。

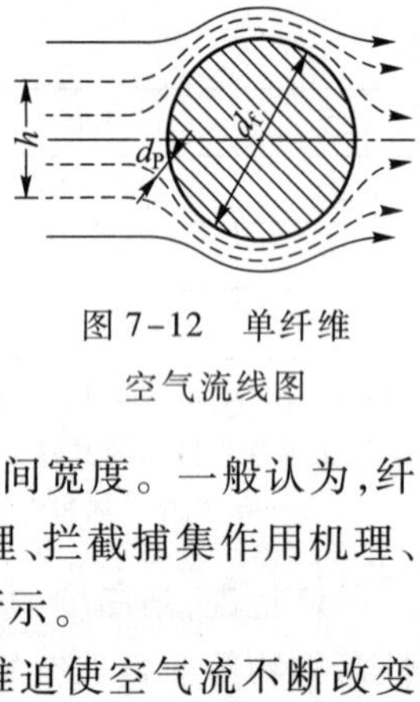

图7-12 单纤维空气流线图

图中，d_f表示纤维直径；d_p表示微粒直径；h表示能使微粒滞留的区间宽度。一般认为，纤维介质过滤微粒（除尘除菌）有五种作用机理，包括惯性撞击滞留作用机理、拦截捕集作用机理、布朗扩散作用机理、重力沉降作用机理和静电吸附作用机理，如图7-13所示。

（1）惯性撞击滞留　含有微粒的空气通过滤层时，纵横交错的纤维迫使空气流不断改变运动方向，绕过纤维前进，并改变速度从纤维间的间隙通过；当微粒随气流以一定速度垂直向纤维方向运动时，因障碍物（介质）的出现，空气流线由直线变成曲线，即当气流突然改变方向时，沿空气流线运动的微粒由于惯性作用，不能及时改变其流向，仍然继续以直线前进，而直撞向纤维表面。当气流速度下降到一定值，气流宽度以内的粒子与介质碰撞并因摩擦黏附而滞留在纤维表面上，这称为惯性撞击滞留作用。

（2）拦截捕集　当微粒直径小、质量轻，它随气流运动慢慢靠近纤维时，微粒所在主导气流流线受纤维所阻改变流动方向，绕过纤维前进，并在纤维的周围形成一层边界滞流区，滞流区的气流流速更慢，进到滞流区的微粒慢慢靠近和接触纤维而被黏附截留，称为拦截捕集作用。离纤维表面$d_p/2$处是颗粒被拦截的空间。

(3) 布朗扩散　直径很小的颗粒，由于受到空气分子的碰撞，在缓慢流动的气流中，会产生一种不规则的直线运动，称为布朗扩散。

布朗扩散的运动距离短，在较大的气速、较大的纤维间隙中是不起作用的。但在很慢的气流速度和较小的纤维间隙中，布朗扩散作用增加了微粒与纤维的接触滞留机会，撞击到过滤介质上的颗粒被吸附截留。

(4) 重力沉降　微粒虽小，但仍具有一定的质量。当气流中颗粒的重力大于气流对它的拖拽力时，颗粒就发生沉降。

重力沉降作用一般与拦截作用是相配合的，在纤维的边界滞流区内，重力沉降作用提高了纤维拦截捕集效率，且随颗粒团聚尺度和密度的增大而愈加明显。

(5) 静电吸附　悬浮在气流中的颗粒大多带有不同的电荷，在随气流的运动过程中，这些带电颗粒受到带异性电荷的介质吸引，而被黏附下来。

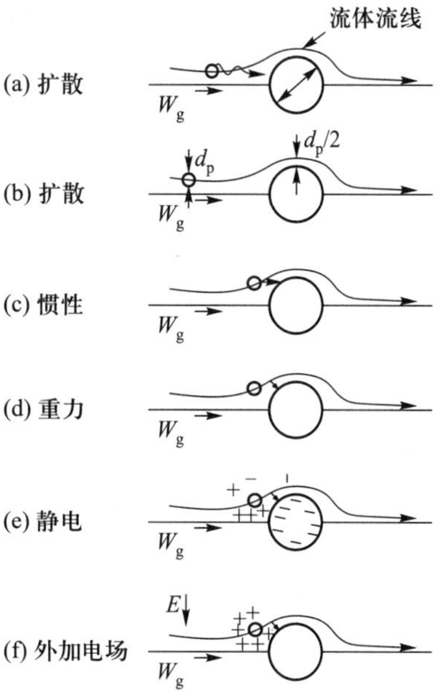

图 7-13　纤维介质过滤微粒的机理示意图

干空气对非导体的物质作相对运动摩擦时，会产生静电现象，对于纤维和树脂处理过的纤维，尤其是一些合成纤维更为显著。悬浮在空气中的微生物大多带有不同的电荷。有人测定微生物孢子带电情况时发现，约有 75% 的孢子具有 1 ~ 60 负电荷单位，15% 的孢子带有 5 ~ 14 正电荷单位，其余 10% 则为中性，这些带电荷的微粒会被带相反电荷的介质所吸附。此外，多数表面吸附作用也是通过静电吸附实现的。

7.2.1.2　介质过滤理论

(1) 过滤速率与阻力　化工原理课程中的知识告诉我们，当过滤用作动词则意味着流固混合体通过一个可透过介质（即过滤介质）实现分离，从气体或液体中分离固体颗粒的可透过材料被称为过滤介质。

空气过滤通常在压力驱动下进行，使得固体颗粒被剔除并累积在过滤介质上，气体部分继续通过过滤介质并移出过滤系统，得到净化的气体。施压大小取决于过滤阻力，过滤阻力源于气体通过过滤介质和累积微粒的摩擦阻力。用方程式表达如下：

$$\text{过滤速率} = \text{压力}/\text{阻力} \tag{7-1}$$

过滤速率是过滤的基本方程，其表达的是过滤过程中任一瞬时的过滤速度与过滤压差、过滤时间、净化气体体积、气体黏度、滤饼阻力及介质阻力之间的关系，也是过滤计算的基本方程。

$$v_F = \frac{dV_g}{A d\tau} = \frac{\Delta p}{\mu r C V_g / A} = \frac{\Delta p_c}{\mu r L} \tag{7-2}$$

或

$$\frac{dV_g}{d\tau} = \frac{A\Delta p}{\mu r C V_g / A} = \frac{A\Delta p_c}{\mu r L_c} = \frac{A\Delta p_c}{\mu R_c} \tag{7-3}$$

式中 v_F 过滤速度（或称过滤通量），$m^3/(m^2 \cdot s)$ 或 m/s；$dV_g/d\tau$ 为过滤体积流速，m^3/s；A 为过滤面积，m^2；Δp 为过滤压差，Pa；Δp_c 为滤饼压差，Pa；μ 为气体黏度，Pa · s；r 为滤饼比阻，单位厚度滤饼的阻力，1/ m^2；C 为单位气体体积中微粒体积量（或称微粒浓度），m^3/m^3；V_g 滤过气体总量，

m^3；L_c 为滤饼厚度，m；$R_c = rL_c$ 为滤饼阻力，1/ m。通常滤饼和过滤介质的面积相等，两层中的过滤速度应相等。于是有

$$\frac{dV_g}{d\tau}=\frac{A\Delta p_f}{\mu r_f L_f}=\frac{A\Delta p_f}{\mu R_f}$$

或

$$\frac{dV_g}{d\tau}=\frac{A(\Delta p_c+\Delta p_f+\Delta p_s)}{\mu(R_c+R_f+R_S)}=\frac{A\Delta p}{\mu(R_c+R_f+R_S)} \tag{7-4}$$

式中 r_f 为介质比阻，$1/m^2$；L_f 为介质厚度，m；R_f 为介质阻力，一般在 $10^7 \sim 10^8\ m^{-1}$；Δp_f 为过滤介质上下游的压差，或称介质阻力，Pa；Δp_s 为结构阻力，结构阻力为气流通过框架、波纹板等结构的阻力，在正常过滤速度下，取值 200 ~ 500 Pa；Δp 为过滤总压降，Pa。上式中的 Δp_f 和 Δp_c 可分别按式(7-5)和式(7-6)计算：

$$\Delta p_f = R_f \mu v_F \tag{7-5}$$

式中变量同前，即，滤材阻力和滤速的一次方成正比。过滤期间，当微粒在过滤介质上持续堆积时，过滤阻力随之增加，或者说，过滤透过率随之降低。

$$\Delta p_c = r_m m_d \mu v_F \tag{7-6}$$

式中 r_m 为粉层比阻，它取决于粉尘的负荷、粒径、孔隙率和过滤介质特性等，一般为 $10^9 \sim 10^{12}$ m/kg；m_d 为粉层负荷，单位面积上的粉尘量，kg/m^2；其余变量同前。

在设计中，过滤器全阻力 Δp 的计算可采用如下经验式：

$$\Delta p = \Delta p_c + \Delta p_f + \Delta p_s = C \cdot v_F^m \tag{7-7}$$

其中，对高效过滤器，$C=3 \sim 10$，$m=1.35 \sim 1.36$。在实际计算时，中效和高效过滤器的终阻力一般定为初阻力的 2 倍。

若入口气体含尘浓度为 $C_1(kg/m^3)$，出口处含尘浓度忽略不计，过滤周期为 $\tau(s)$，则过滤介质表面的积存的粉尘负荷 $m_d(kg/m^2)$ 为

$$m_d = C_1 v_F \tau \tag{7-8}$$

代入上式有过滤 $\tau(s)$ 后，粉尘层的阻力 $\Delta p_c(Pa)$ 为

$$\Delta p_c = r_m \mu v_F^2 C_1 \tau \tag{7-9}$$

(2) 空气过滤效率　过滤除菌效率就是滤层所滤去的微粒数与原空气所含微粒数的比值，它是衡量过滤设备的过滤效能的指标，即过滤效率 η 为

$$\eta = (C_1 - C_2)/C_1 = 1 - C_2/C_1 \tag{7-10}$$

式中 C_1 为过滤前空气中微粒浓度，个/m^3；C_2 为过滤后空气中微粒浓度，单位体积的空气通过厚度 L 的滤层后残存的微粒数，个/m^3；C_2/C_1 为过滤前后空气中微粒浓度的比值。即过滤效率是在额定风量下，过滤器前后空气含尘浓度之差与过滤前空气含尘浓度之比的百分数。

由于含尘浓度表示方法的不同，过滤效率又分为计数效率、计重效率、粒径效率和比色效率。当含尘浓度以大于和等于某一粒径的计数浓度(粒/L)表示时，求出的效率为计数效率；含尘浓度以某一粒径的计数浓度(粒/L)表示时，求出的效率为粒径分组计数效率；含尘浓度以计重浓度(mg/m^3)表示时，求出的效率为计重效率。比色效率是用光电比色计比较过滤器前后污染滤纸的通光率，然后再换算出滤尘效率。

悬浮粒子的测定通常用的是尘埃粒子计数仪。活微生物测定分为：浮游菌的测定和沉降菌

的测定。浮游菌测定有专门的采样器,沉降菌采用培养方法测定由于浮游菌需要专门设备检测。根据沉降菌与浮游菌的关系式,奥梅梁斯基公式:

$$N_g = 10N_f \tag{7-11}$$

式中 N_g 为菌浓度,个/L;N_f 为在 100 cm^2 培养基上沉降 5 min 后的菌落数,个;以沉降菌数可以计算出浮游菌数。

实践证明,空气过滤器的除菌效率主要与微粒的大小、过滤介质的种类和纤维直径、介质填充密度、滤层厚度及通过的气流速度等因素有关。

在研究空气过滤器的过滤规律时,为简化研究先提出 4 个假设:① 流经过滤介质的每一纤维的空气流态并不因其他邻近纤维的存在而受到影响;② 空气中的微粒与纤维表面接触后即被吸附,不再被气流卷起带走;③ 过滤器的过滤效率与空气中微粒的浓度无关;④ 空气中微粒在滤层中的递减均匀,即每一纤维薄层除去同样百分数的微粒数。

在上述假设下,空气通过单位滤层后,微粒浓度下降与进入空气的微粒浓度成正比,即

$$-dC/dL = kC \tag{7-12}$$

式中 C 为空气的微粒浓度,个/m^3;L 为过滤介质滤层厚度,m;dC/dL 为单位滤层除去的微粒数,个/m^3;k 为过滤常数,m^{-1}。把式(7-12)整理并积分,即

$$-\int_{C_1}^{C_2}\frac{dC}{C} = k\int_0^L dL$$

得

$$\ln(C_2/C_1) = -kL \tag{7-13}$$

或

$$C_2/C_1 = \exp(-kL) \tag{7-14}$$

以常用对数表示,则有

$$\lg(C_2/C_1) = -k'L \tag{7-15}$$

或

$$C_2/C_1 = 10^{-k'L} \tag{7-16}$$

上述式(7-13)~式(7-16)揭示了深层介质过滤除菌的对数穿透定律,它表示进入滤层的空气微粒浓度与穿透滤层的微粒浓度之比的对数是滤层厚度的函数。常数 k(或 k')值与多个因素有关,如纤维的种类、纤维直径、填充密度、空气流速、空气中微粒直径等有关,通常可选择特定的条件通过实验方法确定,当然常用过滤介质如棉花的 k'值可在有关参考资料中查阅。

穿透率是过滤器后空气含尘浓度与过滤器前空气含尘浓度之比的百分数。

$$K = \frac{C_2}{C_1}\times 100\% = (1-\eta)\times 100\% \tag{7-17}$$

式中 C_1 和 C_2 分别为过滤器前后空气的含尘浓度;η 为过滤器的过滤效率,%。

根据 GB 6166—1985《高效空气过滤器性能试验方法——穿透率和阻力》的规定采用钠焰法或油雾法测定高效过滤器效率,并同时在试验台上测出风量、阻力。

过滤介质是过滤除菌的关键,它的特性不仅影响介质的消耗量、过滤动力消耗、操作劳动条件、维持更换等,而决定设备的结构、尺寸,还关系到运转过程的可靠性。对过滤介质的要求是过滤效率高、阻力小、空气流量大、能耐受灭菌的高温等。评价一种过滤介质是否优越,最重要的是看它的过滤效率 η,而过滤效率是过滤常数 k 值和滤层厚度 L 的函数,k 值越大,滤层厚度 L 可越小;同时阻力降 Δp 越小,耗能低,因此可把 $kL/\Delta p$ 的值作过滤介质综合评价指标。

过滤器的总过滤效率可用下式表示:

$$\overline{\eta}=1-e^{-kL} \tag{7-18}$$

7.2.1.3 介质过滤的影响因素

当空气流过过滤介质时，上述五种除尘除菌机制是同时起作用的，其作用大小除与介质纤维的种类、直径和填充密度有关外，还受微粒的尺度和气流速度等的影响。

(1) 一般因素。

① 纤维直径和密实性。在过滤器中的滤层交错着无数的纤维，好像形成层层的网格，随着纤维直径减小，充填密度的增大，所形成的网格就越紧密，网格的层数也就越多，纤维间的间隙就越小。因此，当纤维直径减小时，过滤效率提高。纤维密实性增加，惯性和拦截作用提高，但阻力增加比效率大得多，故过滤器的纤维密实性应适当。如图 7-14 所示。

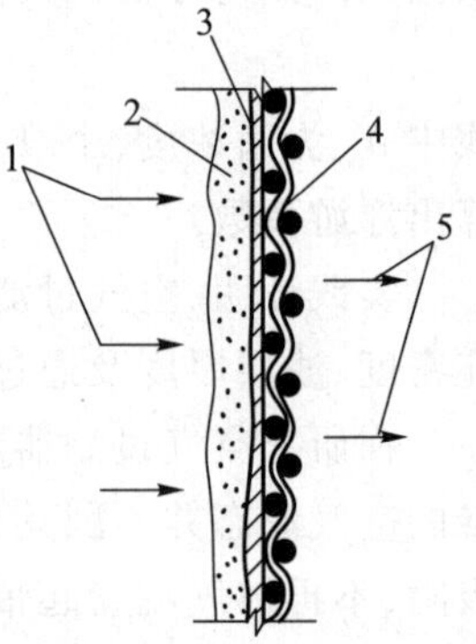

图 7-14 滤袋表面粉尘层过滤作用①

1—含尘气流；2—粉尘层；3—初始粉尘层；4—滤布；5—净化后气流

② 微粒的粒径。微粒的粒径越大，惯性作用和拦截作用越显著，过滤效果越高；反之，粒径越小，扩散作用越显著。就单一重力沉降而言，大颗粒比小颗粒作用显著，一般 50 μm 以上的颗粒沉降作用才显著；对于小颗粒只有气流速度很慢时才起作用。

③ 附尘量。随着尘粒在纤维表面沉积，过滤效率有所增加。但积尘到一定程度后，尘粒可能重新飞散，效率不断下降。

(2) 气流速度 过滤速度在很大程度上取决于气流速度。当气流速度较高时，惯性作用起主要作用；当气流速度较低时，扩散作用占主导地位；当气流速度中等时，可能是拦截作用起主要作用。惯性撞击滞留是空气过滤器除尘除菌的主要作用，其大小取决于颗粒的动能和纤维的阻力，也就是取决于气流的速度。惯性力与气流速度成正比，当流速过低时，惯性作用很小，甚至接近于零；当空气流速增至足够大时，惯性作用则起主要作用。如图 7-15 所示。

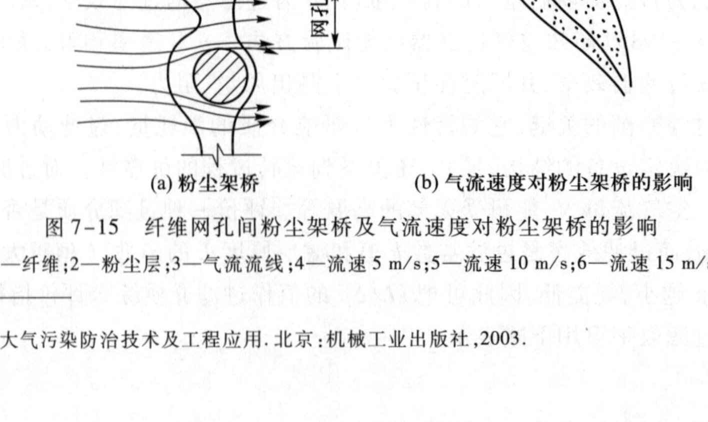

图 7-15 纤维网孔间粉尘架桥及气流速度对粉尘架桥的影响

1—纤维；2—粉尘层；3—气流流线；4—流速 5 m/s；5—流速 10 m/s；6—流速 15 m/s

① 源自：熊振湖. 大气污染防治技术及工程应用. 北京：机械工业出版社，2003.

以高效过滤器为例：当气流速度较小时，微粒除去效率（η）随气流速度的增加而降低，扩散起主要作用；当气流速度中等时，拦截可能起主要作用；当气流速度较大时，η 随空气流速的增加而增加，惯性撞击起主要作用；如果气速过大，η 又会下降，可能是已扑集的微粒又被卷起，并因此产生扬尘。由于微生物的颗粒较小，气流速度对除菌作用较大，重力和静电引力对其作用较小。

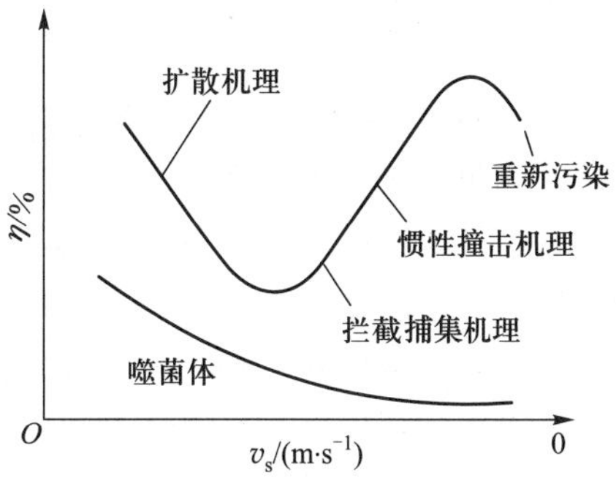

图 7-16　过滤除菌效率与气流速度的关系

图 7-16 展示了惯性撞击、拦截捕集及布朗扩散三因素对除菌的综合效果，除菌效果随气速的变化出现一个最低点。由于惯性撞击在较高的气速时起主导作用，并随气速的降低，效率降低，这时，拦截捕集、布朗扩散尚未显示捕集作用，因此呈现出总除菌效率下降的趋势；气流速度降低到惯性撞击作用接近于零时，此时的气流速度到达拦截临界速度 v_{Ic}。气流速度在拦截临界速度以下时，微粒不能因惯性滞留于纤维上，捕集效率显著下降。但实践证明，随着气流速度的继续下降，纤维对微粒的捕集效率又回升，说明有另一种机理在起作用，这就是拦截捕集作用。拦截捕集的截留效率与气流的雷诺数和微粒同纤维的直径比有关。气速很低时，惯性撞击的捕集效率降为零，但拦截捕集、布朗扩散作用表现突出，于是总除菌效率又上升。

如果空气流速过大，而使得微粒随气流改变运动方向可绕过纤维前进，除菌效率又下降，则是因为已被捕集的微粒又被高速气流夹带回到空气中；此时的气流速度称为惯性撞击的临界速度，并定义为 v_{Tc}。

医药工业洁净厂房污染控制对象所指的微生物，一般多为细菌。细菌形体大小不一，多数在 1～10 μm，个别<1 μm。由于细菌需要水分和营养，所以通常依附于尘粒才能生存。有实验证明空气中浮游菌的含量及变化规律与 3～5 μm 的尘粒变化规律具有相关性，即细菌的当量直径相当于 3～5 μm。数据表明，多种滤材过滤器的除菌效率，粗效为 31.5%～81.6%，中效为 50%～93.8%，亚高效为 94.7%～100%。因此，从理论上分析采用亚高效过滤器就能满足空气除菌要求，盲目追求过滤器的高效率是不必要的。

7.2.2　静电除尘过程原理

静电除尘进行空气净化的基本技术原理是高压静电除尘技术，利用静电引力吸附带电粒子而达到除尘除菌目的。

7.2.2.1　静电除尘原理

当一个带电体 q_1 处在大气中，其周围就会产生电场，另一个带电体 q_2 如果处在 q_1 所形成的电场中，q_2 就要受到作用力，其大小按库仑定律为

$$F=\frac{q_1 q_2}{\varepsilon\delta^2} \qquad (7-19)$$

式中 F 为电场作用力；q_1，q_2 为两带电体的电荷量；δ 为两带电体的距离；ε 为气体介电常数。F 的方向视电荷的性质而定，同性相斥，异性相吸。

对任何荷电粉尘在电场中受到的库仑力均可表示为

$$F_c = qE \tag{7-20}$$

式中 F_c 为粉尘受到的库仑力，N；q 为粉尘颗粒的电荷量，C；E 为粉尘颗粒所处电场强度（实际计算时常用集尘极的电场强度），V/m。

含尘气体中的微粒的荷电机理主要有碰撞荷电和扩散荷电。碰撞荷电是指由于在电场中沿电力线运动的离子或电子对粉尘颗粒的碰撞，使粉尘荷电的现象；扩散荷电是指由于离子或电子的热运动而导致的粉尘颗粒荷电现象。

在电除尘器中，由于 220 V 或 380 V 的交流电，经过升压整流装置，变成 6 万伏左右或更高的直流电，使电晕线周围的空气产生电离，形成正负离子（产生等离子体）。将含有微粒的空气引入高电压静电场内，电离的空气将电荷转移到其中的尘埃颗粒并使之带上电荷，荷电的颗粒在静电场中受到电场力的作用，沿着电力线飞向带相反电性的电极板，并集附于其上，如图 7-17 所示。

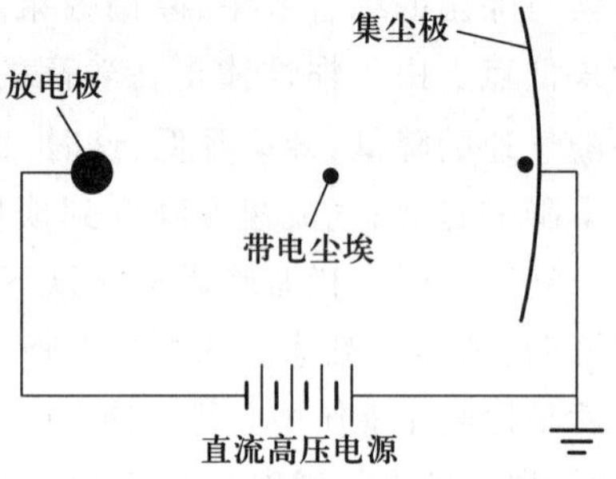

图 7-17 静电除尘原理示意图

由于细菌的细胞膜与细胞核间带有微小电位差，在高压电场的作用下，细菌细胞组织会被破坏，细菌于是失去生物活性并可被彻底杀死。另外，电晕极加负电压产生的是负电晕，与正电晕相比具有电流大、电压低且臭氧量高的特点，而高的臭氧量杀菌作用更加强烈。因此，特别是制药工业用的电除尘器，均采用负电晕放电的形式。于是，含（微生物和微粒）灰尘气体从电除尘进口进入电除尘器，微生物失活，微粒与负离子结合在一起，使灰尘带负电，以一定的速度向与其相反的沉降极运动，到沉降极后失去电荷呈中性，沿沉降极落下进入灰斗，从而达到洁净空气的目的。

7.2.2.2 静电除尘理论

（1）粉尘荷电　由于碰撞荷电的微粒对离子和电子产生了斥力，随着粉尘微粒荷电量的增加，斥力也增大，荷电的速度随之下降，当斥力与电场力平衡时，荷电停止。此时，粉尘的荷电量为饱和荷电量，可按下式计算：

$$q_c = \pi\varepsilon_0 \phi E d_p^2 \tag{7-21}$$

$$\phi = 3\varepsilon_c/(\varepsilon_c+2) \tag{7-22}$$

式中 q_c 为粉尘饱和电荷量，C；$\varepsilon_0 = 8.55\times10^{-12}$ 为真空中介电常数，F/m；ε_c 为粉尘的介电常数，气体 $\varepsilon_c=1$，石英和硫黄 $\varepsilon_c=4$，石膏 $\varepsilon_c=5$，金属氧化物 $\varepsilon_c=12\sim18$，金属 $\varepsilon_c=\infty$；E 为荷电区的电场强度，V/m；d_p 为粉尘颗粒当量直径，m。

理论上，热运动速度是没有上限的，因此，扩散荷电导致粉尘荷电量在理论上是无上限的。而影响扩散荷电的因素比较复杂，在实际应用中多采用近似计算：

$$q = 0.134 d_p \tag{7-23}$$

式中 q 为扩散荷电电荷量，C；d_p 为粉尘颗粒当量直径，m。一般地，对于微粒 $d_p>1.0$ μm 的粉尘以碰撞荷电为主，当微粒 $d_p<0.2$ μm 的粉尘以扩散荷电为主，而 $0.2\ \mu m \leqslant d_p \leqslant 1.0\ \mu m$ 的粉尘碰撞和扩散荷电均存在。且工业生产过程中，粉尘粒径一般大于 0.5 μm，进入电除尘器的颗粒多团聚成大颗粒，常用碰撞荷电计算；对于微生物来说，多采用扩散荷电计算。

（2）粉尘的驱进速度　荷电粉尘受到的库仑力和气体阻力达到平衡时，粉尘向集尘极作匀速运动，此运动速度即为粉尘的驱进速度。由于粉尘颗粒在电场中的迁移速度很小，因此，其运动阻力可用斯托克斯（Stokes）公式计算。

$$F_c = 3\pi d_p \mu v_c$$

于是

$$v_c = \frac{qE}{3\pi d_p \mu} \tag{7-24}$$

式中 F_c 为粉尘受到的气体阻力，N；d_p 为粉尘颗粒当量直径，m；μ 为气体动力黏度，Pa・s；v_c 为粉尘的驱进速度（粉尘向集尘极移动的速度），m/s。

（3）除尘效率　静电除尘效率的定义与过滤除尘效率的定义相似，用作衡量电除尘器效能的指标。它指的是经过荷电-沉降区除去的微粒数与原空气所含微粒数的比值。电除尘效率取决于荷电微粒的驱进速度、气流速度和集尘面积或集尘板长度等因素，经典理论计算式是由德意希（Deutsch）在1922年提出的。

$$\eta = 1 - e^{-Av_c/V_0} = 1 - e^{-fv_c} \tag{7-25}$$

式中 η 为除尘效率，%；A 为集尘极的集尘面积，m^2；V_0 为含尘气体流量，m^3/s；v_c 为粉尘的驱进速度，m/s；f 为比集尘面积，即单位时间内净化单位体积气体所需要的集尘面积，$f = A/V_0$，$m^2/m^3 \cdot s^{-1}$。

德意希在推导该计算式时作了两个假设：一是，粉尘的粒径是均一的，并且垂直于除尘器的气流断面上的粉尘浓度为定值；二是，粉尘只受沿气流方向的气体阻力和垂直于集尘极方向的库仑力的作用。因此，按上式计算得到的理论值比实际值高得多。为此，在实际工作中常常根据在一定的除尘器结构型式和运行条件下测得的总捕集效率，代入德意希方程式反算出相应的驱进速度值，并称为有效驱进速度，以 v_p 表示。有效驱进速度可用来表示工业电除尘器的性能，并作为类似除尘器的设计基础。对于工业电除尘器，粉尘有效驱进速度变化范围在0.02～0.2 m/s，硫酸酸雾有效驱进速度在0.06～0.08 m/s。

7.2.2.3　静电除尘的影响因素

静电除尘器的性能主要受粉尘性质、设备构造和气流速度等因素的影响。

（1）微粒的粒径　由于一些直径很小的微粒，所产生的重力常常不会高于气流对微粒的拖拽力或微粒布朗扩散作用，而难以沉降，所以，静电除尘对很小的微粒效率较高。对粒径不超过5 μm的微粒集尘效率高达95%，在最佳条件下对1 μm的微粒去除率可高达99%。然而，空气中的微粒并非都是在5 μm以下的。

（2）粉尘比电阻　粉尘比电阻反映的是固体颗粒或和微生物等的导电性能，可理解为：当粉尘厚度为1cm、截面积为1cm^2时，在其两端施加电压，电压与电流的比值即为该粉尘的比电阻。可通过实测，按下式求得

$$\varphi = \frac{A}{L_c}\frac{\Delta U}{I} \tag{7-26}$$

式中 φ 为比电阻，Ω・cm；A 为粉尘样品的表面积，cm^2；L_c 粉尘层厚度，cm；ΔU 由于粉尘层所造成的电压降落，V；I 为通过粉尘层的电流，A。

粉尘的比电阻过低（小于10^4 Ω・cm），尘粒难以保持在集尘电极上，致使其重返气流；而其

比电阻过高(大于 10^{10} Ω·cm),到达集尘电极的尘粒电荷将不易放出,将使得后期清灰困难,且因在尘层之间形成电压梯度而会产生局部击穿和放电现象。这些情况都会造成除尘效率下降。如图 7-18 所示。

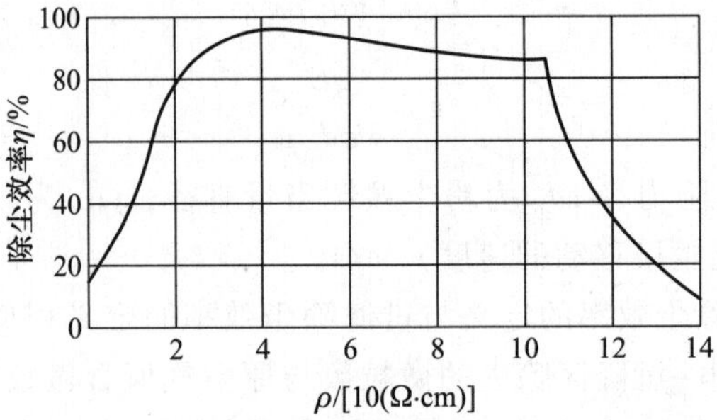

图 7-18 同一电除尘器在其他条件相同条件下粉尘比电阻与除尘效率的关系

提高含尘气体的温度,可使粉尘的比电阻增加;同一种含尘气体的湿度越大,比电阻最大值越小。因此,对于比电阻偏高的粉尘,可通过改变含尘气体的温湿度来加以调节。

(3) 气速和气体分布 一般地,电除尘器进口处的气体流速为 10 ~ 15 m/s,集尘极板间或管内的流速控制在 0.5 ~ 2 m/s。需要保持除尘器内的气体流体均匀分布,否则,中心部分流速会大大超过设计指标,使得气体在除尘器内的停留时间缩短,同时,高速气流不仅会使集尘被扬起并带走,也会使电晕极晃动而引起供电电压波动,除尘效率因此下降。

(4) 含尘量和集尘量 在电除尘器中,随着气体含尘浓度的增大,荷电微粒的密度会增大,荷电微粒形成的大量空间电荷会对电晕放电产生屏蔽效应,使电晕电流大大减少,甚至为零,形成电晕闭塞,使除尘器失去除尘能力。另一方面,由于荷电微粒形成的空间电场畸变可造成集尘极附近的电场强度瞬间增减,由此引起频繁的火花放电,从而导致捕集效率下降。因此,进入静电除尘器的气体含尘浓度应有一定的限制。对于一般平板卧式静电除尘器,其入口气体中的尘埃浓度以小于 20 g/m^3 为宜。

随着微粒的不断沉积,微粒堆积厚度不断增加,微粒堆积层对飞来的荷电微粒的放电阻力增大,电荷因不能及时释放而累积并由此产生排斥力,致使吸附除尘效率降低。

7.2.3 稀释净化过程原理

7.2.3.1 稀释净化原理

根据需要对空气中尘粒、微生物、温度、湿度、压力和噪声进行控制的密闭空间,并以其空气洁净度级别符合有关规定为主要特征。另外,净化的空气流还用作防止外界干扰(污染)的屏蔽材料或消毒的一般方法或装置。

在制药工业为了获得符合净化区域(车间)的空气质量要求的洁净室,用经过滤除尘除菌、洗涤吸收和干燥等获得净化的空气以稀释隔离空间的空气。例如,基于集中式净化系统的洁净室净化过程:空气的过滤、冷却、加热、加湿和风机等处理设备集成在空调机房内,由风管送入各洁净室。

一般地,洁净室(区)的洁净度是利用净化的高洁净度空气置换原洁净室的含尘或其他污染物的空气来实现的。因此,洁净室净化基于的是稀释原理。图 7-19 为带二次回风的净化空调流程图。

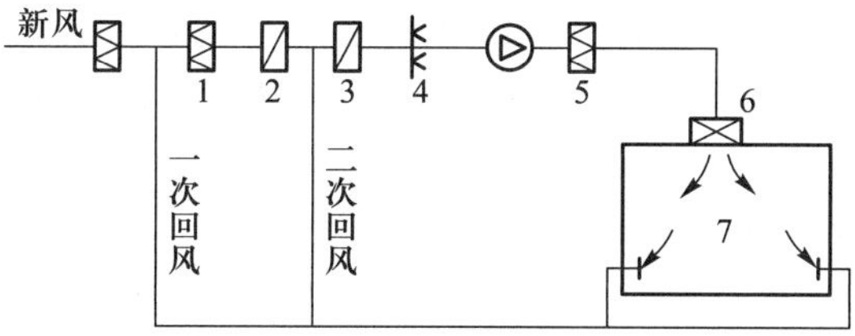

图 7-19　带二次回风的净化空调流程图

1—中效过滤器；2—冷却器；3—加热器；4—加湿器；5—中效过滤器；6—高效过滤器；7—洁净室

7.2.3.2　稀释除尘理论

(1) 全混流稀释　对于单级洁净工作室可用全混流混合描述其中气体的稀释，有以下物料衡算式：

新风带入量+过程产尘量=排风带出量+稀释量+累积量

净化的气体(新风)以稳定流量进入待洁净工作室，刚进入的新风与存留在工作室内的含尘气体瞬间达到完全混合，气流处于湍流状态，任一瞬间室内尘粒的浓度和温湿度处处相等，且与回风口流出气体的相等。在非生产状态下的稳定操作期间，室内没有累积；即在任一微小时间内室内累积量为零，过程产尘量为零。于是有

$$V_0C_e+0=V_0C+V_R\left(\frac{dC}{d\tau}\right)+0$$

$$-\frac{dC}{C-C_e}=\frac{V_0}{V_R}d\tau \tag{7-27}$$

式中 C 为换气瞬间洁净室内尘粒浓度，个/m^3 或 g/m^3；C_e 为新风(进入洁净室的洁净气体)尘粒浓度，个/m^3 或 g/m^3；V_0 为新风(进入洁净室的洁净气体)流量，m^3/h 或 m^3/min；τ 为换气时间，h 或 min。初始条件为 $\tau=0$，$C=C_0$。

但在生产操作过程中，净化工作室内有运行的设备、被加工物料和生产操作与管理人员等，流入量包括产尘量。若总尘粒产生速度为 P，个(或 g)/(m^3·h)或个(或 g)/(m^3·min)；上式变为

$$V_0C_e+PV_R=V_0C+V_R\left(\frac{dC}{d\tau}\right)$$

$$-\frac{dC}{C-C_e-\frac{V_R}{V_0}P}=\frac{V_0}{V_R}d\tau \tag{7-28}$$

例 7-1　GMP 规定 B 级允许粒径≥0.5 μm 的尘粒 $N\leqslant 350\ 000$ 个/m^3，C 级 $C\leqslant 3\ 500\ 000$，今要利用含尘粒 $C_e=3\ 000$ 个/m^3 的洁净空气将非工作状态下、初始为 C 级的洁净室(9 m×15 m×4 m)净化到B 级，进气流量为 50 m^3/min，问需要换气的时间多长？若室内新尘粒产生速度 $P=30\ 000$ 个/(m^3·min)，则需要换气的时间又是多长？

解：① 已知 $V_0=50$ m^3/min，$C_e=3\ 000$ 个/m^3，$C_0=3\ 500\ 000$ 个/m^3，$C_\tau=350\ 000$ 个/m^3

又　$V_R=9\times15\times4=540(m^3)$

$$-\frac{dC}{C-C_e}=\frac{V_0}{V_R}d\tau$$

$$-[\ln(C_\tau-C_e)-\ln(C_0-C_e)]=(V_0/V_R)\tau$$

$$\tau=540\times2.310\,3/50$$

$$=25(\text{min})$$

② 已知 $P=30\,000$ 个/($m^3\cdot min$)，于是有

$$-\frac{dC}{C-C_e-\dfrac{V_R}{V_0}P}=\frac{V_0}{V_R}d\tau$$

$$-[\ln(C_\tau-C_e-PV_R/V_0)-\ln(C_0-C_e-PV_R/V_0)]=(V_0/V_R)\tau$$

$$\tau=540\times4.927/50$$

$$=53.2(\text{min})$$

若要维持 C 级，即 $\frac{dC}{d\tau}=0$，由式 $V_0C_e+PV_R=V_0C+V_R\left(\frac{dC}{d\tau}\right)$ 得

$$V_0C_e+PV_R=V_0C+0$$

于是停留时间：

$$\tau=\frac{V_R}{V_0}=\frac{C-C_e}{P}=\frac{350\,000-3\,000}{30\,000}=11.57(\text{min})$$

则换气次数：

$$m_T=60/\tau=60/11.57=5.18(\text{次/h})$$

(2) 单向流(平推流)稀释　要求送风口与洁净室的断面大小及形状完全一致，构成满布单向流；只需要用新风一次就能替换原洁净室内的空气。

连续定态下，平推流反应器内物料的各种参数(浓度、温度、反应速率等)随物料流动方向变化，不随时间而变化；反应物料具有相同的停留时间。就管式反应器来说，各个截面上的各种参数只是位置的函数，不随时间而变化，其径向速度均匀，径向也不存在浓度梯度，管内没有物料累积。因此，可取反应器内任何一体积微元 dV_R 进行物料衡算。

物料衡算式的基本式为

新风带入量+过程产尘量=排风带出量+稀释量+累积量

在稳态下任一微元 dV_R 内尘粒的累积量为零。于是有

$$V_0C_ed\tau+PdV_R=V_0(C+dC)d\tau+dV_RdC$$

当 $P=0$ 时，有

$$d\tau=-\frac{dCdV_R}{V_0(C-C_e)}$$

$$\tau=-\int_{C_0}^{C_\tau}\frac{V_R}{V_0}\frac{dC}{(C-C_e)}-\int_{C_0}^{C_\tau}\frac{CdV_R}{C-C_e}$$

$$\tau=\frac{V_R}{V_0}\left[\ln\left(\frac{C_0-C_e}{C_\tau-C_e}\right)-\left(\frac{C_\tau}{C_\tau-C_e}-\frac{C_0}{C_0-C_e}\right)\right] \tag{7-29}$$

$$\tau=\tau_c\left[\ln\left(\frac{C_0-C_e}{C_\tau-C_e}\right)-\left(\frac{C_\tau}{C_\tau-C_e}-\frac{C_0}{C_0-C_e}\right)\right] \tag{7-30}$$

例 7-2　GMP 规定 A 级允许粒径≥0.5 μm 的尘粒 $N\leqslant3\,500$ 个/m^3，C 级 $C\leqslant3\,500\,000$，今要利用含尘粒 $C_e=3\,000$ 个/m^3 的洁净空气将非工作状态下、初始为 C 级的洁净室(9 m×7.5 m×4 m)净化到 A 级，进气流量为 25 m^3/min，问需要换气的时间多长？

解:已知 $V_0=50\ \text{m}^3/\text{min}$,$C_e=3\ 000$ 个/m^3,$C_0=3\ 500\ 000$ 个/m^3,$C_\tau=3\ 500$ 个/m^3

又
$$V_R=9\times7.5\times4=270(\text{m}^3)$$

$$\tau=\frac{V_R}{V_0}\left[\ln\left(\frac{C_0-C_e}{C_\tau-C_e}\right)-\left(\frac{C_\tau}{C_\tau-C_e}-\frac{C_0}{C_0-C_e}\right)\right]$$

$$\tau=\frac{270}{25}\times\left[\ln\left(\frac{3\ 500\ 000-3\ 000}{3\ 500-3\ 000}\right)-\left(\frac{3\ 500}{3\ 500-3\ 000}-\frac{3\ 500\ 000}{3\ 500\ 000-3\ 000}\right)\right]$$

$$\tau=30.8(\text{min})$$

但是,洁净室内任何设备及移动的人或物都必然改变临近区域流体的流向及流速,平推流仅是理想状态;同样,因车间结构及内置设备引起的沟流或死角,使得全混流也是难以达到的。

(3) 换气次数　在药物制剂生产车间的净化通常用换气次数作为净化的控制参数,它指的是每小时的换气次数。具体可用下式计算:

$$m_T=60V_0/V_R(\text{次/h})\tag{7-31}$$

每间净化室都可视为单级连续全混流混合器,对于要维持系统稳定后的特定净化级别时,即 $\frac{dC}{d\tau}=0$,由式 $V_0C_e+PV_R=V_0C+V_R\left(\frac{dC}{d\tau}\right)$ 得

$$V_0C_e+PV_R=V_0C+0$$

于是,
$$\tau=\frac{V_R}{V_0}=\frac{C-C_e}{P}\tag{7-32}$$

由于房间有门窗和设备连接等的缝隙及人物流动,实际气流量大于计算 V_0 值,因此换气次数要高于计算值。

对例 7-1,当达到 C 级后,要保持 C 级需换气次数为

$$\tau=\frac{V_R}{V_0}=\frac{C-C_e}{P}=\frac{350\ 000-3\ 000}{30\ 000}$$
$$=11.57(\text{min})$$

则换气次数:

$$m_T=60/\tau=60/11.57=5.18(\text{次/h})$$

另外,对于末端为高效过滤器的洁净空间,由于送风浓度 C_s 极小,因而有不均匀分布的室平均浓度。

$$\overline{C}_v=C_s+\psi\frac{60P\times10^{-3}}{m_T}\approx\psi C\tag{7-33}$$

式中 $\overline{C}_v$ 为不均匀分布的室平均浓度;ψ 为不均匀分布系数;C 为均匀分布的室平均浓度;C_s 为送风浓度;P 为单位容积发尘量;m_T 为换气次数。

7.2.3.3　气体稀释净化的影响因素

药品生产过程的污染来源是多方面的,包括环境空气、原辅料和包装材料,制药设备和车间的结构与材质,器具和容器的清洗,以及人员等。因此,洁净车间的空气净化,不仅取决于空气过滤技术,而且与气流组织和压差控制密切相关。

(1) 气流形式　洁净室的气流形式主要有单向流、乱流、涡流。对全室空气净化的气体流向有单向流(层流)及非单向流(乱流)两种,其中,单向流又可分为垂直单向流与水平单向流。

单向流可阻挡污染物向气流区域流动，防止其从背景区域进入气流区。对洁净度 A 级需采用单向流，B 级以下采用非单向流。单向流是指在洁净室中空气沿着平行流线，以一定流速、单一通路、单一方向流动的气流；非单向流是指具有多个通路循环特性或气流方向不平行的，不满足单向流定义的气流。

① 垂直单向流。各流线保持单一方向相互保持平行，互不干扰，可达到很高洁净度。实现单向流必须有足够气速，以克服空气对流。垂直单向流的断面风速需在 0.25 m/s 以上，故室内换气次数 400 次/h 左右，因此造价、运转费用高。

② 水平单向流。送风墙满布高效过滤器，对侧回风墙布有回风口，可获得水平单向流。为克服尘粒中途沉降，断面风速不小于 0.35 m/s。水平单向流造价比垂直单向流低，但空气流动过程中含尘浓度逐渐增加。图 7-20 表示单向流的气体流动形式。

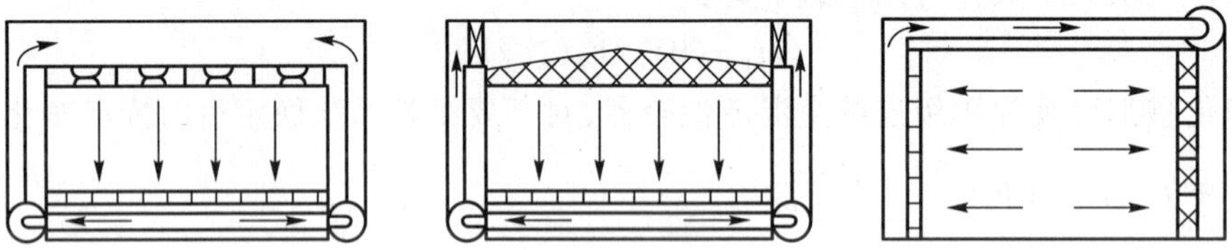

(a) 满布垂直平行流　(b) 侧布垂直平行流　(c) 水平平行流

图 7-20　单向流

垂直单向流可利用正压在“垂帘”或“屏风”构建的 B 级或 C 级下形成稳定的 A 级气流屏，实现局部净化。局部净化是比较经济的，当全室净化不能满足要求时，可采用全室空气净化与局部空气净化相结合的方式。

③ 非单向流。包括乱流和涡流。洁净室的断面比风口断面大得多，不能在全室形成均匀风速，工作面上气流分布很不均匀。进入的净化气流与室内气流混合后，将室内含尘气体进行了稀释，最后达到室内稳定的含尘浓度。室内洁净度也就与稀释程度有关，亦即与换气次数有关。B 级洁净度的换气次数≥25 次/h，C 级则≥15 次/h，D 级则≥12 次/h。

(2) 气流组织　指对洁净室内的气流流向和均匀度按一定要求进行组织。现行的气流组织方式有顶送-(侧)下回、侧送-同侧回或上送上回，但后者采用较少。常见的气流组织方式如图 7-21 所示。

一般地，空气自送风口进入房间后先形成射入气流，在房间内局部空间内回旋的是涡流气流。为了使工作区获得低而均匀的含尘浓度则要最大限度地减少涡流，使射入气流经过最短流程尽快覆盖工作区；气流方向尽可能与尘埃的重力沉降方向一致，使回风能有效地将室内灰尘排至室外。

例如，洁净度 C 级的气流形式为乱流。采用气流组织方式为：扩散孔板顶送风，经门、墙下侧的回风口至走廊，在走廊顶布设集中回风口，如图 7-21(b) 所示。这种方式气流流动均匀，调节灵活，工程造价低，但房间相对走廊正压，走廊相对负压，操作间生产的污染物(尘粒)易于被气流卷带进走廊，造成走廊相对污浊。在生产过程中人物通过走廊时，易被污染并将污染物携带入下一工序而造成混药或交叉污染。改进的方式为：孔板顶送风，经布设于室内的回风竖管下部的回风口回风。这种方式除保留原优点外，还可使得走廊相对房间正压，使污染物封闭于房间内，不易扩散出来。

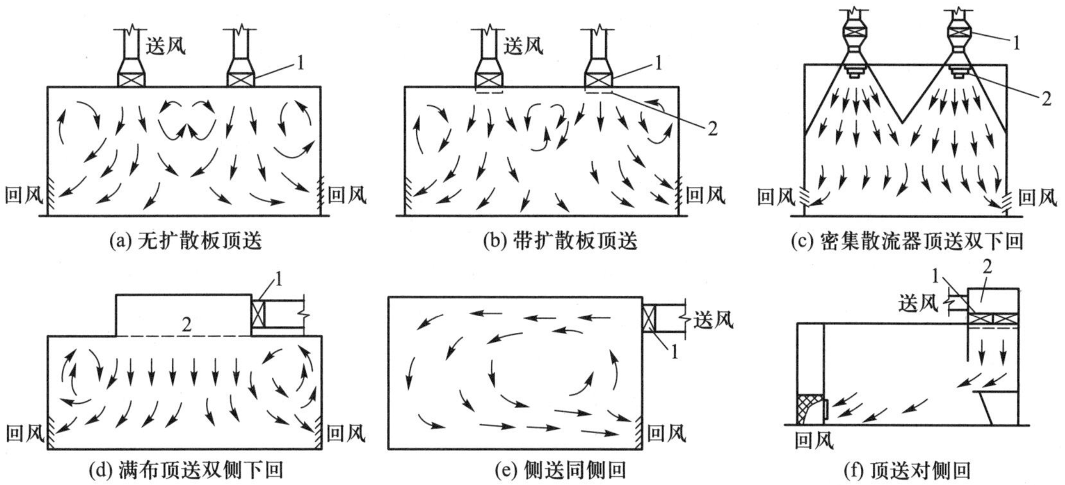

图 7-21　一般净化室送回风方式①

1—过滤器；2—扩散器或扩散孔板

实验证明上送下单侧回会增加乱流洁净室涡流区，增加交叉污染机会；无回风口一侧因处于有回风口一侧生产区的上风向，将成为后者的污染源，如图 7-21(e)所示。对于散尘量及尘料较小的散尘房间，可在距散尘设备的房屋一角排风，但不能有效地捕集设备散出的粉尘，如图 7-20(f)所示。

为了获得局部区域的高洁净度，可采用将送风口布置在局部工作区的顶部或侧部进行垂直或水平单向流送风和下部双侧（或多侧）回风的气流组织，如图 7-22 表示。

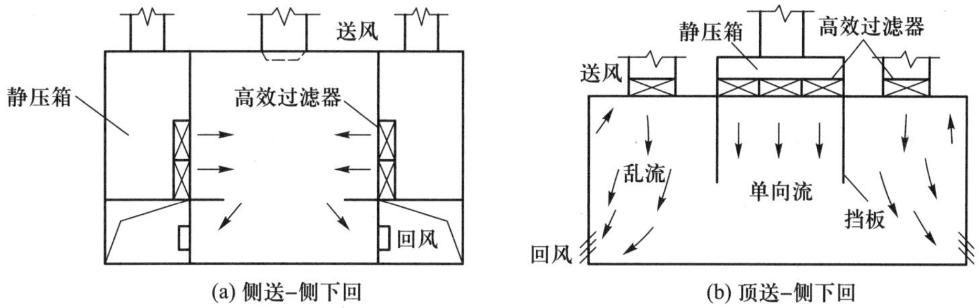

图 7-22　局部区域和不同区域空气净化流型

送风口的数目过少，也会导致涡流区加大。随着送风面积比的增大，主流区域的不均匀度下降，涡流区域的不均匀度变化较小或稍有上升。对无发尘或中心发尘状态下，回风口的不均匀度是下降的；而对角发尘的状态下，回风口的不均匀度则是上升的。

(3) 风量与流速　对于洁净室净化空调系统，洁净室的送风量是一个很重要的参数。从一定的程度上来说，保证了室内的风量恒定，也就是保证了室内洁净度的参数的稳定。风量的大小取决于车间所需的换气次数，而换气次数是各工作区域运行状态和净化级别决定的。

排风量应按下式进行确定：

$$\text{排风量} \leqslant \text{送风量} - \text{正压风量} \tag{7-34}$$

---

① 源自：中国石化集团上海工程有限公司. 化工工艺设计手册：下册. 4 版. 北京：化学工业出版社，2012.

需要注意的是不可因排风量过大致使洁净房间相对室外负压。对于调浆间、洗烘衣间、铝塑包装间和烘干间等产尘、产湿量较大的工作区域，存在含尘粒气流因对流或扩散而污染净化区域的风险。为此，局部设置有强制排风，需要补充的新风量较大。

如果需要除尘的净化房间处于内区，即此房间不与非洁净区相邻，可排风量调至大于送风量，以将其压力控制在对于其他净化房间处于负压状态；这样就非常有效地防止散尘间的尘粒飞扬到邻室。如果需除尘的房间位于外区，即与外界或非洁净区相邻，就必须将房间控制在一个相对正压的状态，即让排风量小于送风量。也就是可以通过控制风量来调控压差，阻止室外或邻室污染空气的侵入，切断空气传播尘埃、微生物等的途径。为了以有效防止倒灌情况的发生，需要在排风装置上设置中效过滤器。

但是，对大部分沉积在设备、管道、容器具及人体表面和内部的微生物，空气净化措施对此却无能为力。因此，必须采取清场、清洗、消毒、灭菌等专门技术，以弥补空气净化措施对微生物污染控制能力的不足。对于可搬出洁净室的容器具则送入清洗室清洗、消毒、灭菌，大部分不能移动的设备、生产线，必须在洁净室内进行在位清洗（CIP）和在位灭菌（SIP）。

需要特别指出，单向流能够减少生产过程中微生物进入无菌药品开口部位，因此，无菌室防止污染的关键是设置局部单向流 A 级保护，要求保持单向流的均匀流速。净化空气输送系统的管道、管件和过滤器等均会造成压力损失，从而影响气体流速和风量。

第三节 灭菌过程原理

灭菌的目的是为了钝化或破坏致病微生物的传染，减少或消除热原的产生。灭菌在制药行业是十分重要的工艺过程，包括对制药设备、器材工具、物料和药品等进行灭菌处理，以达到使用标准。对无菌药品的生产，尤其是非最终灭菌制剂，不仅生产过程系统要避免染菌，而且制品中要做到无菌；虽然可以用上述过滤技术，但能耗和处理时间都会大幅度上升。

制药工业的灭菌方法主要有包括干热法、湿热法、辐射法在内的物理灭菌法，包括环氧乙烷法等气体灭菌和双氧水等液体药剂杀菌在内的化学灭菌法及无菌操作法。其中，热力学灭菌技术使用最普遍，一旦温度超过上限，微生物中的蛋白质及核酸便会被永久性破坏，细胞膜被融化降解，致使细胞发生不可逆死亡。

干热法需要在特别设计的灭菌设备中通过气体或电加热进行灭菌的方法，干热法是指在非饱和湿度下、温度 170 ℃以上进行的热力学灭菌，可在灭菌的同时除去热原，能使得标准内毒素至少下降 3 个对数单位。为了清除器具或内包材表面等的热原多采用高温气体或电加热的干热法，已用于不耐受高压蒸汽的热稳定性物品等的灭菌，如玻璃瓶、金属器具、设备与管道，不耐湿气穿透的油脂类（甘油、油类、凡士林、石蜡），耐高温的粉末化学药品（滑石粉、磺胺类药物）等，但不用于橡胶、塑料及大部分药品。另外，干热灭菌也被用于生产满足药物生产过程无菌系统环境所需的无菌空气，尤其是非最终灭菌的无菌药品生产系统环境所需无菌空气。

所谓湿热法指的是在高压灭菌器中使用高压蒸汽或高温水进行灭菌的方法，系统简单，经济可靠。辐射法是使用 γ 射线或阴极射线破坏微生物 DNA 而达到灭菌目的的方法，灭菌彻底，无残留，但安全防护要求高，使用受限控。而环氧乙烷法属于化学法，它是利用环氧乙烷与细菌进行的化学反应破坏或消除蛋白活性的灭菌方法，但易残留。对热或湿敏感的药物不能用高压蒸汽或高温水灭菌,可用环氧乙烷灭菌。

灭菌过程的关键在于导致细菌蛋白质变性的速度和程度。一般地,细菌蛋白质变性的速度因温度升高或反应物浓度的增大而加快;在蛋白质失活的温度下,或在反应物投加量充足的情况下,随着作用时间的延长,灭菌程度增大。液体物料和产品灭菌后常常要进一步过滤,系统灭菌前一般先要进行洗涤。

尽管辐射灭菌及等离子体灭菌效率高,但高能粒子存在导致药物及分散药物的载体或介质发生因电荷转移或原子及基团的迁移而产生新化合物的可能。因此,迄今,用热力学灭菌技术进行灭菌是制药工业普遍使用的,并且 GMP 就灭菌工艺进行了规定。例如,要求无菌药品应当尽可能采用加热方式进行最终灭菌,最终灭菌产品中的微生物存活概率(即无菌保证水平,SAL)不得高于 10^{-6}。

7.3.1 热灭菌原理

热灭菌的使用取决于状态(T)、存续的时间(τ)和含湿量。一般认为是热使得活细胞中的蛋白质凝固,且发生蛋白质凝固现象所需的温度是与含湿量成反比的。

$$\tau \propto 1/T \tag{7-35}$$

通常,在高温(>313 K)下相当稳定能耐受热降解的物质是可以选用干热灭菌的。孢子及微生物繁殖体在 353 K 干热处理 2 h 或在 433 K 干热处理 45 min 均会被杀死,其干热处理时间不包括从装载到灭菌温度的延迟时间(*lag time*),此延迟时间取决于灭菌柜的几何形状和操作特点及装载的特性。干热灭菌柜可以是采用自然对流或强制对流实现"干燥"的,后者与自然对流相比具有热分布均一、延迟时间短的优势。这种方法对玻璃或金属是几乎完全不影响的,而其他材料在这些干热温度下会产生碳化(如纤维素类)、氧化(如橡胶)或熔融(如塑料)。

与热空气相比,蒸汽的热容量要大得多,因此,湿热在低的温度下的灭菌有效性有较大的优势。置于热压釜中的孢子及微生物繁殖体,在 394 K(压力 1.03×10^5 N/m^2)蒸汽中 20 min 或在 405 K(压力 1.86×10^5 N/m^2)蒸汽中 3 min 就可有效地被灭杀。

7.3.2 热灭菌理论

灭菌过程,首先是微生物(膜及蛋白质和 DNA 等细胞内含生命活性物质)吸收能量或活性物质,然后是膜和胞内含生命活性物质物理结构和/或化学结构渐变失活,至最终死亡的过程。在制药工业,会经常遇到中药提取物、发酵液体培养基、液体制剂的灭菌,故在本章节仅介绍湿热灭菌的基本理论。

7.3.2.1 对数残留定律与理论灭菌时间

微生物细胞是一个复杂的高分子体系,其受热死亡是蛋白质变性失活所致,可以假定其失活死亡过程为一级化学反应。

设液体培养基活菌浓度为 n(个/mL),n 随时间 t 的变化率为 $\mathrm{d}n/\mathrm{d}t$,则有

$$-\mathrm{d}n/\mathrm{d}t=kn \tag{7-36}$$

式中 k 为反应速率常数,s^{-1} 或 min^{-1},其中 k 值与微生物的种类、培养基成分及加热温度有关。灭菌过程中的反应速率常数 k 用阿伦尼乌斯式表示如下:

$$k=A\exp[-E_a/(RT)] \tag{7-37}$$

实验证明：营养成分破坏的反应活化能 E_a 的值为 $E_1=8.36\sim83.6\times10^3$ J/mol；而菌体死亡的活化能 E_a，芽孢：$E_2=418\times10^3$ J/mol，无芽孢：$E_2=209\sim250\times10^3$ J/mol。显然，$E_2/E_1>1$，说明提高温度对于第二个平行反应，即菌体死亡的反应是有利的。提高温度，虽然两个平行反应的反应速率常数都提高了，但是，达到同样的灭菌效果，所需要的时间却缩短了，由于第一个反应也就是营养成分破坏的反应速率常数增加得少，因此，有利于减少培养基在灭菌过程中营养成分的破坏。换言之，高温短时灭菌对于培养基营养成分是有利的。通常所说的高温短时灭菌可以提高生产效益，其理论根据就在此。

在一定的灭菌温度下，把式(7-36)积分：

$$\int_{N_0}^{N_s}\frac{dN}{N}=\int_0^{t_s}-kt \tag{7-38}$$

式中 N_0——灭菌开始时培养基活菌数，个/mL；

N_s——经灭菌 t_s 时间后残存活菌数，个/mL。

把式(7-38)积分得

$$\ln[n_0/(n_s)]=kt_s \tag{7-39}$$

或

$$2.303\lg(n_0/n_s)=kt_s$$

式(7-39)是以自然对数形式表示的加热灭菌对数残留定律。由式(7-38)和式(7-39)可得出理论灭菌时间为

$$t_s=\frac{1}{k}\ln(n_0/n_s) \tag{7-40}$$

或

$$t_s=2.303\ \frac{1}{k}\lg(n_0/n_s) \tag{7-41}$$

由式(7-40)或式(7-41)所计算出来的理论灭菌时间是在理想化的条件下得出的，实际上，由于微生物种类千差万别，且细菌芽孢耐热性特强，同时容器内培养基温度在不同位置会因搅拌和传热不均等而存在差异，更重要的是考虑到彻底灭菌的安全系数，所以在工厂实际生产中使用的是经验灭菌时间。通常，使培养基通过连续蒸汽加热装置升温至 130～140 ℃加热 15～30 s，再在罐中维持 8～25 min。在实验室，常用小型灭菌锅在 121 ℃(0.1 MPa 表压饱和蒸汽)下加热灭菌 15～30 min。这些实际采用的灭菌时间均较理论灭菌时间长数倍。

此外，尚需说明的是用式(7-40)和式(7-41)计算理论灭菌时间时，若要求灭菌绝对彻底，即 $N_s=0$，计算出的理论灭菌时间为无穷大。故在工程中通常是要求 1 000 罐培养基灭菌只允许残存一个活菌，这是工程计算常用的假定。

7.3.2.2 湿热灭菌的时温关系

在灭菌的过程中，微生物在热、化学或光辐照下暴露一定剂量会死亡。微生物存活率与处理时间或温度、剂量之间存在对数关系，提高灭菌温度可以缩短时间，且在不低于临界温度下可以通过延长时间降低灭菌温度，以防止药物变性。在制药过程中，灭菌效果常以 D 值、Z 值、F 值及 F_0 值来表示。

在一定的处理环境中和在一定的热力致死温度条件下，每杀死某细菌数群中 90% 原有活菌数时所需要的时间(*Decimal reduction time*)，即 D 值。它是描述灭菌过程的重要参数，与评价用

微生物种类，培养基组成，涂载材料的表面，灭菌的温度、时间、剂量等有关，它反映的是任何微生物在特定环境下耐受动力学。见表 7-4。

表 7-4 不同灭菌方法不同微生物的 D 值

灭菌方法	微生物种类	温度/℃	介质或样品	D 值/min
蒸汽灭菌	嗜热脂肪芽孢杆菌	105	5% 葡萄糖水溶液	87.8
蒸汽灭菌	嗜热脂肪芽孢杆菌	121	5% 葡萄糖水溶液	2.4
蒸汽灭菌	嗜热脂肪芽孢杆菌	121	注射用水	3.0
蒸汽灭菌	产芽孢梭状芽孢杆菌	105	5% 葡萄糖水溶液	1.3
干热灭菌	枯草芽孢杆菌	135	纸	16.6
红外线灭菌	枯草芽孢杆菌	160	玻璃板	0.3

D 值可通过存活曲线法获得的数据绘制半对数图，如图 7-24 所示，多数情况下所用等式是一级死亡速率方程。测定通过存活曲线法：

$$\log n = a + bt \tag{7-42}$$

式中 n 是 t 时存活微生物数；a 是截距；b 是（线性回归方程的）斜率，且 $b=1/D$；据此测定获得 D 值。对有些微生物得到的是非线性的，就像图 7-23 中的曲线 B，相应地有不同的方程式描述。

$$D = \frac{1}{\log C_0} - \frac{(1-\alpha)t - [\alpha B e^{(-t/B-1)}]}{\log C_t} \tag{7-43}$$

式中 C_0 和 C_t 是初始和处理 t 时间的孢子浓度；α 是凹形曲线的二次斜率；B 是由此二次斜率外推的截距。

Z 值表示的是灭菌时间减少到原来的 1/10 所需升高的温度；或在相同灭菌时间内，杀灭 99% 的微生物所需提高的温度。见表 7-5。

$$Z = \frac{T_2 - T_1}{\log D_1 - \log D_2} \tag{7-44}$$

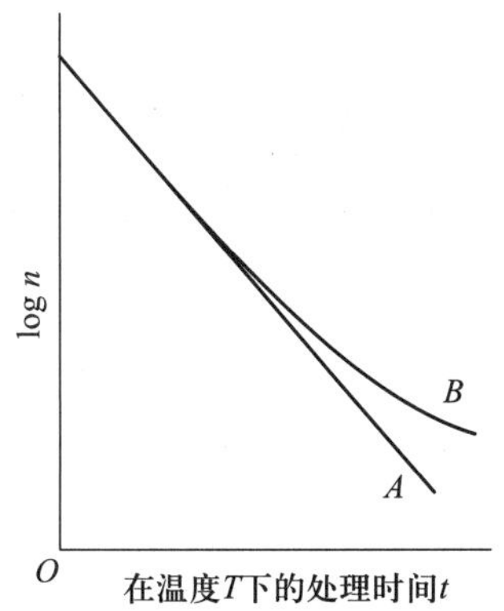

图 7-23 微生物存活率对数值与处理时间的关系

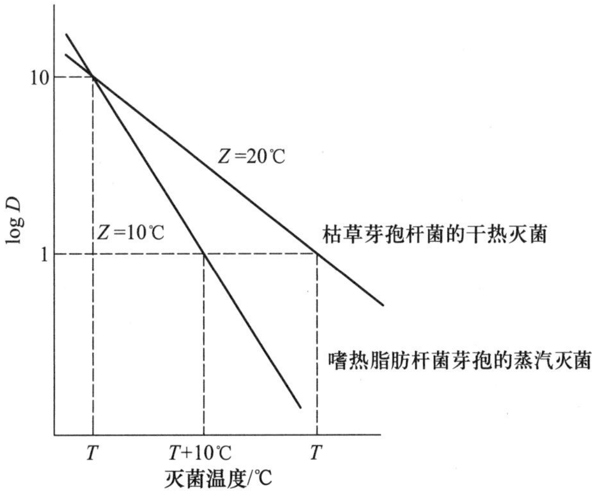

图 7-24 log D 与温度关系曲线

（表示与 Z = 10 ℃ 和 Z = 20 ℃ 相当的斜率）

表 7-5 不同溶液中测定的嗜热脂肪芽孢杆菌的 Z 值

溶液	Z 值/℃
5% 的葡萄糖水溶液	10.3
注射用水	8.4
5% 葡萄糖乳酸盐林格氏溶液	11.3
pH 7 磷酸盐缓冲液	7.6

F 值是指,在一定温度(T)下,给定 Z 值所产生的灭菌效果与在参比温度(T_0)下给定 Z 值所产生的灭菌效果相同时,所相当的灭菌时间,以 min 为单位。F 值常用于干热灭菌。F 值的数学表达式如下:

$$F = \Delta t \sum 10^{(T-T_0)/Z} \tag{7-45}$$

式中 Δt 为测量被灭菌物温度的时间间隔,一般为 0.5 ~ 1 min;T 为每个时间间隔 Δt 所测得被灭菌物温度;T_0 为参比温度(对蒸汽灭菌的参比温度为 121 ℃)。

大容量注射剂的 F_0值在 USP 和 CGMP 中的都提到,并指出蒸汽灭菌的 F_0 至少是 8 min。这意味着灭菌设备中温度最低处必须达到与最低 121 ℃下至少 8 min 相当的时间。

D 值用于计算生物 F 值,外推(大值到小值 10^{-x})用于预测暴露处理的对数减少数;为了计算 Z 值必须了解热灭菌不同温度下的 D 值。

F_0 值为等效灭菌条件,即达到与 121 ℃下的灭菌时间相当的灭菌条件。由于 F_0 值能将不同的受热温度折算成相当于 121 ℃灭菌时的热效应,对于验证某些在高温条件下可能产生不稳定而分解或降解及溶液 pH 改变的药液的灭菌效果极为有用,故用 F_0 值得计算公式在灭菌过程中最为常用。具体参见表 7-6。

表 7-6 F_0 的计算

灭菌时间/min	生产温度/℃	$10^{(T-121)/10}$
5	100	0.008
6	103	0.016
7	106	0.032
8	109	0.063
9	112	0.126
10	115	0.251
11	118	0.501
12	121	1.000
13	121	1.000
14	121	1.000
15	118	0.501
16	115	0.251
17	112	0.126
18	109	0.063
19	106	0.032
20	103	0.016
21	100	0.008
$F_0 = 1 \times 4.994 = 5.000$(min)		

$$F_0=\Delta t\sum 10^{(T-121)/10} \tag{7-46}$$

或者用自动采集记录并利用计算软件在计算机上完成。用于测定微生物对数减少值的方程式如下：

$$D_t=\frac{t}{\log A-\log B} \tag{7-47}$$

式中 t 是在定温度下的加热时间；A、B 分别为灭菌前和灭菌后溶液中残存的微生物数。

通过式(7-47)将 t 定义为暴露于一个给定的温度 T 的等效时间，则有

$$D_T=\frac{F_T}{\log A-\log B} \tag{7-48}$$

F_0值用式(7-48)求解，D_{121}和 A 是已知的，B 为设想值。式(7-48)变为

$$F_0=D_{121}(\log A-\log B) \tag{7-49}$$

例如，若 $D_{121}=1.0\ \text{min}$，$A=10^6$，而 $B=10^{-6}$，则，

$$F_0=1\times(\log 10^6-\log 10^{-6})=12(\text{min})$$

当式(7-47)是被重新安排来求解微生物减少值的时候，

$$\log A-\log B=Y_n=\frac{F_T}{D_T} \tag{7-50}$$

例如，如果 $F_T=8$ min 和 $D_T=1$ min，微生物减少值 $Y_n=8$，或在特殊温度 T 下 D 值为 1 min 的过程足以产生微生物数达 8 个对数减少值。

定义 B 为非无菌概率，则

$$B=anti\ \log\left(\log A-\frac{F_T}{D_T}\right) \tag{7-51}$$

在灭菌验证中，通常定 B 值为 10^{-6}，即统计学要求经过 F_T 单位灭菌后仅有百万分之一个单元是非无菌的。

例如，如果 121 ℃下 $D=1$ min 的 10^6 微生物放置在容器中并在 121 ℃暴露 12 min 的等价时间，则，

$$B=anti\ \log\left(\log 10^6-\frac{12\ \text{min}}{1\ \text{min}}\right)=10^{-6}$$

非无菌概率可以从微生物对数值与在特定温度下的等价时关系图外推得到。从式(7-51)可见，改变 A、F_T 和 D_T 值会产生相应不同的 B 值，故可通过减少微生物在原料中的存在量，增加相当于 F_T 的暴露时间，或在指定的温度使用较低的 D 值。

7.3.3　热灭菌的影响因素

（1）微生物种类与初始菌量　不同的微生物 k 值不同，灭菌的速度不同；在保持 N 值不变的前提下，t 与初始菌量 N_0 的对数成正比。如图 7-25 所示。

（2）pH 的影响　pH 对微生物的耐热性影响很大，pH 为 6.0～8.0 时微生物最不易死亡，pH<6.0 时氢离子易渗入微生物的细胞内，从而改变细胞的生理反应促使其死亡，所以培养基的 pH 越低，所需的灭菌时间也越短。

（3）培养基成分　培养基的成分中，油脂、糖类、蛋白质都是传热的不良介质，会增加微生物的耐热性，使灭菌困难。因此，浓度较高的培养基相对需要较高温度和较长时间灭菌。而高浓度的盐类、色素则削弱其耐热性，故较易灭菌。

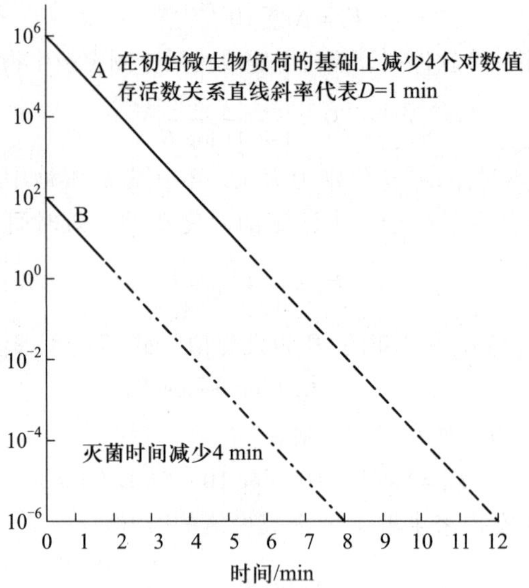

图 7-25 芽孢存活曲线表示要求达到无菌(B)10^{-6}的时间对减少微生物负荷量(A)从 10^{6} 至 10^{2} 的影响

(4) 培养基中的颗粒物质 培养基中固体颗粒的存在影响热穿透。培养基中的颗粒物质大,灭菌困难;反之,灭菌容易。一般说来,含有颗粒对培养基灭菌影响不大,但在培养基混有较大颗粒,特别是存在凝结成团的胶体时,会影响灭菌效果,必须过滤除去。

(5) 工程因素 蒸汽中空气的存在降低蒸汽分压和灭菌温度。流体等物料的混合状况和热传递受灭菌设备的结构及搅拌的影响,从而影响含菌物料受热的均匀度。

第四节 净化及灭菌设备的选型与放大

净化灭菌是一个受多因素影响的流动、分离或微生物变性同步的过程,过程的快慢及结果不仅与介质或器件的结构性质有关,而且与设备及其操作参数等有关。净化灭菌设备的结构不同及工作原理也不尽相同,因此,对设备选型与放大设计要在满足净化灭菌标准的前提下,结合流量的生产需求展开。

7.4.1 净化及灭菌设备的选型

7.4.1.1 净化设备的选型

对净化设备的选型来说,其主要考虑的是待净化空气中颗粒的黏性、颗粒尺寸及含湿量等物理性质。对无菌空气生产用净化设备还要考虑无菌程度、空气压力、温度等,并结合吸气环境的空气条件,选定所用除尘除菌净化设备的类型。

(1) 含干性颗粒的空气净化用设备 对于含有干性大颗粒的空气通常需要经过多级除尘器进行净化,其中第一级多采用旋风分离器(文丘里管式离心重力除尘器)、惯性除尘器,也可选用常见的油浸铁丝网、油浸铁环和泡沫塑料粗过滤器,或大孔隙介质过滤器,以清除粒径大于几十微米的颗粒(肉眼可见的微粒),同时消除空气中静电荷的作用。

对于含有细微颗粒的,尤其是含有微生物粒子(0.5 ~ 2 μm)的空气,可采用填充有棉纤维、丙纶、涤纶，或超细玻璃纤维滤板的深层过滤器。棉花的纤维直径一般为 16 ~ 20 μm，填充系数为 8% 时，棉花纤维所形成的孔隙为 20 ~ 50 μm；超细玻璃纤维滤板因纤维直径很小，为 1 ~ 1.5 μm，湿法抄制紧密度较大，所形成的网格孔隙为 0.5 ~ 5 μm。对于大型无菌车间或多个无菌车间的空气净化，在经过预过滤除去大颗粒后，用平板式高压电场静电除尘除菌设备为宜。流过静电场的空气中或含有甲醛、臭氧、氨气等气态污染物，通常后接活性炭过滤器吸附净化设备。为了获得绝对无菌的空气，最好最后接纳滤膜过滤器。

对于发酵工厂，大多数采用的是深层过滤器和玻璃纤维过滤纸过滤器等空气过滤设备，所用的过滤介质一般是棉花、活性炭，也有用玻璃纤维、焦炭和超细玻璃纤维、维尼龙等。对不同的材料、不同规格、不同填充情况，都会得到不同的过滤效果。

(2) 含黏性和纤维状颗粒的空气净化用设备　含黏性和纤维状颗粒的空气净化不宜采用借助惯性进行气固分离的净化用设备，可采用重力沉降净化设备；对于高级别净化，可在前置粗分离的基础上，用高压静电除菌除尘设备，或采用介质过滤器。

(3) 含油水的空气净化设备　空气过滤器中的过滤介质会因空气中含湿量过高而受潮，空气过滤器的阻力因此增大、过滤效率降低，并易滋生细菌。为此，必须设法使进入过滤器的空气保持相对湿度在 50% ~60%。一般先通过冷却，降低温度，提高空气的相对湿度，使其达到饱和状态并处于露点以下，使其中的水分凝结为水滴或雾沫，从而将它们除去。

对于含有 50 μm 以上的液滴及部分较小的液滴的空气净化，常采用文丘里气液分离器。而对 5 μm 以上的液滴可用丝网除沫器，需控制好空气的流速，并不断去掉凝结下来的油水。在空气压力为 0.2 MPa(表压)的情况下，最佳的空气流速应为 1 ~2 m/s(空床速度)，在此操作条件下可以去掉较小的雾滴，分离效率可达 98% ~99%。但是，丝网除沫器不适合于雾沫浓度很大的场合，因雾沫会堵塞孔隙而增大压力损失。研究表明，当气体中含雾沫量大于 3.5 mg/m^3 时，可能会产生严重的二次夹带现象，从而使分离效率降低。在实际生产中，可采用下层高穿透型丝网-上层标准型丝网组合，先除去大部分水滴，再除去较细小的雾滴，以保证高的分离效率。

7.4.1.2　灭菌设备的选型

制药过程中所用空气难以去除的多孔/坚硬装载物，如金属或陶瓷微孔滤膜(板、芯)、胶塞、灌装用针管和其组件、软管，以及部分取样器等的灭菌宜选用脉动真空式蒸汽灭菌器；对于常用大口径及大尺度的工具、器件和移动料仓等的灭菌多选用干热灭菌柜。

大输液、水针和(冻干)分针剂包装用大玻璃瓶和用盘装的安瓿瓶、西林瓶或其他玻璃容器的灭菌选用隧道式连续干热灭菌装置，适用于清洗后的注射剂瓶或其他玻璃容器的灭菌干燥。对玻璃瓶装或塑瓶装大输液等液体制剂宜选用高压蒸汽灭菌柜，而对最终灭菌的水针、软袋输液等液体制剂多选用水浴灭菌箱。至于发酵用液体培养基的灭菌可选用热压灭菌罐、微波灭菌设备，操作多为连续的也可以是间歇的。

在大容量注射剂、乳剂等的生产系统要配置在线灭菌装置，但在线灭菌时，系统中的回滤泵、高压均质机及系统中保持循环的循环泵是不宜进行在线灭菌的，应当将它们暂时短路，排除在系统之外。又如，灌装系统中灌装机灌装头部分的部件结构比较复杂，同品种生产每天或同一天不同品种生产后均需拆洗，它们应当在清洗后在线灭菌。

干热灭菌柜、隧道灭菌器是制药行业中用于对玻璃注射剂瓶等容器进行灭菌干燥的设备，适用于清洗后的注射剂瓶或其他玻璃容器的灭菌干燥。

7.4.2 净化及灭菌设备的放大

7.4.2.1 介质过滤器的计算

在设计选型时,应根据需处理的含尘量和风速等因素,计算介质过滤器的过滤面积。

(1) 过滤速度 介质过滤除尘器的过滤速度是影响除尘器性能的重要因素之一,集尘机理主要是利用附着在滤料表面的粉尘层内部的细孔来进行过滤的。细孔越小,过滤速度就越低,除尘效率就越高。过滤速度可用下式计算:

$$v_F = \frac{V_0}{A_F} \tag{7-52}$$

式中 v_F 为过滤速度,m/s;V_0 为处理气量,m^3/s;A_F 为除尘器的过滤面积,m^2。有时,过滤速度可写成 $m^3/(m^2 \cdot min)$ 的形式,称为气布比,即滤料单位过滤面积通过的气量。

实际运行中过滤速度是由过滤介质种类、粉尘的粒径大小、物理化学性质及其清灰方式而确定的。过滤速度过大会使过滤介质两侧压差增大,把已附着在过滤介质上的细小粉尘挤压过去;而过滤速度过小会使除尘器体积增大,增加投资,影响其经济性。

因此,过滤速度的选择要综合粉尘的性质(粒度大小、含尘浓度等)、过滤介质种类、清灰方法等因素确定。表 7-7 列出了一些数据,可供参考。

表 7-7 常见粉尘过滤速度与清灰方式

粉尘	过滤速度/$[m^3 \cdot (m^2 min)^{-1}]$			粉尘	过滤速度/$[m^3 \cdot (m^2 min)^{-1}]$		
	抖动型	脉喷型	逆气流缩袋型		抖动型	脉喷型	逆气流缩袋型
铝	45~55	146~183	—	石灰	45~55	183~220	29~39
石棉	55~65	183~220	—	石灰石	49~60	146~183	—
铁矾土	45~60	146~183	—	云母	49~60	165~201	33~39
炭黑	27~37	90~110	20~27	颜料	46~56	128~146	37~40
煤	45~55	146~183	—	纸	64~73	183~220	—
可可粉	51~60	220~270	—	塑料	45~56	128~165	—
黏土	45~60	165~183	27~37	石粉	55~64	165~183	—
水泥	37~56	146~183	22~27	石英	51~59	165~183	—
化妆粉	27~37	183~220	—	砂	45~56	183~220	—
釉料	45~55	165~183	27~37	木锯末	64~73	220~274	—
粮谷	65~91	256~274	—	硅	42~51	128~165	22~27
化肥	55~64	146~165	33~37	皂粉	37~46	92~110	22~27
面粉	55~64	220~274	—	片岩	64~73	220~256	—
石墨	37~46	92~110	27~37	香料	49~60	183~220	—
石膏	37~46	183~220	33~37	淀粉	55~64	146~165	—
铁砂	55~64	201~220	—	糖	37~46	128~183	—
硫化铁	37~45	110~146	27~37	滑石	45~58	183~220	—
氧化铝	37~45	110~146	27~33	烟草	64~73	238~274	—
皮革	64~73	220~274	—	氧化锌	37~46	92~110	27~32
长石	40~51	156~183	—				

(2) 气体流量　气体流量可由工艺提供或根据工艺参数计算得出,但要注意换算成为除尘器进口状态下的流量。此外,还需要考虑以下三项附加值:

① 漏风附加,根据除尘系统的严密程度和漏风情况,一般附加 10% ~15%;

② 清灰附加,因清灰时停止过滤,故需要附加清灰时间占运行时间百分比;

③ 维修附加,运行过程某一过滤单元需要检修,计算时需要附加停止过滤的滤料面积占总面积的百分比。

(3) 介质过滤面积　由式(7-52)可得

$$A_F = \frac{V_0}{v_F} \tag{7-53}$$

式中 A_F 为介质过滤除尘器的过滤面积,m^2;V_0 为介质过滤除尘器的处理气量,m^3/s;v_F 为过滤速度,m/s。对于袋式过滤,还需要进一步确定过滤的袋数和滤袋的排列和间距。过滤的袋数可用下式计算:

$$m = \frac{A_F}{\pi Dl} \tag{7-54}$$

式中 m 为过滤袋数;A_F 为除尘器的过滤面积,m^2;D 为单个滤袋直径,m;l 为单个滤袋长度,m。滤袋的直径由滤布规格确定;一个工厂尽量使用同一规格,以便检修更换。一般为 ϕ100 ~ 600 mm,常用 ϕ200 ~ 300 mm。为便于清灰,滤袋可做成上口小下口大的形式。滤袋长度对除尘效率和压力损失无影响,一般取 3 ~ 5 m。太短则占地面积太大,过长则增加除尘器高度,检修不方便。实践证明,滤袋长度较大时,当除尘器停车后,滤袋容易自行收缩,从而可提高滤袋自行清灰的能力。

滤袋的排列有三角形排列和正方形排列。三角形排列占地面积小,但检修不便,对空气流通也不利,不常采用。正方形排列较常采用,当滤袋的直径为 150 mm 时,间距选取 180 ~ 190 mm;直径为 210 mm 时,间距选取 250 ~ 280 mm;直径为 230 mm 时,间距选取 280 ~ 300 mm。为了便于安装和检修,当滤袋较多时,可将滤袋分成若干组,最多可由 6 列组成一组。每组之间留有 400 mm 宽的检修人行道,边排滤袋和壳体距离也应留有 200 mm 宽的检修人行道,如图 7-26 所示。

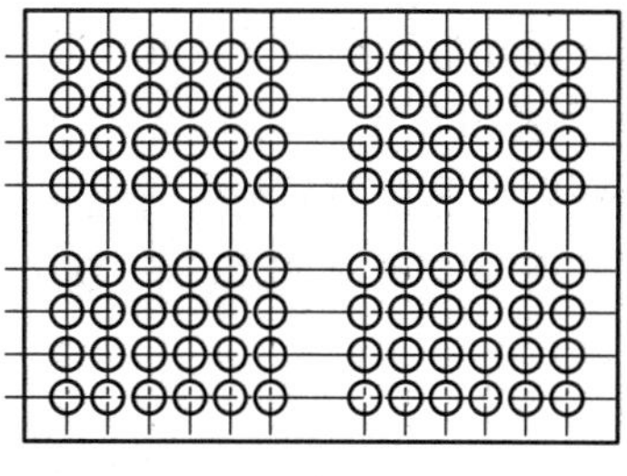

图 7-26　组合滤袋布置图

(4) 气体分配室截面积　为保证气体均匀地分配给各个过滤单元,气体分配室应有足够的空间。对袋式过滤器,其净空高不应小于 1 000 ~ 1 200 mm。气体分配室的截面积按下式计算:

$$A_B = \frac{V_{B0}}{v_{Fi}} \tag{7-55}$$

式中 A_B 为气体分配室的截面积,m^2;V_{B0} 为袋式除尘器的处理气流量,m^3/s;v_{Fi} 为气体分配室进口气速,一般取 1.5 ~ 2.0 m/s。

(5) 排气管直径和灰斗高度　排气管直径按排气速度为 2 ~ 5 m/s 确定。灰斗高度根据粉尘性质而选取的灰斗倾斜角进行计算确定。

(6) 过滤周期　过滤周期的长短应根据压力损失和含尘气体流量的变化确定,这种变化随着粉尘层厚度的变化而变化。它们都与除尘系统采用的风机的特性和总能耗有关。由式(7-52)可得过滤周期的计算公式：

$$\tau=\frac{\Delta p_c}{r_m C_1 \mu v_F^2} \tag{7-56}$$

式中变量同前。

7.4.2.2 静电吸附除尘器的计算

电除尘器的设计计算包括主要参数计算（如起晕电场强度、起晕电压、电晕电流、电晕极电场强度、集尘极电场强度和驱进速度等）、总体计算和零部件的设计计算等。

(1) 起晕电场强度　起晕电场强度指的是在发生直流电晕放电的空间中，电晕放电开始时——电晕极尖端气体被击穿时的电场强度。起晕电场强度值与电晕极尖端的曲率半径有关，根据皮克(Peek)在空气中实验的结果，在负电晕放电时，假设除尘器的电晕极为圆线，起晕电场强度可用下式求出：

$$E_0=\left(31.028\rho_a+0.954\sqrt{\frac{\rho_a}{r_a}}\right)\times10^5 \tag{7-57}$$

式中 E_0 为起晕电场强度，V/m；ρ_a 为空气的相对密度，kg/m^3；r_a 为电晕极半径，m。当大气压力为 p(Pa)，温度为 t(℃)时：

$$\rho_a=\frac{p}{101\ 325}\frac{298}{t+273} \tag{7-58}$$

据皮克的实验，污损电晕极的起晕电场强度为干净电晕极的 0.5～0.7 倍。

(2) 起晕电压　起晕电压指的是电晕放电时两极间的电压。假设除尘器的电晕极为圆线，此电晕极与管式和板式集尘极所构成电场的起晕电压计算式基本相同。

① 管式电除尘器。图 7-27 是管式电除尘器集尘空间的电场分布关系曲线。在干净空气中，尚未发生电晕放电时，即在电压不变的情况下，从电晕极到集尘极之间的电场强度 E 随距离 r 按双曲线减少（曲线 A）。

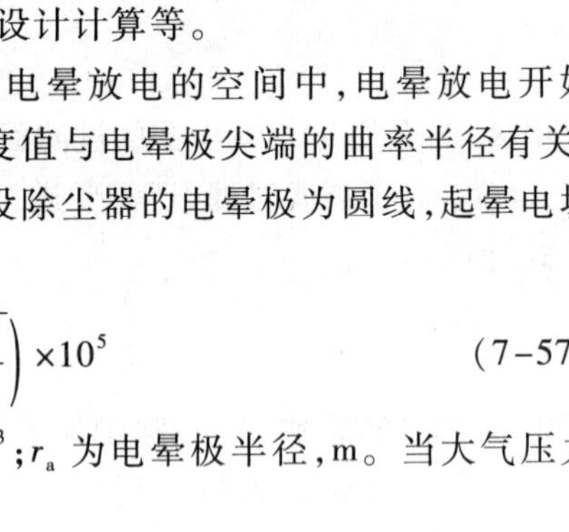

图 7-27　管式电除尘器集尘空间的电场分布

当发生电晕放电时，起晕电场强度可按高斯定理计算：

$$E_0=\frac{U_c}{r_a\ln(r_b/r_a)} \tag{7-59}$$

式中 E_0 为起晕电场强度，V/m；U_c 为起晕电压，V；r_a 为电晕极半径，m；r_b 为集尘极半径，m。将式(7-57)代入式(7-59)，得起晕电压的计算式：

$$U_c=r_a\left(31.028\rho_a+0.954\sqrt{\frac{\rho_a}{r_a}}\right)\ln(r_a/r_b)\times10^5 \tag{7-60}$$

式中各变量同前。

起晕后，无尘电场继续升高电压，由于空间电荷作用，两极空间即有电流通过，也正由于空间电荷的作用，使集尘极附近的电场衰减趋于平缓（曲线 B）。根据泊松（Possion）方程可导出起晕后不含尘气体电场中的任一点的电场强度计算公式：

$$E_r = \sqrt{\frac{I}{2\pi\varepsilon_0\kappa} + \left(\frac{E_0 r_a}{r}\right)^2} \tag{7-61}$$

式中 E_r 为起晕后不含尘气体电场中离开电晕极距离为 r 处的电场强度，V/m；I 为电晕极上的电晕电流密度，A/m；E_0 为起晕电场强度，V/m；ε_0 为真空中介电常数，$\varepsilon_0 = 8.85\times10^{-12}$ F/m；r_a 为电晕极半径，m；r 为电场中的任一点距电晕极的距离，m；κ 为离子迁移率，即实际温度和压力下，电场强度为 $E=1$ V/m 电场内离子所获得的速度，$m^2/(V\cdot s)$。κ 可由朗温（Langvin）公式求得：

$$\kappa = \kappa_0\sqrt{\frac{273+t}{273}\frac{1+\frac{\bar{S}}{273}}{1+\frac{\bar{S}}{273+t}}}\frac{101\ 325}{p} \tag{7-62}$$

式中 κ_0 为在标准状态下（实际温度为 0 ℃和压力为 101 325 Pa），电场强度为 $E=1$ V/m 电场内的离子迁移率，$m^2/(V\cdot s)$（部分气体的 κ_0 值见表 7-8）；t 为实际温度，℃；p 为实际压力，Pa；$\bar{S}$ 为萨瑟蓝得（Surtherland）常数，量纲为 1，部分气体的 $\bar{S}$ 值见表 7-8。

表 7-8　部分气体单电荷离子的 κ_0 及 $\bar{S}$ 值

气体	负离子迁移率 $\kappa_0^-/(10^{-4}m^2\cdot V^{-1}\cdot s^{-1})$	正离子迁移率 $\kappa_0^+/(10^{-4}m^2\cdot V^{-1}\cdot s^{-1})$	$\bar{S}$
干空气	2.11	1.32	—
空气（很纯）	2.5	1.84	K^-:330
饱和空气（26 ℃）	1.58	—	K^+:509
H_2	8.15	5.92	800
O_2	1.84	1.32	505
N_2	1.84	1.28	525
Cl_2	0.74	0.744	—
CO	1.14	1.1	570
CO_2	0.816	—	356
H_2O（100 ℃）	0.567	0.62	—
HCl	0.62	0.527	—
NH_3	0.658	0.565	960
C_2H_5OH	0.368	0.355	—
SO_2	0.407	0.407	675

气体由不同化学成分组成时，混合气体的 κ 值为

$$\kappa = \frac{100\kappa_1\kappa_2}{C_1\kappa_2 + C_2\kappa_1} \tag{7-63}$$

式中 κ_1、κ_2 为不同气体的离子迁移率，$m^2/(V\cdot s)$；C_1、C_2 为不同气体的体积分数，%。

从曲线 B 可知，离开电晕线一段距离后，电场强度变化就不大了，即在集尘极附近，电场强度基本上与离开电晕极的距离无关。此时即可忽略式(7-61)的右边第二项，则式(7-61)可简化为

$$E_r=\sqrt{\frac{I}{2\pi\varepsilon_0\kappa}} \tag{7-64}$$

将式(7-61)对 r 积分，即得到运行电压与电晕电流密度的关系式：

$$I=\frac{8\pi\varepsilon_0\kappa}{r_b^2\ln(r_b/r_a)}U(U-U_c) \tag{7-65}$$

式中 U 为运行电压，V；其余变量同前。

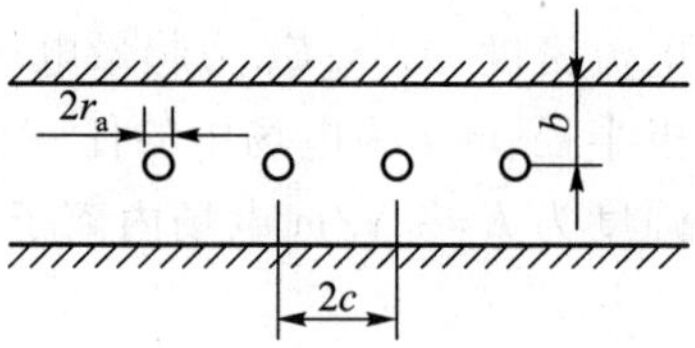

图 7-28 板式电除尘器平断面图

而起晕后的含尘气体电场中的电场强度沿着图 7-28 的曲线 C 变化，由泊松方程可导出起晕后含尘气体电场中的任一点的电场强度计算公式：

$$E_r=\frac{1}{r}\left\{\left[\frac{I}{4\pi\varepsilon_0\kappa\phi^2S^2}+(E_0r_a)^2\right]\exp(2Sr\phi)-\frac{I}{2\pi\varepsilon_0S\kappa\phi}\left(r+\frac{I}{2S\phi}\right)\right\}^{\frac{1}{2}} \tag{7-66}$$

式中 E_r 为起晕后含尘气体电场中离开电晕极距离为 r 处的电场强度，V/m；I 为电晕极上的电晕电流密度，A/m；ε_0 为真空中介电常数，$\varepsilon_0=8.85\times10^{-12}$ F/m；r_a 为电晕极半径，m；r 为电场中的任一点距电晕极的距离，m；κ 为离子迁移率，$m^2/(V\cdot s)$；S 为在单位体积内的气体中粉尘的表面积总和，m^2/m^3；$\phi=3\varepsilon_c/(\varepsilon_c+2)$，其中 ε_c 为粉尘的介电常数。

当 $\phi Sr<1$ 时，则式(7-19)可近似写成

$$E_r=\sqrt{\frac{I}{2\pi\varepsilon_0\kappa}\left(1+\frac{2}{3}Sr\phi\right)+\left(\frac{E_0r_a}{r}\right)^2} \tag{7-67}$$

由于在集尘极附近的 r 变大，式(7-67)中的第二项可忽略不计，此时，集尘极附近的电场强度 E_p 可按下式计算：

$$E_p=\sqrt{\frac{I}{2\pi\varepsilon_0\kappa}\left(1+\frac{2}{3}Sr\phi\right)} \tag{7-68}$$

比较式(7-64)和式(7-68)，即可看出，由于粉尘颗粒的存在，在效果上等于离子的迁移率 κ 减小到原来的 $1/(1+2\phi Sr/3)$ 倍，因而导致电晕电流减少。

② 板式电除尘器。用与计算管式电除尘器起晕电压类似的方法，可得到计算板式电除尘器起晕电压的计算式为

$$U_c=r_a\left(31.028\rho_a+0.0954\sqrt{\frac{\rho_a}{r_a}}\right)\ln(d/r_a)\times10^5 \tag{7-69}$$

式中 d 为在图 7-28 中与 b/c 有关的值，m；其余符号同式(7-60)。

在图 7-28 中，$2r_a$ 为电晕极直径，m；b 为电晕极到集尘极的间距，m；$2c$ 为电晕极的间距，m。

当 $b\leqslant0.6c$ 时，取 $d=4b/\pi$；

当 $b\geqslant2c$ 时，$d=\dfrac{c}{\pi\exp[\pi b/(2c)]}$；

当 $0.6c\leqslant6\leqslant2c$ 时，d 值按图 7-29 确定。

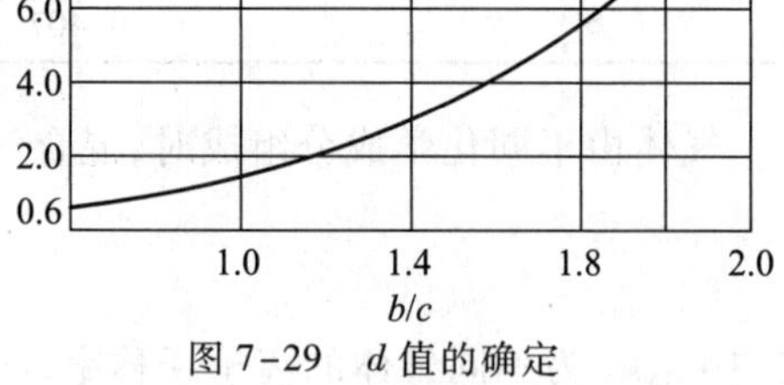

图 7-29 d 值的确定

在存在电晕电流的情况下，一般用解析的方法

求解其电场分布是不可能的。库柏曼应用微扰理论(perturbation theory)的方法求出空间电位函数。此时,电晕极的电场强度为

$$E_r = \frac{U}{b} \tag{7-70}$$

式中 E_r 为电晕极的电场强度,V/m;U 为实际操作电压,V;b 为电晕极与集尘极之间的距离,m。

电晕极上最大电晕电流值为

$$I = \frac{4\pi\varepsilon_0\kappa}{b^2\ln(d/r_a)}U(U-U_c) \tag{7-71}$$

式中变量同前。起晕后,含尘气体电场中电晕极的电场强度为

$$E_R = \sqrt{\frac{I}{2\pi\varepsilon_0\kappa}\left(1+\frac{2}{3}Sr_a\phi\right)+\left(\frac{E_0 r_a}{b}\right)^2} \tag{7-72}$$

式中变量同前。

集尘极的电场强度的计算公式为

$$E_p = \sqrt{\frac{I}{2\pi\varepsilon_0\kappa}\left(1+\frac{2}{3}Sb\phi\right)} \tag{7-73}$$

式中 E_p 为集尘极的电场强度,V/m;其余符号同前。

在设计中可用下式计算集尘极电场强度:

$$E_p = \sqrt{\frac{Ib}{\pi\varepsilon_0 c\kappa}} \tag{7-74}$$

式中 c 为电晕线间距的一半,m;其余符号同前。

(3) 电除尘器的总体设计　下面以普通板式电除尘器为例进行介绍。普通板式电除尘器的总体,包括集尘极的表面积、电场总长度、极间距及电晕电流容量等。

① 集尘极的比集尘面积。集尘极的比集尘面积:

$$f = \frac{1}{v_c}\ln\left(\frac{1}{1-\eta}\right) = A/V_0 \tag{7-75}$$

根据工艺设计条件所确定的 η、v_c 和 V_0,即可算出所需要的集尘极总面积 A。

② 有效截面积。电除尘器的有效截面积由下式求得:

$$F_c = V_0/v \tag{7-76}$$

式中 F_c 为电除尘器有效截面积,m^2;V_0 为处理气量,m^3/s;v 为气体速度,m/s,可参考表 7-7 确定。

对板卧式电除尘器而言,其电场断面接近正方形,或集尘极极板高度 h 略大于集尘极极板宽度 B_1(一般高与宽之比为 1～1.3),以便气流沿断面分布均匀。集尘极极板高度可用下面两式求解:

当 $F_c \leqslant 80\ m^2$ 时,
$$h = \sqrt{F_c} \tag{7-77}$$

当 $F_c > 80\ m^2$ 时,
$$h = \sqrt{F_c/2} \tag{7-78}$$

③ 气体在电除尘器内的通道数。气体在电除尘器内的通道数由下式求得:

$$n = \frac{F_c}{Bh} \tag{7-79}$$

④ 集尘极总长度。集尘极总长度由下式求得：

$$l=\frac{A}{2nh} \tag{7-80}$$

式中 l 为电场总长度，m；其余符号同前。

7.4.2.3　洁净室的计算

（1）洁净室的风量　一般地说，A 级洁净室（区）要达到：垂直单向流 0.3 m/s，水平单向流 0.4 m/s；B 级洁净室（区）换气次数≥20 次/h（取值 40～50 次/h，若 B+A 扣除 A 级的区域的体积）；C 级洁净室（区）换气次数≥15 次/h。

对 A 级洁净室的新风量要求达到：

$$V_0=F_c v \tag{7-81}$$

式中 F_c 为单向流气体流过有效截面积，m^2；v 为单向流气体流速，m/s；V_0 为新风送入量，m^3/s。

对于非 A 级净化区，送风量为

$$V_0=nV_R \tag{7-82}$$

对于房间内散热、散湿量较大，则同时要求送风量满足房间内的热湿平衡。送风量大小的基本计算式为

$$V_0=Q/\Delta i \tag{7-83}$$

式中 V_0 为房间的送风量，m^3/h；Q 为房间的热负荷，W；Δi 为房间的送风焓差，kJ/kg 干空气。

在生产过程中给净化间的送风，一方面是用于稀释净化车间的空气，移走室内新增尘埃、微生物、湿气和热量，以保持室内尘埃、微生物和温湿度等符合洁净要求；另一是补偿排风，以及洁净间围护结构缝隙漏气量，以维持压差，保证车间气流组织稳定运行。目前，尚没有可靠的计算公式用来准确计算，需要借助经验值来预测供风量；比如，每个人需要供应的新风量取值为 40 m^3/h、每台糖衣锅需要新风量为 1 000 m^3/h 左右等，压差为 5 Pa 的非密闭门漏风量 17 m^3/h、密闭门的4 m^3/h、传递窗的 2 m^3/h 左右等。实际送风量的大小是依据现场尘埃粒子计数仪、温湿度计和压差计检测结果进行调控的。

（2）风口有效截面积　风口数量和规格是根据风量和房间大小设计确定的。净化厂房内送风口采用的是标准风口，有 GB01（320×320×220）、GB02（484×484×220）和 GB03（630×630×220）。而回风口根据需要设计定制，常见的回风口长宽尺寸有 400×320、500×400、630×400、300×300、250×250 和 200×200 等规格，百叶有效断面系数一般在 0.7～0.8。可以根据净化级别的高低所需的送风量，确定相应风口的有效截面积，或风口数量。

对于单向流或 A 级区，采用满布（气流截面积 F_c）的顶送-格栅地板回风，或采取房间两对侧墙下部回风。其送风口风速控制在 0.25～0.35 m/s，侧回风速控制在 1.5～2 m/s。

对于 B～D 级净化间，进风口的气体可以采用射流方式进入净化间，气流流型以紊流为主。一般地，在同样风量条件下，适当增加送风口的数目，可以获得最小的气流区污染度。为了减少涡流区，通常设置的送风口不少于 2 个。回风口断面风速在 1～1.5 m/s；在室内宽度≤3 m 的空间内，若只布置一条生产线或单台设备，可采用单侧回风，且回风口布置在操作人员一侧。

回风口的总有效截面积为

$$F_b=V_b/v_b=V_0(1-\theta)/v_b \tag{7-84}$$

式中 F_b 为回风口总面积，m^2；v_b 为回风速，m/s；V_b 为回风量，m^3/s；V_0 为送风量，m^3/s；θ 为漏风

率,%。

例 7-3 如 30 m^2 的冻干制剂灌封区,满布顶送的风量 30 m^2×0.25 m/s=7.5 m^3/s,即送风量为 27 000 m^3/h,假设漏风率为 15%,试问侧回风口的总面积多大?

解:已知 V_0=7.5 m^3/s,θ=15%,v_b 取值 1.8 m/s,

由式(7-84)得

$$F_b = V_b/v_b = 7.5\times(1-0.15)/1.8 = 3.54(m^2)$$

7.4.2.4 灭菌过程计算

(1) 灭菌的温度和时间 液体制剂、培养基等在升温阶段就有部分菌被杀灭,特别是当料温加热至 100 ℃以上这个作用较为显著。因此,保温灭菌时间实际比上述计算的要短。但降温时间较短在计算时一般不考虑。

在升温阶段,培养基温度不断升高,菌死亡速率常数也不断增大,速率常数与温度的关系为式(7-37)。当以某耐热杆菌的芽孢为灭菌对象时,此时 $A=1.34\times10^{36}\ s^{-1}$,$E_a=2.84\times10^4$ J/mol。由式(7-37)可得

$$k=1.34\times10^{36}\exp[-2.84\times10^4/(8.314T)]$$

利用上式可求得不同温度下的灭菌速率常数。若欲求升温阶段(如温度从 T_1 升至 T_2)的平均菌死亡速率常数,可用下式求得:

$$k_m=\frac{\int_{T_1}^{T_2}k\mathrm{d}T}{T_2-T_1} \tag{7-85}$$

上式中的积分值可利用图解法求得。

若培养基加热时间(一般以从 100 ℃至保温的升温时间 t_p)已知,k_m 已求得,则升温阶段结束时,培养基中残留菌数 n_p 可从下式求得:

$$n_p=\frac{n_0}{e^{k_m t_p}} \tag{7-86}$$

再由下式求得保温阶段所需时间:

$$t=\frac{\ln(n_p/n_t)}{k} \tag{7-87}$$

对于连续灭菌的灭菌时间仍可用式(7-36)求得,但培养基中的含菌数应该改为每 1mL 培养基的含菌数,则式(7-39)应改为

$$\tau=k^{-1}\ln(C_0/C_t) \tag{7-88}$$

式中 C_0、C_t 分别为单位体积培养基灭菌前后的含菌数,个/mL。

就热灭菌而言,物料的停留时间及其分布是重要的影响因素。比如,管道化连续灭菌器中的物料流动既可以是湍流状态,也可以是层流,或是理想的柱塞流。通常,用 Peclet 特征数 Pe 表达管道流体的混合状态。对于理想的柱塞流,Pe 趋于无穷大;而对于完全混合的湍流,Pe 等于零;真实流体介于两者之间。Aiba 等用传递模型以 Pe 和反应特征数 Ra 来描述连续灭菌器的性能:

$$Pe=\bar{v}L/D_d \tag{7-89}$$

$$Ra=kL/\bar{v} \tag{7-90}$$

式中 L 为灭菌器的长度；D_d 为轴向分布系数；$\bar{v}$ 为培养基的平均流速；k 为菌的死亡速率常数。据此，可以根据小试结果进行管式连消器的放大计算与设计。

例 7-4 有一发酵罐内装 40 m^3 培养基在 121 ℃进行实罐灭菌。原污染程度为每 1 mL 有 2×10^5 个耐热细菌芽孢，121 ℃时灭菌速率常数为 1.8 min^{-1}。求灭菌失败概率为 0.001 时，所需的灭菌时间。

解：

$$n_0 = 40\times10^6\times2\times10^5 = 8\times10^{12}\text{个}$$

$$n_t = 0.001\text{个}$$

$$k = 1.8\,min^{-1}$$

灭菌时间

$$\tau = k^{-1}\ln(n_0/n_t) = [\ln(8\times10^{12}/0.001)]/1.8 = 20.34(min)$$

注意：这里不包括 40 m^3 培养基加热升温时间。

例 7-5 在例 7-4 中，灭菌过程的升温阶段，培养基由 100 ℃升至 121 ℃共需 15 min。求升温结束时，培养基中芽孢数和保温所需时间。

解：已知 $T_1 = 373$ K，$T_2 = 394$ K；根据式(7-37)求 373 ~ 394 K 之间若干 k 值，k-T 关系见下表。

T/K	373	376	379	382	385	388	391	394
k/s^{-1}	2.35×10^{-4}	4.57×10^{-4}	1.03×10^{-3}	2.09×10^{-3}	4.08×10^{-3}	8.14×10^{-3}	1.26×10^{-2}	2.87×10^{-2}

以 k 对 T 作图得图 7-30，在 k-T 曲线图中，若以横坐标 2 k 及纵坐标 0.002 s^{-1} 组成一小方格，则每个小方格的值为 $2\times0.002=0.004(K\cdot s^{-1})$。

现用计数法求得 k-T 曲线以下以 373 ~ 394 K 之间的范围内小方格共 32 个，则总面积之值：

$$\int_{T_1}^{T_2} k\mathrm{d}T = 32\times0.004 = 0.128(K\cdot s^{-1})$$

由此可知：

$$k_m = \frac{\int_{T_1}^{T_2} k\mathrm{d}T}{T_2-T_1} = \frac{0.128}{394-373} = 0.006\,1(s^{-1})$$

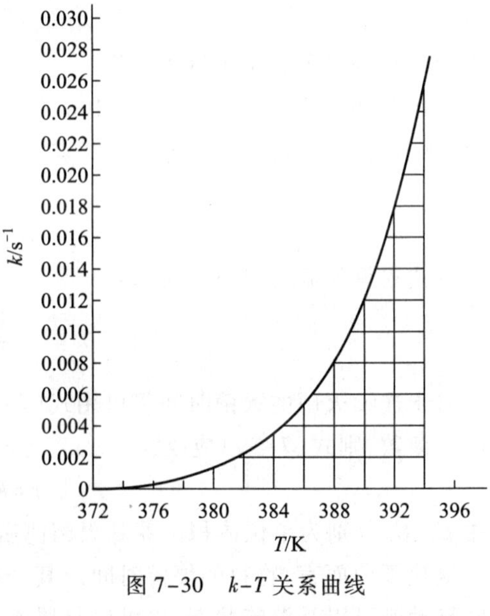

图 7-30 k-T 关系曲线

根据式(7-86)，升温结束时培养基中残留的芽孢数为

$$n_p = \frac{n_0}{e^{k_m t_p}} = \frac{8\times10^{12}}{e^{0.006\,1\times15\times60}} = 3.3\times10^{10}(\text{个})$$

根据式(7-87)，求得保温所需时间为

$$t = \frac{\ln(n_p/n_t)}{k} = \frac{\ln(3.3\times10^{10}/0.001)}{1.8} = 17.3(min)$$

例 7-6 若将例 7-4 中的培养基采用连续灭菌，灭菌温度为 131 ℃，此温度下灭菌速率常数为15 min^{-1}，求灭菌所需的维持时间。

解：$C_0=2\times10^5$ 个/mL，

$$C_t=1/(40\times10^6\times10^3)=2.5\times10^{-11}(\text{个/mL})$$

$$\tau=[\ln(C_0/C_t)]/k=[\ln(2\times10^5/2.5\times10^{-11})]/15$$
$$=2.37(\text{min})$$

(2) 灭菌罐的计算　将培养基维持在灭菌温度下一段时间是杀灭微生物的主要过程，由式(7-36)得保温时间(停留时间、灭菌时间) $\tau=k^{-1}\ln(n_0/n_t)$

则维持罐容积

$$V=V_0\tau_{实}/\varphi \qquad (7-91)$$

$$\tau_{实}=(3\sim5)\tau$$

通常 $\tau_{实}$ 包括投料、溶液转移、升温和降温在内的辅助操作的时间。

7.4.2.5　净化设备的放大设计实例

例 7-7　已知某厂净化系统配有 3 台 9 600 m^3/h 送风量的风机，设计采自高空的空气质量要求含尘浓度 $C_0\leqslant1.24\times10^{-4}$ kg/m^3，但进入冬季雾霾出现频繁，实际空气含尘浓度 C_0 常常高达 1.8×10^{-3} kg/m^3，且其中小于 2 μm 的灰尘占 80% ~90%。为了确保原净化系统的正常运行，拟增加预过滤装置。

解：对于含有细微颗粒的空气，可采用填充有棉纤维、丙纶、涤纶，或超细玻璃纤维滤板的深层过滤器。因此，选用袋式除尘器净化，并进行设计。

(1) 确定滤料　经过选择，选用涤纶绒布滤料，反吹清灰方式。

(2) 确定过滤速度　经过调研，选用过滤速度：

$$v_F=1.0\ \text{m/min}=0.016\ 7\ \text{m/s}$$

(3) 确定烟气流量　每台风机的送气量为 9 600 m^3/h，则总气量：

$$V_0=9\ 600\times3=28\ 800(\text{m}^3/\text{h})$$
$$=8(\text{m}^3/\text{s})$$

(4) 确定过滤面积　根据式(7-53)可得过滤面积

$$A_F=\frac{V_0}{v_F}=8/0.016\ 7=479(\text{m}^2)$$

(5) 确定过滤袋数　取单个滤袋直径 $D=200$ mm，单个滤袋长度 $l=4$ m，根据式(7-54)可得过滤袋数：

$$m=\frac{A_F}{\pi Dl}=\frac{479}{\pi\times0.2\times4}=190.6$$

为了布置方便，取 $m=216$，则实际过滤速度：

$$v=0.014\ 7\ \text{m/s}$$

(6) 滤袋的排列和间距　滤袋的排列采用正方形排列，每组 6×6 排列，滤袋间距选取 250 mm，每组之间留有 400 mm 宽的检修人行道，边排滤袋和壳体距离也要留有 200 mm 宽的检修人行道。

(7) 确定气体分配室　分配室进口气速取 $v_{Fi}=1.6$ m/s，可得气体分配室的截面积：

$$A_B=\frac{V_{B0}}{v_{Fi}}=\frac{8}{1.6}=5(\text{m}^2)$$

(8) 确定排气管直径和灰斗高度　取排气管排气速度 3.2 m/s，则排气管直径：

$$\phi=V_0/v_0=8/3.2=2.5(\text{m})$$

灰斗的最小锥角根据粉尘性质取35°。

(9) 确定过滤周期　由于滤料为涤纶绒布滤料,可得滤料的阻力系数 $\xi=7.2\times10^{7}\ \text{m}^{-1}$,在25 ℃时气体动力黏度 $\mu=1.9\times10^{-5}$ Pa · s,则清洁滤料的阻力为

$$\Delta p_{\text{f}}=(7.2\times10^{7})(1.9\times10^{-5})\times0.0147$$
$$=20.1(\text{Pa}\cdot\text{s})$$

根据计算,管道系统压力损失为1 380 Pa,选用通风机在最大系统风量下的压力为2 300 Pa,考虑到袋式除尘器的结构阻力 $\Delta p_{\text{c}}=300$ Pa,则除尘器粉尘层的阻力

$$\Delta p_{\text{d}}=2\,300-(1\,380+300+20.1)$$
$$=599.1(\text{Pa}\cdot\text{s})$$

取粉尘层的平均比阻力 $\alpha=3.2\times10^{11}$ m/kg,从而过滤周期为

$$\tau=\frac{\Delta p_{\text{d}}}{\alpha C_{\text{i}}\,\mu v_{\text{F}}^{2}}=\frac{599.1}{(3.2\times10^{11})\times(1.8\times10^{-3})\times(1.9\times10^{-5})\times0.014\,7^{2}}=253.3(\text{s})$$

(10) 确定除尘效率　由于要求 $C_0=1.24\times10^{-4}\ \text{kg/m}^3$,所以要求达到的除尘效率为

$$\eta=1-\frac{1.24\times10^{-4}}{1.8\times10^{-3}}=0.931$$

对于反吹清灰方式袋式除尘器,当过滤速度 $v_{\text{F}}=0.014\,7$ m/s 时,除尘效率可达93%以上,这样除尘器出口烟尘浓度可控制 $1.24\times10^{-4}\ \text{kg/m}^3$ 以下,完全可以达到供气标准。

由本章内容可知,在制药工程项目设计过程中,制药工艺专业要向采暖通风专业提供如下基本条件:

① 制药厂生产规模、生产班次、生产最大班的人员数;

② 需要通风的工段,有害物数量、浓度、散发周期、工作间及其散发的主要有害物的成分、危害情况;

③ 需采暖的工段、工作间及其要求采暖的温度、采暖的时间;

④ 需要隧道的工段或工作间及其粉尘的性质、相对密度、颗粒等;

⑤ 工艺配置图,内容应包括以下两个方面:

A. 采暖的具体位置、尺寸及其要求;

B. 装设通风设施的设备位置、外形尺寸和接口尺寸等。

另外,在设计、安装过程中,通常将储气罐紧接着压缩机安装,特别是往复式压缩机,这样有利于后边的管道、容器压力稳定,气流速度均匀。储气罐体积一般为 $V=0.1\sim0.2Q_{\text{c}}(\text{m}^3/\text{min})$,$Q_{\text{c}}$ 为压缩机的排气量(m^3/min)。

习　题

1. 洁净室常用的空气净化技术有哪几种?
2. 描述洁净室(区)的空气洁净度的参数有哪些? A级的各参数值如何?
3. 制药工业用的灭菌方法主要有哪些?
4. 按照作用方式可将净化设备分为哪几类?
5. 根据介质过滤效率可将介质过滤器分为哪四类? 在净化系统装置上如何搭配使用?

6. 在何种场合需要使用微孔过滤器？

7. 试述一典型静电除尘除菌设备的结构和工作原理。

8. 试述隧道式洗瓶灭菌柜的一般结构和工作原理。

9. 纤维介质过滤的主要机理有哪些？

10. 试述过滤除菌效率与气流速度的关系？并绘制一般关系曲线。

11. 试结合粉尘的荷电量及其驱进速度相关方程式，讨论微粒粒径对静电除尘的影响。

12. 现行的净化厂房内气流组织主要有哪几种方式？

13. 已知某生物药厂发酵车间有3台200 m^3 发酵罐，每台发酵罐内装培养液体积为150 m^3，每台发酵罐的通入无菌空气量为4 500 m^3/h，培养时间为100 h。已知每立方米空气含有200个杂菌，气流速度为1.5 m/s，过滤介质用直径为16 μm的玻璃纤维，过滤常数 $k=0.667\ cm^{-1}$。工业生产设计中实用染菌概率为 10^{-3}，请问过滤介质滤层厚度多少？

14. 今要利用含尘粒 $C_e=4\ 500$ 个/m^3 的洁净空气将非工作状态下、初始为C级的洁净室（9 m×15 m×4.5 m）净化到B级，进气流量为60 m^3/min，问需要换气的时间多长？若室内新尘粒产生速度 $P=25\ 000$ 个/(m^3·min)，则需要换气的时间又是多长？

15. 在糖蜜培养基中，132 ℃下加热灭杀热解糖梭菌，其 $Z=10$ ℃，$D=3.3$ min，试问其改在80 ℃和121 ℃下加热时的 D 值多大？

课外设计作业

要求：① 4～5人一组，一周内完成；

② 手工绘制图纸不少于1张，并提交工艺计算设计说明书。

1. 今因固体制剂生产要选用100 kg/h的立式粉碎机2台或100 kg/h的立式振动筛3台，用于固体物料粉碎或过筛，请进行结合车间平面布置进行气流组织（图纸）设计及风量计算。

2. 今有250 mL软袋大输液生产车间，每班生产（8 h）20 000袋，在灌装车间共有6名员工需要穿戴无菌服，请为此车间用软袋大输液或无菌服设计灭菌器，并进行操作参数的选定与计算及操作说明。

参考文献

[1] 许钟麟. 空气洁净原理. 上海：同济大学出版社，1998.

[2] 高岩，朱宏吉. 制药工厂空气净化系统的测试和验证. 医药工程设计，2006，27(6)：29-30.

[3] 熊振湖，等. 大气污染防治技术及工程应用. 北京：机械工业出版社，2003.

[4] 姚日生. 制药工程原理与设备. 北京：高等教育出版社，2007.

[5] 中国石化集团上海工程有限公司. 化工工艺设计手册：下册. 4版. 北京：化学工业出版社，2012.

[6] S P 德尼尔，等. 药物微生物学. 7版. 北京：化学工业出版社，2007.

网络增值服务使用说明

一、注册/登录

访问 http://abook. hep. com. cn/,点击“注册”,在注册页面输入用户名、密码及常用的邮箱进行注册。已注册的用户直接输入用户名和密码登录即可进入“我的课程”页面。

二、课程绑定

点击“我的课程”页面右上方“绑定课程”,正确输入教材封底防伪标签上的 20 位密码,点击“确定”完成课程绑定。

三、访问课程

在“正在学习”列表中选择已绑定的课程,点击“进入课程”即可浏览或下载与本书配套的课程资源。刚绑定的课程请在“申请学习”列表中选择相应课程并点击“进入课程”。

如有账号问题,请发邮件至:abook@ hep. com. cn。